Grundlagen der Rohrleitungs- und Apparatetechnik

Rolf Herz

Grundlagen der Rohrleitungs- und Apparatetechnik

4. Auflage

Vulkan Verlag

Bibliografische Information der Deutschen Bibliothek

Die Deutsche Bibliothek verzeichnet diese Publikation in der Deutschen Nationalbibliografie; detaillierte bibliografische Daten sind im Internet über

www.dnb.de

abrufbar.

ISBN 978-3-8027-2782-5

Fiedrich-Ebert-Straße 55, D-45127 Essen
Telefon: (02 01) 8 20 02-0, Internet: http://www.vulkan-verlag.de

Lektorat/Projektmanagement: Dipl.-Ing. (FH) Nico Hülsdau

E-Mail: n.huelsdau@vulkan-verlag.de

Herstellung: Nilofar Mokhtarzada
Umschlaggestaltung: Daniel Klunkert

Druck: Druckerei Chmielorz GmbH, Wiesbaden

Vorwort zur vierten Auflage

Das Buch wurde in der vorliegenden vierten Auflage um das Kapitel 11 „Pumpen und Verdichter" erweitert. Dies ist meines Erachtens die logische Ergänzung zu Kapitel 10 „Strömungstechnische Auslegung von Rohrleitungen", das von Anfang an im Buch enthalten war. Ohne Pumpen und Verdichter strömt meistens nichts. Deshalb sind sie wesentlicher Bestandteil von Anlagen, die ansonsten aus Rohrleitungen und Apparaten bestehen, und jeder Ingenieur, der es mit Anlagen dieser Art zu tun hat, wird auch mit dieser Thematik konfrontiert.

Allerdings wurde so ein weiteres Fachgebiet aufgemacht, das an sich sehr umfangreich ist und üblicherweise eigene Bücher füllt, noch dazu, wenn Kreisel- und Verdrängermaschinen behandelt werden sollen, die ansonsten getrennt betrachtet werden. Konsequenterweise wird das Thema im vorliegenden Buch rein aus der Perspektive des Anwenders behandelt, der sich nicht für Details in der Konstruktion dieser Maschinen oder in der Strömungstechnik innerhalb dieser Maschinen interessiert, sondern einen Überblick über Funktionsprinzipien und Bauarten gewinnen und in die wesentlichen Betriebscharakteristika zur ihrer Auswahl eingeführt werden möchte. Damit konnte das Kapitel kompakt gehalten werden. Der Inhalt des Buches insgesamt wurde meines Erachtens damit sehr vorteilhaft abgerundet.

Die behandelten Pumpen und Verdichter schließen auch Vakuumpumpen ein. Deshalb wurde auch das Kapitel 10 um einen neuen Abschnitt zur Strömungstechnik im Vakuum (jetzt Abschnitt 10.5) ergänzt. Andererseits wurde der bisherige Abschnitt 10.5 „Auswahl von Pumpen und Verdichtern" gestrichen, das dieses Thema jetzt wesentlich ausführlicher in Kapitel 11 behandelt wird.

Ansonsten wurden die übrigen Kapitel wie bei jeder neuen Auflage den Änderungen im Stand der Technik angepasst, insbesondere den Änderungen in der einschlägigen und umfangreich zitierten Normung. Ein kleiner grundsätzlicher Abschnitt (bisher 2.3) zu Regelwerken und Richtlinien im Kapitel „Grundlegendes" wurde herausgenommen. Er erschien mir inzwischen thematisch nicht mehr passend und notwendig im Rahmen dieses Buches. Die neuen Abschnitte und das neue Kapitel 11 wurden wiederum durch zahlreiche neue Übungsbeispiele im Anhang ergänzt.

München im Frühjahr 2014

Professor Dr.-Ing. Rolf Herz

Vorwort zur dritten Auflage

In der vorliegende dritten Auflage wurden Aufbau und Umfang des Inhalts der vorherigen Auflagen im wesentlichen beibehalten. Allerdings waren etliche Anpassungen an die Weiterentwicklung des Standes der Technik notwendig. Diese finden sich unter anderem bei Werkstoffen und Elementen für Apparate und Rohrleitungen. Interessant sind beispielsweise die Unterscheidung von warmfesten austenitischen nichtrostenden Stählen mit entsprechender Zuordnung von zeitabhängigen Festigkeitswerten oder die neuerliche Erweiterung der PN-Stufen in der internationalen Normung. Im Bereich der thermoplastischen Kunststoffrohre konzentriert sich die vorliegende Auflage auf industrielle Anwendungen, was sich zum Beispiel in der Berücksichtigung zusätzlicher für diesen Bereich typischer Werkstoffe wie ABS und PVDF und spezieller internationaler Standards niederschlägt. Außerdem wurde der Text natürlich redaktionell überarbeitet in der Hoffnung und Erwartung, dass so der Inhalt noch klarer und eingängiger vermittelt werden kann.

Professor Dr.-Ing. Rolf Herz

Vorwort zur zweiten Auflage

Im Zuge der Angleichung der verschiedenen nationalen Normen der EU-Mitgliedstaaten werden zur Zeit in schneller Folge zahlreiche deutsche Normen, die teilweise über viele Jahre gültig waren, durch europäische ersetzt. Davon ist selbstverständlich der Inhalt des vorliegenden Buches, das auf die Anwendung orientiert ist, betroffen. Auch wenn prinzipiell die physikalischen Grundlagen der Rohrleitungs- und Apparatetechnik dieselben bleiben, ändern sich z.B. Maßtabellen und Berechnungsregeln. Als Beispiele seien neue Standards für Maße, Massen und technische Lieferbedingungen von Stahlrohren und neue Berechnungen für die Wanddicken von Druckbehältern und Rohrleitungen in Folge der europäischen Druckgeräterichtlinie von 1997 genannt, die seit Mai 2002 ausschließlich in Kraft ist.

Mir waren diese bevorstehenden Änderungen bei Abschluss des Manuskriptes der ersten Auflage Ende 2001 sehr wohl bewusst und ich habe an verschiedenen Stellen im Vorgriff darauf hingewiesen. Letztendlich war ich jedoch gezwungen, jeweils die gültigen Standards zu verwenden, obwohl klar war, dass einige davon nicht mehr lange gelten würden.

Die Notwendigkeit der Vorbereitung einer zweiten Auflage nach verhältnismäßig kurzer Zeit kam mir jetzt sehr entgegen, um den Inhalt an die neuen Normen anzupassen. Selbstverständlich habe ich auch die Gelegenheit genutzt, um einige Fehler aus der ersten Auflage zu korrigieren, die ich – teilweise durch Hinweise meiner Studenten – zwischenzeitlich gefunden hatte und Ergänzungen einzufügen, die mir sinnvoll erschienen.

Nachdem sämtliche Normbezüge jetzt auf den aktuellen Stand gebracht wurden und einige der europäischen Normen sehr neu sind, ist zu hoffen, dass sich in den Bereichen (wie erwähnt z.B. in der Stahlrohrnormung und bei der Berechnung von Druckbehälter- und Rohrwanddicken aus Metall) nicht so schnell wieder Grundlegendes ändern wird. Dies betrifft insbesondere die Kernbereiche des vorliegenden Buches. Allerdings gibt es andere Bereiche wie z.B. den der Kunststoffrohre, wo bisher hauptsächlich deutsche Normen vorliegen und zukünftig eventuell Änderungen zu erwarten sind.

Professor Dr.-Ing. Rolf Herz

Vorwort zur ersten Auflage

Die Basis für dieses Buch bildete meine Vorlesung „Rohrleitungs- und Apparatetechnik“, die ich einschließlich des Vorgängerfaches „Rohrleitungsbau“ seit zehn Jahren an der Fachhochschule München halte. In dieser Zeit habe ich mit unterschiedlich aufbereiteten Vorlesungsunterlagen für die Studierenden gearbeitet. Die Erfahrungen damit und mit verschiedenen Fachbüchern in meiner täglichen Arbeit haben mich schließlich dazu motiviert, das vorliegende Buch zu schreiben, das meinen Wünschen an Umfang und Tiefe entspricht. Es ist eine Einführung von Grund auf in die wichtigsten Bereiche der Rohrleitungs- und Apparatetechnik. Wichtig erschien mir z.B. die Spannweite von der Festigkeitsberechnung bis zur Strömungstechnik und die Berücksichtigung unterschiedlicher Werkstoffe in einem Band. Das hatte ich so in der verfügbaren Literatur bisher nicht gefunden.

Auf der Basis dieses Buches können grundlegende Planungen, Gestaltungen und Berechnungen durchgeführt werden und das nicht eingeschränkt auf einen bestimmten Anwendungsbereich. Mit seinem Grundlagencharakter ist es geeignet für die Verwendung in so unterschiedlichen Gebieten wie der Gebäudetechnik, Versorgungstechnik, Energietechnik oder Verfahrenstechnik. Zur weiteren Vertiefung spezieller Teilgebiete wird auf weiterführende Literatur verwiesen.

Ich hoffe, dass dieses Konzept zur Lern- und Arbeitsmethodik vieler Studentinnen und Studenten wie auch praktizierender Ingenieurinnen und Ingenieure passt und ihnen als nützliches Hilfsmittel dienen kann. Über Rückmeldungen und Anregungen aus diesem Kreis würde ich mich sehr freuen.

Ich danke meinen Kollegen, den Professoren Wolfgang Burkhardt, Dr. Helmut Hofer, Dr. Roland Kraus, Dr. Roman Mair, Dr. Hartmut Pietsch und Dr. Dieter Stahl für Ihre Tipps und Anregungen, Herrn cand. Ing. (FH) Ralph Greiner für die Erstellung der vielen 3D-Zeichnungen, Herrn cand. Ing. (FH) Stefan Löbe für die Nachrechnung der Beispiele und dem Team vom Vulkan-Verlag für sein Vertrauen und die gute Zusammenarbeit. Ganz besonders bedanke ich mich bei meiner Familie für ihre Geduld und die moralische Unterstützung.

Professor Dr.-Ing. Rolf Herz

Inhalt

Formelzeichen

Diese Zusammenstellung der verwendeten Formelzeichen ist aus Gründen der Übersichtlichkeit nicht ganz vollständig. Einige spezielle Zeichen sind nur dort erklärt, wo sie verwendet werden.

a	m^2/s	Temperaturleitfähigkeit
a	m/s	Druckfortpflanzungsgeschwindigkeit
a_0, a_1	m; mm	Länge des verschwächten Bereiches um einen Ausschnitt in einer Behälter- / Rohrwand
A	%	Bruchdehnung
A	m^2	Fläche
A_i	m^2	Innenfläche
A_p	m^2	Druckfläche
A_V	m^2	Querschnittsfläche einer Verstärkung
A_σ	m^2	Spannungsfläche
B; B_a ; B_i	-	Beiwerte zur Berechnung der Wanddicke von Rohrbögen
c_1	mm	Zuschlag zum Ausgleich der Wanddickenunterschreitung
c_1‘	%	Zuschlag zum Ausgleich der Wanddickenunterschreitung
c_2	mm	Korrosions- und Abnutzungszuschlag
$\bar{c}$	m/s	mittlere Teilchengeschwindigkeit
C	–	Berechnungsbeiwert für ebene Böden
C	l/s; m^3/s	Leitwert im Vakuum
C_F	l/s; m^3/s	Leitwert im Feinvakuumbereich
C_{ges}	l/s; m^3/s	Gesamt-Leitwert
C_M	l/s; m^3/s	Leitwert bei molekularer Strömung
C_V	l/s; m^3/s	Leitwert bei viskoser Strömung
d	m; mm	Durchmesser
d_a	m; mm	Außendurchmesser
$\hat{d}_a$	m; mm	maximaler Außendurchmesser
$\breve{d}_a$	m; mm	minimaler Außendurchmesser
d_B	m; mm	Balgdurchmesser eines Wellrohrkompensators
d_i	m; mm	Innendurchmesser
d_K	m; mm	Kegeldurchmesser
d_m	m; mm	mittlerer Durchmesser
D	m; mm	Durchmesser
D	–; %	relative Schädigung
DN	–	Nenndurchmesserstufe
E	N/mm^2	Elastizitätsmodul

E	J	Energie
E_{kin}	J	kinetische Energie
E_{pot}	J	potenzielle Energie
f	–	Faktor
f	m; mm	Durchbiegung
f_{CR}	–	Chemikalienresistenzfaktor
f_U	–	Abminderungsfaktor bei Unrundheit
f_{zul}	m; mm	zulässige Durchbiegung
F	N	Kraft
F_F	N	Federkraft
F_{FP}	N	Kraft auf Festpunkt
F_n	N	Normalkraft
F_p	N	Druckreaktionskraft
F_R	N	Reibkraft
F'	N/m	Streckenlast
h	J/kg	spezifische Enthalpie
h	m	Überdeckungshöhe eingeerdeter Rohrleitungen
h	m; mm	Bogenhöhe bei der Bewegung eines Lateralkompensators
H	m	Förderhöhe einer Pumpe
H_H	m	Haltedruckhöhe (Pumpen)
H_{HA}	m	Haltedruckhöhe der Anlage
$H_{H,erf.}$	m	erforderliche Haltedruckhöhe
$H_{V,D}$	m	Druckverlusthöhe in der Pumpendruckleitung
$H_{V,S}$	m	Druckverlusthöhe in der Pumpensaugleitung
i	–	Spannungserhöhungsfaktor
i	m; mm	Trägkeitsradius
I	mm^4	Flächenträgheitsmoment (Flächenmoment 2. Grades)
k	mm	Rohrwandrauhigkeit
k	–	Korrekturfaktor für die Auswahl von Wellrohrkompensatoren
k_A	–	Abminderungsfaktor für den Thermoschock
k_B	–	Flexibilitätsfaktor
k_f	–	Faktoren für die Berechnung der Durchbiegung von Rohren zwischen Auflagern
k_S	–	Faktoren für die Berechnung der Biegespannung in Rohren zwischen Auflagern
k_V	–	Bewertungsfaktor einer Verstärkung
k_v	–	Isentropenexponent des realen Gases
k_V	m^3/h	Ventilkennwert
K	N/mm^2	Festigkeitskennwert

Kn	–	Knudsen-Zahl
l	m	Länge
$\bar{l}$	m	mittlere freie Weglänge
L	m	Länge
L	m	Stützweite
L_A	m	Ausladelänge von Biegeschenkeln zum Dehnungsausgleich bei Rohrleitungen
$L_{A,V}$	m	Ausladelänge von Biegeschenkeln zum Dehnungsausgleich bei Rohrleitungen mit Vorspannung
$L_{äq}$	m	äquivalente Rohrlänge
L_F	m	Festpunktabstand
L_K	m; mm	Länge eines (Lateral-) Kompensators
L_s	m	schiebende Rohrlänge bei Wärmedehnung
$\dot{m}$	kg/s	Massenstrom
M	Nm	Moment
M_b	Nm	Biegemoment
MRS	N/mm^2	Minimum Required Strength (erforderliche Mindestfestigkeit)
n	–	Anzahl
n	–	Lastwechselzahl
n	–	Polytropenexponent
n_q	min^{-1}; s^{-1}	spezifische Drehzahl (Pumpen und Verdichter)
N	s^{-1}; min^{-1}	Drehzahl
N	–	Lastwechselzahl
$NPSH$	Pa; bar	Net Positive Suction Head (Pumpen)
$NPSHA$	Pa; bar	vorhandener NPSH
$NPSHR$	Pa; bar	erforderlicher NPSH
N_{zul}	–	zulässige Lastwechselzahl
p	Pa; bar; N/mm^2	Druck
p_D	Pa; mbar	Dampfdruck
p'	Pa; bar; N/mm^2	u.a. Prüfdruck
$\hat{p}$; p_{max}	Pa; bar; N/mm^2	maximaler (Betriebs-) Druck
$\check{p}$; p_{min}	Pa; bar; N/mm^2	minimaler (Betriebs-) Druck
p_{dyn}	Pa; bar; N/mm^2	dynamischer Druck
p_{pot}	Pa; bar; N/mm^2	potenzieller Druck
p_{stat}	Pa; bar; N/mm^2	statischer Druck
p_e	Pa; bar; N/mm^2	Erddruck auf eingeerdete Rohrleitungen
p_e	Pa; bar; N/mm^2	Überdruck
$p_{e,zul}$	Pa; bar; N/mm^2	zulässiger Überdruck
p_i	Pa; bar; N/mm^2	innerer Überdruck (eingeerdeter Rohrleitungen)

p_k	Pa; bar; N/mm^2	kritischer Beuldruck
$p_{k,el}$	Pa; bar; N/mm^2	kritischer elastischer Beuldruck
$p_{k,pl}$	Pa; bar; N/mm^2	kritischer plastischer Beuldruck
p_{RT}	Pa; bar; N/mm^2	Überdruck bei Raumtemperatur
$p_{s,A1}$	Pa, bar	statischer Absolutdruck an der Oberfläche des Ansaugbehälters einer Pumpe
$p_{s,S}$	Pa; bar	statischer Absolutdruck im Mittelpunkt des Saugstutzens einer Pumpe
p_V	Pa; bar; N/mm^2	Verkehrslast
$\bar{p}$	Pa; bar	mittlerer Druck
P	–	Durchlaufwahrscheinlichkeit im Vakuum
P	W	Leistung
P_F	W	Förderleistung
P_{Nutz}	W	Nutzleistung
$P_{Verdichtung}$	W	Verdichtungsleistung
P_{zu}	W	zugeführte Leistung (Leistungsaufnahme)
PN	–	Nenndruckstufe
q	N/mm^2	vertikale Gesamtauflast eingeerdeter Rohrleitungen
q_{pV}	(mbar · l)/s; (Pa · m^3)/s	pV-Stromstärke im Vakuum
r	m; mm	Radius; Krümmungsradius
r_m	m; mm	mittlerer Radius
R	J/(kg · K)	spezifische Gaskonstante
R	m; mm	Radius; Krümmungsradius
R	Pa/m	längenbezogener Druckverlust (Druckgefälle)
R_e	N/mm^2	Streckgrenze
R_m	J/(mol · K)	allgemeine Gaskonstante
R_m	N/mm^2	Bruchfestigkeit
$R_{p0,2}$	N/mm^2	0,2%-Dehngrenze
$R_{p0,2/20}$	N/mm^2	0,2%-Dehngrenze bei 20°C
$R_{p0,2/\vartheta}$	N/mm^2	0,2%-Dehngrenze bei der Temperatur ϑ
$R_{m/t/\vartheta}$	N/mm^2	Zeitstandsfestigkeit nach t Stunden bei der Temperatur ϑ
Re	–	Reynoldszahl
s	m; mm	Wanddicke
s_{Kr}	m; mm	Krempenwanddicke
s_K	m; mm	Wanddicke einer kegelförmigen Behälterwand
s_{min}	m; mm	Mindestwanddicke
s_V	m; mm	rechnerische Mindestwanddicke (Vergleichswanddicke)
$s_{V,a}$	m; mm	rechnerische Mindestwanddicke an der Außenfaser

$s_{V,i}$	m; mm	rechnerische Mindestwanddicke an der Innenfaser
S	m³/s; m³/h; l/min	Saugvermögen einer Vakuumpumpe
S	–	Sicherheitsbeiwert
S_{eff}	m³/s; m³/h; l/min	effektives Saugvermögen einer Vakuumpumpe
S_K	–	Knicksicherheit
S_L	–	Lastspielsicherheit
t	s; min; h	Zeit
t	m; mm	Teilung (Abstand von Behälterausschnitten)
t_l	m; mm	Teilung in Zylinderlängsrichtung
t_u	m; mm	Teilung in Zylinderumfangsrichtung
T	K	Absoluttemperatur
$\bar{T}$	K	mittlere Absoluttemperatur
U	–; %	Unrundheit
V	–; %	relative Vordehnung eines Biegeschenkels oder Kompensators
V	m^3	Volumen
$\dot{V}$	m^3/s	Volumenstrom
w	m/s	Strömungsgeschwindigkeit
$\bar{w}$	m/s	mittlere Strömungsgeschwindigkeit
w_{max}	m/s	maximale Strömungsgeschwindigkeit
w_s	m/s	Strömungsgeschwindigkeit im Mittelpunkt des Saugstutzens einer Pumpe
$\bar{w}_{A1}$	m/s	mittlere Strömungsgeschwindigkeit an der Oberfläche des Ansaugbehälters einer Pumpe
w	K/s	Aufheiz- / Abkühlgeschwindigkeit
W	mm^3	Widerstandsmoment
x	m; mm	laufende Koordinate
$x_1 / x_2 / x_3$	m; mm	Längen von Zonen erhöhter Spannung am Übergang von zylindrischem zu kegeligem Behältermantel
Y	J/kg	spezifische Stutzenarbeit; spezifische Verdichtungsarbeit
Y_{ideal}	J/kg	spezifische Stutzenarbeit (Verdichtungsarbeit) bei idealer Zustandsänderung
z	m	(geodätische) Höhe
z	–	Stoßwirkungszahl
z_{A1}	m	Höhenlage der Oberfläche des Ansaugbehälters einer Pumpe
Z	–	Realgasfaktor
$\bar{Z}$	–	mittlerer Realgasfaktor
α	°	Winkel
β	–	Berechnungsbeiwert für gewölbte Böden
β_{KB}	–	Berechnungsbeiwert für kegelförmige Mäntel
β_L	K^{-1}	linearer Wärmeausdehnungskoeffizient

$\bar{\beta}_L$	K^{-1}	mittlerer linearer Wärmeausdehnungskoeffizient
δ		Durchmesserzahl (Pumpen und Verdichter)
Δ		Änderung
Δd	m; mm	Durchmesseränderung
ΔL	m; mm	Längenänderung; Wärmedehnung
$\Delta L_{erf.}$	m; mm	erforderliche Bewegungsaufnahme eines Kompensators
ΔL_N	m; mm	nominale Bewegungsaufnahme eines Kompensators
ΔL_V	m; mm	Vordehnung eines Biegeschenkels oder Kompensators
Δp	Pa; bar; N/mm^2	Druckänderung
Δp_A	Pa; bar; N/mm^2	Anlagendruckdifferenz
Δp_{ges}	Pa; bar; N/mm^2	Gesamtdruckverlust
Δp_i	Pa; bar; N/mm^2	Druckverlust bei inkompressibler Strömung
Δp_k	Pa; bar; N/mm^2	Druckverlust bei kompressibler Strömung
Δp_V	Pa; bar; N/mm^2	Druckverlust
Δp_λ	Pa; bar; N/mm^2	Druckverlust durch Rohrreibung
Δp_ζ	Pa; bar; N/mm^2	Druckverlust in Einzelwiderständen
$\Delta\vartheta$	K	Temperaturänderung
$\Delta\vartheta_{max}$	K	maximale Temperaturänderung
ζ	–	Widerstandsbeiwert
η	Pa·s	dynamische Viskosität
η	–	Wirkungsgrad
ϑ	°C	Temperatur
ϑ_a	°C	Temperatur an der Außenoberfläche
ϑ_i	°C	Temperatur an der Innenoberfläche
ϑ_m	°C	mittlere Temperatur
ϑ^*	°C	Lastzyklustemperatur
κ	–	Isentropenexponent des idealen Gases
λ	–	Konzentrationsfaktor (der Rohrgrabenverfüllung)
λ	–	Rohrreibungszahl
λ		Schlankheitsgrad
ν	–	Querkontraktionszahl
ν	m^2/s	kinematische Viskosität
$\dot{\nu}$	mol/s	Stoffmengenstromstärke im Vakuum
ρ	kg/m^3	Dichte
ρ	°	Reibungswinkel des Bodens
σ	–	Laufzahl (Pumpen und Verdichter)
σ	N/mm^2	(Normal-) Spannung
σ_a	N/mm^2	halbe Spannungsschwingbreite
σ_b	N/mm^2	Biegespannung

σ_d	N/mm^2	Druckspannung
σ_K	N/mm^2	Knickspannung
σ_l	N/mm^2	Längsspannung
σ_n	N/mm^2	Normalspannung
$\sigma_{N,Sch}$	N/mm^2	Nennschwellfestigkeit
σ_r	N/mm^2	Radialspannung
σ_{Sch}	N/mm^2	Schwellspannung
$\sigma_{Sch,D}$	N/mm^2	Dauerschwellfestigkeit
σ_u	N/mm^2	Umfangsspannung
σ_V	N/mm^2	Vergleichsspannung
σ_{Va}	N/mm^2	halbe Vergleichsspannungsschwingbreite
$\sigma_{V,a}$	N/mm^2	Vergleichsspannung in der Außenfaser
$\sigma_{V,i}$	N/mm^2	Vergleichsspannung in der Innenfaser
$\sigma_{V,GE}$	N/mm^2	Vergleichsspannung nach der GE-Hypothese
$\sigma_{V,N}$	N/mm^2	Vergleichsspannung nach der Normalspannungshypothese
$\sigma_{V,Sch}$	N/mm^2	Vergleichsspannung nach der Schubspannungshypothese
σ_W	N/mm^2	Wärmespannung
$\sigma_{W,a}$	N/mm^2	Wärmespannung an der Außenfläche
$\sigma_{W,i}$	N/mm^2	Wärmespannung an der Innenfläche
σ_z	N/mm^2	Zugspannung
σ_{zul}	N/mm^2	zulässige Spannung
$\sigma_{zul,\,CR}$	N/mm^2	zulässige Spannung im Zeitstandsbereich
$\hat{\sigma}$; σ_{max}	N/mm^2	Maximalspannung
$\check{\sigma}$, σ_{min}	N/mm^2	Minimalspannung
$\bar{\sigma}$	N/mm^2	mittlere Spannung
τ_0	N/mm^2	Schubspannung durch Rohrreibung
υ_A	–	Verschwächungsbeiwert durch Ausschnitt
υ_L	–	Verschwächungsbeiwert durch Lochreihe
υ_N	–	Schweißnahtfaktor
φ	°	Winkel

1. Einleitung

1. Einleitung

Rohrleitungstechnik und Apparatetechnik sind zunächst zwei verschiedene Fachgebiete. Rohrleitungen spielen in den meisten technischen Bereichen eine sehr variantenreiche Rolle. Apparate finden speziell in der Verfahrenstechnik, Energietechnik und ähnlichen Bereichen Anwendung. Rohrleitungen und Apparate sind jedoch eng verwandt. Sie weisen aus Fertigungs- und Festigkeitsgründen meist die gleiche (zylindrische) Grundform auf und unterliegen Beanspruchungen aus Überdruck, welche die Dimensionierung wesentlich beeinflussen. Sie sind zu weiten Teilen aus den gleichen Konstruktionselementen aufgebaut und in manchen Bereichen, z.B. im verfahrens- oder energietechnischen Anlagenbau, sind sie funktional untrennbar miteinander verbunden.

Die Einsatzgebiete der Rohrleitungs- und Apparatetechnik sind mannigfaltig. Sie umfassen Bereiche wie z.B. die öffentliche Wasserver- und -entsorgung, Ölpipelines, Heizungs-, Kälte- und Sanitärtechnik in Gebäuden, Druckluft- und Hydrauliksysteme in Fabriken, Kraftwerkstechnik oder chemische Verfahrenstechnik. Auch arbeiten in diesen Bereichen Ingenieure verschiedener Ausbildungsrichtungen, z.B. aus Maschinenbau, Bauingenieurwesen, Verfahrenstechnik oder Versorgungstechnik. Die Elemente, die zum Einsatz kommen und die Aufgaben, die die Ingenieure zu lösen haben, weisen jedoch wesentliche Gemeinsamkeiten auf. Rohrleitungs- und Apparatetechnik zusammen stellen damit wichtige Grundlagen für einen sehr weiten Bereich des Ingenieurwesens dar. Fast jede(r) Ingenieur(in), der (die) mit mechanischen Anwendungen zu tun hat, braucht Kenntnisse in diesem Bereich.

Vor diesem Hintergrund ist es das Ziel des vorliegenden Buches, Studierenden wie auch Ingenieurinnen und Ingenieuren in der Praxis die Möglichkeit zu bieten, sich schnell und effizient in den gesamten Bereich der Rohrleitungs- und Apparatetechnik oder gezielt in Teilbereiche davon einzuarbeiten. Darüber hinaus soll es auch als Begleiter in der täglichen Praxis und im weiteren Studium dienen, worin wichtige Informationen direkt zu finden und Hinweise auf weiterführende Quellen genannt sind. Es wurde ein Optimum zwischen Übersichtlichkeit einerseits und Detailinformation andererseits angestrebt und großer Wert auf Einheitlichkeit im Aufbau mit konsequenten Querverweisen zwischen den Teilgebieten gelegt.

Die Kapitel des Buches lassen sich in drei Gruppen unterteilen:

1. Grundlegendes und zeichnerische Darstellung (*Kapitel 2 und 5*)

2. Werkstoffe, Rohrleitungs- und Apparateelemente (*Kapitel 3 und 4*)

3. Berechnungen und Gestaltung (*Kapitel 6 bis 11*)

„Grundlegendes" und „zeichnerische Darstellung" bilden den Gesamtrahmen. In der Kapitelfolge steht „Grundlegendes" am Anfang. „Zeichnerische Darstellung" folgt auf Rohrleitungs- und Apparateelemente, weil deren Kenntnis Voraussetzung für das Anfertigen von Zeichnungen ist. Insgesamt bilden die *Kapitel 2 bis 5* den beschreibenden Teil des Buches. Neben Beschreibungen finden sich dort Hinweise auf die Normung sowie Zusammenstellungen von Kenngrößen, die Ingenieurinnen und Ingenieure in ihrer täglichen Arbeit brauchen und die für die Berechnungen in den späteren Kapiteln notwendig sind.

In den Berechnungskapiteln wird zunächst auf die Grundlagen für die Festigkeitsberechnung von Druckbehältern, Apparaten und Rohrleitungen eingegangen (*Kapitel 6*). Es folgt die konkrete Wanddickenberechnung von Apparaten (*Kapitel 7*). Die vier weiteren Kapitel beschäftigen sich mit der Gestaltung und Berechnung von Rohrleitungen einschließlich ihrer strömungstechnischen Auslegung, sowie der Technik und Auswahl von Pumpen und Verdichtern. Sämtliche Berechnungskapitel enthalten Diagramme und Tabellen mit den jeweils wesentlichen Kennwerten. Viele Berechnungen können so ohne zusätzliche Quellen durchgeführt werden.

Ergänzt und unterstützt werden die Berechnungskapitel von Beispielrechnungen im *Anhang*. Sie sollen der Vertiefung des Stoffes und der Kontrolle des Verständnisses dienen. Außerdem lassen sich viele Detailfragen und Verständnislücken durch das Nachvollziehen exemplarischer Berechnungen am einfachsten klären. Sie wurden der Übersichtlichkeit wegen nicht in den Text gemischt, sondern im *Anhang* zusammengefasst.

2. Grundlegendes

2. Grundlegendes

Die Einsatzgebiete von Rohrleitungen sind bekanntermaßen mannigfaltig. Es gibt kaum einen mechanisch-technischen Bereich, in dem sie nicht gebraucht werden. Besonders große Bedeutung hat die Rohrleitungstechnik in:

- Ver- und Entsorgungstechnik (Gebäudeausrüstung und öffentliche Ver- und Entsorgung)
- Energietechnik (z.B. Kraftwerke, Fernwärmleitungen etc.)
- Verfahrenstechnik

Insbesondere in verfahrenstechnischen, teilweise jedoch auch in versorgungs- und energietechnischen Anlagen sind Rohrleitungen Teil der Apparatetechnik (**Bild 2.1**). In Abschnitt 2.2 wird erläutert, was Apparate sind und woraus sie bestehen. Rohrleitungen und Apparate sind in ihrer geometrischen Form meist ähnlich. Bei entsprechenden Dimensionen werden Apparate aus Rohren hergestellt und sehr häufig beinhalten Apparate Rohre als Einbauten (z.B. Rohrbündel-Wärmeaustauscher).

2.1 Funktion und Form von Rohrleitungen

Rohrleitungen dienen in erster Linie zum Transport von Fluiden, d.h. von fließfähigen Stoffen wie Flüssigkeiten, Gasen oder auch Mehrstoffgemischen (z.B. Gemischen aus Flüssigkeiten und Feststoffkörnern beim hydraulischen Transport oder Gasen und Stäuben beim pneumatischen Transport). Es gibt sie in unterschiedlichsten Querschnittsformen, in den meisten Fällen sind sie jedoch kreisrund. Die Bandbreite der Durchmesser und Längen ist sehr groß. Sie reicht beispielsweise von Ölleitungen in Maschinen oder Kraftfahrzeugen mit wenigen Millimetern Durchmesser und wenigen Zentimetern Länge bis zu Wasserrohrleitungen oder Pipelines für die öffentliche Versorgung mit Durchmessern von mehreren Metern und Längen von Hunderten von Kilometern. Die **Bilder 2.2** bis **2.6** zeigen einige Beispiele.

Eine wesentliche Unterscheidung ist die in Druckleitungen und drucklose Leitungen. Druckleitungen stehen unter innerem oder äußerem Überdruck, der die Rohrwand belastet. Vakuumlei-

Bild 2.1: Teilansicht einer Olefinanlage (Werkbild Linde AG, Werksgruppe VA, München)

Bild 2.2: Kupferrohrleitungen 10x1 für gasförmige Labor-Medien

Bild 2.3: Versorgungsleitungen in einem Rohrkanal (Werkbild Siemens AG, München)

Bild 2.4: Teil einer Kühlwasser-Kreislaufanlage mit Pumpen (Werkbild Siemens AG, München)

Bild 2.5: Verrohrung in einer sogenannten „Cold Box“ (Werkbild Linde AG, Werksgruppe VA, München)

tungen stehen unter innerem Unterdruck. Dies ist gleich bedeutend mit äußerem Überdruck. Somit fallen sie in die Kategorie der Druckleitungen. Der Überdruck (bzw. Unterdruck) wird zum Transport der Fluide benötigt und durch Pumpen, Verdichter (bzw. Vakuumpumpen) oder geodätische Höhenunterschiede (z.B. Wasser-Hochbehälter) erzeugt. Er kann jedoch auch ganz oder zusätzlich durch den Prozess bedingt sein, in den die Rohrleitung eingebunden ist (z.B. Dampferzeugung, chemische bzw. verfahrenstechnische Prozesse, Vakuumtechnik etc.).

Drucklose Leitungen (auch „Freispiegelleitungen“) sind nicht voll gefüllt.

Bild 2.6: Rohrleitung mit Absperrschiebern in einer Ethylen-Anlage (Werkbild Friatec AG, Mannheim)

Für den Fluidtransport ist hier ein geodätisches Gefälle der Rohrleitung notwendig. Z.B. Abwasserleitungen werden häufig so gebaut. Allerdings erzeugt auch die Teilfüllung einer Rohrleitung mit einer Flüssigkeit hydrostatischen Druck auf Teile der Rohrwand, der diese belastet. Das Rohr ist also genau genommen nicht vollständig drucklos. Außerdem ist nie auszuschließen, dass sich das Rohr unter bestimmten Bedingungen voll füllt (z.B. Abwasserrohr bei starkem Regen). Sobald dies geschieht, entsteht Überdruck im Innern des Rohres und die Rohrwand wie auch Verbindungselemente, Dichtungen etc. werden entsprechend höher belastet.

Für die Funktion von Rohrleitungen oder, weiter gefasst, Rohrleitungssystemen, sind nicht nur Rohre, sondern auch eine Reihe weiterer Rohrleitungselemente notwendig, beispielsweise (siehe auch Bilder 2.2 ... 2.6):

- Verbindungselemente (Schweißverbindungen, Flansche, Verschraubungen etc.)
- Formstücke (Bögen, Abzweige bzw. Abzweigungen, Reduktionen etc.)
- Armaturen zum Steuern, Regeln und Absperren der Fluidströme (Ventile, Hähne, Schieber, Klappen)

2.2 Funktion und Form von Apparaten

Der deutsche Begriff „Apparat“ ist nicht eindeutig. Im allgemeinen Sprachgebrauch werden darunter üblicherweise elektrotechnische Geräte verstanden (z.B. „Radio“- oder „Fernsehapparat“). In dem hier behandelten ingenieurwissenschaftlichen Bereich sind „Apparate“ dagegen Behälter, in denen Prozesse zur Veränderung von Stoffen oder Stoffgemischen in ihrer Art, ihrer Zusammensetzung oder ihren Eigenschaften ablaufen, z.B.:

- Wärmeaustauscher, in denen Wärme zwischen zwei Stoffströmen übertragen wird;
- Abscheider oder Filter, in denen Feststoffpartikel oder Tröpfchen aus Fluidströmen abgetrennt werden;
- Dampferzeuger oder Kondensatoren, in denen ein Phasenübergang flüssig-gasförmig oder umgekehrt stattfindet;
- Rührkessel zum Vermischen verschiedener Stoffe;
- Sprühkolonnen, Füllkörperkolonnen oder Blasensäulen zum Stoffaustausch zwischen verschiedenen Fluidströmen;
- Destillations- oder Rektifikationskolonnen mit Füllkörpern oder Böden zum Trennen von Stoffgemischen;
- Reaktoren, in denen chemische Reaktionen ablaufen.

Grundsätzlich sind es geschlossene Behälter mit unterschiedlichen Anschlüssen und Einbauten. Die Variantenvielfalt ist groß. Die äußerliche Behälterform ist jedoch sehr häufig zylindrisch mit gewölbten Böden als Abschlüssen und Stutzen als Anschlüssen für Rohrleitungen, Messvorrichtungen etc. Die häufige zylindrische Form rührt daher, dass diese Druckbelastungen besonders gut aufnehmen kann (siehe *Kapitel 6 „Beanspruchungen von Druckbehälterwänden“*) und kostengünstig herzustellen ist. Einbauten sind z.B. gelochte Böden, Platten, Rohre und Düsen, durch die Fluide eingesprüht werden. In vielen Fällen sind auch An- oder Einbauten zum Heizen und Kühlen notwendig (z.B. Doppelmantel außen oder Rohrschlange innen). Speziell im Bereich der mechanischen Verfahrenstechnik gibt es auch bewegte Einbauten wie z.B. Rührer in Rührkesseln.

Im folgenden werden einige Apparatetypen beispielhaft vorgestellt.

2.2.1 Behälter

Behälter kann man als die einfachste Form von Apparaten bezeichnen. Es sind schlicht Hohlkörper ohne Einbauten zum Lagern, Puffern oder Vorlegen von Fluiden oder Feststoff-Schüttgütern. Man

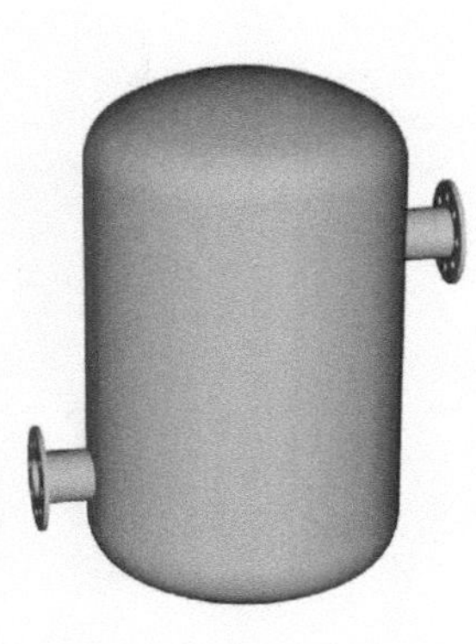

Bild 2.7: Behälter: links Beispiel für prinzipielle Form, rechts Behälter aus GFK (Mischbett-Ionenaustauscher zur Reinstwasseraufbereitung, Werkbild Purita GmbH, Wermelskirchen)

unterscheidet Lager- und Druckbehälter. Diese Differenzierung entspricht der zwischen drucklosen Rohrleitungen und Druckrohrleitungen oben. So steht ein Druckbehälter unter innerem oder äußerem Überdruck, ein Lagerbehälter nicht, wobei das Gewicht der Füllung auf einen Teil der Lagerbehälterwand auch dort Überdruck erzeugt. Behälter bestehen aus einem meist zylindrischen Grundkörper mit gewölbten oder flachen Abschlüssen und Anschlussstutzen für Rohrleitungen, Mess-, Regeltechnik u. ä. **Bild 2.7** zeigt Beispiele.

Eine etwas besondere Art von Behältern sind solche, die einen Stoffstrom aus einer Zuleitung auf mehrere Ableitungen verteilen oder umgekehrt die Stoffströme aus mehreren Zuleitungen in einer Ableitung sammeln. Sie werden entsprechend als „Verteiler" und „Sammler" bezeichnet und sind gekennzeichnet durch Reihen paralleler radial angeordneter Zu- oder Abgangsstutzen (**Bild 2.8**).

2.2.2 Abscheider und Filter

In Trocken-Abscheidern und Filtern werden Feststoffpartikel aus Flüssigkeits- oder Gasströmen und Flüssigkeitströpfchen aus Gasströmen abgetrennt. Dazu werden die Partikel und Tröpfchen beispielsweise auf Oberflächen oder Hindernissen abgeschieden, während das Trägerfluid weiterströmt. Entsprechend bestehen die Einbauten solcher Apparate aus Prallplatten, Sieben oder Filterelementen. Ein Zyklon kommt jedoch beispielsweise ohne solche Einbauten aus. Hier wird die Abscheidung von Partikeln und Tröpfchen über Fliehkraft durch die konische Form der Apparatewand und

Bild 2.8: Verteiler mit zylindrischem (oben) und prismatischem (unten) Grundrohr

entsprechende Strömungsführung erreicht (**Bild 2.9**). In anderen Abscheidern wie Zentrifugen oder Sichtern wird Fliehkraft durch rotierende Einbauten erzeugt. In Nassabscheidern werden Partikel z.B. über zerstäubte Flüssigkeit aus dem Gasstrom ausgewaschen.

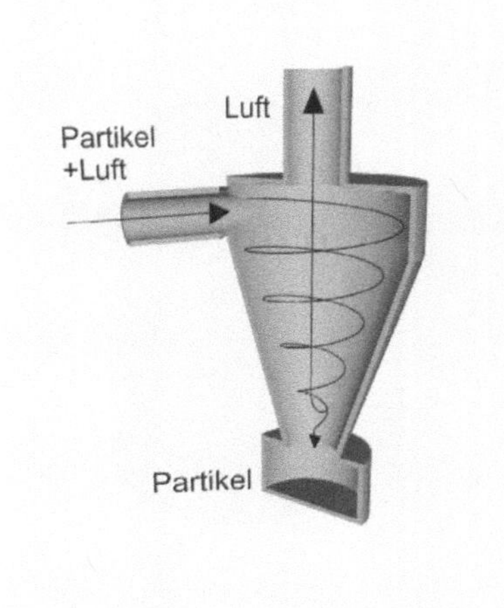

Bild 2.9: Prinzip von Aufbau und Funktion eines Zyklons zur Partikelabscheidung aus Gasströmen

2.2.3 Membran-Apparate

Membranprozesse finden in der Verfahrenstechnik zunehmend Anwendung. Kern dieser Verfahren sind „halbdurchlässige" oder „semipermeable" Polymer-Membranen, die Partikel und Moleküle selektiv durchlassen oder zurückhalten. Sie werden eingesetzt, um Partikel oder Moleküle entsprechend ihrer Größe aus Stoffströmen abzutrennen (z.B. Mikro-, Ultra-, Nano-Filtration oder Umkehrosmose) oder selektiv Moleküle zwischen zwei Stoffströmen auszutauschen (z.B. Drucklufttrocknung oder Membranreaktoren).

In den entsprechenden Membran-Apparaten trennt die Membran zwei Stoffströme voneinander. Darin ist die Membran spiralförmig aufgewickelt („Wickel-Modul") oder in Form von zahlreichen parallelen dünnen Schläuchen („Hohlfaser-Modul") angeordnet. Üblicherweise sind die Apparate schlank zylindrisch, d.h. rohrförmig mit den Anschlüssen für die Zu- und Ableitungen in den Rohrabschlüssen (**Bild 2.10**).

2.2.4 Wärmeaustauscher

Wärmeaustauscher dienen zur Wärmeübertragung von einem wärmeren auf einen kälteren Stoffstrom. Meist berühren sich die beiden Ströme dabei nicht direkt, sonder sind durch eine Wand

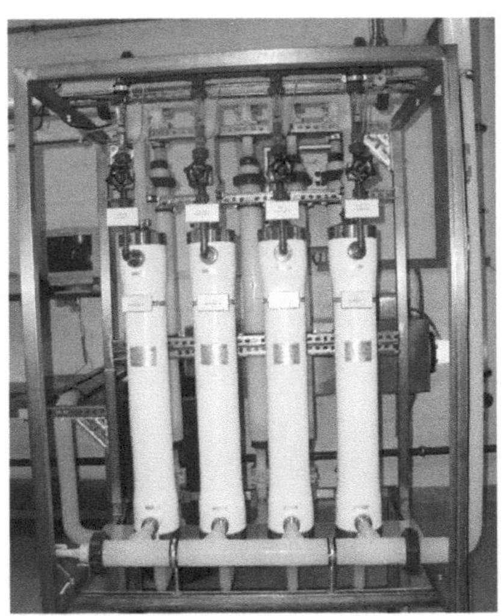

Bild 2.10: Ultrafiltrations-Apparate in einer Reinstwasseranlage (Werkbild Purita GmbH, Wermelskirchen)

Bild 2.11: U-Rohr Wärmeaustauscher: links prinzipieller Aufbau, rechts Rohrbündel (Werkbild Linde AG Werksgruppe VA, München)

Bild 2.12: Gewickelter Rohrbündelwärmeaustauscher: links Rohrbündel, rechts kompletter Wärmeaustauscher bei Montage[1]
(Werkbilder Linde AG Werksgruppe VA, München)

[1] Der Wärmeaustauscher rechts enthält nicht das Rohrbündel links

Bild 2.13: Aluminium-Plattenwärmeaustauscher in einer sogenannten „Cold Box“ (Werkbild Linde AG Werksgruppe VA, München)

voneinander getrennt. Diese Wand kann die Wand eines Rohres sein, das innen durch- und außen umströmt wird wie z.B. in einem Rohrbündelwärmeaustauscher (**Bilder 2.11** und **2.12**) oder eine Platte, an deren Oberflächen die beiden Fluide entlang strömen (Plattenwärmeaustauscher, **Bild 2.13**).

2.2.5 Kolonnen

Kolonnen sind schlanke zylindrische Apparate (**Bild 2.14**). Wegen dieser charakteristischen Form werden sie auch „Türme“ genannt. Man unterscheidet z.B.:

- Füllkörperkolonnen mit lose geschütteten oder fest gepackten Füllkörpern aus unterschiedlichsten Werkstoffen auf Tragböden z.B. für Ad- oder Desorptionsprozesse
- Sprühkolonnen oder Blasensäulen, in denen ein Fluid (disperse Phase) über Düsen in einem anderen Fluid (kontinuierliche Phase) tropfen- oder blasenförmig verteilt wird z.B. für Absorptionsprozesse oder zum Direktwärmeaustausch zwischen den beiden Phasen
- Bodenkolonnen mit gelochten Böden z.B. für Rektifikationsprozesse

Bild 2.14: Kolonnen: links Phosgenkolonne bei der Schiffsverladung, rechts Destillationskolonne beim Straßentransport (Werkbilder Johann Stahl GmbH & Co. KG, Mannheim)

Entsprechend bestehen die Einbauten von Kolonnen aus Böden, Düsen, Vorrichtungen zur Vergleichmäßigung von Strömungen, zum Heizen oder Kühlen etc. (**Bild 2.15**). Hier sei auf DIN 28016[2] hingewiesen, worin die Benennung der verschiedenen Elemente von Kolonnen übersichtlich geregelt ist.

2.2.6 Reaktoren

Reaktoren sind Apparate, in denen chemische Reaktionen oder auch biologische Fermentationen („Fermenter") ablaufen. Sie werden speziell für die jeweilige Anwendung ausgelegt, die Variantenvielfalt ist entsprechend groß. Meist findet sich jedoch auch hier die typische zylindrische Form mit gewölbten Böden und Anschlussstutzen (**Bild 2.16**).

Bild 2.15: Prozessböden und Flüssigkeitsverteiler in einer Destillationskolonne (Werkbild Johann Stahl GmbH & Co. KG, Mannheim)

2 berücksichtigte Ausgabe: DIN 28016: 1987-01

Bild 2.16: Reaktoren: links Polymerisationsreaktor bei der Schiffsverladung
(Werkbild Johann Stahl GmbH & Co. KG, Mannheim);
rechts Methanolreaktor bei der Vorbereitung zur Wasserdruckprobe
(Werkbild Deggendorfer Werft und Eisenbau GmbH, Deggendorf)

3. Werkstoffe

3. Werkstoffe

In der Rohrleitungs- und Apparatetechnik insgesamt findet sich eine Vielzahl verschiedener Werkstoffe (**Tabelle 3.1**). Etliche davon kommen jedoch nur in wenigen sehr speziellen Anwendungen vor. Die wichtigsten Apparate- und Rohrwerkstoffe stammen aus den Gruppen

- Eisenwerkstoffe
- Nichteisenmetalle
- Kunststoffe.

In den meisten Fällen werden die Wände von Apparaten, Rohrleitungen, Formstücken, Armaturen etc. voll aus einem bestimmten Werkstoff dieser Gruppen hergestellt. In manchen Fällen ist das jedoch nicht wirtschaftlich oder technisch nicht sinnvoll, z.B. wenn der benötigte Oberflächenwerkstoff sehr teuer (z.B. Edelmetalle oder hoch legierte Stähle) oder als tragender Werkstoff nicht geeignet ist (z.B. PTFE) oder wenn besondere Eigenschaften verschiedener Werkstoffe kombiniert werden sollen (z.B. diffusionsdichte Metallschicht in Kunststoffrohr). Dann kann mit Werkstoffkombinationen gearbeitet werden. Dazu wird z.B. die Oberfläche eines Bleches oder Rohres mit einem Kunststoff beschichtet, mit einem anderen Metall plattiert (**Bild 3.1**) oder ein vorgefertigter Verbundwerkstoff verwendet[1].

3.1 Eisenwerkstoffe

Die Gruppe der Eisenwerkstoffe hat in der Rohrleitungs- und Apparatetechnik die weitaus größte Bedeutung. Sie umfasst eine Vielzahl verschiedener Materialien, die auf dem Grundelement Eisen basieren. Es lassen sich zunächst die Gruppen

- Eisenknetwerkstoffe (gewalzter und geschmiedeter Stahl) und
- Eisengusswerkstoffe (Gusseisen, Stahl- und Temperguss)

[1] [10], [14]

Tabelle 3.1: Übersicht über Werkstoffe für Rohrleitungen und Apparate

<table>
<tr><td rowspan="5">Eisenwerkstoffe</td><td rowspan="4">Eisenknetwerkstoffe</td><td>Allgemeine Baustähle</td></tr>
<tr><td>Feinkornbaustähle</td></tr>
<tr><td>Nichtrostende Stähle</td></tr>
<tr><td>Warmfeste, kaltzähe, druckwasserstoffbeständige Stähle</td></tr>
<tr><td>Eisengusswerkstoffe</td><td>Gusseisen, Stahlguss, Temperguss</td></tr>
<tr><td rowspan="4">Nichteisenmetalle</td><td colspan="2">Cu, Al, Mg, Ni und ihre Legierungen</td></tr>
<tr><td colspan="2">Zink, Zinn, Blei</td></tr>
<tr><td>Sondermetalle</td><td>Titan, Tantal, Zirkonium, Niob, Molybdän</td></tr>
<tr><td>Edelmetalle</td><td>Gold, Silber, Platin</td></tr>
<tr><td rowspan="2">Kunststoffe</td><td>Duroplaste</td><td>Glasfaserverstärkte Kunststoffe</td></tr>
<tr><td>Thermoplaste</td><td>PVC, PP, PE, ABS, PVDF, PFA, PTFE etc.</td></tr>
<tr><td rowspan="3">Keramik</td><td colspan="2">Porzellan</td></tr>
<tr><td colspan="2">Steinzeug</td></tr>
<tr><td>Sonderwerkstoffe</td><td>Borcarbid, Siliziumcarbid, Siliziumnitrid</td></tr>
<tr><td>Graphit</td><td colspan="2">Hartkohle, elektrographitierte Kohle</td></tr>
<tr><td colspan="3">Beton, Faserzement, Glas</td></tr>
</table>

Bild 3.1: Plattieren mittels Elektroschlackenauftragsschweißen „RES" (Werkbild Deggendorfer Werft und Eisenbau GmbH, Deggendorf)

unterscheiden. Die Grenze zwischen Stahl und Gusseisen liegt allgemein (mit Ausnahmen) bei einem Kohlenstoffgehalt von 2 %[2]. Bis 2 % spricht man von Stahl, darüber von Gusseisen.

3.1.1 Eisenknetwerkstoffe

Eisenknetwerkstoffe sind Stähle, die durch Walzen oder Schmieden in die gewünschte Form gebracht werden. Dies ist eine sehr große Gruppe von Werkstoffen, deren Eigenschaften von ihrer chemischen Zusammensetzung sowie der Art ihrer Herstellung und weiteren Behandlung abhängen. **Tabelle 3.2** gibt einen Überblick über Ausdehnungskoeffizienten und Elastizitätsmoduln von Stahl. Festigkeitskennwerte sind für Bleche in Tabelle 7.4 und für Rohre in Tabelle 9.3 zu finden. Die Querkontraktionszahl von Stahl wird allgemein mit $\nu \approx 0{,}3$ angegeben.

In den folgenden Abschnitten wird zunächst kurz auf die Einteilung und Benennung der Stähle und danach auf einige für die Rohrleitungs- und Apparatetechnik besonders wichtige Stahlgruppen eingegangen.

Tabelle 3.2: Anhaltswerte für Ausdehnungskoeffizienten und Elastizitätsmoduln von Stahl (Werte aus: [3] und [43])

	Temperatur						
	20 °C	100 °C	200 °C	300 °C	400 °C	500 °C	600 °C
Linearer Wärmeausdehnungskoeffizient β_L in 10^{-6} K^{-1}							
niedrig legiert	11,9	12,7	13,7	14,7	15,7	16,7	17,7
Austenit	16,8	17,7	18,7	19,5	20,1	20,5	20,7
Mittlerer linearer Wärmeausdehnungskoeffizient $\overline{\beta}_L$ zwischen 20 °C und der jeweiligen Temperatur **in 10^{-6} K^{-1}**							
niedrig legiert	11,9	12,3	12,8	13,3	13,8	14,3	14,8
Austenit	16,8	17,3	17,8	18,2	18,7	19,0	19,3
Elastizitätsmodul E in 10^5 N/mm²							
niedrig legiert	2,12	2,07	1,99	1,91	1,83	1,74	1,66
Austenit	1,97	1,91	1,82	1,74	1,66	1,58	1,50

3.1.1.1 Einteilung und Bezeichnung von Stählen

Stähle werden entweder nach ihrer chemischen Zusammensetzung oder ihren wesentlichen Eigenschafts- und Anwendungsmerkmalen (Hauptgüteklassen) eingeteilt. DIN EN 10020[3] enthält die entsprechenden Definitionen. Nach der chemischen Zusammensetzung werden unterschieden:

---

[2] DIN EN 10020: 2000-07

[3] berücksichtigte Ausgabe: DIN EN 10020: 2000-07

- unlegierte Stähle
- nicht rostende Stähle
- andere legierte Stähle

Unlegierte Stähle enthalten neben Eisen und Kohlenstoff nur in sehr geringen Mengen zusätzliche Legierungselemente. Für die in Frage kommenden Legierungselemente sind „Grenzgehalte" festgelegt, die zwischen 0,05 und 1,65 % liegen. Nicht rostende Stähle enthalten mindestens 10,5 % Chrom und maximal 1,2 % Kohlenstoff. Alle Stähle, die weder die Bedingungen für unlegierte noch die für nicht rostende Stähle erfüllen, werden „andere legierte Stähle" genannt. **Tabelle 3.3** gibt eine Übersicht über die weitere Einteilung nach Hauptgüteklassen. Allgemein werden legierte Stähle mit bis zu 5 % eigenschaftsbestimmenden Elementen auch als „niedrig legiert", solche mit mehr als 5 % als „hoch legiert" bezeichnet.

Die Bezeichnung der Stähle ist in DIN EN 10027[4] geregelt. Jedem Stahl ist dort ein Kurzname (DIN EN 10027-1) und eine Werkstoffnummer (DIN EN 10027-2) zugeordnet. Die Kurznamen enthalten Informationen entweder über die Festigkeit und weitere Eigenschaften des Stahls oder über seine chemische Zusammensetzung.

Tabelle 3.3: Einteilung von Stählen nach DIN EN 10020: 2000-07

<table>
<tr><th>Einteilung nach der chemischen Zusammensetzung</th><th colspan="2">Einteilungen nach Hauptgüteklassen</th></tr>
<tr><td rowspan="2">Unlegierte Stähle</td><td colspan="2">Unlegierte Qualitätsstähle</td></tr>
<tr><td colspan="2">Unlegierte Edelstähle</td></tr>
<tr><td>Nichtrostende Stähle</td><td colspan="2">Nickelgehalt kleiner oder größer 2,5 %</td></tr>
<tr><td rowspan="4">Andere legierte Stähle</td><td colspan="2">Legierte Qualitätsstähle</td></tr>
<tr><td rowspan="3">Legierte Edelstähle</td><td>korrosionsbeständig</td></tr>
<tr><td>hitzebeständig</td></tr>
<tr><td>warmfest</td></tr>
</table>

3.1.1.2 Unlegierte Baustähle und Stähle für einfache Druckbehälter

Unlegierte Baustähle sind in der Rohrleitungs- und Apparatetechnik sehr häufig. Es sind einfache Stähle, die immer dann die erste Wahl sind, wenn die besonderen Eigenschaften anderer Stahlgruppen nicht notwendig sind (z.B. Korrosionsfestigkeit, Warmfestigkeit etc.). Die Kurznamen der meisten unlegierten Baustähle enthalten Informationen über deren Festigkeit, heute über die Mindeststreckgrenze in N/mm² (DIN EN 10027-1; z.B. S235, S275, S355)[5], früher über die Zugfestigkeit in kp/mm² (DIN 17100; z.B. St 37, St 44, St 52)[6]. Weitere Eigenschaften der Stähle werden durch zusätzliche Buchstaben und Zahlen angegeben. **Tabelle 3.4** enthält die unlegierten

Tabelle 3.4: Unlegierte Baustähle aus E DIN EN 10025: 2011-04 für Druckbehälter nach AD 2000 Merkblatt W1: 2006-07

Kurzname[5)] nach DIN EN 10027-1	**Frühere Bezeichnung** (jeweils ohne den Zusatz „+N") nach DIN 17100
S235JR+N	RSt 37-2
S235J2+N	-
S275JR+N	St 44-2
S275J2+N	-
S355J2+N	-
S355K2+N	-

[4] berücksichtigte Ausgaben: DIN EN 10027-1: 2005-10, DIN EN 10027-2: 1992-09

[5] Der Buchstabe „S" am Anfang des Kurznamens bedeutet „Baustahl"

[6] „Kilopond" (kp) ist eine veraltete Kraft-Einheit, die sich in diesem Zusammenhang jedoch hartnäckig gehalten hat.

Baustähle aus DIN EN 10025[7], die nach AD-Merkblatt W1[8] für Druckbehälter verwendet werden dürfen. Die beiden Zeichen im Kurznamen hinter dem Wert für die Streckgrenze machen Angaben über die Kerbschlagarbeit, das „+N" bedeutet „normalgeglüht oder in einem durch normalisierendes Walzen gleichwertigen Zustand". Der S355 entspricht bezüglich der Festigkeit dem früheren St 52.

Druckbehälter für Luft und Stickstoff mit einem Überdruck von mindestens 0,5 bar sind „einfache Druckbehälter" nach EG-Richtlinie 87/404/EEC. Speziell dafür sind in DIN EN 10207[9] und entsprechend in AD-Merkblatt W1 folgende Werkstoffe zugelassen[10]:

- P235S (unlegierter Qualitätsstahl)
- P265S (unlegierter Qualitätsstahl)
- P275SL (unlegierter Edelstahl)

3.1.1.3 Feinkornbaustähle

Feinkornbaustähle weisen eine besonders feine Kornverteilung auf, die durch spezielle Herstellungsverfahren erreicht wird. Sie gibt den Stählen höhere Festigkeit und geringere Sprödbruchempfindlichkeit. Außerdem sind sie besonders gut zum Schweißen geeignet. **Tabelle 3.5** enthält eine Übersicht über normalgeglühte Feinkornbaustähle für Druckbehälter nach DIN EN 10028-3: 2009-09. Daneben enthält diese Norm je einen Teil zu thermomechanisch gewalzten (Teil 5) und vergüteten (Teil 6) Feinkornbaustählen.

Tabelle 3.5: Schweißgeeignete Feinkornbaustähle für Druckbehälter nach DIN EN 10028-3: 2009-09

Reihe*	Heutiger Kurzname (DIN EN 10028-3)	Früherer Kurzname (DIN 17102)
Warmfeste Reihe	P275NH	WStE 285
	P355NH**	WStE 355
	P460NH	WStE 460
Kaltzähe Reihe	P275NL1	TStE 285
	P355NL1	TStE 355
	P460NL1	TStE 460
Kaltzähe Sonderreihe	P275NL2	EStE 285
	P355NL2	EStE 355
	P460NL2	EStE 460

*) Diese Reiheneinteilung stammt aus DIN EN 10028-3; 1993-04 (zurückgezogen 2003-09)
Sie ist in der aktuellen Ausgabe dieser Norm nicht mehr enthalten
**) außerdem P 355 N

3.1.1.4 Nichtrostende Stähle

Unlegierter Stahl ist, wie allgemein bekannt, sehr korrosionsanfällig. Mit bestimmten Legierungselementen kann die Resistenz jedoch entscheidend erhöht werden. Wie in *Abschnitt 3.1.1.1* beschrieben enthalten nicht rostende Stähle nach DIN EN 10020 mindestens 10,5 % Chrom. In der Literatur werden häufig auch andere Werte genannt, z.B. [8]:

---

[7] berücksichtigte Ausgabe: E DIN EN 10025: 2011-04
[8] berücksichtigte Ausgabe: AD 2000 W 1: 2006-07
[9] berücksichtigte Ausgabe: DIN EN 10207: 2005-06
[10] Der Buchstabe „P" am Anfang des Kurznamens bedeutet „Druckbehälterstahl"

- „rostbeständig“ mit mindestens ca. 13 % Chrom
- „säurebeständig“ mit 17 bis 18 % Chrom und zusätzlich 1,5 bis 3 % Molybdän und/oder 8 bis 12 % Nickel

In jedem Fall ist zu beachten, dass die hohe Korrosionsbeständigkeit nur bei metallisch blanker Oberfläche gegeben ist. Eine Beständigkeit gegen interkristalline Korrosion, die z.B. Schweißbarkeit ohne Wärmenachbehandlung ermöglicht, wird zudem durch einen Kohlenstoffanteil unter 0,05 % (besser <0,03 %) oder stabilisierende Legierungselemente wie Titan oder Niob erreicht.

Nach der Gefügestruktur werden hoch legierte Stähle unterschieden in:

- *austenitische* mit niedrigem Kohlenstoffgehalt (< 0,08 %), 16 bis 28 % Chrom und 6 bis 35 % Nickel, nicht härtbar, mit günstigen Verformungs- und Zähigkeitseigenschaften sowie besonders hoher Säureresistenz

Tabelle 3.6: Beispiele nicht rostender Stähle für Druckbehälter nach DIN EN 10028-7: 2008-02

Kurzname	Werkstoff-nummer	Besonderheiten*
		ferritisch
X 6 CrNiTi 12	1.4516	resistent gegen einige kalte und heiße alkalische Lösungen, chloridfreie Kühlsolen, kalte Öle und Fette, Benzin, Benzol, Seifenlösungen, die meisten Waschmittel u.ä.; resistent gegen Salpetersäure (keine Spitzenbeanspruchung); Verwendung z.B. für Wärmetauscher; nach Schweißung anfällig gegen interkristalline Korrosion
		austenitisch
X 5 CrNi 18-10	1.4301	Standard für Nahrungsmittel, hochglanzpolierfähig
X 2 CrNi 19-11	1.4306	
X 2 CrNi 18-10	1.4311	
X 6 CrNiTi 18-10	1.4541	Anwendung z.B. im chemischen Apparatebau für normale korrosive Belastung, nicht hochglanzpolierfähig***
X 6 CrNiNb 18-10	1.4550	***
X 5 CrNiMo 17-12-2	1.4401	Anwendung z.B. in Textilindustrie statt 1.4541, da Hochglanzpolierfähigkeit notwendig**
X 2 CrNiMo 17-12-2	1.4404	**, entspricht AISI 316L****
X 6 CrNiMoTi 17-12-2	1.4571	Anwendung z.B. im chemischen Apparatebau für starke korrosive Belastung; nicht hochglanzpolierfähig**, ***
X 2 CrNiMoN 17-13-3	1.4429	**
X 2 CrNiMo 18-14-3	1.4435	**, entspricht AISI 316L****
X 3 CrNiMo 17-13-3	1.4436	**
X 2 CrNiMoN 17-13-5	1.4439	hochmolybdänhaltig, erhöhte Beständigkeit gegen chlorionenhaltige Lösungen** ; ***

* aus: [4] und Mannesmann-Broschüre: „Rohre aus nichtrostenden und säurebeständigen Stählen“, Juli 1982

** molybdänlegierte Cr-Ni-Stähle: erhöhte Säurebeständigkeit; verminderte Anfälligkeit gegen Lochfraß; beständig gegen organische Säuren (Essig-, Ameisen-, Oxal-) auch bei erhöhten Temperaturen und Konzentrationen; beständig gegen anorganische Säuren wie Schwefel-, schwefelige, Schwefel- und Salpeter-Mischung in bestimmten Temperatur- und Konzentrationsbereichen, bevorzugte Anwendung in der Textil-, Sulfitzellstoff-, Fettsäureindustrie und Fettsäuredestillation

*** mit Titan oder Niob als Carbidbildner legierte Cr-Ni- und Cr-Ni-Mo-Stähle sowie austenitische Stähle mit max. 0,03 % C: kornzerfallbeständig, keine thermische Nachbehandlung nach dem Schweißen nötig

**** Die Werkstoffbezeichung 316L oder SS316L nach US-amerikanischem Standard (AISI = American Iron and Steel Institute) ist z.B. für hochreine Medienversorgung auch in Deutschland gebräuchlich

- *ferritische* mit niedrigem Kohlenstoffgehalt und ca. 12 bis 19 % Chrom, nicht härtbar, chemische Resistenz geringer als die von austenistischen Stählen, hohe Drücke kritisch [13], Einsatz z.B. für Wärmeaustauscher [8]
- *austenitisch-ferritische* mit niedrigem Kohlenstoffgehalt und Chrom-, Nickel- und Stickstoffanteilen, besonders beständig gegen Spannungsrisskorrosion
- *martensitische* mit 0,05 bis 1,2 % Kohlenstoff und 12 bis 19 % Chrom, härtbar, geeignet für mechanisch stark beanspruchte Konstruktionsteile, nicht uneingeschränkt schweißbar

Tabelle 3.6 enthält einige Beispiele.

Die in der Praxis häufig verwendeten Bezeichnungen „V2A" und „V4A" für nicht rostende austenitische Stähle stammen von der Friedrich Krupp AG aus dem Jahr 1912. Der originale „V2A"-Stahl von 1912 mit 8% Nickelgehalt wird heute nicht mehr hergestellt. Sein direkter Nachfolger, der heute 30% an der gesamten Produktion rostfreier Stähle ausmacht, ist der X 5 CrNiMo 18-10 (1.4301; siehe Tabelle 3.6). Dem „V4A"-Stahl, der sich vom „V2A" durch höheren Nickel- und zusätzlichen Molybdän-Gehalt unterscheidet, entsprechen heute die Stähle 1.4401, 1.4404 und 1.4571[11].

3.1.1.5 Warmfeste Stähle

Stahl ist im Vergleich zu anderen Werkstoffen, z.B. Kunststoff, gut wärmebeständig. Selbst allgemeine Baustähle sind bis ca. 300 °C einsetzbar. Die Festigkeit nimmt jedoch mit steigender Temperatur ab. Bei hohen Temperaturen weist auch Stahl zudem ein Zeitstandsverhalten auf, d.h. seine Anfangsfestigkeit lässt unter Beanspruchung mit der Zeit nach. Stähle, die höhere Temperaturen vertragen, nennt man „warmfest", bei extremen Temperaturen auch „hochwarmfest" [13].

Unlegierte warmfeste Stähle sind bis etwa 400 °C einsetzbar. Legierungen mit Molybdän bzw. Chrom und Molybdän ergeben niedrig legierte Stähle, die bis über 500 °C einsetzbar sind. Hochwarmfeste Stähle sind hoch legiert und mit martensitischem Gefüge bis 650 °C bzw. mit austenitischem Gefüge bis 900 °C einsetzbar. „Hitzebeständig" werden Stähle genannt, die über 600 °C außerdem besondere chemische Eigenschaften aufweisen wie z.B. Zunderfestigkeit [14].

Tabelle 3.7 enthält legierte und unlegierte warmfeste Stähle aus DIN EN 10028-2: 2009-09, die nach AD-Merkblatt W1[12] für Druckbehälter verwendet werden dürfen.

Tabelle 3.7: Warmfeste Stähle aus DIN EN 10028-2: 2009-09 für Druckbehälter nach AD 2000 Merkblatt W1

Kurzname nach DIN EN 10028-2	**Frühere Bezeichnung** nach DIN 17155
P235GH	H I
P265GH	H II
P295GH	17 Mn 4
P355GH	19 Mn 6
16Mo3	15 Mo 3
13CrMo4-5	13 CrMo 4 4
10CrMo9-10	10 CrMo 9 10
15NiCuMoNb5-6-4	-
12CrMo9-10	-
20MnMoNi4-5	-

3.1.1.6 Kaltzähe Stähle

Unlegierte Stähle verlieren bei Temperaturen unterhalb des Gefrierpunktes deutlich an Zähigkeit. Damit steigt die Sprödbruchgefahr. Bestimmte Stahlgefüge sind allerdings auch geeignet für den Einsatz bei sehr tiefen Temperaturen. Das sind im unlegierten Bereich z.B. bestimmte Feinkornbaustähle. Niedriglegierte Stähle mit 2 bis 2,5 % Nickel [13] sind bis ca. –100 °C einsetzbar, hochlegierte mit 9 % Nickel bis ca. –200 °C und austenitische Chrom-Nickel-Stähle je nach Legierung bis –250 °C oder bis unter –270 °C. **Tabelle 3.8** enthält kaltzähe Stähle und Rohre mit den tiefsten Anwendungstemperaturen nach AD-Merkblatt W10[13]. Es ist zu bemerken, dass

---

[11] ThyssenKrupp Newsletter, Nirosta Customer Information – Jubilee – 18. Oktober 2012

[12] berücksichtigte Ausgabe AD 2000 W1: 2006-07

[13] berücksichtigte Ausgabe AD 2000 W10: 2007-11

Tabelle 3.8: Kaltzähe Stähle nach AD 2000 Merkblatt W10: 2007-11

Stahlart	Stahlsorte	Tiefste Anwendungs-temperatur in °C *
Kaltzähe Stähle DIN EN 10028-4	11MnNi5-3 13MnNi6-3	- 140
	12Ni14	- 185
	X8Ni9	- 273
Nahtlose und geschweißte Rohre aus kaltzähen Stählen DIN EN 10216-4 DIN EN 10217-4 DIN EN 10217-6	P215NL	- 130
	P255QL**	- 130
	26CrMo4-2**	- 145
	11MnNi5-3** 13MnNi6-3**	- 140
	12Ni14**	- 185
	X12Ni5**	- 200
	X10Ni9**	- 273

*) unter der Voraussetzung, dass die zulässige Spannung nur zu maximal 25 % ausgenutzt und Spannungsspitzen vermieden werden (Beanspruchungsfall III nach AD 2000 W10)

**) nur für nahtlose Rohre

auch andere, z.B. einige nichtrostende austenitische Stähle (s.o.), bis zu solchen Temperaturen einsetzbar sind[14].

3.1.1.7 Druckwasserstoffbeständige Stähle

Durch Druckwasserstoff können Stähle unter Bildung von Methan entkohlt und damit versprödet werden. Spezielle Legierungen insbesondere mit Chrom und Molybdän sind dagegen beständig.

3.1.2 Eisengusswerkstoffe

Guss eignet sich insbesondere zur Herstellung von Bauteilen mit unregelmäßigen geometrischen Formen, z.B. Armaturen oder Pumpengehäusen, die schlecht aus gewalztem Stahl herzustellen sind. Er wird jedoch auch für Behälter und Rohre eingesetzt. Durch die natürliche Gusshaut ergeben sich im Vergleich zu gewalztem Stahl ähnlicher Zusammensetzung z.B. höhere Korrosions-, Verschleiß- und Zunderfestigkeit. Gussteile weisen herstellungsbedingt relativ große Mindestwanddicken auf. Nach dem Kohlenstoffgehalt unterscheidet man Gusseisen und Stahlguss.

3.1.2.1 Gusseisen

Das Bezeichnungssystem für Gusseisen ist in DIN EN 1560[15] geregelt. **Tabelle 3.9** zeigt einige Beispiele für dort definierte Bezeichnungen. Die ersten beiden Buchstaben „EN“ stehen für europäische Normung. Die Buchstaben nach dem ersten Bindestrichen bedeuten Guss (G), Eisen (J) und die Art der Grafitstruktur (z.B. L für laminar, S für globular). Die Zahl nach dem zweiten Bindestrich gibt die Mindestzugfestigkeit in N/mm^2 an. Die Zeichen nach dem dritten Bindestrich geben weitere spezielle Werkstoffeigenschaften an. Häufig werden jedoch noch die alten Bezeichnungen (s.u.) verwendet.

Gusseisen zeichnet sich durch sehr gute Gießeigenschaften und gute Korrosionsfestigkeit aus. Es enthält mehr als 2 % Kohlenstoff, der im Grauguss als Graphit entweder in Lamellenform (lamellares Gusseisen, EN-GJL nach DIN EN 1561[16], früher GG) oder in Kugelform (globulares Gusseisen, EN-GJS nach DIN EN 1563[17], früher GGG) vorliegt. Globulares Gusseisen weist höhere Festigkeit

[14] siehe z.B. AD 2000 Merkblatt W10

[15] berücksichtigte Ausgabe: DIN EN 1560: 2011-05

[16] berücksichtigte Ausgabe: DIN EN 1561: 2012-01

[17] berücksichtigte Ausgabe: DIN EN 1563: 2012-03

Tabelle 3.9: Einsatzgrenzen von Gusseisen mit Kugelgraphit nach DIN EN 1563: 2012-03 und AD 2000 Merkblatt W3/2: 2000-10

Gusseisensorte aus DIN EN 1563	Frühere Bezeichnung (DIN 1093)	Betriebs-temperatur in °C	Festigkeits-kennwert K* in N/mm²	Maxi-maler PN	Bruch-dehnung A in %*	Maximales Druckinhalts-produkt p · V in bar · Liter
EN-GJS-700-2	GGG 70	-10 ...350	420	25	2	65.000
EN-GJS-600-3	GGG 60		370	25	3	65.000
EN-GJS-500-7	GGG 50		320	64	7	80.000
EN-GJS-400-15	GGG 40		250	100	15	100.000

* für Wandicke bis 30 mm

und Zähigkeit auf und wird auch „duktiles" Gusseisen genannt. Verglichen mit gewalztem Stahl ist die Zähigkeit jedoch gering. Deshalb ist seine Eignung für Druckbehälter eingeschränkt. Tabelle 3.9 zeigt die Einsatzgrenzen von Gusseisen mit Kugelgraphit (duktiles Gusseisen) für Druckbehälter nach AD-Merkblatt W3/2[18]. Druckrohre aus duktilem Gusseisen werden häufig für erdverlegte Wasser- und Gas-Rohrleitungen verwendet.

Die maximalen Betriebstemperaturen, bei denen Gusseisen eingesetzt werden kann, liegen je nach Anwendung und Legierung zwischen ca. 100 °C und 450 °C [14]. Wie bei Stahl (s.o.) wird zwischen unlegiertem, niedrig und hoch legiertem Gusseisen unterschieden. Korrosionsfestes austenitisches Gusseisen mit Lamellengraphit (GJL) oder Kugelgraphit (GJS), jeweils nach DIN EN 13835[19], ist hoch mit Nickel (bis 36 %), meist Chrom und fallweise Kupfer etc. legiert. In DIN EN 1563 sind außerdem folgende mechanische Eigenschaften für globulares (duktiles) Gusseisen angegeben:

- Querkontraktionszahl $\nu = 0{,}275$ (mit Ausnahmen)
- Mittlerer linearer Wärmeausdehnungskoeffizient zwischen 20 und 400 °C: $\overline{\beta}_L = 12{,}5 \cdot 10^{-6}\ K^{-1}$

3.1.2.2 Stahlguss

Stahlguss mit weniger als 2 % Kohlenstoff ist weniger gut vergießbar als Grauguss. Er weist jedoch höhere Festigkeit und häufig höherer Zähigkeit auf. In DIN EN 10213[20] ist Stahlguss für Druckbehälter genormt.

Hochlegierte Ferrite oder Austenite (Cr-Ni) sind teilweise hitzebeständig und bis über 1100 °C anwendbar. Nichtrostender Stahlguss, hauptsächlich mit Chrom oder Chrom und Nickel hoch legiert, weist ähnliche Korrosionsbeständigkeit auf wie die gewalzten Stähle gleicher Zusammensetzung, zusätzlich jedoch häufig noch erhöhte Verschleißfestigkeit.

3.1.2.3 Temperguss

Temperguss ist in DIN EN 1562[21] genormt. Nach dem Rohguss, der graphitfrei ist (weißes Gusseisen), wird in einer Wärmenachbehandlung (Tempern) Graphit (Temperkohle) gebildet. Temperguss zeichnet sich durch gute Zähigkeit und Stoßfestigkeit aus, es können jedoch nur kleine, dünnwandige Teile gegossen werden. Er wird in der Rohrleitungstechnik z.B. für Formstücke (Fittings) verwendet.

---

[18] berücksichtigte Ausgabe: AD 2000 W 3/2: 2000-10

[19] berücksichtigte Ausgabe: DIN EN 13835: 2012-04

[20] berücksichtigte Ausgabe: DIN EN 10213: 2008-01

[21] berücksichtigte Ausgabe: DIN EN 1562: 2012-05

3.2 Nichteisenmetalle

In der Rohrleitungs- und Apparatetechnik findet eine Vielzahl verschiedener Nichteisenmetalle Anwendung, wenngleich ihre Bedeutung insgesamt deutlich geringer ist als die von Eisenwerkstoffen. Insbesondere nichtrostende Stähle haben einige klassische Nichteisenmetalle (z.B. Kupfer oder Messing) zurückgedrängt. Andererseits gibt es neue, die an Bedeutung gewinnen (z.B. Nickellegierungen oder Titan). Allgemein sind es besondere Eigenschaften, derentwegen Nichteisenmetalle für spezielle Anwendungen geeignet sind, z.B.:

- hohe Korrosionsresistenz gegen spezielle Stoffe und unter speziellen Bedingungen
- besonders gute Verarbeitbarkeit generell oder unter bestimmten Bedingungen
- Verhalten bei hohen oder tiefen Temperaturen
- besondere physikalische Eigenschaften (z.B. elektrische Leitfähigkeit oder Wärmeleitfähigkeit)

Ein Übersicht über relevante Nichteisenmetalle zeigt Tabelle 3.1, im folgenden wird auf die wichtigsten näher eingegangen.

3.2.1 Kupfer

Von allen Gebrauchsmetallen hat Kupfer die längste Geschichte. Die Menschheit benutzt es bereits seit 9000 Jahren [25]. Auch heute findet es noch weite Verbreitung aufgrund folgender besonderer Eigenschaften:

- allgemein gute Korrosionsbeständigkeit
- leichte Formbarkeit
- sehr hohe elektrische Leitfähigkeit und Wärmeleitfähigkeit

Die Korrosionsbeständigkeit von Kupfer ist jedoch differenziert zu sehen. Während es gegen neutrales und alkalisches Wasser, Alkohole, Kohlenwasserstoffe und Fettsäuren im allgemeinen beständig ist, wird es von manchen verunreinigten Wässern, verdünnten Säuren und anderen Stoffen angegriffen. Bei Kontakt mit bestimmten Stoffen können sich giftige Kupfersalze bilden. Daraus ergeben sich Einschränkungen bei der Verwendung im Lebensmittelbereich (z.B. für Lebensmittel, die organische Säuren enthalten, auch Milch). Kupfer wurde in diesem Bereich generell von rostfreien Stählen stark zurückgedrängt [13]. Außerdem können bei Kupfer verstärkt außergewöhnliche Korrosionserscheinungen auftreten wie Lochkorrosion („Lochfraß“) oder Erosionskorrosion (Ablösung der schützenden Oxidschicht bei hohen Strömungsgeschwindigkeiten).

Tabelle 3.10: Beispiele mechanischer Eigenschaften von Kupfer (Cu-DHP) bei Raumtemperatur nach AD 2000 Merkblatt W 6/2: 2009-03

Werkstoffzustand	**Mindest-streckgrenze** $R_{p0,2}$ in N/mm^2	**Mindestzug-festigkeit** R_m in N/mm^2	**Bruch-dehnung** A in %
Bleche und Bänder (Probenrichtung quer)			
R 200	40	200	42
R 220	45	220	42
R 240	180	240	15
Nahtlose Rohre (Probenrichtung längs)			
R 200	40	200	40
R 220	45	220	40
R 250	150	250	20

Tabelle 3.11: Anhaltswerte für Ausdehnungskoeffizienten und Elastizitätsmoduln von Kupfer

	Temperatur					
	20 °C	**100 °C**	**200 °C**	**300 °C**	**400 °C**	**500 °C**
mittlerer linearer Wärmeausdehnungskoeffizient $\bar{\beta}_L$ zwischen 20 °C und der jeweiligen Temperatur **in 10^{-6} K^{-1}**						
	16,8	17,0	17,2	17,4	17,7	17,9
Elastizitätsmodul *E* in 10^5 N/mm^2						
weichgeglüht	1,10					
kaltumgeformt	1,32	1,28	1,22	1,18		

Die Festigkeit von Kupfer hängt von seiner Behandlung ab (Kaltverfestigung). So gibt es „Werkstoffzustände" mit Bruchfestigkeiten zwischen 200 und 400 N/mm^2. Entsprechend unterschiedlich sind Zähigkeit und Dehnbarkeit (siehe **Tabelle 3.10**). „Weiches" Kupfer mit geringer Festigkeit, aber hoher Zähigkeit und Dehnbarkeit (R200 und R220 nach DIN EN 1173[22]) ist sehr gut formbar. Es lässt sich im kalten wie im warmen Zustand biegen, was z.B. in der Rohrleitungstechnik ausgenutzt wird.

Kupfer wird bis etwa 250 °C eingesetzt. Wegen seines günstigen Verhaltens bei tiefen Temperaturen (bis –270 °C[23]) ist es in der Kältetechnik verbreitet. Durch die hohe Wärmeleitfähigkeit eignet es sich zur Verwendung in Wärmetauschern und für Heizschlangen. Löt- und Schweißbarkeit sind gut, bei hohen Temperaturen kommt es jedoch zu Grobkornbildung und Versprödung. Um Probleme durch Reaktionen von Wasserstoff mit Kupferoxid („Wasserstoffkrankheit" [25]) zu vermeiden, wird sauerstofffreies Kupfer (Cu-DHP, früher SF-CU oder Cu-OF[24]) verwendet. **Tabelle 3.11** enthält Anhaltswerte für Ausdehnungskoeffizienten und Elastizitätsmoduln von Kupfer.

3.2.2 Kupferlegierungen

Kupferlegierungen zeichnen sich wie reines Kupfer durch hohe Korrosionsresistenz und gute Umformfähigkeit aus. Sie weisen häufig günstigere Festigkeitseigenschaften und höhere Erosionsresistenz auf als reines Kupfer. Teilweise sind sie auch, im Gegensatz zu reinem Kupfer, gut zum Gießen geeignet. Die wichtigsten Kupferlegierungen sind:

- Messing (Cu-Zn)
- Bronze (klassisch Cu-Sn, aber auch Cu-Al, Cu-Ag, Cu-Be, Cu-Mn, Cu-Si)
- Kupfer-Nickel-Legierungen
- Rotguss (legiert mit Sn, Zn und Pb)

Außer den genannten enthalten diese Werkstoffe meist noch wei-

Tabelle 3.12: Grenztemperaturen von Kupfer und Kupferlegierungen für Druckbehälter nach AD 2000 Merkblatt W 6/2: 2009-03

Werkstoff-kurzzeichen	**Grenztemperaturen in °C**
Cu-DHP	-269...250
CuZn40	-196...250
CuZn39Pb0,5	-196...250
CuZu39Pb2Sn	-196...250
CuZn40Pb2	-196...250
CuZn20Al2As	<-10...250
CuZn28Sn1As	-269...250
CuZn38Sn1As	<-10...250
CuZu38AlFeNiPbSn	-196...250
CuNi10Fe1Mn	-269...300
CuNi30Mn1Fe	-269...350
CuAl10Ni5Fe4	<-10...250
CuNi30Fe2Mn2	-269...250

22 berücksichtigte Ausgabe: DIN EN 1173: 2008-08; frühere Bezeichnung F20 für R 200 und F22 für R 220

23 siehe z.B. Tabelle 3.12

24 Z.B. DIN EN 1652: 1998-03 (SF = sauerstofffrei; OF = oxygen free)

tere Legierungselemente. Sie werden hauptsächlich für Anwendungen in der Wärmeübertragung, d.h. für Wärmeaustauscher, Kondensatoren, Kühler, Erhitzer oder für die Herstellung von Armaturen eingesetzt. Am verbreitetsten sind Kupfer-Zink-Legierungen (Messing). Für höhere Temperaturen (über ca. 300 °C) sind Kupfer-Nickel-Legierungen geeignet. Rotguss wird für Armaturen verwendet, wenn keine hohe Warmfestigkeit gefordert ist. **Tabelle 3.12** enthält die Grenztemperaturen der für Druckbehälter geeigneten Kupferlegierungen nach AD-Merkblatt W 6/2[25].

3.2.3 Aluminium und Aluminiumlegierungen

Die besonderen Eigenschaften von Aluminium sind

- geringe Dichte (ca. 1/3 von Stahl oder Kupfer)
- gutes Verhalten bei tiefen Temperaturen (anwendbar bis –270 °C)
- gute Wärmeleitfähigkeit (fast wie Kupfer) und hohe elektrische Leitfähigkeit

Seine Korrosionsresistenz ist für viele Anwendungen ausreichend. Die Festigkeit von reinem Aluminium ist niedrig (Zugfestigkeit bei 40 N/mm²), lässt sich durch Legierung, Aushärtung und Kaltverfestigung jedoch wesentlich erhöhen. Wegen des geringen Gewichtes werden Aluminiumlegierungen gerne für Transportbehälter verwendet. Aufgrund der guten Eigenschaften des Aluminiums im Tieftemperaturbereich sind sie insbesondere für tiefkalte Stoffe (z.B.flüssige Luft) geeignet. Auch in der Wärmeübertragung ist es wegen der hohen Wärmeleitfähigkeit bei gleichzeitig geringem Gewicht verbreitet. **Tabelle 3.13** enthält die Grenztemperaturen der für Druckbehälter geeigneten Aluminiumlegierungen nach AD 2000 Merkblatt W 6/1[26]. Das numerische Bezeichnungssystem für Aluminium und Aluminiumlegierungen ist in DIN EN 573-1[27] geregelt. „AW" steht für Aluminium-Halbzeug, die vier Ziffern für die chemische Zusammensetzung (z.B. 1xxx für ≥ 99 % Al, 5xxx für Hauptlegierungselement Kupfer).

Tabelle 3.13: Einsatzbereich von Aluminium und Aluminiumlegierungen für allgemeine Druckbehälteranwendungen nach AD 2000 Merkblatt W 6/1: 2003-01

EN-Kurzzeichen*	Grenztemperaturen in °C
EN AW-1098	-270...100
EN AW-1080A	-270...100
EN AW-1070A	-270...100
EN AW-1050A	-270...300
EN AW-5754	-270...150
EN AW-5049	-270...250
EN AW-5083	-270...80

* Zusammensetzung entsprechend DIN EN 573-2: 1994-12

3.2.4 Nickel und Nickellegierungen

Nickellegierungen (auch: Nickelbasislegierungen) sind sehr hochwertige Werkstoffe, die sich insbesondere durch sehr hohe Warmfestigkeit, sehr hohe Korrosionsresistenz oder beides auszeichnen. Für die Rohrleitungs- und Apparatetechnik relevante Halbzeuge aus Nickel und Nickelknetlegierungen sind z.B. genormt in DIN 17750[28] (Bänder und Bleche) und DIN 17751[29] (Rohre), Nickellegierungen selbst in DIN 17741 bis DIN 17744[30]. Häufig werden für diese Werkstoffe z.B.folgende Bezeichnungen verwendet [27]:

---

[25] berücksichtigte Ausgabe: AD 2000 Merkblatt W 6/2: 2009-03

[26] berücksichtigte Ausgabe: AD 2000 Merkblatt W 6/1: 2003-01

[27] berücksichtigte Ausgabe: DIN EN 573-1: 2005-02

[28] berücksichtigte Ausgabe: DIN 17750: 2002-09

[29] berücksichtigte Ausgabe: DIN 17751: 2002-09

[30] berücksichtigte Ausgaben DIN 17741...17444 jeweils 2002-09

- Monel (z.B. Werkstoff-Nr. 2.4360, NiCu 30 Fe):
  Ni-Cu-Legierungen, warmfest bis 450 °C, verschleißfest, beständig gegen Spannungsrisskorrosion
- Inconel (z.B. Werkstoff-Nr. 2.4816, NiCr 15 Fe):
  Ni-Cr Legierungen, warmfest und zunderbeständig
- Hastelloy (z.B. Werkstoff-Nr. 2.4615, NiMo 27):
  warmfest bis über 1000 °C bei sehr hoher Korrosionsresistenz

Sie werden dann eingesetzt, wenn bei den Anforderungen an Korrosions- und Warmfestigkeit die Grenzen hochlegierter Stähle erreicht sind.

3.2.5 Titan und Titanlegierungen

Titan und Titanlegierungen sind sehr hochwertige Werkstoffe, deren Bedeutung insgesamt zunehmen. Ihre besonderen Eigenschaften sind:

- vergleichsweise geringe Dichte (ca. 4500 kg/m^3 und damit weniger als 60 % von Stahl)
- hohe Festigkeit (in etwa wie Baustahl)
- sehr hohe Korrosionsfestigkeit

Die technischen Lieferbedingungen von Titan sind in DIN 17860 bis DIN 17866 genormt (z.B. Bänder und Bleche in DIN 17860, nahtlose Rohre in DIN 17861; geschweißte Rohre in DIN 17866), Werkstoffeigenschaften zusätzlich in DIN 17869. Die Berechnungskennwerte für Festigkeitsberechnungen bei Raumtemperataur liegen für Titan je nach Sorte zwischen 200 (Ti1) und 350 (Ti4) N/mm^2. Dieser Wert sinkt z.B. für Ti4 bei 300 °C auf 130 N/mm^2 ab[31]. Mit fallenden Temperaturen auch unter Raumtemperatur steigen die Festigkeitswerte stetig an. Titan versprödet nicht, die Verformungsfähigkeit der Sorten geringerer Festigkeit bleibt bis zu sehr tiefen Temperaturen erhalten.

Wie gezeigt liegt die Festigkeit von Titan und seinen Legierungen in der Größenordnung von Baustählen. Verglichen mit Stahl weist es dagegen geringere Wärmeleitfähigkeit, einen niedrigeren Elastizitätsmodul (100.000 bis 120.000 N/mm^2) und höhere Zähigkeit auf. Diese Eigenschaften sind bei der Bearbeitung zu beachten und machen diese verhältnismäßig aufwändig und damit teuer.

Titan bildet schon bei Raumtemperatur eine stabile und porenfreie Passivschicht, die es gegen Korrosion durch oxidierende und neutrale sowie reduzierende Medien mit geringen Mengen an oxidierenden Bestandteilen schützt. Es ist korrosionsfest gegen Chlor-Ionen in anorganischen Medien wie z.B. Salzsole, Meerwasser oder feuchtem Chlorgas, jedoch nicht korrosionsfest z.B. gegen hochkonzentrierte Salz-, Schwefel- und Phosphorsäure, gegen trockenes Chlorgas oder fluorhaltige Medien. Durch Zusatz von Palladium kann die Korrosionsfestigkeit weiter erhöht werden.

Der mittlere lineare Wärmeausdehnungskoeffizient liegt für alle Titansorten im Bereich zwischen 20 °C und 400 °C zwischen $8{,}5 \cdot 10^{-6}$ und $9{,}5 \cdot 10^{-6}$ K^{-1}.

3.3 Kunststoffe

Kunststoffe sind industriell („künstlich“) erzeugte Werkstoffe. Sie sind aus Makromolekülen organischer Kohlenwasserstoffverbindungen aufgebaut. Die Makromoleküle werden bei der Kunststoffherstellung mit langen Ketten gleichartiger Monomer-Moleküle erzeugt. Je nach dem dabei ablaufenden chemischen Vorgang nennt man diesen Prozess Polymerisation, Polyaddition oder Polykondensation. Hinzu kommen meist Zusatzstoffe, die Verarbeitbarkeit und Gebrauchseigenschaften der Kunststoffe beeinflussen, z.B. Weichmacher, Farbstoffe etc.

---

31 DIN 17869: berücksichtigte Ausgabe 1992-06

Die hervorstechenden Eigenschaften von Kunststoffen sind:

- sehr geringe Dichte und damit geringes Gewicht der Bauteile
- keine Korrosion
- elektrische Isolatoren
- sehr geringe Wärmeleitfähigkeit
- hohe Wärmedehnung
- niedrige thermische Belastbarkeit
- häufig geringe Festigkeit

Die physikalischen Eigenschaften der verschiedenen Kunststoffarten werden dadurch bestimmt, wie die Makromolekülketten zueinander angeordnet und miteinander verbunden sind. Man unterscheidet:

- Thermoplaste
- Duroplaste
- Elastomere

Elastomere eignen sind wegen ihres weichen, gummielastischen Zustands bei Raumtemperatur als Dichtungsmaterialien, worauf hier nicht näher eingegangen werden soll. Thermoplaste und Duroplaste finden weiten Einsatz für Rohrleitungen, Lagerbehälter und Druckbehälter.

3.3.1 Thermoplaste

Thermoplaste erweichen, wie der Name sagt, mit steigender Temperatur zunehmend. Dieser Vorgang ist wiederholbar. Die meisten erreichen bei entsprechend hoher Temperatur einen plastischen, dickflüssigen Zustand, in dem sie gut zu verarbeiten sind, z.B. durch Extrusion, Spritzgießen etc. Außerdem sind sie dadurch schweißbar. Die meisten in der Rohrleitungstechnik verwendeten Kunststoffe gehören zu dieser Gruppe. Für etliche thermoplastische Kunststoffe sind umfangreiche Lieferprogramme von Rohrleitungen, Fittings und Armaturen verfügbar (*siehe Abschnitt 4.1 „Rohrleitungselemente“*).

In **Tabelle 3.14** sind Anhaltswerte für einige physikalische Eigenschaften der wichtigsten Thermoplaste zusammengestellt. Sie sind besonders gekennzeichnet durch:

- hohe bis sehr hohe chemische Resistenz
- glatte Oberflächen
- niedrige Festigkeit
- niedrigen Elastizitätsmodul

Tabelle 3.14: Anhaltswerte für physikalische Eigenschaften einiger gebräuchlicher thermoplastischer Kunststoffe (Werte aus [2])

Eigenschaft	Einheit	PVC	PE-HD hart	PP	PB	PVDF	PFA	PTFE	ABS
Dichte	kg/m³	1400	950	930	920	1780	2150	2150	1060
Zugfestigkeit	N/mm²	45...55	23...29	30...33	17...21	40...60	24...30	20...40	40
E-Modul	N/mm²	3000	900	1200	350	2000	280	350...750	2500
linearer Ausdehnungskoeffizient	10^{-6} K^{-1}	80	200	150	130	120	140	120...200	90

Tabelle 3.15: Grobübersicht über die chemische und thermische Resistenz einiger gebräuchlicher thermoplastischer Kunststoffe (Werte aus [2])

Kunststoff *	Hohe Resistenz gegen	Niedrige oder keine Resistenz gegen	Temperaturbereich	Bemerkungen
PVC	Die meisten Säuren und Laugen, Salzlösungen, mit Wasser mischbare organische Verbindungen	Aromatische und chlorierte Kohlenwasserstoffe (nicht PVC-C)	-10...+60 °C PVC-C -10...+90 °C	Preisgünstig, zahlreiche Rohrleitungskomponenten verfügbar, klebbar
PE-HD **PP**	Wässrige Lösungen von Säuren, Laugen und Salzen, schwache organische Lösemittel	Konzentrierte oxidierende Säuren, Halogene	-50...+80 °C	Schweißbar
ABS	Schwache Säuren und Laugen, Salzsohle	Aromatische Lösemittel, Öle	-40...+80 °C	Gute Kerbschlagzähigkeit bei niedrigen Temperaturen, klebbar
PVDF	Die meisten Säuren, Salzlösungen, aliphatische, aromatische und chlorierte Kohlenwasserstoffe, Alkohole, Halogene	Kethone, Äther, organische Laugen, Flusssäure	-140...+150 °C	Sehr gute Resistenzeigenschaften, teuer, schweißbar
PFA	Annähernd unbegrenzt		-190...+260 °C	Hervorragende chemische und thermische Resistenz, sehr teuer, schweißbar, bei Raumtemperatur biegeschlaff (Schläuche)
PTFE	Annähernd unbegrenzt		max. 260 °C	Schmilzt nicht, keine glatte Oberfläche, Neigung zum Kriechen, meist als Beschichtung verwendet

* PVC : Polyvinylchlorid; PE-HD: Polyethylen hart; PP: Polypropylen; ABS: Acrylnitril Butadien Styrol; PVDF: Polyvinylidenfluorid; PFA: Perfluoro-Alkoxyalkan; PTFE: Polytetrafluorethylen („Teflon")

Wie aus **Tabelle 3.15** ersichtlich weisen hoch fluorierte Kunststoffe wie PVDF, PFA und PTFE besonders hohe chemische Resistenz auf. Hier ist jedoch auch zu beachten, dass bei Erhitzung, d.h. z.B. beim Schweißen oder im Brandfall, giftige Fluorverbindungen entstehen können, wie auch Chlorverbindungen bei PVC. PTFE zersetzt sich, bevor es erweicht. Es ist daher nicht extrudier-, spritz- oder schweißbar, weist keine glatte Oberfläche auf und neigt außerdem stark zum Kriechen (beeinflusst Dichtigkeit von Fittings). Dies schränkt die Verwendbarkeit dieses hoch resistenten Werkstoffes stark ein. Er wird meist für Beschichtungen oder Einzelkomponenten wie Membranen o.ä. eingesetzt. Für Rohrleitungen und Behälter bietet PFA, das die Nachteile von PTFE nicht aufweist, einen guten Ersatz.

3.3.2 Duroplaste

Im Gegensatz zu Thermoplasten lassen sich Duroplaste nach dem Erstarren nicht wieder erweichen, sie bleiben irreversibel hart. In der Rohrleitungs- und Apparatetechnik werden sie in Form von „glasfaserverstärkten" Kunststoffen (GFK) verwendet. Üblich sind ungesättigte Polyester-

oder Epoxidharze im Verbund mit Textilglasfasern [1]. Sie werden für Druckrohre, Lagerbehälter und Druckbehälter verwendet (siehe z.B. Bild 2.7).

Die wesentlichen Eigenschaften der genannten Duroplaste sind in **Tabelle 3.16** zusammengestellt. Im Vergleich mit den Thermoplasten fallen folgende Eigenschaften besonders auf:

- höhere Festigkeit
- höherer Elastizitätsmodul
- nicht schweißbar

Die chemische Resistenz ist gut, jedoch nicht vergleichbar mit der hoch fluorierter Thermoplaste.

Tabelle 3.16: Anhaltswerte für physikalische Eigenschaften von glasfaserverstärkten Kunststoffen (Werte aus [1])

Eigenschaft	**Einheit**	**Glasfaserverstärktes Epoxidharz (EP-GF)**	**Glasfaserverstärktes Polyesterharz (UP-GF)**
Zugfestigkeit	N/mm^2	220...700	50...500
Elstizitätsmodul	N/mm^2	10.000...30.000	4.000...28.000
Biegefestigkeit	N/mm^2	280...800	70...550
Mittlerer linearer Wärmeausdehnungs-koeffizient	$10^{-6}\ K^{-1}$	12...18	12...40
Glasgehalt	%	50...65	20...65

4. Rohrleitungs- und Apparateelemente

4. Rohrleitungs- und Apparateelemente

Rohrleitungen und Apparate werden aus verschiedenen, meist genormten Elementen aufgebaut. Die Zahl der relevanten Normen ist groß, außerdem ist die Normung wegen der laufenden Angleichung der Rechtsvorschriften der Mitgliedsstaaten der Europäischen Union derzeit stark im Fluss. Im folgenden wird beispielhaft darauf verwiesen.

4.1 Rohrleitungselemente

Im Zusammenhang mit Normteilen für Rohrleitungen sind die folgenden beiden Begriffe von besonderer Bedeutung:

- PN nach DIN EN 1333[1] (**Tabelle 4.1**)
- Nenndurchmesser DN nach DIN EN ISO 6708[2] (**Tabelle 4.2**)

Tabelle 4.1: PN-Stufen nach DIN EN 1333: 2006-06

	16	160
2,5	25	250
		320
	40	400
6	63	
10	100	

Der PN wurde in der früheren Normung „Nenndruck“ genannt und entsprach dem maximal zulässigen Betriebsdruck (z.B. einer Rohrleitung) bei Raumtemperatur (20 °C). Als grober Anhaltswert kann dies sicherlich weiterhin dienen. In DIN EN 1333 wird jedoch explizit darauf hingewiesen, dass der zulässige Betriebsdruck außer vom PN auch von Werkstoff, Temperatur etc. abhängt. Die Druck-Temperatur-Zuordnung für Bauteile ist den entsprechenden Normen zu entnehmen. DIN EN 1333 bezieht sich auf die internationale Norm ISO 7268: 1983-05, in der der Begriff „Nenndruck” allerdings noch vorkommt.

Tabelle 4.2: Bevorzugte DN-Stufen nach DIN EN ISO 6708: 1995-09

10	100	1000 1100
	125	1200 1400
15	150	1500 1600 1800
20	200	2000 2200 2400
25	250	2600 2800
32	300 350	3000 3200 3400 3600 3800
40	400 450	4000
50	500	
60 65	600 700	
80	800 900	

Der Nenndurchmesser DN eines Rohres ist eine fiktive Größe ohne Einheit, die in der Größenordnung der realen Rohrdurchmesser in Millimetern liegt. Er ist jedoch allgemein weder mit dem Innen-, noch dem Außen- oder mittlerem Durchmesser eines Rohres identisch. Die Stufung der Nenndurchmesser DN orientiert sich an der früher (und heute noch im angloamerikanischen Raum) üblichen Stufung der Rohrdurchmesser in Zoll (englisch „Inches“). Sehr häufig werden in der Praxis noch diese Zoll-Maße für Rohrdurchmesser genannt, offiziell sind sie in Deutschland jedoch nicht. Es ist beabsichtigt, dass zwei Bauteile desselben Werkstoffes, für die jeweils dieselben PN und DN angegeben sind, zueinander passende Anschlussmaße für kompatible Flanschtypen (siehe *Abschnitt 4.1.2.2*) aufweisen.

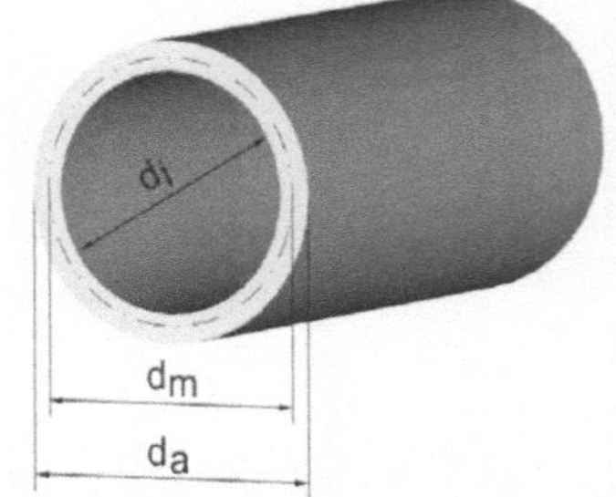

Bild 4.1: Durchmesserbenennung von kreisrunden Rohren

4.1.1 Rohre

Wie im *Kapitel 2 „Grundlegendes“* schon erwähnt, werden für bestimmte Anwendungen, insbesondere in der Abwassertechnik, auch andere als kreisrunde

---

[1] berücksichtigte Ausgabe: DIN EN 1333: 2006-06

[2] berücksichtigte Ausgabe: DIN EN ISO 6708: 1995-09

Tabelle 4.3: Übersicht über Technische Lieferbedingungen von Stahlrohren (Auszug)

<table>
<tr><th>Anwendung</th><th>Herstellungs-art</th><th>Besondere Eigenschaften bzw. Anwendungen</th><th>Technische Lieferbedingungen</th></tr>
<tr><td rowspan="13">Druck-beanspruchungen</td><td rowspan="5">nahtlos</td><td>Raumtemperatur</td><td>DIN EN 10216-1: 2004-07*</td></tr>
<tr><td>erhöhte Temperaturen</td><td>DIN EN 10216-2: 2007-10*</td></tr>
<tr><td>aus legierten Feinkornbaustählen</td><td>DIN EN 10216-3: 2004-07*</td></tr>
<tr><td>tiefe Temperaturen</td><td>DIN EN 10216-4: 2004-07*</td></tr>
<tr><td>aus nichtrostenden Stählen</td><td>DIN EN 10216-5: 2004-11*</td></tr>
<tr><td rowspan="8">geschweißt</td><td>Raumtemperatur</td><td>DIN EN 10217-1: 2005-04*</td></tr>
<tr><td>erhöhte Temperaturen (elektrisch geschweißt)</td><td>DIN EN 10217-2: 2005-04*</td></tr>
<tr><td>erhöhte Temperaturen (UP geschweißt)</td><td>DIN EN 10217-5: 2005-04*</td></tr>
<tr><td>aus legierten Feinkornbaustählen</td><td>DIN EN 10217-3: 2005-04*</td></tr>
<tr><td>tiefe Temperaturen (elektrisch geschweißt)</td><td>DIN EN 10217-4: 2005-04*</td></tr>
<tr><td>tiefe Temperaturen (UP geschweißt)</td><td>DIN EN 10217-6: 2005-04*</td></tr>
<tr><td>aus nichtrostenden Stählen</td><td>DIN EN 10217-7: 2005-05*</td></tr>
<tr style="display:none"></tr>
<tr><td>für Erdöl und Erdgas</td><td></td><td></td><td>DIN EN ISO 3183: 2013-03</td></tr>
<tr><td rowspan="2">für Wasser und wässrige Flüssigkeiten</td><td></td><td>aus unlegierten Stählen</td><td>DIN EN 10224: 2005-12</td></tr>
<tr><td>geschweißt</td><td>aus nichtrostenden Stählen</td><td>DIN EN 10312: 2005-12</td></tr>
<tr><td rowspan="4">Präzisionsstahl-rohre</td><td rowspan="2">nahtlos</td><td>kaltgezogen</td><td>DIN EN 10305-1: 2010-05</td></tr>
<tr><td>kaltgezogen, für Hydraulik- und Pneumatikdruckleitungen</td><td>DIN EN 10305-4: 2011-04</td></tr>
<tr><td rowspan="2">geschweißt</td><td>kaltgezogen</td><td>DIN EN 10305-2: 2010-05</td></tr>
<tr><td>maßgewalzt</td><td>DIN EN 10305-3: 2010-05</td></tr>
<tr><td>mit Eignung zum Schweißen und Gewindeschneiden**</td><td>nahtlos oder geschweißt</td><td>aus unlegiertem Stahl</td><td>DIN EN 10255: 2010-11</td></tr>
<tr><td rowspan="4">Maschinenbau und allgemeine techni-sche Anwendungen</td><td rowspan="2">nahtlos</td><td>aus unlegierten und legierten Stählen</td><td>DIN EN 10297-1: 2003-06</td></tr>
<tr><td>aus nichtrostenden Stählen</td><td>DIN EN 10297-2: 2006-02</td></tr>
<tr><td rowspan="2">geschweißt</td><td>aus unlegierten und legierten Stählen</td><td>DIN EN 10296-1: 2004-02</td></tr>
<tr><td>aus nichtrostenden Stählen</td><td>DIN EN 10296-2: 2006-02</td></tr>
</table>

* Neuentwurf liegt vor

** Nachfolge der früheren „Gewinderohre schwer und mittelschwer“

Rohre verwendet. In den allermeisten Fällen sind Rohre jedoch aus Gründen der Fertigungstechnik und der Druckbeanspruchung kreisrund, d.h. ihre Querschnittsform stellt einen Kreisring dar (**Bild 4.1**). Er ist durch den Außendurchmesser d_a und den Innendurchmesser d_i bestimmt. Für manche Berechnungen ist auch der mittlere Durchmesser d_m von Bedeutung:

$$d_m = \frac{d_a + d_i}{2} \tag{4.1}$$

Üblicherweise werden Rohrdurchmesser im SI-System[3] in Millimeter angegeben, im IP-System[4], das in den USA noch offiziell und verbreitet ist, sind Zoll[5] üblich. Die Rohrabmessungen sind in Durchmesserreihen getrennt nach Rohrwerkstoffen genormt. Herstellungsbedingt gibt der Nenndurchmesser (DN, s.o.) in aller Regel zunächst den Außendurchmesser vor[6], wobei der DN nicht gleich dem Außendurchmesser ist. Der jeweilige Innendurchmesser hängt von der Wandstärke ab. Die Maßnormen für Rohre enthalten jeweils eine oder mehrere Reihen von Außendurchmessern. Die Dimensionierung von Rohrdurchmessern und -wandstärken wird in den *Kapiteln 9 und 10* behandelt.

Die Länge der einzelnen Rohre, die zu Rohrleitungen verbunden werden, kann je nach Rohrwerkstoff, Anwendungsfall und Rohrdurchmesser sehr unterschiedlich sein. So werden Weichkupferrohre in Längen bis 50 Metern und flexible Kunststoffrohre aus PE-LD in Längen bis zu mehreren hundert Metern aufgewickelt geliefert. Für „harte" Rohre sind, Großrohre ausgenommen, Stücklängen um sechs Meter gängig.

4.1.1.1 Stahlrohre

Tabelle 4.3 gibt eine Übersicht über einige technische Lieferbedingungen von Stahlrohren. Daneben gibt es Normen für Maße und Massen mit Maßreihen für die Rohraußendurchmesser mit verschiedenen Wandstärken und den entsprechenden längenbezogenen Rohrmassen. Sie basieren auf ISO 4200 und enthalten wie diese jeweils drei Durchmesserreihen, wobei nur für die Reihe 1 sämtliches zur Konstruktion einer Rohrleitung nötige Zubehör genormt ist. **Tabelle 4.4** enthält die Grenzen der genormten Wanddicken von Stahlrohren allgemein nach DIN EN 10220 und der Vorzugswanddicken für nahtlose und geschweißte Rohre für Druckanwendungen nach DIN EN 10216 und 10217, jeweils für legierte und unlegierte Stähle. Sämtliche Wanddickenstufen zwischen den Grenzen, die unter der Tabelle aufgeführt sind, sind in dieser Norm spezifiziert. DIN EN 10220 enthält außerdem Maße und Massen für Präzisionsstahlrohre. **Tabelle 4.5** enthält die Wanddicken für Rohre aus nichtrostenden Stählen nach DIN EN ISO 1127. Diese Norm enthält außerdem Maße und Massen für ferritische und martensitische nichtrostende Stähle.

In den genannten Normen sind jeweils die längenbezogenen Massen (in kg/m) der betreffenden Stahlrohre mit den verschiedenen Wanddicken tabelliert. Diese Werte sind hier nicht aufgeführt, können jedoch mit der Dichte von 7850 kg/m^3 (bzw. 7968 kg/m^3 für austenitische nichtrostende Stähle) berechnet werden.

Eine besondere Gruppe von Stahlrohren nach deutscher Normung ist die der Gewinderohre. Diese Rohre werden mittels Außengewinden an den Rohrenden und Gewindemuffen miteinander verschraubt und waren in der Installationstechnik verbreitet (siehe auch *Abschnitt 4.1.2 „Rohrverbindungen"*). Die deutschen Normen für mittelschwere und schwere Gewinderohre (DIN 2440 und 2441) wurden ersetzt durch DIN EN 10255 (Tabellen 4.3 und **4.6**).

---

3 „Systeme Internationale d'Unités", nicht offiziell auch „metrisches System"
4 „Inch-Pound-System", nicht offiziell auch „Englisches System"
5 1 Inch = 1 Zoll = 25,4 mm
6 Eine Ausnahme bilden z.B. UP-GF-Rohre (s.u.)

Tabelle 4.4: Maße nahtloser und geschweißter Stahlrohre aus unlegierten und legierten Stählen; alle Maße außer DN in mm

Außen-durch-messer d_a (Reihe 1)	DN	Nahtlose und geschweißte Rohre Maße allgemein DIN EN 10220: 2003-02		Vorzugswanddicken nahtloser Rohre für Druckanwendungen DIN EN 10216-1 und -2*		Vorzugswanddicken geschweißter Rohre für Druckanwendungen DIN EN 10217-1 und -2*,**	
		kleinste Wanddicke	größte Wanddicke	kleinste Wanddicke	größte Wanddicke	kleinste Wanddicke	größte Wanddicke
10,2		0,5	2,6	1,6	2,6	1,4	2,6
13,5		0,5	3,6	1,8	3,6	1,4	3,6
17,2	10	0,5	4,5	1,8	4,5	1,4	4,0
21,3	15	0,5	5,4	2,0	5,0	1,4	4,5
26,9	20	0,5	8,0	2,0	8,0	1,4	5,0
33,7	25	0,5	8,8	2,3	8,8	1,4	8,0
42,4	32	0,5	10,0	2,6	10,0	1,4	8,8
48,3	40	0,6	12,5	2,6	12,5	1,4	8,8
60,3	50	0,6	16,0	2,9	16,0	1,4	10,0
76,1	65	0,8	20,0	2,9	20,0	1,4	10,0
88,0	80	0,8	25,0	3,2	25,0	1,4	10,0
114,3	100	1,2	32,0	3,6	32,0	1,4	11,0
139,7	125	1,6	40,0	4,0	40,0	1,6	11,0
168,3	150	1,6	50,0	4,5	50,0	1,6	11,0
219,1	200	1,8	70,0	6,3	70,0	2,0	12,5
273,0	250	2,0	80,0	6,3	80,0	2,0	12,5
323,9	300	2,6	100,0	7,1	100,0	2,0	12,5
355,6	350	2,6	100,0	8,0	100,0	2,6	12,5
406,4	400	2,6	100,0	8,8	100,0	2,6	12,5
457	450	3,2	100,0	10,0	100,0	3,2	12,5
508	500	3,2	100,0	11,0	100,0	3,2	16,0
610	600	3,2	100,0	12,5	100,0	3,2	28,0
711	700	4,0	100,0	25,0	100,0	4,0	32,0
813	800	4,0	65,0			4,0	32,0
914	900	4,0	65,0			4,0	40,0
1016	1000	4,0	65,0			4,0	40,0
1067		5,0	65,0			5,0	40,0
1118		5,0	65,0			5,0	40,0
1219	1200	5,0	65,0			5,0	40,0
1422	1400	5,6	65,0			5,6	40,0
1626	1600	6,3	65,0			6,3	40,0
1829	1800	7,1	65,0			7,1	40,0
2032	2000	8,0	65,0			8,0	40,0
2235	2200	8,8	65,0			8,8	40,0
2540	2400	10,0	65,0			10,0	40,0

Wanddickenstufung: 0,5; 0,8; 1; 1,2; 1,4; 1,6; 1,8; 2; 2,3; 2,6; 2,9; 3,2; 3,6; 4; 4,5; 5; 5,4; 5,6; 6,3; 7,1; 8; 8,8; 10; 11; 12,5; 14,2; 16; 17,5; 20; 22,2; 25; 28; 30; 32; 36; 40; 45; 50; 55; 60; 65

Berücksichtige Ausgaben:

* DIN EN 10216-1: 2004-07, DIN EN 10216-2: 2007-10, DIN EN 10217-1 und -2: 2005-04;

** DIN EN 10217-2 nur bis DN 500

Tabelle 4.5: Wanddicken austenitischer nichtrostender Stahlrohre (nahtlos und geschweißt)

Außendurchmesser d_a **in mm**	**DN**	**Wanddicken austenitischer nichtrostender Stahlrohre** nach DIN EN ISO 1127: 1997-03 **in mm**
10,2	6	1,0; 1,2; 1,6; 2,0
13,5	8	1,0; 1,2; 1,6; 2,0; 2,3; 2,9
17,2	10	1,0; 1,6; 2; 2,3; 3,2
21,3	15	1,0; 1,6; 2,0; 2,6; 3,2; 4,0
26,9	20	1,0; 1,6; 2,0; 2,6; 2,9; 3,2; 4,0
33,7	25	1,0; 1,2; 1,6; 2,0; 2,3; 2,6; 3,2; 4,5
42,4	32	1,6; 2,0; 2,6; 3,2; 3,6; 5,0
48,3	40	1,6; 2,0; 2,3; 2,6; 2,9; 3,2; 3,6; 4,0; 5,6;
60,3	50	1,6; 2,0; 2,3; 2,6; 2,9; 3,2; 3,6; 4,0; 5,6
76,1	65	1,6; 2,0; 2,3; 2,6; 2,9; 3,6; 4,0; 5,0; 7,1
88,9	80	1,6; 2,0; 2,3; 2,6; 2,9; 3,2; 3,6; 4,0; 5,6; 8,0
114,3	100	1,6; 2,0; 2,6; 2,9; 3,6; 4,5; 6,3; 8,8
139,7	125	1,6; 2,0; 2,6; 3,2; 4,0; 5,0; 6,3; 7,1; 10,0
168,3	150	1,6; 2,0; 2,6; 3,2; 4,0; 4,5; 5,0; 6,3; 7,1; 11,0
219,1	200	2,0; 2,6; 3,2; 3,6; 4,0; 6,3; 8,0; 12,5
273,0	250	2,0; 2,6; 3,2; 3,6; 4,0; 6,3; 10,0; 12,5; 14,2
323,9	300	2,6; 3,2; 4,0; 4,5; 5,0; 7,1; 10,0; 12,5
355,6	350	2,6; 3,2; 4,0; 5,0; 10,0; 11,0; 12,5
406,4	400	2,6; 3,2; 4,0; 5,0; 10,0; 12,5
457	450	3,2; 4,0; 5,0; 10,0; 12,5; 14,2
508	500	3,2; 3,6; 5,0; 5,6; 11,0; 12,5; 14,2
610	600	3,2; 4,0; 5,6; 6,3; 12,5; 14,2
711	700	7,1
813	800	8,0
914	900	8,8
1016	1000	10,0

Die Normen für technische Lieferbedingungen von Stahlrohren beziehen sich jeweils auf eine Werkstoffgruppe oder Anwendung (Tabelle 4.3). Sie beinhalten Angaben über

- Werkstoffe
- Chemische Zusammensetzung der Stähle
- Festigkeitswerte
- Schweißnahtwertigkeit
- Zulässige Maß- und Formabweichungen
- Prüfvorschriften

Einige dieser Werte werden im *Kapitel 9 „Festigkeitsberechnung von Rohrleitungen“* näher beschrieben.

4.1.1.2 Gussrohre

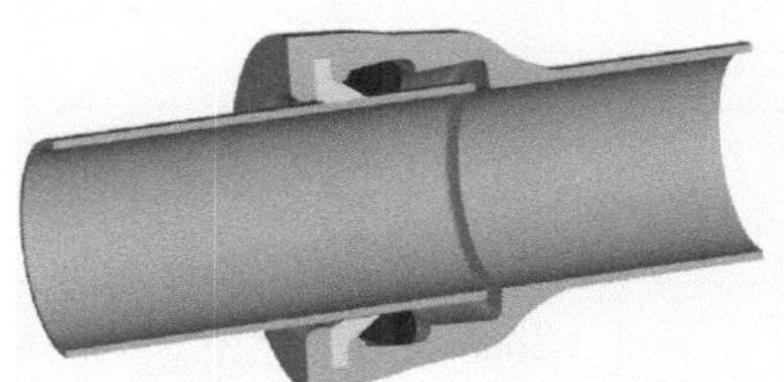

Bild 4.2: Muffenverbindung erdverlegter Gussrohre (Beispiel)

Rohre aus duktilem Gusseisen werden als Druckrohre in der Gas- und Wasserversorgung[7] wie auch als drucklose Rohre in der Abwassertechnik [31] jeweils erdverlegt eingesetzt. Neben Flanschrohren kommen dabei sehr häufig Muffenrohre zum Einsatz. Die Einzelrohre werden in Längen um sechs Meter geliefert. Beim Verlegen wird das Spitzende eines Muffenrohres in das Muffen-Ende des nächsten eingeschoben (**Bild 4.2**). Je nach Anforderungen kommen unterschiedliche Muffenkonstruktionen zum Einsatz. Sie sind so gestaltet, dass eine dauerhaft dichte und, falls nötig, auch längskraftschlüssige Verbindung entsteht (siehe *Abschnitt 4.1.2 „Rohrverbindungen"*). Aufgrund der herstellungsbedingt großen Wandstärken weisen Gussrohre eine hohe Tragfähigkeit auf, was sie besonders geeignet für die Erdverlegung macht. Zum Korrosionsschutz werden z.B. Kunststoff, aber auch Zementmörtel-Umhüllungen außen, Zementmörtelauskleidungen oder Bituminierungen innen, sowie kathodischer Korrosionsschutz angewendet.

---

[7] [29], [30], [31], [32]

Tabelle 4.6: Maße von „Gewinderohren" nach DIN EN 10255 und DIN 2442

(Nenn-)* Außen-durch-messer d_a in mm	DN	Wanddicke in mm				
		Rohre aus unlegiertem Stahl mit Eignung zum Schweißen und Gewindeschneiden DIN EN 10255: 2007-07		mit Gütevorschrift (DIN 2442: 1963-08) Maximale Betriebsdrücke (bei Temperaturen bis 120 °C)		
		Mittlere Reihe	Schwere Reihe	1…50 bar	80 bar	100 bar
10,2	6	2,0	2,6			2,65
13,5	8	2,3	2,9			2,90
17,2	10	2,3	2,9			2,90
21,3	15	2,6	3,2			3,25
26,9	20	2,6	3,2			3,25
33,7	25	3,2	4,0			4,05
42,4	32	3,2	4,0			4,05
48,3	40	3,2	4,0			4,05
60,3	50	3,6	4,5			4,50
76,1	65	3,6	4,5			4,50
88,9	80	4,0	5,0			4,85
114,3	100	4,5	5,4		5,40	6,30
139,7	125	5,0	5,4	5,40	7,10	8,00
165,1	150	5,0	5,4	5,40	8,00	8,80

* In DIN EN 10255 werden neben diesem Nenn-Außendurchmesser auch minimale und maximale Außendurchmesser festgelegt

Tabelle 4.7: Maße von Gussrohren für Gasleitungen nach DIN EN 969: 2009-07; alle Maße außer DN in mm

<table>
<tr><th rowspan="2">DN</th><th colspan="2">Außen-
durchmesser
d_a</th><th colspan="4">Gusswanddicke s</th></tr>
<tr><th colspan="2"></th><th colspan="2">Klasse K9</th><th colspan="2">Klasse K10</th></tr>
<tr><th></th><th>Nennmaß</th><th>Grenzab-
weichung</th><th>Nennmaß</th><th>Grenzab-
weichung</th><th>Nennmaß</th><th>Grenzab-
weichung</th></tr>
<tr><td>40</td><td>56</td><td rowspan="4">+1 / -1,2</td><td rowspan="8">6</td><td rowspan="8">-1,3</td><td rowspan="6">6</td><td rowspan="8">-1,3</td></tr>
<tr><td>50</td><td>66</td></tr>
<tr><td>60</td><td>77</td></tr>
<tr><td>65</td><td>82</td></tr>
<tr><td>80</td><td>98</td><td>+1 / -2,7</td></tr>
<tr><td>100</td><td>118</td><td>+1 / -2,8</td></tr>
<tr><td>125</td><td>144</td><td>+1 / -2,8</td><td>6,2</td></tr>
<tr><td>150</td><td>170</td><td>+1 / -2,9</td><td>6,5</td></tr>
<tr><td>200</td><td>222</td><td>+1 / -3,0</td><td>6,3</td><td>-1,5</td><td>7</td><td>-1,5</td></tr>
<tr><td>250</td><td>274</td><td>+1 / -3,1</td><td>6,8</td><td>-1,6</td><td>7,5</td><td>-1,6</td></tr>
<tr><td>300</td><td>326</td><td>+1 / -3,3</td><td>7,2</td><td>-1,6</td><td>8</td><td>-1,6</td></tr>
<tr><td>350</td><td>378</td><td>+1 / -3,4</td><td>7,7</td><td>-1,7</td><td>8,5</td><td>-1,7</td></tr>
<tr><td>400</td><td>429</td><td>+1 / -3,5</td><td>8,1</td><td>-1,7</td><td>9</td><td>-1,7</td></tr>
<tr><td>450</td><td>480</td><td>+1 / -3,6</td><td>8,6</td><td>-1,8</td><td>9,5</td><td>-1,8</td></tr>
<tr><td>500</td><td>532</td><td>+1 / -3,8</td><td>9</td><td>-1,8</td><td>10</td><td>-1,8</td></tr>
<tr><td>600</td><td>635</td><td>+1 / -4,0</td><td>9,9</td><td>-1,9</td><td>11</td><td>-1,9</td></tr>
</table>

Rohre, Formstücke und Zubehörteile aus duktilem Gusseisen und ihre Verbindungen sind für Wasserleitungen in DIN EN 545[8], für Gasleitungen in DIN EN 969[9] genormt. Dort werden jeweils verschiedene Rohrklassen unterschieden. Für Gasleitungen berechnet sich die Rohrwanddicke nach DIN EN 969 mit folgender Gleichung[10]:

$$s = k \cdot (0{,}5 + 0{,}001 \cdot DN) \qquad (4.2)$$

mit k als der Zahl der Rohrklasse (z.B. $k = 9$ für K9) und s in mm. Für Wasserleitungen werden die Rohrwanddicken in DIN EN 545 Druckklassen zugeordnet. Diese Druckklasssen reichen von 20 bis 100[11], die Zahl entspricht dem maximalen Betriebsdruck in bar. **Tabellen 4.7** und **4.8** enthalten Maße für Muffenrohre aus diesen Normen.

Für Abwasserleitungen innerhalb von Gebäuden sind heute neben anderen Rohrwerkstoffen muffenlose Gussrohrsysteme üblich, die über Schellen miteinander verbunden werden.

4.1.1.3 Kupferrohre

Man unterscheidet zwischen „weichem", „halbhartem" und „hartem" Kupfer. Die härteren Sorten werden im Unterschied zu den weichen bei der Verformung verfestigt und weisen deutlich hö-

8 berücksichtigte Ausgabe: DIN EN 545: 2011-09
9 berücksichtigte Ausgabe: DIN EN 969: 2009-7;
10 In den genannten Normen ist die Wanddicke mit „e" bezeichnet. Hier wird zwecks Durchgängigkeit der Kapitel „s" verwendet.
11 Druckklassen: 20, 25, 30, 40, 50, 64, 100

here Festigkeitswerte auf. Entsprechend werden diese Kupfer-„Zustände“ über die jeweilige Festigkeit definiert (siehe *Abschnitt 3.2.1*). **Tabelle 4.9** gibt beispielhaft einen Überblick über Normen zu Rohren aus Kupfer und Kupferlegierungen, sowie zugehörige Formstücke. **Tabelle 4.10** enthält Maße von Kupferrohren für Installationen nach DIN EN 1057. Diese Norm[12] empfiehlt Lieferlängen von 25 und 50 m für Ringe von weichen Kupferrohren (Zustand R220) und Stangen von 3 oder 5 m für halbharte (R250) und harte (R290) Kupferrohre.

4.1.1.4 Kunststoffrohre

Tabelle 4.11 gibt eine beispielhafte Übersicht über Normen für Kunststoffrohre. Die Wanddicken thermoplastischer Kunststoffrohre werden heute nach der nominellen Rohrserienzahl *S* (ISO 4065) und dem Durchmesser/Wanddickenverhältnis *SDR*[13] kategorisiert:

$$S = \frac{1}{2} \cdot \left(\frac{d_a}{s} - 1 \right) \qquad (4.3)$$

$$SDR = \frac{d_a}{s} = 2 \cdot S + 1 \qquad (4.4)$$

Die Wanddicken von Kunststoffrohrleitungen werden im allgemeinen nach der Schubspannungshypothese berechnet (siehe *Abschnitte 9.1.3 und 6.1.3*). Die mittlere Vergleichspannung berechnet sich nach *Gleichung 6.14* ($\bar{\sigma}_{V,Sch} = p_e/2 \cdot (d_a/s - 1)$). Aus dieser Beziehung und *Gleichung 4.3* folgt mit $\bar{\sigma}_{V,Sch} \leq \sigma_{zul}$ für die Rohrserienzahl *S*:

Tabelle 4.8: Maße von Gussrohren für Wasserleitungen nach DIN EN 545: 2011-09; alle Maße außer DN und Druckklasse in mm

<table>
<tr><th rowspan="2">DN</th><th colspan="2">Außendurchmesser d_a</th><th rowspan="2">Mindest-Wand-dicke*) s_{min}</th><th rowspan="2">Druck-klasse</th></tr>
<tr><th>Nennwert</th><th>Grenzab-weichung</th></tr>
<tr><td>40</td><td>56</td><td rowspan="4">+1 / -1,2</td><td rowspan="8">3,0</td><td rowspan="11">40</td></tr>
<tr><td>50</td><td>66</td></tr>
<tr><td>60</td><td>77</td></tr>
<tr><td>65</td><td>82</td></tr>
<tr><td>80</td><td>98</td><td>+1 / -2,7</td></tr>
<tr><td>100</td><td>118</td><td>+1 / -2,8</td></tr>
<tr><td>125</td><td>144</td><td>+1 / -2,8</td></tr>
<tr><td>150</td><td>170</td><td>+1 / -2,9</td></tr>
<tr><td>200</td><td>222</td><td>+1 / -3,0</td><td>3,1</td></tr>
<tr><td>250</td><td>274</td><td>+1 / -3,1</td><td>3,9</td></tr>
<tr><td>300</td><td>326</td><td>+1 / -3,3</td><td>4,6</td></tr>
<tr><td>350</td><td>378</td><td>+1 / -3,4</td><td>4,7</td><td rowspan="5">30</td></tr>
<tr><td>400</td><td>429</td><td>+1 / -3,5</td><td>4,8</td></tr>
<tr><td>450</td><td>480</td><td>+1 / -3,6</td><td>5,1</td></tr>
<tr><td>500</td><td>532</td><td>+1 / -3,8</td><td>5,6</td></tr>
<tr><td>600</td><td>635</td><td>+1 / -4,0</td><td>6,7</td></tr>
<tr><td>700</td><td>738</td><td>+1 / -4,3</td><td>6,8</td><td rowspan="11">25</td></tr>
<tr><td>800</td><td>842</td><td>+1 / -4,5</td><td>7,5</td></tr>
<tr><td>900</td><td>945</td><td>+1 / -4,8</td><td>8,4</td></tr>
<tr><td>1000</td><td>1048</td><td>+1 / -5,0</td><td>9,3</td></tr>
<tr><td>1100</td><td>1152</td><td>+1 / -6,0</td><td>10,2</td></tr>
<tr><td>1200</td><td>1255</td><td>+1 / -5,8</td><td>11,1</td></tr>
<tr><td>1400</td><td>1462</td><td>+1 / -6,6</td><td>12,9</td></tr>
<tr><td>1500</td><td>1565</td><td>+1 / -7,0</td><td>13,9</td></tr>
<tr><td>1600</td><td>1668</td><td>+1 / -7,4</td><td>14,8</td></tr>
<tr><td>1800</td><td>1875</td><td>+1 / -8,2</td><td>16,6</td></tr>
<tr><td>2000</td><td>2082</td><td>+1 / -9,0</td><td>18,4</td></tr>
</table>

*) Wanddickenauswahl für Standardprodukte, die nach DIN EN 545 für die meisten Anwendungen geeignet sind; die Norm enthält weitere Wanddickenreihen

$$S \approx \frac{\sigma_{zul}}{p_{e,zul}} \qquad (4.5)$$

Kennt man die zulässige Vergleichsspannung für den jeweiligen Kunststoff (siehe z.B. Tabellen 9.5 und 9.6), so kann man der Rohrserienzahl *S* und damit auch der *SDR* einen zulässigen Überdruck

12 berücksichtigte Ausgabe: DIN EN 1057: 2010-06

13 SDR = „Standard Dimension Ratio“

Tabelle 4.9: Übersicht über ausgewählte Normen für Rohre aus Kupfer und Kupferlegierungen

Verwendungszweck	**Norm**
Rohre für allgemeine Verwendungszwecke	DIN EN 12449: 2012-07
Rohre für Wärmetauscher	DIN EN 12451: 2012-08
	DIN EN 12452: 2012-08
Rohre für Wasser- und Gasleitungen, Sanitärinstallationen und Heizungsanlagen	DIN EN 1057: 2010-06
Rohre für Kälte- und Klimatechnik	DIN EN 12735-1 und -2: 2010-12
Rohre für medizinische Gase und Vakuum	DIN EN 13348: 2008-11

zuordnen. Der zulässigen Vergleichspannung wird üblicherweise Wasserfüllung und 50 Jahre Betriebsdauer der Rohre, heute auch teilweise 100 Jahre zugrundegelegt. Die Berücksichtigung der Nutzungsdauer ist notwendig, weil die Kunststoffe ein ausgeprägtes Zeitstandsverhalten aufweisen (siehe *Abschnitt 9.3.1*). **Tabelle 4.12** gibt einen Überblick über die so genormten Maßreihen von Rohren aus einigen thermoplastischen Kunststoffen für industrielle Anwendungen. **Tabelle 4.13** zeigt beispielhaft die genormten Außendurchmesser und Wanddicken der Maßreihen, die PN 10 und PN 16 entsprechen. Innerhalb der Fertigungstoleranzen sind bei diesen Kunststoffrohren nur Abweichungen hin zu größeren Wanddicken und Außendurchmessern zugelassen. Der Nenn-Außendurchmesser in Tabelle 4.13 ist der kleinste zugelassene.

Rohre aus glasfaserverstärkten Polyesterharzen (UP-GF) sind in DIN 16965[14] in vier verschiedenen Typen genormt, die sich in Laminataufbau und folgenden zusätzlichen Schutzschichten unterscheiden:

- Typ A: harzreiche Innenschicht (max. 1 mm)
- Typ B: Auskleidung mit thermoplastischer oder elastomerer Kunststoffschicht
- Typ D: Chemieschutzschicht (min. 2,5 mm)
- Typ E: ohne zusätzliche Schutzschicht

Tabelle 4.10: Maße von nahtlosen Kupferrohren für Installationen nach DIN EN 1057: 2010-06

Außendurchmesser d_a in mm	**Empfohlene europäische Wanddicken in mm**	**Grenzabmaße für die Wanddicke s in % vom Außendurchmesser**	
		s < 1 mm	s ≥ 1 mm
6	0,6/0,8/1,0		
8	0,6/0,8/1,0		
10	0,6/0,7/0,8/1,0		± 13
12	0,6/0,7/0,8/1,0		
14	0,8/1,0		
15	0,7/0,8/1,0		
16	1,0		
18	0,8/1,0		
22	0,9/1,0/1,1/1,2/1,5		
28	0,9/1,0/1,2/1,5		
35	1,0/1,2/1,5	± 10	
40	1,0		
42	1,0/1,2/1,5		
54	1,0/1,2/1,5		± 15*)
64	2,0		
66,7	1,2/2,0		
76,1	1,5/2,0		
88,9	2,0		
108	1,5/2,5		
133	1,2/3,0		
159	2,0/3,0		
219	3,0		
267	3,0		

*) ± 10% bei d_a = 35 mm, 42 mm, 54 mm und s = 1,2 mm und Zustand R250

[14] berücksichtigte Ausgabe: DIN 16965: 1982-07

Tabelle 4.11: Beispiele für Normen von Rohren und Rohrleitungsteilen aus Kunststoff

Inhalt	Kunststoffe	Norm
Anforderungen an Rohrleitungsteile und Rohrleitungssysteme für industrielle Anwendungen	ABS, PVC-U, PVC-C	DIN EN ISO 15493: 2003-10
	PB, PE, PP	DIN EN ISO 15494: 2003-10
	PVDF	DIN EN ISO 10931: 2006-03
Maße	PVC-U	DIN 8062: 2009-10
	PVC-C	DIN 8079: 2009-10
	PP	DIN 8077: 2008-09
	PE	DIN 8074: 2011-12
	PB	DIN 16969: 2012-11
	UP-GF	DIN 16965: 1982-07
	EP-GF gewickelt	DIN 16870-1: 1987-01
	EP-GF geschleudert	DIN 16871: 1982-02
Qualitäts-/ Güteanforderungen allgemein	PVC-U	DIN 8061: 2009-10
	PP	DIN 8078: 2008-09
	PE	DIN 8075: 2011-12
	PB	DIN 16968: 2012-11
Rohrleitungsteile, Formstücke, Verbindungen	UP-GF	DIN 16966 (8 Teile)
	EP-GF	DIN 16967-2: 1982-07

ABS = Acrylnitril-Butadien-Styrol
PVC-U = Polyvinylchlorid weichmacherfrei
PVC-C = Polyvinylchlorid chloriert
PB = Polybuten
PE = Polyethylen
PP = Polypropylen
PVDF = Polyvinylidenfluorid
UP-GF = Glasfaserverstärkte Polyesterharze
EP-GF = Glasfaserverstärkte Epoxidharze

Rohre aus glasfaserverstärktem Epoxidharz (EP-GF) sind in gewickelter (DIN 16870-1) und geschleuderter (DIN 16871) Ausführung genormt[15], die gewickelten in zwei Durchmesserreihen. **Tabelle 4.14** zeigt beispielhaft genormte Durchmesser und Wanddicken der Stufen PN 10 und PN 16 von EP-GF- und UP-GF-Rohren.

4.1.2 Rohrverbindungen

Zum Aufbau von Rohrleitungen sind Einzelrohre, Formstücke und Armaturen miteinander zu verbinden. Die gängigen Verbindungsarten sollen hier grob in drei Gruppen eingeteilt werden:

- Schweiß-, Löt- und Klebeverbindungen
- geschraubte Verbindungen
- gesteckte und verpresste Verbindungen

Im folgenden wird jede dieser Gruppen kurz beschrieben.

4.1.2.1 Schweiß-, Löt- und Klebeverbindungen

Hierbei handelt es sich um unlösbare und sogenannte „stoffschlüssige“ Verbindungen. Die Werkstoffe der beiden zu verbindenden Teile sind direkt miteinander vereinigt, d.h. es gibt dazwischen keine Fugen oder Spalten mehr. Beim Schweißen fließen die Grundmaterialien der zu verbinden-

[15] berücksichtigte Ausgaben: DIN 16870-1: 1987-01, DIN 16871: 1982-02

Tabelle 4.12: Genormte Wanddicken von Rohren aus einigen thermoplastischen Kunststoffen für industrielle Anwendungen

Wanddickenkategorisierung		Kunststoff						
S	SDR	ABS	PVC-U	PVC-C	PB	PE	PP	PVDF
		DIN EN ISO 15493: 2003-10			DIN EN ISO 15494: 2003-10			DIN EN ISO 10931: 2006-03
20	41	X	X			X	X	
16	33	X	X			X	X	X
12,5	26	X	X			X	X	
10	21	X	X	X	X			X
8,3	17,6					X	X	
8	17	X	X		X	X	X	X
6,3	13,6	X	X	X	X			X
5	11	X	X	X	X	X	X	
4	9	X		X	X			
3,2	7,4				X	X	X	
2,5	6					X	X	

den Teile ineinander, beim Löten wird Lot und beim Kleben Klebstoff als Verbindungsmaterial verwendet. Während sich beim Löten das Lot und die Grundmaterialien gegenseitig legieren, d.h. chemisch verbinden, wirken zwischen dem Klebstoff und den Grundmaterialien zwischenmolekulare Kräfte (Adhäsionskräfte, innerhalb des Klebstoffes Kohäsionskräfte)[16]. Schweißverbindungen weisen die höchste Festigkeit auf, häufig die gleiche wie die Grundwerkstoffe. Verbreitet ist das Schweißen bei Stahlrohren und teilweise auch anderen metallischen Rohren mit den üblichen Gas-,

16 z.B. [28]

Bild 4.3: Heizelement für die Muffenschweißung von Kunststoffrohrleitungen

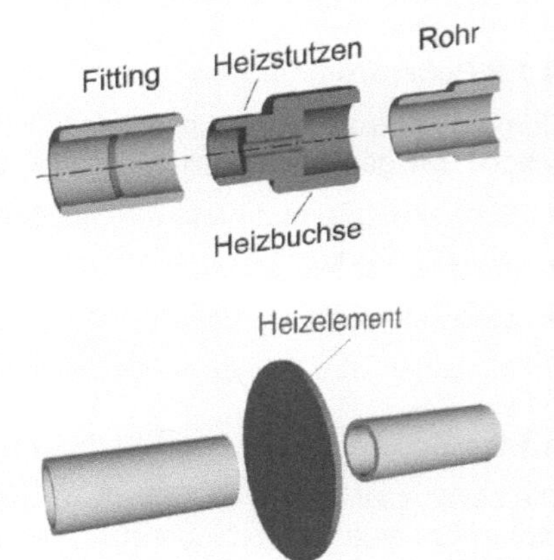

Bild 4.4: Schweißen von Kunststoffrohrleitungen mit Heizelementen (oben Muffenschweißen; unten Stumpfschweißen)

Tabelle 4.13: Beispiele für die jeweils größten genormten Wanddicken von Rohren aus einigen thermoplastischen Kunststoffen für industrielle Anwendungen

Nenn-außen-durch-messer d_a in mm	Wanddicke s in mm						
	ABS	PVC-U	PVC-C	PB	PE	PP	PVDF
	DIN EN ISO 15493: 2003-10			DIN EN ISO 15494: 2003-10			DIN EN ISO 10931: 2006-03
	S 4	S 5	S 4	S 3,2	S 2,5	S 2,5	S 6,3
	SDR 9	SDR 11	SDR 9	SDR 7,4	SDR 6	SDR 6	SDR 13,6
8							1,9
10							1,9
12	1,5	1,5	1,4	1,7		2,0	1,9
16	1,8	1,5	1,8	2,2	2,7	2,7	1,9
20	2,3	1,9	2,3	2,8	3,4	3,4	1,9
25	2,8	2,3	2,8	3,5	4,2	4,2	1,9
32	3,6	2,9	3,6	4,4	5,4	5,4	2,4
40	4,5	3,7	4,5	5,5	6,7	6,7	
50	5,6	4,6	5,6	6,9	8,3	8,3	
63	7,1	5,8	7,1	8,6	10,5	10,5	
75	8,4	6,8	8,4	10,3	12,5	12,5	
90	10,1	8,2	10,1	12,3	15,0	15,0	
110	12,3	10,0	12,3	15,1	18,3	18,3	
125	14,0	11,4	14,0	17,1	20,8	20,8	
140	15,7	12,7	15,7	19,2	23,3	23,3	
160	17,9	14,6	17,9	21,9	26,6	26,6	
180	20,1	16,4			29,9	29,9	
200	22,4	18,2			33,2	33,2	
225	25,2				37,4	37,4	
250	27,9						
280	31,3						
315	35,2						
355	39,7						
400	44,7						

Lichtbogen- und Schutzgasverfahren und bei Kunststoffrohren mit Heizelementen (**Bild 4.3**). Insbesondere bei Kunststoffrohren ist zwischen Stumpf- und Muffenschweißungen zu unterscheiden (**Bild 4.4**). Löten ist bei Kupferrohren verbreitet. Hier seien besonders Lötverbindungen mit Kapillarlötfittings erwähnt. Diese genormten Verbindungsteile weisen definierte Lötfugen mit engen Toleranzen auf, die das Lot durch Kapillarkräfte gleichmäßig und vollständig füllt.

4.1.2.2 Geschraubte Verbindungen

Geschraubte Verbindungen werden kraftschlüssig über eine Gewindepaarung (Innen- und Außengewinde) erzeugt. Nach der Art, wie diese Gewindepaarungen am Rohr angeordnet werden, lassen sich zunächst zwei grundsätzlich unterschiedliche geschraubte Verbindungsarten unterscheiden:

- Flanschverbindungen
- Verschraubungen

Tabelle 4.14: Beispiele genormter Wanddicken von Rohren aus glasfaserverstärkten Kunststoffen

DN	**EP-GF** geschleudert DIN 16871: 1982-02			**UP-GF** Typ E DIN 16965: 1982-07		
	Außen-durchmesser d_a in mm	**Wanddicke s in mm**		**Innen-durchmesser d_i in mm**	**Wanddicke s in mm**	
		PN 10	**PN 16**		**PN 10**	**PN 16**
25				25		5
32				32		5
40				40		5
50				50		5
65	73		3,2	65	5	5,1
80	88,9		3,2	80	5	6,1
100	114,3	3,2	4,7	100	5	7,3
125	139,7	3,2	4,7	125	5,9	8,9
150	168,3	3,5	5,7	150	6,8	10,5
200	219,1	4,7	7	200	8,7	13,6
250	273	5,7	9	250	10,7	16,8
300	323,9	7	10,5	300	12,6	19,9
350	368	9	11,5	350	14,5	23,1
400	429	9	13,5	400	16,4	26,2
500	532	11	17,1	500	20,3	32,5

Flanschverbindungen sind besonders für Stahlrohre verbreitet (**Bild 4.5**), werden jedoch auch z.B. für Kunststoff- oder Gussrohre verwendet. Sie sind in zahlreichen Normen standardisiert. Besonders sei auf die Normung der Anschlussmaße in DIN EN 1092-1[17] hingewiesen. Verschiedene Bauarten unterscheiden sich einerseits in der Art der Verbindung des Flanschringes mit dem Rohrende und andererseits in der Form der Dichtflächen. Beispiele dazu zeigen die **Bilder 4.6** und **4.7**.

Bei Verschraubungen wird häufig ein Teil mit Innengewinde, z.B. eine Mutter oder eine Schraubmuffe über eines der zu verbindenden Rohrenden geschraubt. Das ergänzende Außengewinde ist entweder direkt auf das Rohr geschnitten oder wiederum ein separates Element, das mit dem Rohr verbunden ist. Die zahlreichen konstruktiven Lösungen dieses Prinzips unterscheiden sich darin, wie die Gewindeteile an den Rohren befestigt werden. Bei sogenannten „Gewinderohren" (siehe auch *Abschnitt 4.1.1.1*), wird auf beide Rohrenden jeweils ein Außengewinde aufgeschnitten und mit einer Gewindemuffe verschraubt (**Bild 4.8**). **Bild 4.9** zeigt beispielhaft weitere konstruktive Lösungen. Verschraubungen gibt es für alle hier behandelten Rohrwerkstoffe, auch z.B. für Gussrohre in Form von Schraubmuffen (**Bild 4.10**). Sie werden jedoch hauptsächlich für kleinere Rohrdurchmesser angewendet.

[17] berücksichtigte Ausgabe: DIN EN 1092-1: 2013-04

Bild 4.5: Beispiele für Flanschverbindungen

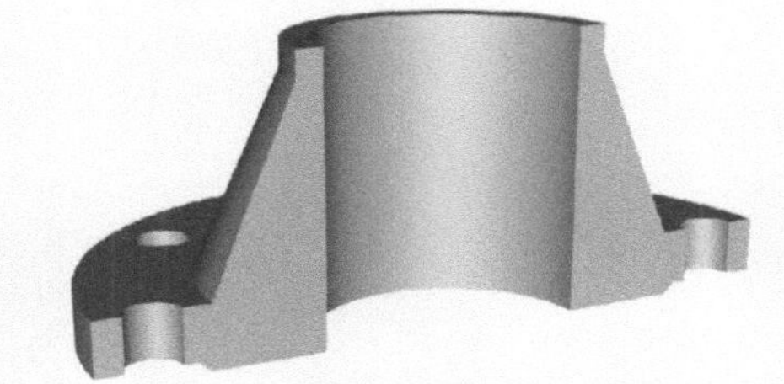

Vorschweißflansch
(z.B. DIN EN 1092-1: 2013-04)

Loser Flansch mit glattem Bund
(DIN EN 1092-1: 2013-04)

Bild 4.6: Beispiele für Verbindungen von Flansch und Rohrende

Bild 4.7: Beispiele für Flanschdichtungen: links Flachdichtung für Nut und Feder (DIN EN 1514-1: 1997-08), rechts Linsendichtung (DIN 2696: 1999-08)

Bild 4.8: Gewinde-Rohrverschraubung

4.1.2.3 Gesteckte und verpresste Verbindungen

Bei gesteckten Verbindungen wird jeweils ein Rohrende („Spitzende") in eine Muffe eingesteckt. Die Muffe ist entweder direkt an das andere Rohrende angeformt (z.B. Bild 4.2) oder eine separate Überschiebemuffe, in die beide zu verbindenden Rohrenden eingeschoben werden. Die Dichtigkeit und Druckbelastbarkeit solcher Verbindungen ist naturgemäß begrenzt. Sehr häufig werden sie für drucklose Leitungen verwendet. Es gibt sie für alle hier behandelten Rohrwerkstoffe.

Von verpressten Verbindungen kann man sprechen, wenn der Verbindung zwischen Spitzende und Muffe in einer gesteckten Verbindung zusätzlich ein Presssitz aufgeprägt wird. Dazu muss die Muffe verformt werden, was z.B. über Schrauben oder Presswerkzeuge (**Bild 4.11**) erfolgen kann.

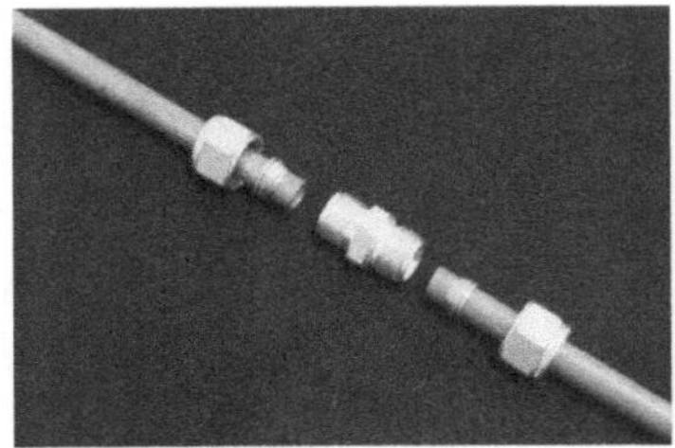

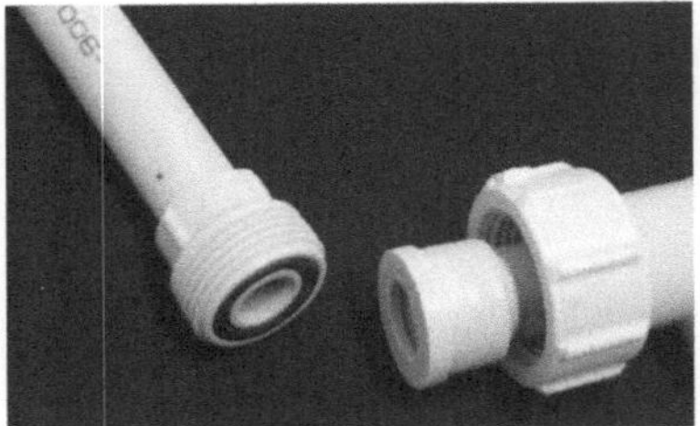

Bild 4.9: Beispiele für Rohrverschraubungen (links Swagelok, Mitte GF, rechts Victaulic)

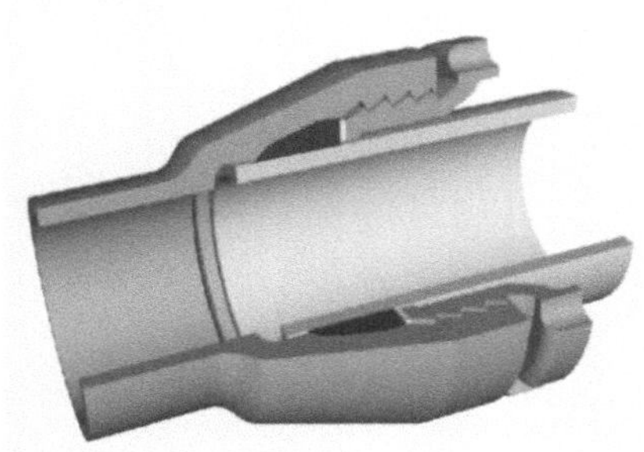

Bild 4.10: Gussrohr-Schraubmuffe (Beispiel)

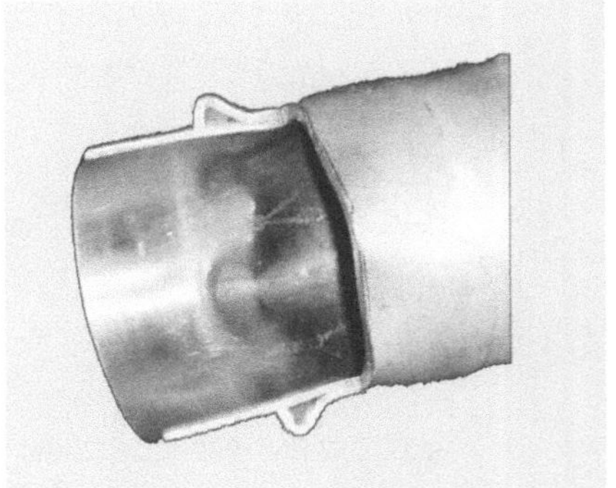

Bild 4.11: Pressverbindung (ehemals Mannesmann)

4.1.3 Formstücke

Als Formstücke werden Bauteile für Rohrleitungen bezeichnet, die eine andere Form als das geradlinige unverzweigte Rohr aufweisen. Häufig wird auch die englische Bezeichnung „Fittings" dafür verwendet. Sie werden z.B. benötigt für:

- Richtungsänderungen
- Verzweigungen und Vereinigungen
- Durchmesseränderungen

4.1.3.1 Bögen und Winkel

Bögen und Winkel sind Formstücke für Richtungsänderungen in Rohrleitungen. Bögen sind vor allem gekennzeichnet durch den Winkel der Richtungsänderung und den Krümmungsradius. Beide Charakteristika beeinflussen den Strömungswiderstand sowie die Beanspruchung der Wand durch Überdruck und bei Biegebeanspruchung. Für Bögen kommt auch der Begriff „Krümmer" vor. Eine Abart ist der Segment-Bogen (**Bild 4.12**). Beim Winkel geht der Krümmungsradius gegen null, im Extremfall ist es ein scharfer Knick in der Rohrleitung.

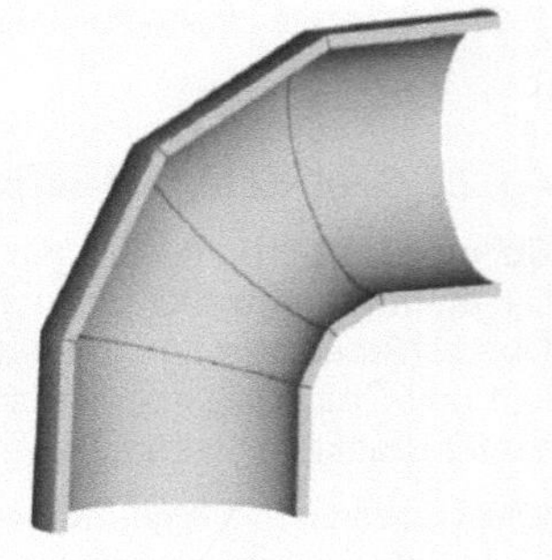

Bild 4.12: Segmentbogen

Bögen sind für die verschiedenen Rohrleitungswerkstoffe in zahlreichen Normen z.B. für Richtungsänderungen um 45°, 90° und

180° standardisiert, Stahlbögen insbesondere in DIN EN 10253 mit verschiedenen Teilen für unterschiedliche Prüfanforderungen und Werkstoffe. **Bild 4.13** zeigt beispielhaft 90°-Stahl-Rohrbögen nach DIN EN 10253-2. Es wird hier zwischen Bögen Typ B (früher: mit „vollem Ausnutzungsgrad") und Typ A (früher: mit „vermindertem Ausnutzungsgrad") unterschieden, was sich auf die Beanspruchung aus Überdruck im Vergleich mit dem geraden Rohr bezieht (siehe *Abschnitt 9.2 „Wanddickenberechnung von Formstücken"*). Bögen Typ A weisen überall die gleiche Wanddicke auf wie die Rohre, mit denen sie verbunden werden. Bögen Typ B haben an bestimmten Stellen dickere Wände und halten denselben Druck aus wie die geraden Rohre, mit denen sie verbunden werden. **Tabelle 4.15** enthält Maße für Stahl-Rohrbögen vom Typ A. Die Zahl zur Bezeichnung der Bauart ist ungefähr gleich dem Verhältnis des Krümmungsradius r zum halben Außendurchmesser $d_a/2$, d.h.:

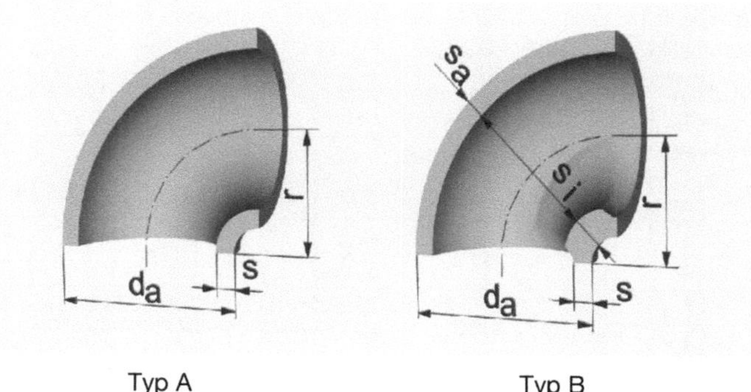

Typ A
Verminderter Ausnutzungsgrad

Typ B
Voller Ausnutzungsgrad

Bild 4.13: Stahlrohrbögen (DIN EN 10253-2 : 2008-09)

Bauart 2D: $r \approx d_a$

3D: $r \approx 1{,}5 \cdot d_a$

5D: $r \approx 2{,}5 \cdot d_a$

Richtungsänderungen in Rohrleitungen können außer durch den Einbau von Formstücken auch durch Biegen des geraden Rohres hergestellt werden. Dies ist jedoch nicht mit allen Rohrleitungswerkstoffen möglich. Rohre aus Stahl und Kupfer lassen sich z.B. biegen, Kunststoffrohre meist nicht. Manche Kunststoffe wie z.B. PP-LD oder PFA sind allerdings von sich aus biegeschlaff bzw. biegeweich und können wie Schläuche ohne Formstücke für Richtungsänderungen verlegt werden.

4.1.3.2 Abzweige

Abzweige sind Formstücke für Verzweigungen und Vereinigungen in Rohrleitungen. Für rechtwinklige Abzweige werden sie auch „T-Stücke" genannt (**Bild 4.14**). Sie bestehen geometrisch aus einem ausgeschnittenen Grundrohr mit aufgesetztem Stutzenrohr. Das Stutzenrohr hat entweder denselben Durchmesser wie das Grundrohr oder einen kleineren. T-Stücke sind für die verschiedenen Rohrleitungswerkstoffe in zahlreichen Normen standardisiert. Auch hier gibt es wie bei Bögen die Unterscheidung zwischen „vollem" und „vermindertem" Ausnutzungsgrad (Typ A und Typ B, s.o.), da die Tragfähigkeit des Grundrohres durch den Ausschnitt geschwächt ist (siehe *Abschnitt 7.2.4*). **Tabelle 4.16** enthält Maße für T-Stücke mit vermindertem Ausnutzungsgrad (Typ A). Die Wanddicken sind hier nicht aufgeführt. Sie sind dieselben wie die von Bögen und können Tabelle 4.15 entnommen werden.

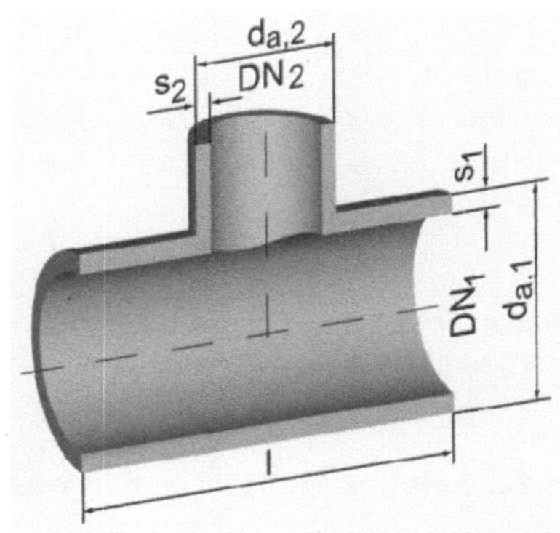

Bild 4.14: T-Stück (Form beispielhaft, entspricht nicht DIN EN 10253-2)

Tabelle 4.15: Beispiele für Maße von Stahl-Rohrbögen des Typs A („verminderter Ausnutzungsgrad") nach DIN EN 10253-2: 2008-09

Außendurchmesser d_a in mm	**DN**	**Krümmungsradius r** in mm			**Vorzugswanddicken s** in mm							
		Bauart			**Reihe**							
		2 D	**3 D**	**5 D**	**1**	**2**	**3**	**4**	**5**	**6**	**7**	**8**
21,3	15	25	38	42,5		2,0	2,6	3,2	4,0		5,0	7,1
26,9	20	25	38	57,5		2,3	2,6	3,2	4,0	4,5	5,6	8,0
33,7	25	25	38	72,5		3,2	3,2	4,0	4,5	5,6	6,3	8,8
42,4	32	32	48	92,5		2,6	3,6	4,0	5,0	6,3	8,0	10,0
48,3	40	38	57	109,5		2,6	3,6	4,0	5,0	6,3	8,0	10,0
60,3	50	51	76	137,5		2,9	3,6	4,0	5,6	7,1	8,8	11,0
76,1	65	63	95	175		2,9	3,6	5,6	7,1	8,0	10,0	14,2
88,9	80	76	114	207,5		3,2	4,0	5,6	8,0	8,8	11,0	16,0
114,3	100	102	152	270		3,6	4,5	6,3	8,8	11,0	14,2	17,5
139,7	125	127	190	330		4,0	5,0	6,3	10,0	12,5	16,0	20,0
168,3	150	152	229	390	4,0	4,5	5,6	7,1	11,0	14,2	17,5	22,2
219,1	200	203	305	515	4,5	6,3	7,1	8,0	12,5	16,0	17,5	22,2
273	250	254	381	650	5,0	6,3	8,8	10,0	12,5	16,0	22,2	30,0
323,9	300	305	457	770	5,6	7,1	8,8	10,0	12,5	17,5	25,0	32,0
355,6	350	356	533	850	5,6	8,0	10,0	12,5	16,0	20,0	28,0	36,0
406,4	400	406	610	970	6,3	8,8	10,0	12,5	17,5	22,2	30,0	40,0
457	450	457	686	1122	6,3	10,0	11,0	12,5	17,5	22,2	32,0	45,0
508	500	508	762	1245	6,3	10,0	11,0	12,5	17,5	25,0	36,0	50,0
559	550	559	838	1398	6,3	10,0		12,5	20,0	28,0		
610	600	610	914	1525	6,3	10,0	12,5	17,5	25,0	30,0	45,0	60,0
660	650	660	990	1650		10,0	12,5	17,5				
711	700	711	1067	1778	7,1	10,0	12,5	25,0				
762	750	762	1143	1905		10,0	12,5	25,0				
813	800	813	1219	2033	8,0	10,0	12,5	25,0				
864	850	864	1296	2155		10,0	12,5	25,0				
914	900	914	1372	2285	10,0	12,5	20,0	25,0				
1016	1000	1016	1524	2540	10,0	12,5	20,0	25,0				
1067	1050	1067	1600	2665	10,0	12,5	20,0	25,0				
1118	1100	1118	1677	2790	10,0	12,5	20,0	25,0				
1168	1150	1166	1752	2915	10,0	12,5	20,0	25,0				
1219	1200	1219	1829	3050	10,0	12,5	20,0	25,0				

Außer durch den Einbau solcher Formstücke können Abzweige auch direkt am geraden Rohr hergestellt werden. In einen Ausschnitt werden dazu Stutzenrohre eingesteckt und verschweißt oder der Ausschnitt ausgehalst und daran das Stutzenrohr angeschweißt.

4.1.3.3 Reduzierungen und Erweiterungen

Zur Reduzierung oder Erweiterung des Rohrleitungsdurchmessers werden konisch geformte Übergangs-Formstücke eingebaut, allgemein „Reduzierstücke" genannt. Man unterscheidet konzentrische und exzentrische. Exzentrische Reduzierstücke weisen einen geradlinigen Verlauf der

Tabelle 4.16: Beispiele für Maße von Stahl-T-Stücken mit vermindertem Ausnutzungsgrad (Typ A) nach DIN EN 10253-2: 2008-09; alle Maße außer DN in mm (zur Erläuterung der Maße siehe Bild 4.14)

Grundrohr*			Stutzenrohr*
Außendurchmesser $d_{a,1}$	DN_1	Länge l	DN_2
26,9	20	58	15; 20
33,7	25	76	25; 20; 15
42,4	32	96	32; 25; 20; 15
48,3	40	114	40; 32; 25; 20; 15
60,3	50	128	50; 40; 32; 25; 20
76,1	65	152	65;50;40;32;25
88,9	80	172	80; 65; 50; 40; 32
114,3	100	210	100; 80; 65; 50; 40
139,7	125	248	125; 100; 80; 65; 50
168,3	150	286	150; 125; 100; 80; 65
219,1	200	356	200; 150; 125; 100
273,0	250	432	250; 200; 150; 125; 100
323,9	300	508	300; 250; 200; 150
355,6	350	558	350; 300; 250; 200; 150
406,4	400	610	400; 350; 300; 250; 200; 150
457,0	450	686	450; 400; 350; 300; 250; 200
508,0	500	762	500; 450; 400; 350; 300; 250
559,0	550	838	500; 400; 300; 250
610,0	600	864	600; 500; 400; 300; 250
660,0	650	990	500; 400; 350; 300
711,0	700	1042	700; 600; 500; 400; 300
762,0	750	1118	600; 500; 400
813,0	800	1194	800; 700; 600; 500; 400
864,0	850	1270	700; 600; 500; 400
914,0	900	1346	900; 800; 700; 600; 500; 400
1016,0	1000	1498	1000; 900; 800; 700; 600
1067,0	1050	1524	900; 800; 700; 600
1118,0	1100	1626	900; 800; 700; 600
1219,0	1200	1778	1200; 1000; 900; 800; 700

* Die Vorzugswanddicken sind dieselben wie die von Rohrbögen (Tab. 4.15)

Rohrwand an einer Stelle des Rohrumfanges auf. Dies ist zum Beispiel für ungehinderten Abfluss in Gefälleleitungen (z.B. Abwasserleitungen) oder von Kondensat in Dampfleitungen notwendig.

Wie Bögen und Abzweige sind auch Reduzierungen und Erweiterungen für die verschiedenen Rohrleitungswerkstoffe in zahlreichen Normen standardisiert. **Bild 4.15** zeigt beispielhaft exzentrische und konzentrische Reduzierstücke für Stahlrohrleitungen mit vollem Ausnutzungsgrad nach DIN EN 10253, **Tabelle 4.17** enthält Maße aus dieser Norm. Die Wanddicken sind hier nicht aufgeführt. Sie sind dieselben wie die von Bögen und können Tabelle 4.15 entnommen werden.

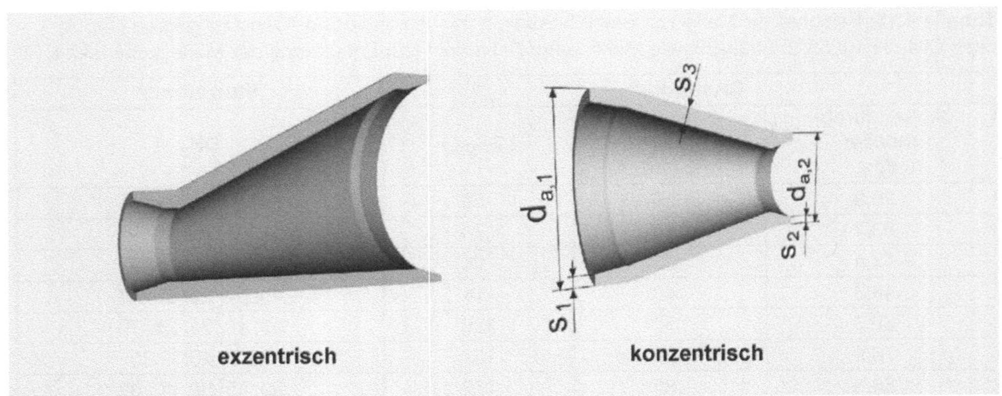

Bild 4.15: Stahl-Reduzierstücke mit vollem Ausnutzungsgrad nach DIN EN 10253-2: 2008-09

Tabelle 4.17: Beispiele für Maße von konzentrischen Stahl-Reduzierstücken mit vollem Ausnutzungsgrad nach DIN EN 10253-2: 2008-09 (siehe auch Bild 4.15); alle Maße außer DN in mm

Dickeres Ende*			**Dünneres Ende***
Außendurchmesser $d_{a,1}$	**DN_1**	**Länge l**	**DN_2**
26,9	20	38	15
33,7	25	50	20; 15
42,4	32	50	25; 20; 15
48,3	40	64	32; 25; 20
60,3	50	76	40; 32; 25; 20
76,1	65	90	50; 40; 32; 25
88,9	80	90	65; 50; 40; 32
114,3	100	100	80; 65; 50; 40
139,7	125	127	100; 80; 65; 50
168,3	150	140	125; 100; 80; 65
219,1	200	152	150; 125; 100; 80
273,0	250	178	200; 150; 125; 100
323,9	300	203	250; 200; 150; 125
355,6	350	330	300; 250; 200; 150
406,4	400	355	350; 300; 250; 200; 150
457,0	450	381	400; 350; 300; 250
508,0	500	508	450; 400; 350; 300
610,0	600	508	550; 500; 450; 400
711,0	700	610	600; 500; 450
813,0	800	610	700; 600; 550; 500
914,0	900	610	800; 700; 600
1016,0	1000	610	900; 800; 700
1219,0	1200	711	1000; 900; 800

* Die Vorzugswanddicken sind dieselben wie die von Rohrbögen (Tab. 4.15)

4.1.3.4 Abschlüsse

Abschlüsse zum axialen druckdichten Verschließen von Rohren können als ebene Platten oder gewölbte Böden („Kappen") ausgebildet werden. Diese Elemente spielen in der Apparatetechnik eine größere Rolle als in der Rohrleitungstechnik und werden deshalb im *Abschnitt 4.2 „Apparateelemente"* näher behandelt. Rohrkappen aus Stahl zum Einschweißen in Korbbogenform sind z.B. in DIN EN 10253[18] genormt.

4.1.4 Halterungen

Bei oberirdischer Verlegung müssen Rohrleitungen in regelmäßigen Abständen gelagert werden. Dazu sind Rohrhalterungen notwendig, die mit Hilfs- und Stützkonstruktionen wie Konsolen, Stützen, Rohrbrücken[19] etc. verbunden werden. Die Gestaltung der Halterungen hängt wesentlich von den Kräften und den Rohrleitungsbewegungen ab, die zu erwarten und abzusichern sind. Dadurch können außerdem zusätzliche Maßnahmen wie z. B. elastische Halterungen, gelenkige Führungen oder Dämpfungsvorrichtungen erforderlich werden.

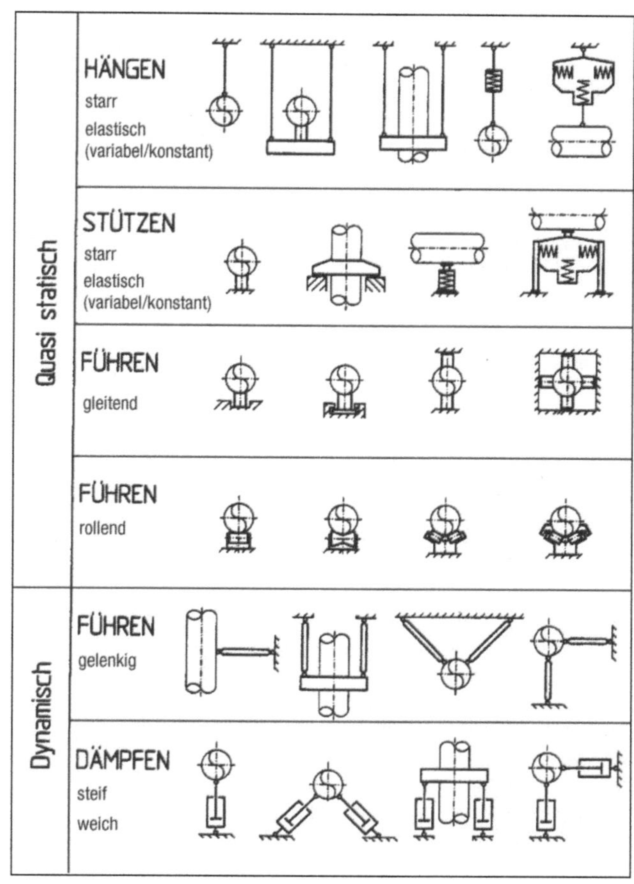

Bild 4.16: Übersicht über Rohrleitungshalterungen (aus [9])

Bild 4.16 enthält eine Übersicht über Halterungsarten. Hier wird unterschieden in statische oder quasistatische Halterungen, welche die Gewichtskräfte der Rohrleitungen aufnehmen und in dynamische Halterungen, die zusätzlich notwendig sein können, um dynamisch auftretende Kräfte z.B. aus Druckstößen oder äußeren Beanspruchungen wie Erdbeben aufzunehmen. Höhenbewegungen horizontaler Rohrleitungen können durch elastische Federn ausgeglichen werden (Federhänger und -stützen). Da die Federkraft proportional zum Federweg ansteigt, wird die Rohrleitung mit einer zusätzlichen Querkraft belastet. Durch geeignete Hebelkonstruktionen und die Kombination mehrerer elastischer Federn kann die resultierende Federkraft jedoch unabhängig vom Weg konstant gehalten werden (Konstantfederhänger und -stützen). Diese Konstruktion ist in Bild 4.16 durch drei rechtwinkelig angeordnete Schraubenfedern angedeutet. Um zusätzliche Belastungen von Rohrleitungen bei Änderung der Betriebstemperatur zu vermeiden, muss ihre Wärmedehnung in Längsrichtung möglichst ungehindert sein (siehe auch *Kapitel 8 „Lagerung und Dehnungsausgleich von Rohrleitungen"*). Dazu dienen gleitende und rollende Führungslager. So genannte „Kreuzgleitführungen" lassen zusätzlich seitliche Bewegungen der Rohrleitung zu.

---

18 berücksichtigte Ausgabe: DIN EN 10253: 2008-09
19 Lange, H.-W. in: [9]

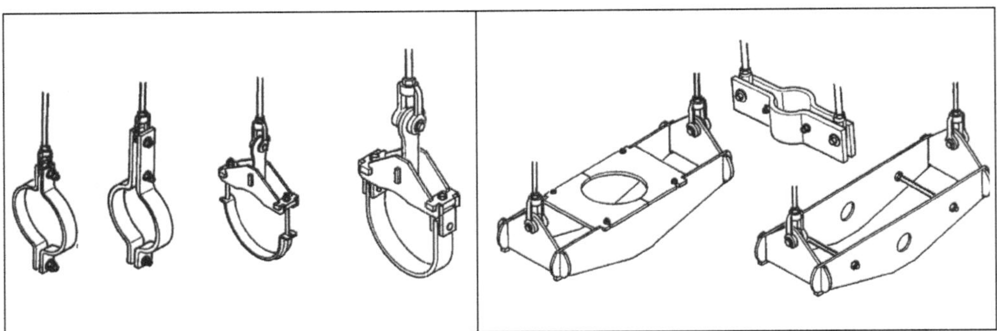

Bild 4.17: Beispiele für Rohrschellen: links für horizontale Verlegung, rechts für vertikale Verlegung (aus: [9])

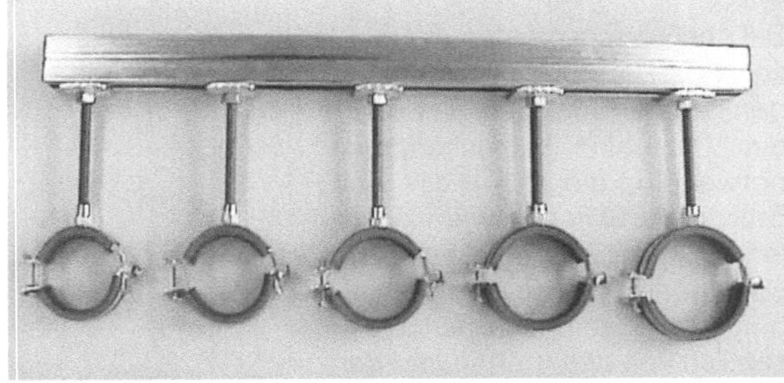

Bild 4.18: Beispiele von Rohrschellen für die Installationstechnik (Werkbild Hilti AG, Fürstentum Liechtenstein)

Sehr häufig werden Rohre an den Halterungen in Rohrschellen gehalten, die in großer Variantenvielfalt verfügbar sind (**Bild 4.17**). Ihre Auswahl hängt wesentlich von der Last ab, die sie zu tragen haben. Nach der Richtung des Rohrleitungsverlaufes werden Horizontal- und Vertikalschellen unterschieden. Bei geringen Lasten werden jedoch für beide Richtungen meist dieselben Schellen einfacher Bauart verwendet, z.B. in der Installationstechnik (**Bild 4.18**). Durch Auswahl von Passung und Materialpaarung zwischen Rohr und Schelle können auf einfache Art Fest- und Führungslager hergestellt werden. Jedoch kommen auch Gleit- und Rollenlager zum Einsatz, auf denen die Schellen montiert werden. Die Verbindung von Rohrschellen mit Hilfs- und Stützkonstruktionen erfolgt nach oben (Abhängung), unten (Aufstützung) oder seitlich. Schwere Rohrleitungen werden bei horizontaler Verlegung unter Ausnützung ihrer Gewichtskraft ohne Schellen aufgelagert (siehe Bild 4.16).

Im *Kapitel 8 „Lagerung und Dehnungsausgleich von Rohrleitungen“* werden Berechnungen z.B. zu den zulässigen Stützweiten und den Kräften auf Halterungen bei Rohrdehnungen behandelt.

4.1.5 Kompensatoren

Kompensatoren sind bewegliche Rohrleitungselemente. Sie dienen dazu, Relativbewegungen zwischen aneinander grenzenden Bauteilen in der Rohrleitung auszugleichen, d.h. zu kompensieren. Die Bewegungen resultieren sehr häufig aus Wärmedehnungen, können jedoch auch andere Ursachen haben, wie z.B. Verformungen durch Überdruck oder äußere Kräfte. Außerdem kann die Übertragung von Vibrationen oder Schall z.B. von Pumpen auf anschließende Rohrleitungen durch Kompensatoren gedämpft werden.

Grundsätzlich kann man zwei Arten von Kompensatoren unterscheiden:

- Konstruktionen, in denen zwei Teile gegeneinander verschoben oder verdreht werden.
- bewegliche Elemente (Bälge)

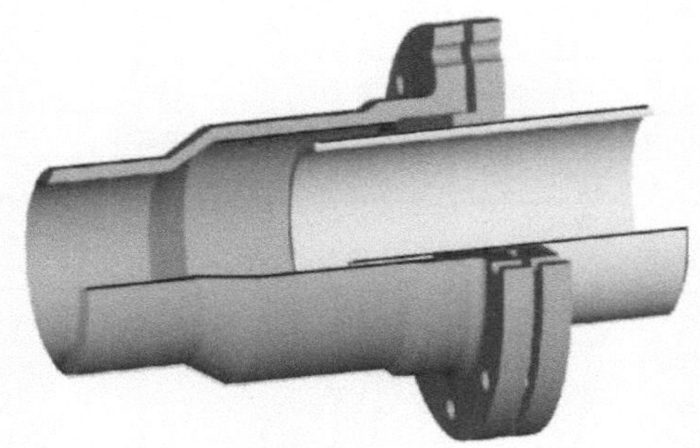

Bild 4.19: Prinzip eines Gleitrohrkompensators

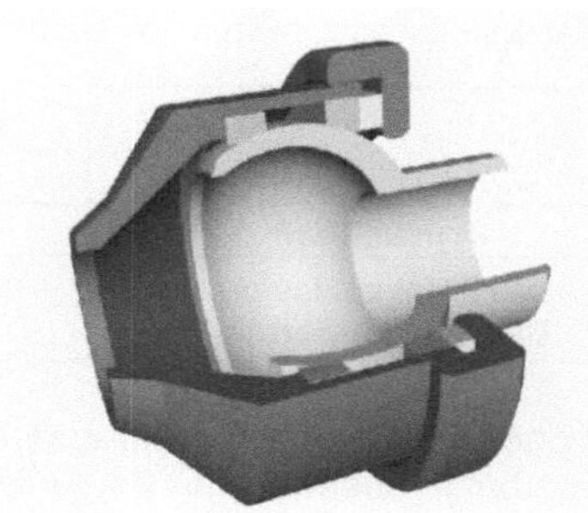

Bild 4.20: Prinzip eines Kugelgelenks

In die erste Kategorie fallen Gleitrohrkompensatoren, Dreh- und Kugelgelenke. Die **Bilder 4.19** und **4.20** zeigen Prinzipbeispiele hierzu. Im Gleitrohrkompensator kann das Innenrohr im Außenrohr axial verschoben und somit eine Rohrbewegung in Längsrichtung, meist verursacht durch Wärmedehnung, ausgeglichen werden. In Drehgelenken können die verbundenen Rohrleitungsteile axial gegeneinender verdreht, in Kugelgelenken zusätzlich gegeneinander abgeknickt werden. Sie werden selten zum Ausgleich der Wärmedehnung, sondern zum beweglichen Aufbau von Leitungen eingesetzt [1]. In diesen Arten von Kompensatoren müssen die Spalten zwischen den bewegten Teilen gegen den inneren Überdruck der Rohrleitung abgedichtet werden.

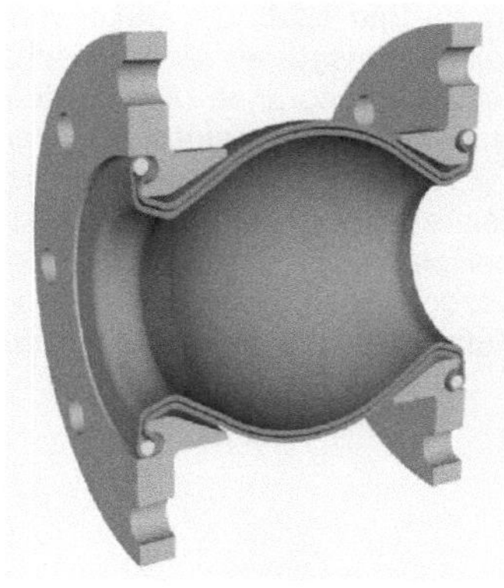

Bild 4.21: Gummikompensator

Die meisten Kompensatoren basieren auf beweglichen Bälgen aus Gummi, Kunststoff oder Metall. Hier fällt das Abdichtungsproblem zwischen bewegten Teilen weg. Gummikompensatoren (**Bild 4.21**) erlauben neben axialen auch winkelige (angulare) und seitliche (laterale) Bewegungen (**Bild 4.22**). Das Material hält sehr hohe Lastwechselzahlen aus und eignet sich besonders gut zur Vibrationsdämpfung. Überdruck und Temperatur sind jedoch begrenzt (**Tabelle 4.18**). Kunststoffbälge aus PTFE[20] sind wegen der hohen Chemikalienresistenz des Materials besonders für den Einsatz mit aggressiven Medien geeignet. Für höhere Drücke sind Verbindungen aus Metall- und PTFE-Bälgen möglich.

---

20 Handelsnamen z.B. „Teflon“, „Fluon“, „Hostaflon“

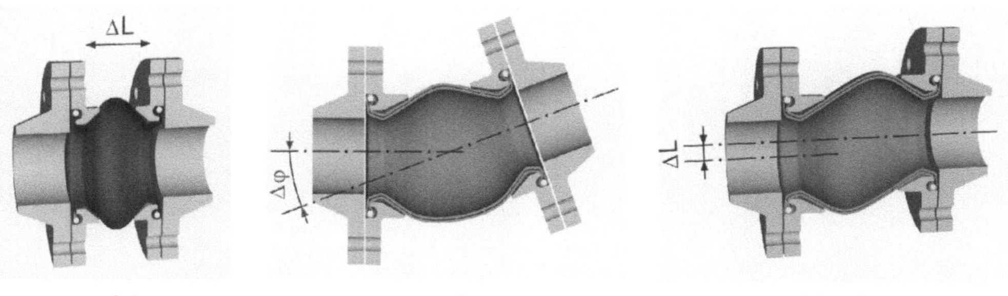

axial **angular** **lateral**

Bild 4.22: Bewegungsmöglichkeiten von Gummikompensatoren

Tabelle 4.18: Einsatzgrenzen von Gummi-Kompensatoren (Werte aus [1])

	Balgausführung	
	mit Dichtbund	mit Glattflansch
Druckstufen	PN 10 und PN 16	PN 2,5, PN 6 und PN 10
Maximal zulässige Betriebstemperatur	110 °C	90 °C

Für hohe Drücke und Temperaturen kommen nur Wellrohrbälge aus Metall in Frage (**Bilder 4.23** bis **4.26**). Metall-Wellrohrkompensatoren gibt es in zahlreichen Ausführungen. An der Richtung der Bewegung, die sie ausführen können, orientiert sich die Einteilung in Axial-, Angular- und Lateralkompensatoren (**Bild 4.24**). Die Bälge von Angular- und Lateralkompensatoren sind zwischen gelenkigen Führungen angeordnet, die nur die jeweils vorgesehene Bewegung des Balges zulassen (**Bild 4.25**). Diese Führungen, die Teil des Kompensators sind, stabilisieren die gesamte Konstruktion und verhindern beispielsweise, dass der Kompensator auseinandergezogen wird. Eine Art Sonderform von Angularkompensatoren sind Kardan-Rohrgelenke mit zwei Führungen, die geführte Angularbewegungen in alle Richtungen zulassen.

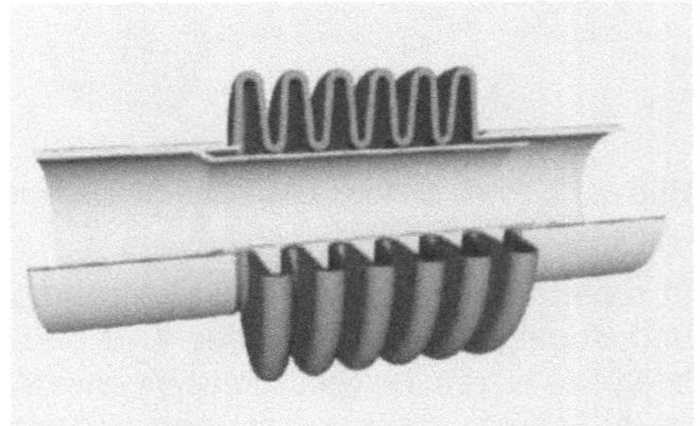

Bild 4.23: Wellrohrkompensator mit zusätzlichem Innenrohr

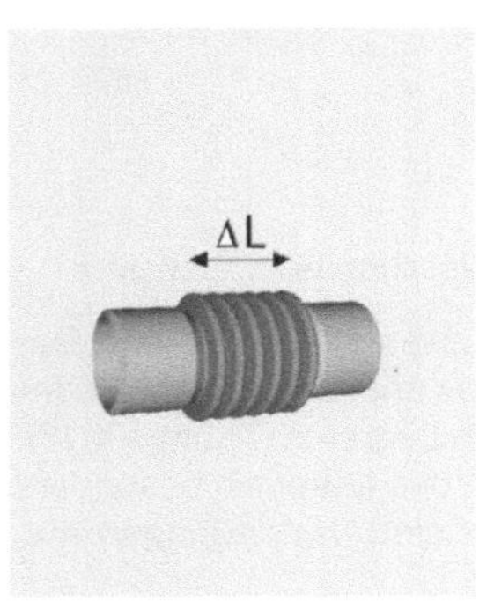

axial

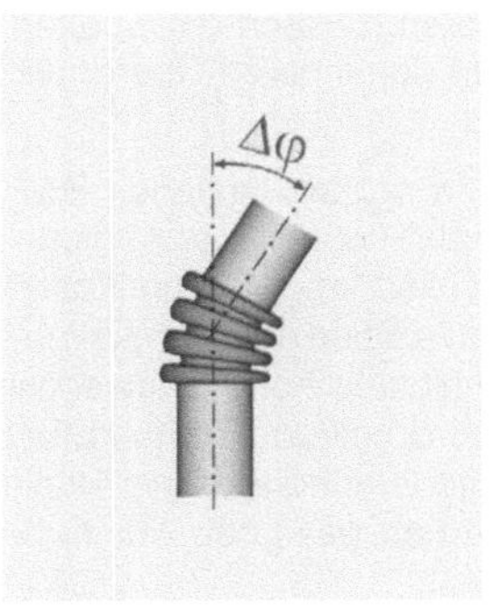

angular

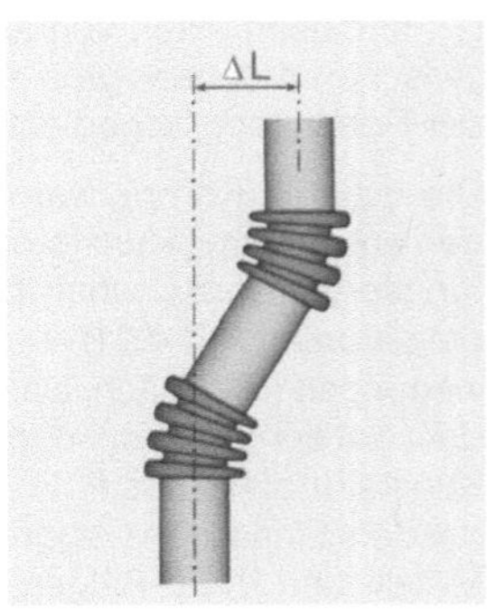

lateral

Bild 4.24: Bewegungsmöglichkeiten von Metallbälgen

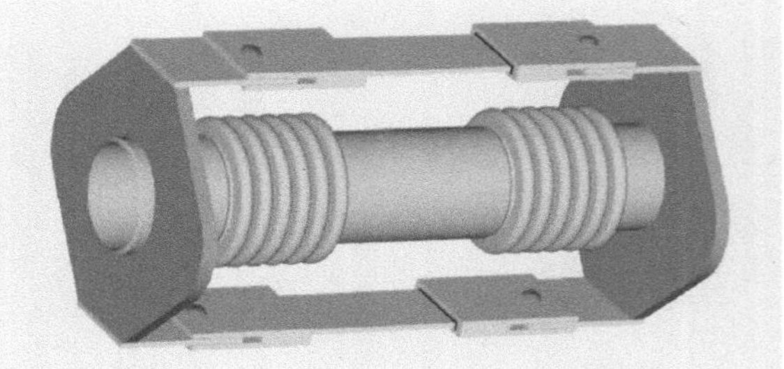

Bild 4.25: Angular- (links) und Lateral-Wellrohrkompensator

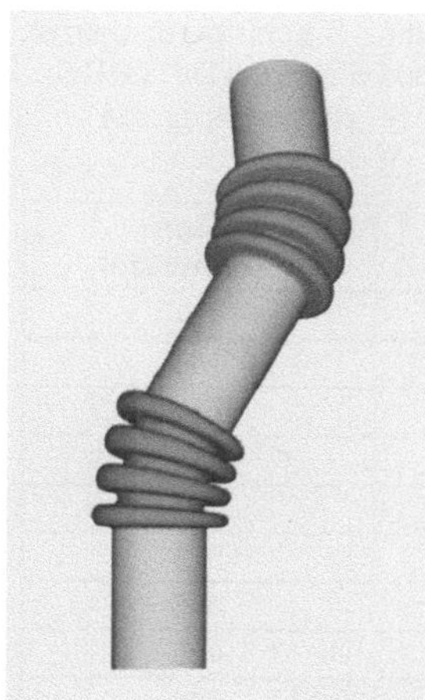

Bild 4.26: Universalkompensator mit angularer und lateraler Bewegungsmöglichkeit

Der Balg von Axialkompensatoren ist frei. Zur Stabilisierung wie auch zum Schutz des Balges oder zur Verbesserung der Durchströmungseigenschaften können zusätzliche Rohre innerhalb („Innenrohr", **Bild 4.23**) und außerhalb des Balges („Außenrohr") angeordnet werden. Eine weitere Konstruktion weist wie ein Lateralkompensator zwei Bälge mit Zwischenrohr, jedoch keine Führung auf. Damit sind beide Bälge frei und der Kompensator kann grundsätzlich alle Bewegungen ausführen (Universalkompensator [33], **Bild 4.26**), allerdings sind seine Angular- und Lateralbewegungen nicht geführt.

Der innere Überdruck in der Rohrleitung versucht, flexible Rohrleitungselemente auseinander zu ziehen. Bei Rohrgelenken (Angular- und Lateralkompensatoren) werden die so entstehenden Druckreaktionskräfte von den Gelenkführungen aufgenommen. Bei freien Bälgen (z.B. Axial- oder „Universal"-Kompensatoren) und Gleitrohrkompensatoren werden diese Kräfte jedoch auf die Festlager der Rohrleitung übertragen. Bei hohen Drücken entstehen dort sehr hohe Kräfte. Deshalb wurden druckentlastete Kompensatoren entwickelt, in denen sich die Reaktionskräfte mehrerer Druckkammern gegenseitig aufheben (**Bild 4.27**).

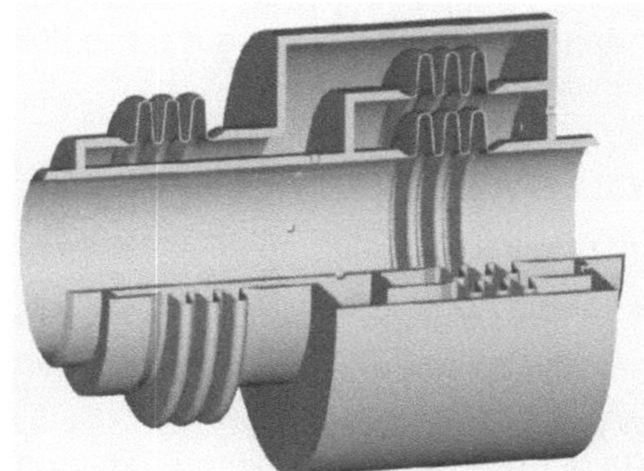

Bild 4.27: Prinzip eines druckentlasteten Wellrohrkompensators

Auf die Anordnung und Dimensionierung von Kompensatoren, die zusätzliche Führung der Rohrleitungen, die Berechnung der Festpunktbelastung etc. wird im *Kapitel 8 „Lagerung und Dehnungsausgleich von Rohrleitungen"* ausführlich eingegangen.

4.2 Apparateelemente

Die Apparatetechnik lässt sich von der Rohrleitungstechnik nicht klar trennen. Innerhalb der Apparatetechnik stellt die zugehörige Rohrleitungstechnik eine Teilmenge dar. Einige der oben beschriebenen Rohrleitungselemente sind auch Apparateelemente. Im folgenden werden spezielle Apparateelemente beschrieben, die darüber hinaus wichtig sind. DIN 28016[21] enthält z.B. eine Übersicht über Elemente speziell für Kolonnen.

4.2.1 Mäntel

Die äußeren Formen von Apparaten und Behältern basieren hauptsächlich auf Zylinder-, Kugel- und Kegelflächen sowie Teilen davon. Dazu kommen besondere Formen der Böden, die weiter unten behandelt werden. Aus Gründen der Fertigungstechnik und der Druckbeanspruchung sind die Grundkörper von Apparaten in sehr vielen Fällen Zylinder. Bei langen Zylindern unterscheidet man Rohrkolonnen, die aus einem langen Stück bestehen und Schusskolonnen, die aus Teilstücken, zylindrischen „Schüssen", aufgebaut werden [13]. Für Durchmesseränderungen der Zylinder, wie sie z.B. in Kolonnen oder auch Silos vorkommen, werden kegelförmige Schüsse eingebaut. Als Verbindungstechniken kommen insbesondere Schweiß- und Flanschverbindungen zur Anwendung (siehe *Abschnitt 4.1.2 „Rohrverbindungen"* oben).

21 berücksichtigte Ausgabe: DIN 28016: 1987-01

In DIN 28105[22] sind Nenndurchmesser für chemische Apparate zwischen 100 mm und 4000 mm festgelegt. **Tabelle 4.19** enthält die genormten Durchmesser zwischen 100 mm und 500 mm. Die dort festgelegten Außendurchmesser entsprechen ungefähr den für Stahlrohre üblichen (siehe Tabelle 4.4). Über 500 mm sind die Nenndurchmesser gleich den Außendurchmessern mit Stufungen der Nenndurchmesser zwischen 500 mm und 1200 mm in Schritten von 100mm, darüber bis 3200 mm in Schritten von 200 mm und darüber bis 4000 mm in Schritten von 400 mm. Verschiedene Normen (DIN 28005 bis DIN 28008) geben Allgemeintoleranzen für unterschiedliche Arten von Apparaten vor, auf die in Zeichnungen verwiesen werden soll.

Tabelle 4.19: Genormte Durchmesser chemischer Apparate bis 500 mm nach DIN 28105: 2002-04 (Durchmesser größerer Apparate siehe Text)

Nenn-durchmesser	Außen-durchmesser
100	114
125	140
150	168
200	219
250	273
300	324
350	355
400	406
500	508

4.2.2 Böden

Im Apparatebau müssen folgende zwei verschiedene Arten von „Böden“ unterschieden werden:

- axiale Abschlüsse („Deckel“) von Apparaten
- eingebaute Zwischenböden in bestimmten Apparaten

Während Abschlussböden aus Beanspruchungsgründen meist gewölbt sind, sind eingebaute Böden üblicherweise flache Platten, in der Regel mit Bohrungen, Aussparungen, zusätzlichen Aufbauten etc.

Gewölbte Böden werden in einer Reihe unterschiedlicher Formen hergestellt (siehe z.B. Bilder 4.28 und 7.11). Weitaus am häufigsten sind

- Klöpperböden (DIN 28011[23])
- Korbbogenböden (DIN 28013[24])
- Halbkugelböden

Bild 4.28 zeigt die Form von Klöpper- und Korbbogenböden. Sie bestehen jeweils aus Kalotte, Krempe und zylindrischem Ansatz („Bord“) und unterscheiden sich im wesentlichen in den Krümmungsradien von Kalotte (*R*) und Krempe (*r*) (**Tabelle 4.20**). Die größten Materialbeanspruchungen treten in der

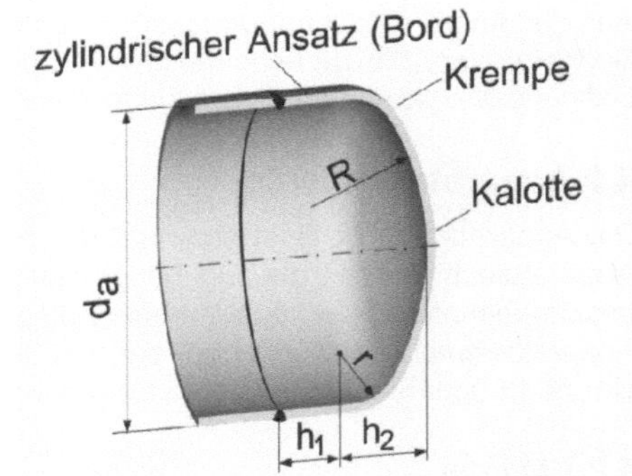

Bild 4.28: Klöpper- bzw. Korbbogenboden

22 berücksichtigte Ausgabe: DIN 28105: 2002-04
23 berücksichtigte Ausgabe: DIN 28011: 2012-06
24 berücksichtigte Ausgabe: DIN 28013: 2012-06

Tabelle 4.20: Maße von Klöpperböden (DIN 28011: 2012-06) und Korbbogenböden (DIN 28013: 2012-06); siehe dazu Bild 4.28

	Kalotten-radius	Krempen-radius	Länge des zylindrischen Anschlusses	Höhe des gewölbten Teiles
Klöpperboden	$R = d_a$	$r = 0{,}1 \cdot d_a$	$h_1 \geq 3{,}5 \cdot s$	$h_2 = 0{,}1935 \cdot d_a - 0{,}455 \cdot s$
Korbbogenboden	$R = 0{,}8 \cdot d_a$	$r = 0{,}154 \cdot d_a$	$h_1 \geq 3 \cdot s$	$h_2 = 0{,}255 \cdot d_a - 0{,}635 \cdot s$

Krempe auf (siehe *Abschnitt 7.4 „Gewölbte Böden“*). Beim Halbkugelboden gibt es keine Krempe.

Flache Böden als Einbauten in Apparaten erfüllen z.B. folgende Funktionen:

- Trennung und Vermischung verschiedener Phasen in Bodenkolonnen
- Auflage für Füllkörper in Füllkörperkolonnen
- Verteilung von Fluidströmen über den Apparatequerschnitt
- Befestigung von Rohren in Wärmetauschern

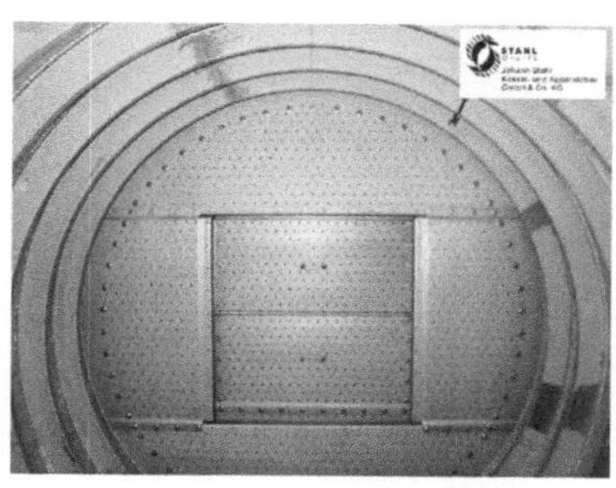

Bild 4.29: Prozessboden einer Phosgenkolonne (Werkbild Johann Stahl GmbH & Co. KG, Mannheim)

Entsprechend unterschiedlich sind die Bauformen (siehe z.B. **Bilder 4.29** und **4.30**, auch Bilder 2.15 und 7.13). Sehr wesentlich und variantenreich ist auch die Abdichtung der verschiedenen Einbauten gegeneinander und gegen die Apparatewände. Eine ausführliche Darstellung der Boden- und Eindichtungsarten gibt z.B. [13].

4.2.3 Stutzen

Stutzen dienen zum Anschluss von Rohren und anderen Anbauten wie z.B. Messfühlern etc. an Apparate. Ein Stutzen ist eine Öffnung in der Apparatewand mit einem meist ein- oder angeschweißten Rohrstück. Der Stutzen kann rechtwinkelig oder schräg zur Apparatewand angeordnet sein (**Bild 4.31**). In den meisten Fällen endet er in einem Flansch als Verbindungselement für die weiteren Anschlüsse oder für einen Verschluss. Er kann also z.B. aus einem Rohr und einem Vorschweißflansch hergestellt werden. Durch die Öffnung ist die Apparatewand verschwächt, was bei der Wanddickenberechnung berücksichtigt, bzw. durch zusätzliche Verstärkungen ausgeglichen werden muss (siehe *Abschnitt 7.2.4*). Normen für Stutzen sind:

- DIN 28025[25] für Stutzen aus nichtrostendem Stahl
- DIN 28115[26] für Stutzen aus unlegiertem Stahl.

25 berücksichtigte Ausgabe: DIN 28025: 2003-02
26 berücksichtigte Ausgabe: DIN 28115: 2003-02

Bild 4.30: Reaktor-Rohrboden in Bearbeitung (Werkbild Deggendorfer Werft und Eisenbau GmbH, Deggendorf)

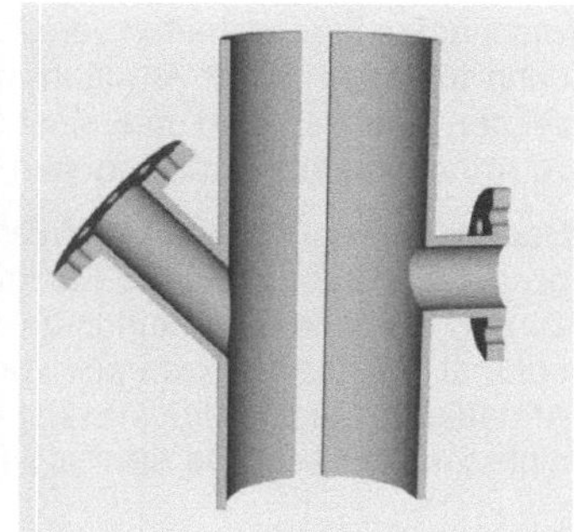

Bild 4.31: Beispiele für Stutzen an Druckbehältern

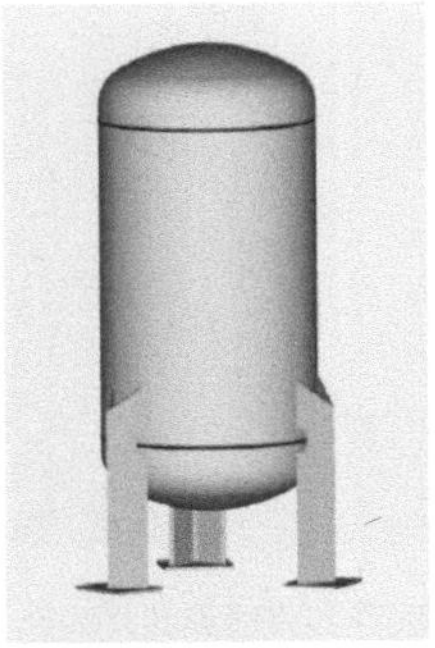

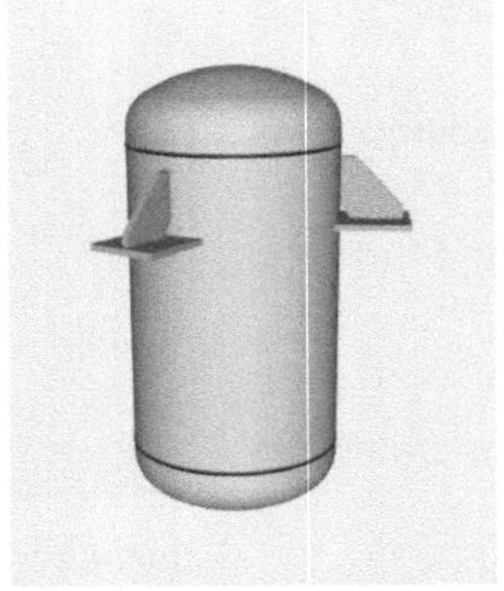

Füße zum Aufstellen Pratzen zum Einhängen

Bild 4.32: Beispiele für Tragelemente senkrecht angeordneter Druckbehälter

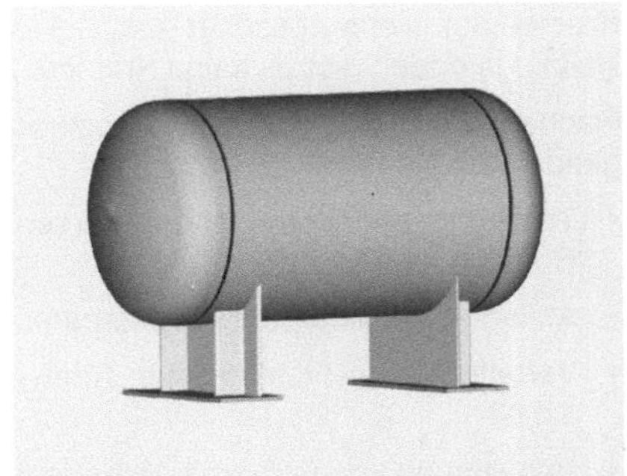

Bild 4.33: Sattel für liegenden Druckbehälter

Weitere Öffnungen und Verschlüsse von Apparaten sind z.B. genormt in:

- DIN 28124[27] (Mannlochverschlüsse)
- DIN 28125[28] (Klappverschlüsse)

4.2.4 Tragelemente

Die meist zylinderförmigen Apparate und Behälter werden für den Betrieb vertikal aufgestellt, horizontal aufgelegt oder in Stützkonstruktionen eingehängt. Zum Aufstellen und Einhängen sind Tragelemente wie Füße, Zargen, Pratzen, Tragringe, Tragzapfen etc. an der Apparatewand zu befestigen (**Bild 4.32**). Zum Auflegen dienen Tragsättel (**Bild 4.33**). Diese Elemente sind z.B. in DIN 28080 bis 28087 genormt.

4.3 Armaturen

„Armatur“ ist der Oberbegriff für Funktionselemente, mit denen sich Strömungsvorgänge in Rohrleitungen oder Apparaten beeinflussen lassen. Eine Armatur stellt einen definiert veränderlichen Strömungswiderstand dar. Grundsätzlich kann unterschieden werden zwischen den Funktionen

- vollständig Schließen und Öffnen (Auf / Zu) und
- stufenlos Einstellen.

In **Tabelle 4.21** werden die vier Armatur-Grundtypen Hahn, Ventil, Schieber und Klappe in ihren wichtigsten Eigenschaften verglichen. Dies stellt jedoch nur eine sehr grobe Kategorisierung dar, denn für jeden dieser Armaturtypen wurden zahlreiche Varianten entwickelt, die sich in den gezeigten Eigenschaften untereinander stark unterscheiden können. Es existieren zahlreiche Normen zu Armaturen aus verschiedenen Werkstoffen, auf die hier nicht näher eingegangen werden kann.

Bei der Bewertung des Druckverlustes, der in Tabelle 4.21 mit aufgeführt ist, ist es wesentlich, ob die Armatur zur Auf/Zu-Funktion oder zum Einstellen der Strömung eingesetzt wird. Für Auf/Zu und einfache Einstellungsfunktionen ist ein minimaler Druckverlust im voll geöffneten Zustand optimal. Für die Regelbarkeit von hydraulischen Systemen kann dagegen ein Mindestanteil der Armatur am Gesamtdruckverlust erforderlich sein, der Druckverlust in der Armatur selbst darf also nicht zu klein sein. Da dies in der Regel Ventile betrifft, wird dieser Anteil z.B. auch „Ventilauto-

[27] berücksichtigte Ausgabe: DIN 28124: 2010-09 (vier Teile)
[28] berücksichtigte Ausgabe: DIN 28125: 1989-04 und -08 (drei Teile)

Tabelle 4.21: Vergleich von Armaturentypen

Armatur	Funktion	Drossel-/Ab-sperr-element	Stell-kräfte	Druck-verlust*)	Strö-mungs-richtung umkehrbar	Strö-mungs-druck unterstützt Dichtvor-gang
Hahn	Auf-Zu vereinzelt Regelung	Konus (Küken) Kugel	gering bei Kükenhahn hoch	gering etwas besser als Schieber	ja	ja
Ventil	Auf-Zu, Regelung, Rückschlag, Sicherheit	Kugel, Kegel, Kolben, Teller, Nadel, Membran	hoch	allgemein hoch ($\zeta = 4 \ldots 8$) Schrägsitzventil $\zeta < 1$	allgemein nein in Ausnahmen ja	allgemein nein bei großen Ventilen erforderlich
Schieber	Auf-Zu	Keil, Platte	ca. 1/3 von Ventil, aber 2...4-facher Hub	gering ($\zeta = 0{,}15 \ldots 0{,}2$ bei glattem Durchgang)	ja	ja
Klappe	Auf-Zu, Drossel, Rückschlag, auch Regelung	meist Platte	je nach Bauart	$\zeta = 0{,}4 \ldots 1$	ja (mit Ausnahmen)	ja, wenn anschlagend nein, wenn durchschlagend

*) Zur Definition der Widerstandszahl ζ siehe Abschnitte 10.3.1.2 und 10.3.2.2

rität“ genannt (z.B. [34]). Die Druckverlustberechnung wird im *Kapitel 10 „Strömungstechnische Auslegung von Rohrleitungen“* behandelt.

Der Hahn ist der älteste Armaturentyp, er wurde bereits von den Römern in ihrer städtischen Wasserversorgung verwendet [5]. Durch eine Vierteldrehung des durchbohrten Verschlusselementes (Kugel oder Konus) wird von voll offen auf voll geschlossen geschaltet. Er wird daher meist zur Auf/Zu-Funktion verwendet. Mit einem Getriebe z.B. zwischen Handrad und Verschlusselement, das mehrere Umdrehungen des Handrades zum Schließen notwendig macht, kann ein Hahn auch zum Einstellen der Strömung verwendet werden. Der Strömungswiderstand von Hähnen kann bei sorgfältiger Konstruktion nahezu Null sein. **Bild 4.34** zeigt ein Ausführungsbeispiel eines kleinen Kugelhahns.

Beim Schließen eines Ventils wird das Verschlusselement im Ventilsitz gegen den Strömungsdurchlass gedrückt. Das Verschlusselement kann von sehr unterschiedlicher Form sein, z.B. Kugel, Kegel, Kolben, Teller, Nadel oder Membran. Beim Öffnen wird es kontinuierlich vom Sitz weg bzw. aus dem Sitz heraus bewegt. Der Spalt zwischen Sitz und Verschlusselement und

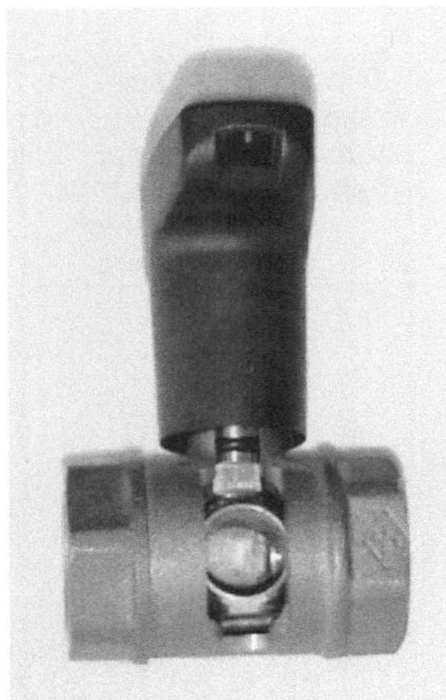

Bild 4.34: Kugelhahn

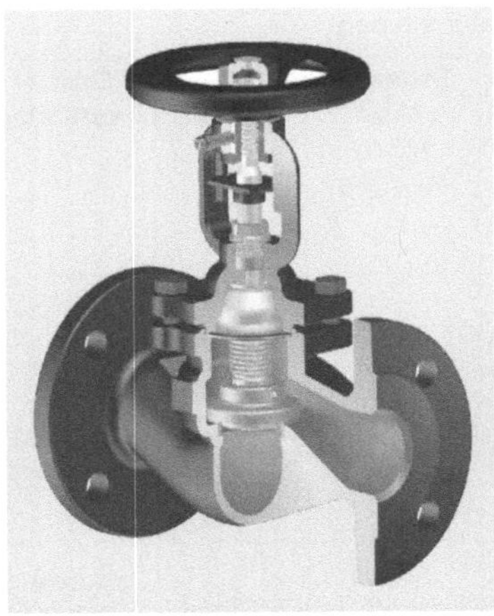

Durchgangsventil

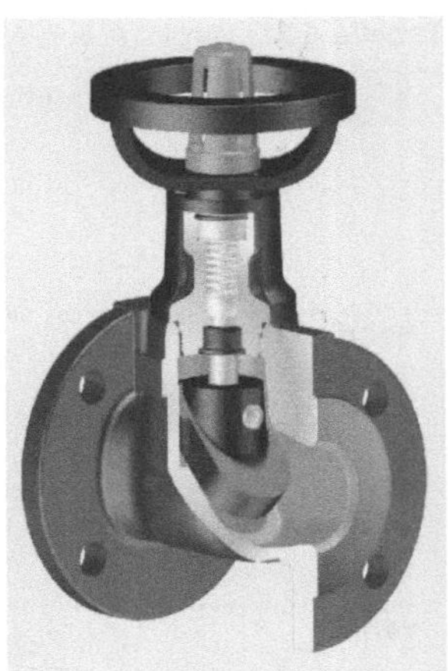

Schrägsitzventil

Bild 4.35: Ausführungsbeispiele für Ventile (Werkbild Ari Armaturen GmbH & Co. KG, Schloß Holte-Stukenbrock)

damit der Strömungswiderstand sind so stufenlos einstellbar. Daher ist die Gruppe der Ventile mit ihren zahlreichen Bauartvarianten in den meisten Anwendungsbereichen besonders geeignet zum Einstellen von Strömungen. Ihr Druckverlust ist hoch. Für Auf/Zu- und einfache Einstellungs-Anwendungen wurden Ausführungen mit vermindertem Widerstand entwickelt (z.B. Schrägsitz-Ventil). **Bild 4.35** zeigt Ausführungsbeispiele eines Durchgangsventils und eines Schrägsitzventils mit Weichdichtung.

In Schiebern wird das Absperrelement, im einfachsten Fall eine kreisförmige Platte, radial, d.h. quer zur Strömungsrichtung in den durchströmten Querschnitt eingeschoben (**Bild 4.36**). Sie werden für Auf/Zu-Funktionen insbesondere für große Rohrleitungsquerschnitte, z.B. in der Wasserversorgung, eingesetzt. Es gibt Schieber für Rohrdurchmesser bis zu mehreren Metern. Ihr Druckverlust ist gering. Die verschiedenen angebotenen Bauarten unterscheiden sich z.B. in der Form der Absperrelemente und besonderen Vorrichtungen, die das Öffnen lange geschlossener Schieber erleichtern.

Bild 4.36: Ausführungsbeispiel eines Schiebers für chemische Anlagen (Werkbild Friatec AG, Mannheim)

Der Durchlassquerschnitt von Klappen wird wie der von Hähnen durch Drehen des Verschlusselementes verändert, zwischen voll offen und voll geschlossen liegt eine Vierteldrehung. Anders als beim Hahn ist das Absperrelement flach. Klappen werden für Auf/Zu, mit Getriebe ähnlich wie Hähne (s.o.) jedoch auch zur Strömungseinstellung eingesetzt. Man unterscheidet nach der Lage des Klappen-Drehlagers „durchschlagende“ und „anschlagende“ Klappen. In den durchschlagenden verbleibt die Klappe auch bei Vollöffnung im Strömungsquerschnitt. Anschlagende Klappen können bei geeigneter Konstruktion aus dem Strömungsquerschnitt herausklappen, wodurch der Druckverlust kleiner wird. **Bild 4.37** zeigt Ausführungsbeispiele für durchschlagende Klappen.

Es können drei verschiedene Arten der Betätigung von Armaturen unterschieden werden:

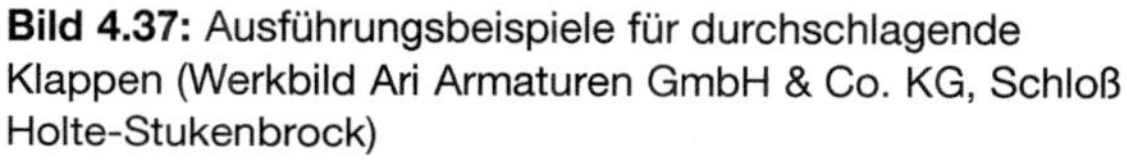

Bild 4.37: Ausführungsbeispiele für durchschlagende Klappen (Werkbild Ari Armaturen GmbH & Co. KG, Schloß Holte-Stukenbrock)

Bild 4.38: Ausführungsbeispiel für ein Rückschlagventil (Werkbild Ari Armaturen GmbH & Co. KG, Schloß Holte-Stukenbrock)

- manuell (Handrad)
- elektrisch (Motor, Magnet) oder pneumatisch aktiviert
- selbsttätig

Selbsttätig sind z.B.

- Rückschlagarmaturen, die automatisch schließen, wenn sich die Strömungsrichtung umkehrt. Hierfür eignen sich die Funktionsprinzipien von Ventilen (**Bild 4.38**) und Klappen.
- Entlüftungs-Armaturen und Kondensatableiter, über die störende Gase und Flüssigkeiten aus dem Rohrleitungssystem entfernt werden

Für verschiedene Anwendungsfälle sind auch „selbsttätige" Regelarmaturen verfügbar, in denen ein gesamter Regelkreis integriert ist, z.B.:

- Druckminderer, die einen voreingestellten Druck hinter der Armatur einregeln (**Bild 4.39**)
- Druckhalteventile, die einen voreingestellten Druck vor der Armatur einregeln

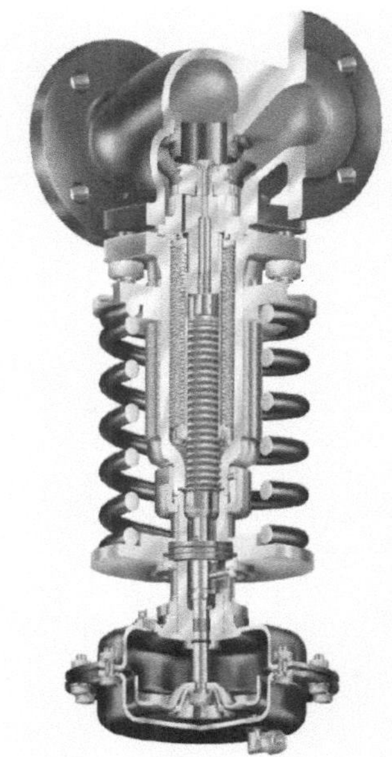

Bild 4.39: Ausführungsbeispiel für einen Druckminderer (Werkbild Ari Armaturen GmbH & Co. KG, Schloß Holte-Stukenbrock)

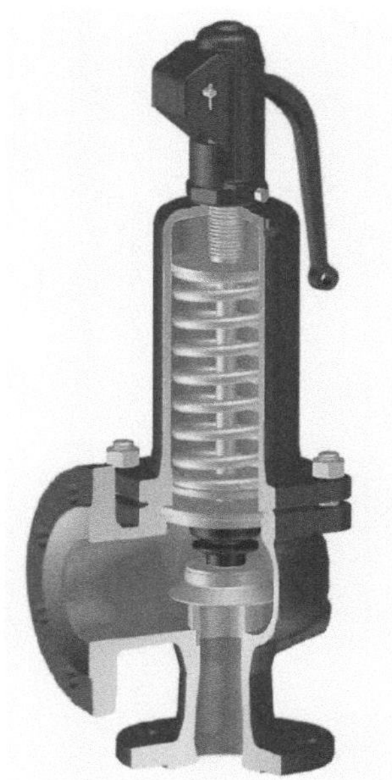

Bild 4.40: Ausführungsbeispiel für ein Überdruckventil (Werkbild Ari Armaturen GmbH & Co. KG, Schloß Holte-Stukenbrock)

- Thermostatventile z.B. an Heizkörpern, die über Manipulation des Heizmedienstromes eine voreingestellte Temperatur einregeln

4.4 Überdrucksicherungen

Überdrucksicherungen sind Sicherheitseinbauten in Rohrleitungen und an Apparaten, die öffnen, wenn ein voreingestellter Überdruck überschritten wird. Es kommen zwei unterschiedliche Prinzipien zur Anwendung:

- Überdruckventile (**Bild 4.40**)
- Berstscheiben

Überdruckventile öffnen selbsttätig, sobald die Druckkraft auf das Schließelement eine voreingestellte Gegenkraft überschreitet. Die Gegenkraft wird z.B. durch elastische Federn oder ein Gewicht über einen Hebel aufgeprägt. Berstscheiben sind flache oder gewölbte Scheiben, die zerstört werden und damit den Druckbehälter öffnen, sobald der Überdruck einen bestimmten Wert überschreitet. Ihre Dicke wird genau auf den benötigten Berstdruck berechnet und mit geringer Toleranz hergestellt. Beispielsweise DIN EN ISO 4126 behandelt Sicherheitsventile und Berstscheiben als Sicherheitseinrichtungen gegen unzulässigen Überdruck.

5. Zeichnerische Darstellung

5. Zeichnerische Darstellung

Das Spektrum der Darstellungen von Anlagen und Anlagenteilen reicht in der Rohrleitungs- und Apparatetechnik von Pipelinetrassen über verfahrenstechnische Produktionsanlagen, Kraftwerksanlagen, haustechnische oder industrielle Versorgungsinstallationen bis zu Werkstattzeichnungen von Apparaten und anderen Anlagenelementen. Während für Werkstattzeichnungen die Regeln des Maschinenzeichnens gelten, wird für die Darstellung von Anlagen eine spezielle Symbolik verwendet.

5.1 Symbole

In den meisten Zeichnungen werden die Anlagenelemente nicht in ihrer tatsächlichen Form, sondern durch Symbole dargestellt. Etliche Normen enthalten Symbole für verschiedene Anwendungsfälle (siehe **Tabelle 5.1**). DIN 2429-2 enthält Bildzeichen für Rohrleitungskomponenten und in DIN ISO 6412 ist die orthogonale (2D) und isometrische (3D) Darstellung von Rohrleitungen geregelt. Die anderen Normen enthalten weitere Bildzeichen und Regeln für spezielle Anwendungsfälle. Für die Apparatetechnik ist DIN EN ISO 10628 von besonderer Bedeutung. Die **Bilder 5.1** und **5.2** zeigen eine kleine Auswahl wichtiger Bildzeichen aus verschiedenen der genannten Normen.

Ein sehr nützliches System zur übersichtlichen Darstellung der Prozessleittechnik ist in DIN EN 62424 geregelt. Darin werden MSR[1]-Punkte an Rohrleitungen und Apparaten markiert und über Buchstabenkombinationen die notwendigen Informationen ergänzt. **Bild 5.3** zeigt einige Beispiele dazu und erläutert die Bedeutungen einiger wichtiger Buchstabenkombinationen.

[1] Mess-, Steuerungs- und Regelungstechnik

Tabelle 5.1: Beispiele für Normen zur zeichnerischen Darstellung von Rohrleitungen und Apparaten

Anwendungsbereich	Gegenstand der Darstellung	Norm	Ausgabe
Rohrleitungen allgemein	Funktion	DIN 2429-2	1988-01
	Leitungen orthogonal	DIN ISO 6412-1	1991-05
	Leitungen isometrisch	DIN ISO 6412-2	1991-05
Verfahrenstechnik	Fließbilder	DIN EN ISO 10628	2001-03
Chemische und petrochemische Industrie	Schemata Graphische Symbole	DIN EN ISO 10628-1 DIN EN ISO 10628-2	2013-07 2013-04
Prozessleittechnik	Aufgaben und Einzelheiten	DIN EN 62424 (VDE 0810-24) DIN 19227-2	2010-01 1991-02
Vakuumtechnik	Funktion	DIN 28401	2008-03
Kälteanlagen und Wärmepumpen	Fließbilder	DIN EN 1861	1998-07
Wärmekraftanlagen	Funktion	DIN 2481	1979-06
Gas- und Wasserversorgung	Rohrnetzpläne	DIN 2425-1	1975-08
Fernleitungen	Pläne	DIN 2425-3	1980-05
Abwasser	Kanalnetzpläne	DIN 2425-4	1980-05

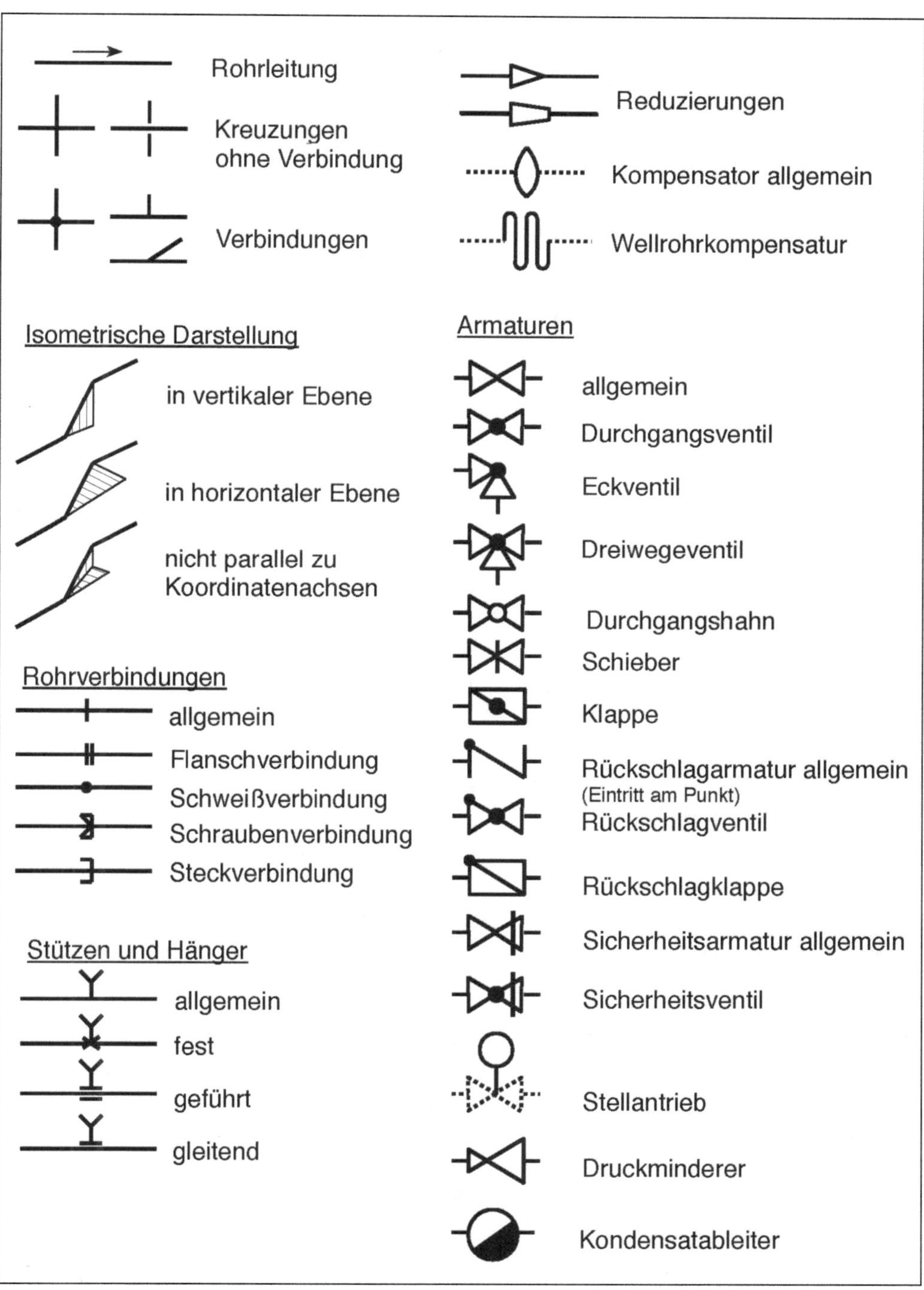

Bild 5.1: Übersicht über Symbole für Rohrleitungskomponenten aus verschiedenen Normen (z.B. DIN 2429, DIN ISO 6412, DIN EN ISO 10628-2)

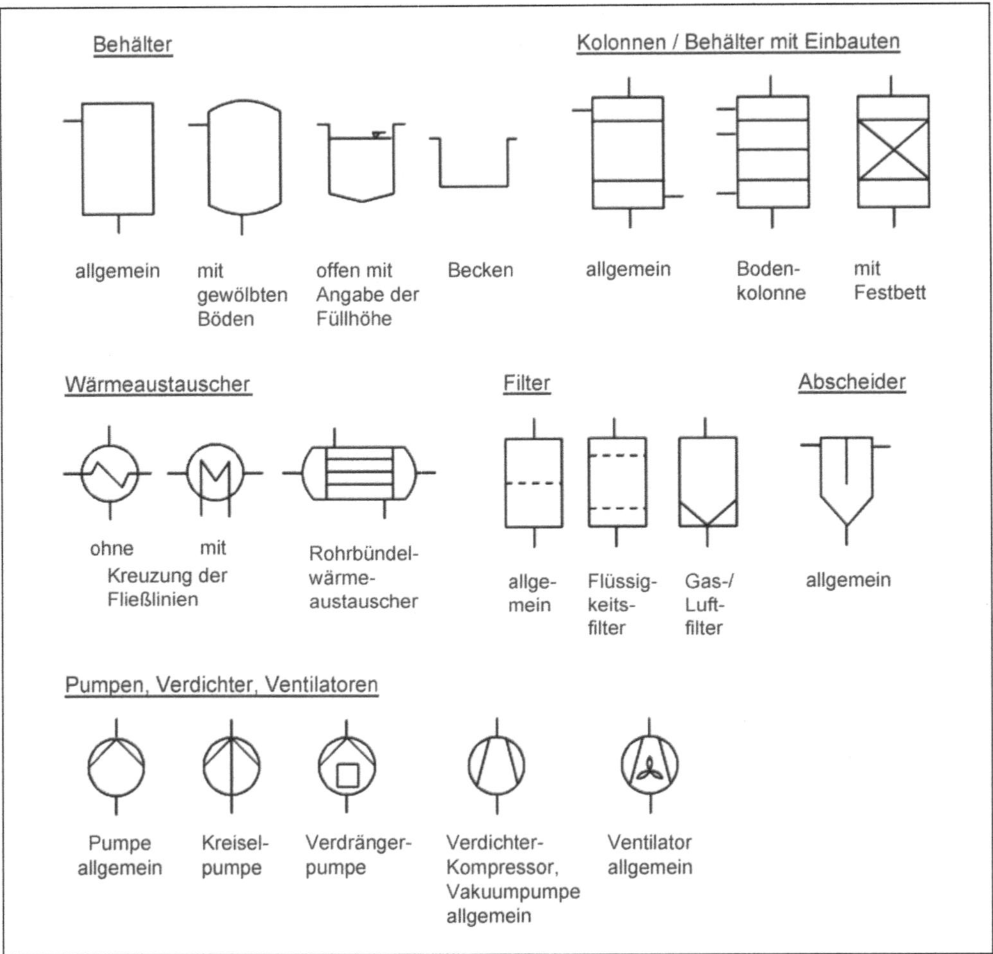

Bild 5.2: Übersicht über Symbole der Apparatetechnik aus verschiedenen Normen (z.B. DIN EN ISO 10628)

5.2 Darstellungsarten

Das grundlegende Kriterium für die Gestaltung einer Zeichnung ist der Grad an Detaillierung, der gezeigt werden soll. Er reicht vom Funktionsschema bis zur Detail- oder Werkstattzeichnung. Davon hängt ab,

- ob die Zeichnung maßstäblich sein muss,
- welcher Maßstab gegebenenfalls zu wählen ist,
- ob räumliche Darstellung sinnvoll ist,
- wie detailliert die Form der Rohrleitungs- und Apparateelemente abzubilden ist,
- welche zusätzlichen Informationen zu den Elementen enthalten sein müssen,
- etc.

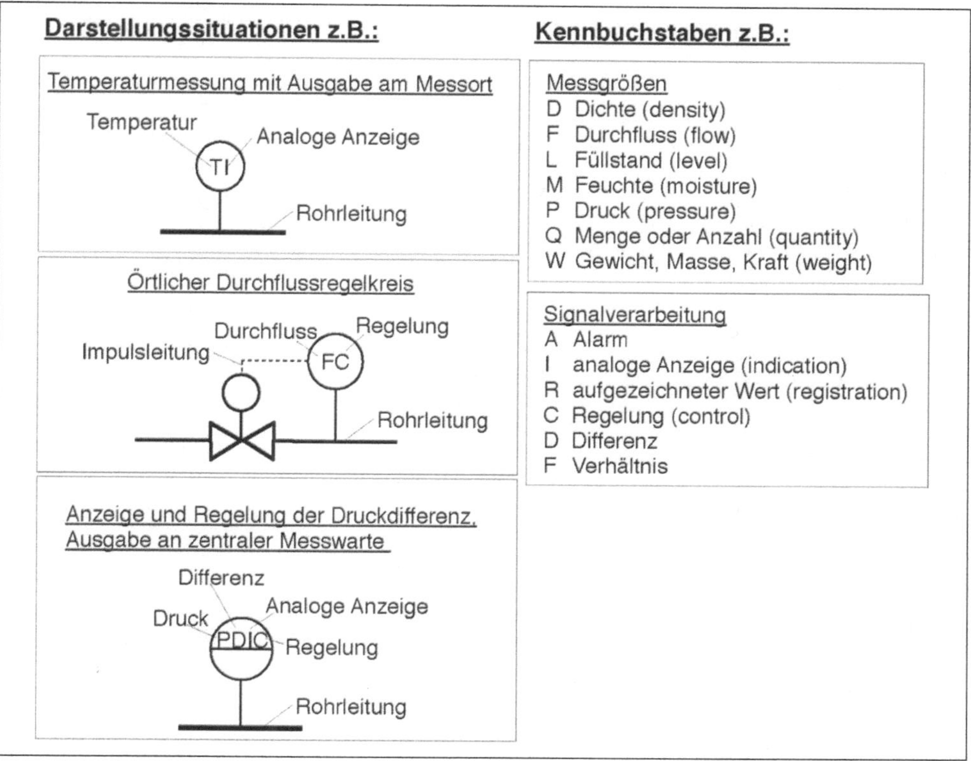

Bild 5.3: Beispiele zur Darstellung der Prozessleittechnik mit graphischen Symbolen und Kennbuchstaben nach DIN EN ISO 62424 (VDE 0810-24)[2]

Beispielhaft werden im folgenden drei Detaillierungsstufen vorgestellt, in die man die zeichnerischen Darstellungen der Rohrleitungs- und Apparatetechnik grob einteilen kann:

- Schema:

  Ein Schema zeigt mehr oder weniger detailliert die Funktion einer Anlage mit den wesentlichen Funktionseinheiten. Die Darstellung ist nicht maßstäblich, Rohre werden als Striche, andere Elemente mit Symbolen (s.o.) dargestellt. Speziell in der Verfahrenstechnik ist die Darstellung von Schemata („Fließbilder" oder „Fließschemata", s.u.) genau geregelt. Je nach Komplexität einer Anlage kann im Planungsverlauf die Erstellung verschiedener Schemata mit steigender Detaillierung sinnvoll sein. Auch isometrische Darstellung kann bereits hier in Frage kommen, um zusätzliche Informationen über die räumliche Anordnung einer Anlage zu geben.

- Anlagenplan:

  Anlagen mit Rohrleitungen und Apparaten werden wegen ihrer Größe nicht in jedem Detail naturgetreu gezeichnet. Die Pläne zeigen maßstäblich die Anordnung der Anlagenelemente (Rohrleitungs- und Apparateelemente). Für Rohrleitungen werden die „Ein-Strich-Darstellung"[3] und die „Drei-Strich-Darstellung"[4] unterschieden. In den Plänen wird der Einfachheit halber

---

2 Berücksichtigte Ausgabe: DIN EN ISO 62424 (VDE 0810-24): 2010-01

3 Rohrleitungen werden durch einfache Striche dargestellt

4 Rohrleitungen werden mit drei Strichen dargestellt, den beiden Begrenzungslinien und der strichpunktierten Mittellinie

nach Möglichkeit die „Ein-Strich-Darstellung" verwendet. Rohrleitungselemente werden meist als Symbole dargestellt (s.o.).

Anlagenpläne können auch in vorgegebene Pläne, z.B. Gelände-, Bau- oder Aufstellungspläne etc., eingezeichnet werden. Die Wahl des Maßstabes hängt vom Anwendungsfall und insbesondere von der Größe der Anlage ab. In der Gebäudetechnik kommen hier z.B. 1:200 bis 1:50 in Frage. Üblich ist die Darstellung von Draufsichten und Schnitten durch die Anlage, eventuell in mehreren Ebenen. Isometrische Darstellungen können insbesondere bei komplexen Anlagen sehr hilfreich sein. Je nach Planungsstand enthalten die Zeichnungen zusätzliche Angaben wie Rohrnennweiten, wesentliche Leistungs- und Größenmerkmale von Pumpen, Apparaten etc.

- Detailzeichnungen:

  Die Darstellung von Details reicht von der Ausschnittsvergrößerung aus Anlagenplänen bis zur Werkstattzeichnung von Apparaten oder anderen nicht genormten Anlagenelementen. Im Idealfall werden sämtliche enthaltenen Elemente maßstäblich in ihrer tatsächlichen Größe, Position und Gestalt nach den Regeln des Technischen Zeichnens dargestellt. Für Rohrleitungen bedeutet das „Drei-Strich-Darstellung" (s.o.). Oft sind jedoch auch Vereinfachungen unter Verwendung von Symbolen möglich. Die Wahl des Maßstabes variiert stark mit dem Anwendungsfall und der Größe des gezeigten Details.

5.3 Verfahrenstechnische Fließbilder

Die Darstellung verfahrenstechnischer Anlagen in Fließbildern bzw. Fließschemata, wie in DIN EN ISO 10628-1 detailliert geregelt, ist ein sehr gutes Beispiel für den Aufbau von Funktionsschemata

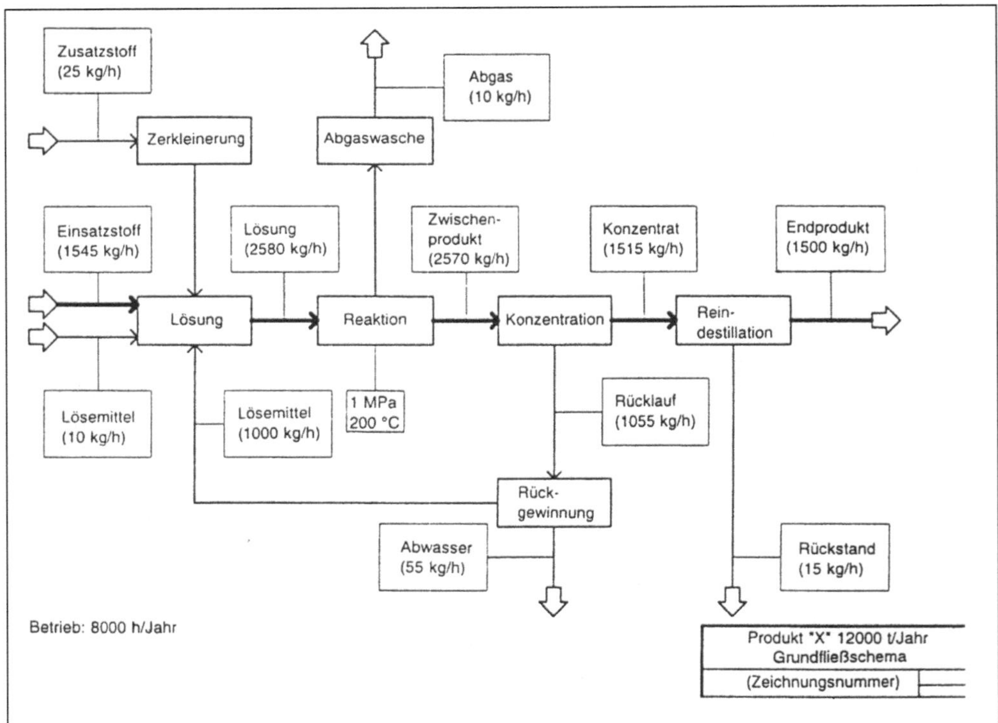

Bild 5.4: Grundfließschema mit Grund- und Zusatzinformationen nach DIN EN ISO 10628-1

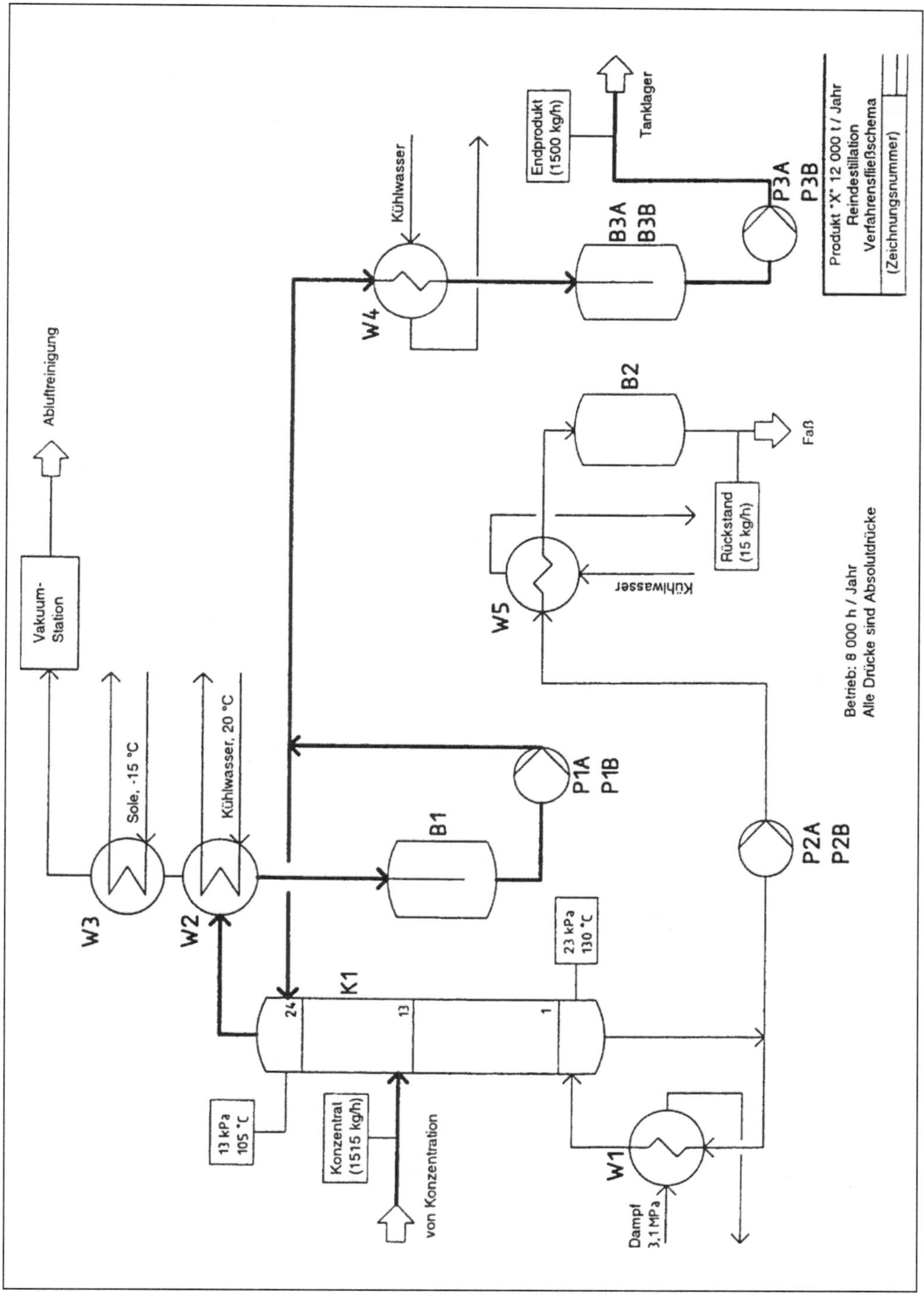

Bild 5.5: Verfahrensfließschema mit Grundinformationen nach DIN EN ISO 10628-1

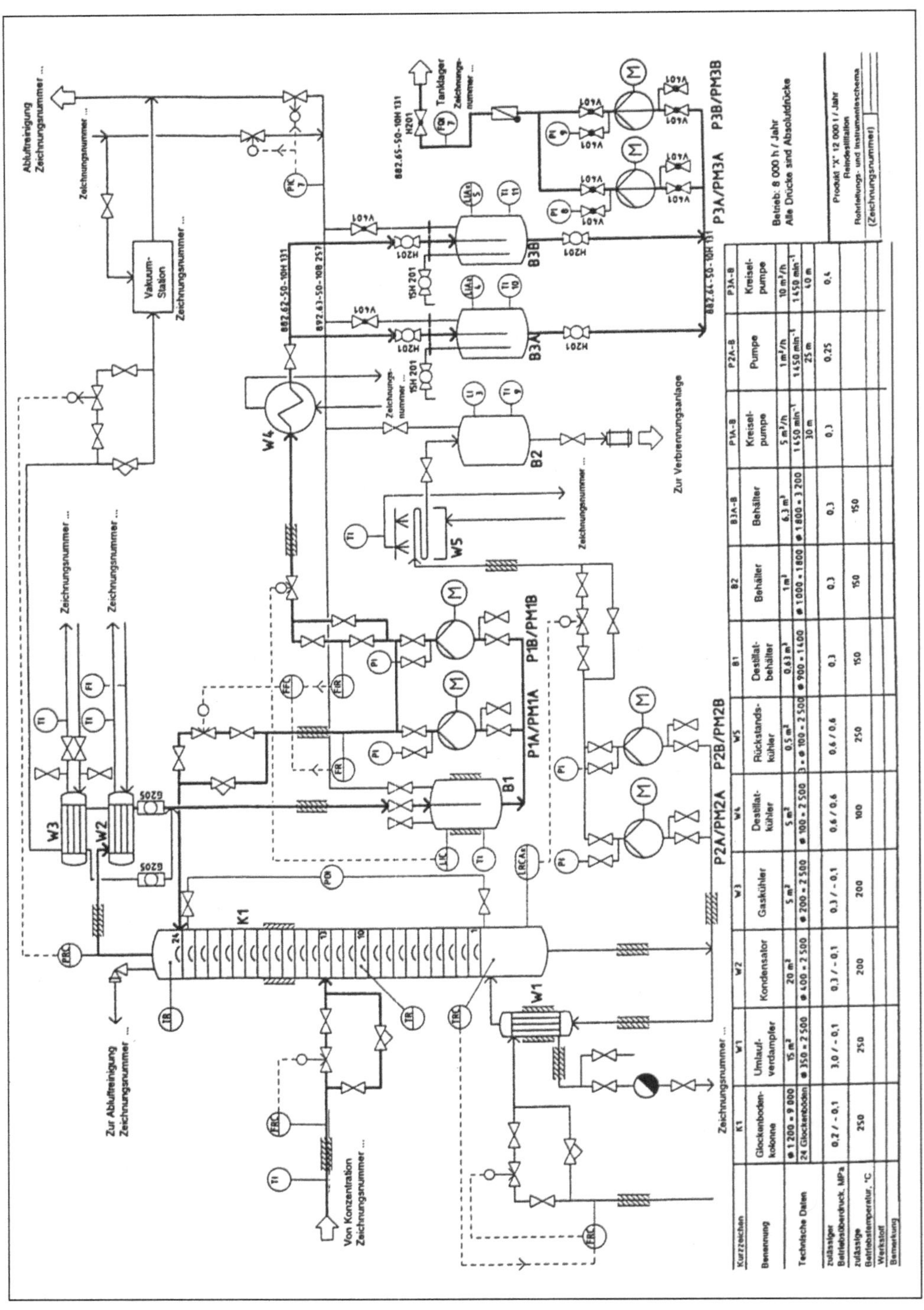

Bild 5.6: RI-Fließschema mit Grundinformationen nach DIN EN ISO 10628-1

in verschiedenen Detaillierungsstufen, das sinngemäß auch auf andere Anlagenarten angewandt werden kann. Es werden unterschieden:

- Grundfließschema, d.i. ein Blockschema mit Abfolge und Verbindung der in der Anlage enthaltenen Verfahren
- Verfahrensfließschema mit den notwendigen Apparaten und Rohrleitungen symbolisch dargestellt sowie der Angabe der wesentlichen Betriebs- und Auslegungsbedingungen
- Rohrleitungs- und Instrumentenfließschema (RI-Fließschema) mit der gesamten technischen Ausrüstung der Anlage inklusive MSR-Technik in symbolischer Darstellung und Informationen zu Nennweiten, Druckstufen, Werkstoffen, Wärmedämmung, kennzeichnenden Größen von Apparaten und Maschinen etc.

Bilder 5.4 bis **5.6** zeigen Ausführungsbeispiele für diese drei Arten von Fließschemata.

5.4 Computerunterstützte Planung und Darstellung

Während die beschriebenen Zeichnungen und Pläne bis in die 1990er Jahre noch sämtlich von Hand am Zeichenbrett gezeichnet wurden, werden sie heute weitgehend mit Hilfe von Computern erstellt. Diese Entwicklung darf allerdings nicht darüber hinwegtäuschen, dass der Ingenieur auch heute noch häufig Entwürfe frei Hand machen muss, z.B. Schemata zu Beginn eines Projektes, aber auch Korrekturen oder Ergänzungen in Plänen und Detailzeichnungen, beispielsweise bei der Montageüberwachung vor Ort.

Für das computerunterstützte Planen, Konstruieren und Darstellen ist auch in Deutschland der englische Begriff CAD (Computer Aided Design) üblich, wobei „Design" „Konstruktion" und nicht „Zeichnen" bedeutet. So wird im englischen Sprachraum auch CADD für „Computer Aided Design and Drawing" verwendet. Es sind zahlreiche Programme in einem weiten Bereich von Preisklassen auf dem Markt, die ständig weiterentwickelt werden. Man kann unterscheiden zwischen reinen Grund-Programmen und anwendungsbezogenen „Aufsätzen" (Zusatzprogrammen) auf die Grundprogramme, die zusätzlich z.B. Berechnungen ermöglichen.

Einige Beispiele für Vorteile und Möglichkeiten des computerunterstützten Planens und Zeichnens sind:

- Zeichnungen können papierlos kopiert und ausgetauscht werden.
- Beliebige Änderungen und Ergänzungen in den Zeichnungen sind sehr schnell möglich.
- Es sind Bibliotheken von Standardbauteilen verfügbar, aus denen Anlagen schnell zusammengesetzt werden können, ohne die Einzelteile zeichnen zu müssen.
- Moderne Programme bieten verschiedenste Darstellungsmöglichkeiten, neben den üblichen Projektionen z.B. Isometrien, realitätsnahe Darstellungen, Animationen etc.
- Planungsschritte sind automatisierbar, z.B. die Verhinderung von Kollisionen.
- Unter Einsatz entsprechender Zusatzprogramme sind auch Berechnungen automatisierbar.

Diese Liste kann selbstverständlich nicht vollständig sein, zeigt jedoch deutlich, warum auf die Computerunterstützung bei Planung und Darstellung von Anlagen heute nicht mehr verzichtet werden kann.

6. Beanspruchungen von Druckbehälterwänden

6. Beanspruchungen von Druckbehälterwänden

Die Wände von Druckbehältern sind in erster Linie durch inneren oder äußeren Überdruck beansprucht. Dazu können zusätzliche Beanspruchungen z.B. aus ungleichförmiger Temperaturverteilung über den Wandquerschnitt (Wärmespannungen) und aus Eigengewicht (Lagerung) kommen. Im allgemeinen werden die Wanddicken zunächst so berechnet, dass sie den zu erwartenden Überdruck aushalten. Falls notwendig wird anschließend geprüft, ob die ermittelte Wanddicke auch zur Aufnahme zusätzlicher Beanspruchungen ausreicht.

6.1 Beanspruchungen aus Überdruck

Wirken verschieden hohe Drücke auf die Innen- und Außenseite einer zylindrischen Behälterwand, so entstehen in der Wand Zug- bzw. Druckspannungen in Richtung von (**Bild 6.1**):

- Zylinderumfang (Umfangsspannung oder Tangentialspannung σ_u)
- Zylinderachse (Längsspannung oder Axialspannung σ_l)
- Zylinderradius (Radialspannung σ_r)

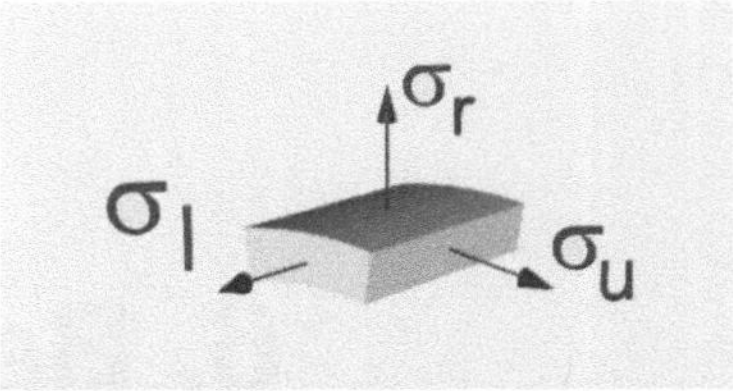

Bild 6.1: Spannungen durch Überdruck in der Druckbehälterwand

In der Wand eines kugeligen Behälters gibt es keine axiale Richtung und damit keine Längsspannung. Stattdessen wirken in zwei Richtungen Umfangsspannungen.

Im folgenden sind Zugspannungen positiv (+) und Druckspannungen negativ (-) definiert.

6.1.1 Spannungsverlauf

Die Spannungen aus innerem Überdruck sind nicht alle gleichförmig, sondern nach folgenden Gleichungen entlang der laufenden Koordinate x zwischen d_i und d_a über die zylindrische Behälterwand verteilt [35]:

- Umfangsspannung: $$\sigma_{ux} = p_e \cdot \frac{(d_a / x)^2 + 1}{(d_a / d_i)^2 - 1} \qquad (6.1)$$

- Längsspannung: $$\sigma_l = p_e \cdot \frac{1}{(d_a / d_i)^2 - 1} \qquad (6.2)$$

- Radialspannung: $$\sigma_{rx} = -p_e \cdot \frac{(d_a / x)^2 - 1}{(d_a / d_i)^2 - 1} \qquad (6.3)$$

Bild 6.2 zeigt beispielhaft den Verlauf dieser Spannungen über der Behälterwanddicke, jeweils bezogen auf den herrschenden Überdruck p_e. Diese Abhängigkeiten gelten im linear elastischen Bereich, d.h. solange lineares Werkstoffverhalten gilt und nirgendwo die Streckgrenze erreicht wird. Umfangsspannung σ_u und Radialspannung σ_r nehmen jeweils an der Innenseite der Behälterwand ($x = d_i$) ihren betragsmäßig größten Wert an:

- maximale Umfangsspannung: $$\hat{\sigma}_U = p_e \cdot \frac{(d_a / d_i)^2 + 1}{(d_a / d_i)^2 - 1} \qquad (6.4)$$

- minimale Radialspannung: $$\check{\sigma}_r = -p_e \qquad (6.5)$$

Die Längsspannung σ_l ist gleichförmig verteilt, sie hat keine Extremwerte. Für die Verläufe von Umfangs- und Radialspannung in den Wänden kugeliger Druckbehälter gelten andere Beziehungen (siehe z.B. [35]).

Wird der Überdruck soweit erhöht, dass die Spannungsspitzen die Streckgrenze und damit bei duktilen Werkstoffen den plastischen Bereich erreichen, ändern sich die Spannungsprofile über der Behälterwanddicke. Die Spannungen können nicht über die Streckgrenze hinaus ansteigen. Wird der Überdruck dennoch weiter erhöht, so werden die Materialfasern neben den plastischen Bereichen mit den Spannungen, die die bereits plastischen Fasern nicht mehr aufnehmen können, zusätzlich beansprucht. Es entstehen abgeplattete Spannungsprofile. Dadurch, dass die noch elastischen Bereiche die bereits plastischen stützen („Stützwirkung"), kann es zunächst nicht zu haltlosem Fließen kommen und die teilplastische Behälterwand als Ganze versagt nicht. Mit haltlosem Fließen ist erst dann zu rechnen, wenn der Überdruck so groß wird, dass über den gesamten Wandquerschnitt die Streckgrenze erreicht und er somit vollplastisch geworden ist.

6.1.2 Mittlere Spannungen

Der beschriebene vollplastische Zustand ist erreicht, sobald die mittleren Spannungen in der Behälterwand die Streckgrenze überschreiten. Für dünne Behälterwände können diese mittleren Spannungen unabhängig von den oben gezeigten tatsächlichen Spannungsprofilen verhältnismäßig einfach bestimmt werden. Man vergleicht dazu jeweils die Fläche A_p, auf die der Überdruck wirkt mit der Fläche A_σ, in der die Spannung entsteht („Flächenvergleichsverfahren"). Dahinter steckt folgender Ansatz:

$$\bar{\sigma} \cdot A_\sigma = p_e \cdot A_p \qquad (6.6)$$

Für die mittlere Spannung $\bar{\sigma}$ ergibt sich:

$$\bar{\sigma} = p_e \cdot \frac{A_p}{A_\sigma} \qquad (6.7)$$

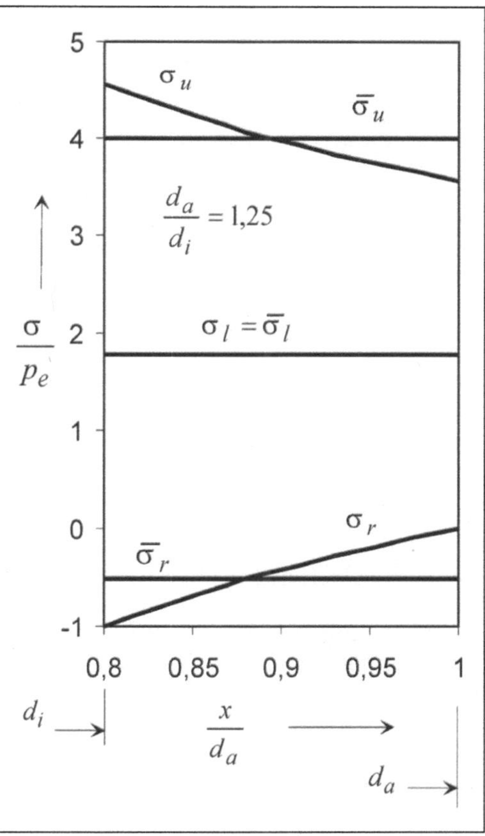

Bild 6.2: Spannungsverlauf in der Wand eines zylindrischen Druckbehälters unter innerem Überdruck bei linear elastischem Werkstoffverhalten

In **Bild 6.3** sind jeweils die Druckfläche A_p und die Spannungsfläche A_σ für die mittlere Umfangsspannung $\bar{\sigma}_u$ und die mittlere Längs-

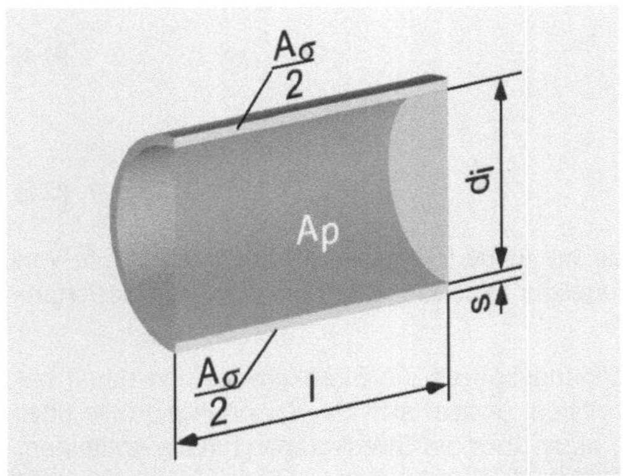

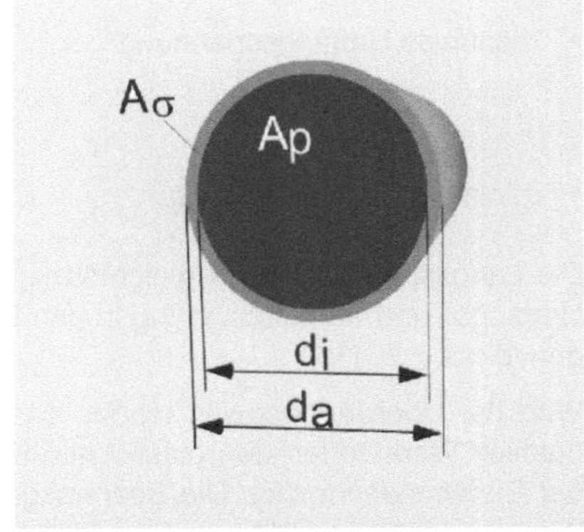

Bild 6.3: Druckflächen und Spannungsflächen zur Ermittlung der mittleren Umfangsspannung (links) und der mittleren Längsspannung (rechts) in einem zylindrischen Druckbehälter unter innerem Überdruck (siehe auch *Anmerkung 6.1*)

spannung $\bar{\sigma}_L$ in der Wand eines zylindrischen Druckbehälters gezeigt[1]. Daraus lässt sich ableiten:

- $$\bar{\sigma}_u = p_e \cdot \frac{A_p}{A_\sigma} = p_e \cdot \frac{d_i \cdot l}{2 \cdot s \cdot l} = \frac{p_e \cdot d_i}{2 \cdot s} \qquad (6.8)$$

- $$\bar{\sigma}_l = p_e \cdot \frac{A_p}{A_\sigma} = p_e \cdot \frac{\frac{\pi}{4} d_i^2}{\pi \cdot d_m \cdot s} \approx \frac{p_e \cdot d_i}{4 \cdot s} \qquad (6.9)$$

  mit $d_m \approx d_i$, was für kleine Wanddickenverhältnisse s/d_i nur kleine Fehler ergibt

Im Falle der Radialspannung ist an Behälteraußen- und -innenfläche jeweils $A_p = A_\sigma$ und diese Fläche jeweils gleich der Behälteroberfläche. Damit ergeben sich die Extremwerte $\sigma_r = 0$ an der Behälteraußenfläche, $\sigma_r = -p_e$ an der Behälterinnenfläche und für die mittlere Radialspannung:

- $$\bar{\sigma}_r = -\frac{p_e}{2} \qquad (6.10)$$

Diese mittleren Spannungen sind zum Vergleich mit den tatsächlichen Spannungsverläufen in Bild 6.2 aufgetragen.

Für dünnwandige kugelförmige Druckbehälter ergibt sich aus dem Flächenvergleich für die mittleren Umfangsspannungen *Gleichung 6.9*, so dass $\bar{\sigma}_{u,Kugel} = \bar{\sigma}_{l,Zylinder}$. Für die mittlere Radialspannung in kugeligen Druckbehältern gilt wie für Zylinder *Gleichung 6.10*.

6.1.3 Vergleichsspannungen

Es wurde gezeigt, dass die Wände von Druckbehältern jeweils einem dreiachsigen Spannungszustand unterliegen. Es sind in der Regel jedoch nur Festigkeitswerte verfügbar, die aus einachsigen Versuchen gewonnen wurden (Streckgrenze, Zugfestigkeit etc.). Deshalb müssen die drei

[1] siehe auch Anmerkung 6.1

Spannungen in der Behälterwand zu einer Vergleichsspannung σ_V umgerechnet werden, die mit dem einachsigen Festigkeitswert verglichen werden kann. Dafür wurden Festigkeitshypothesen entwickelt, von denen für den Druckbehälterbau die folgenden in Betracht kommen:

- bei Versagen durch Trennbruch (spröde Werkstoffe) die Normalspannungshypothese:

$$\sigma_{V,N} = \sigma_{max} \tag{6.11}$$

- bei Versagen durch plastische Verformung und Gleitbruch (duktile Werkstoffe unter statischer Beanspruchung) die Schubspannungshypothese („Tresca"-Hypothese):

$$\sigma_{V,Sch} = \sigma_{max} - \sigma_{min} \tag{6.12}$$

- bei Versagen durch plastische Verformung und Dauerbruch (duktile Werkstoffe unter dynamischer Beanspruchung) die Gestaltänderungsenergiehypothese („GE"-Hypothese oder „von Mises"-Hypothese):

$$\sigma_{V,GE} = \frac{1}{\sqrt{2}} \cdot \sqrt{(\sigma_u - \sigma_l)^2 + (\sigma_l - \sigma_r)^2 + (\sigma_r - \sigma_u)^2} \tag{6.13}$$

Aus Bild 6.2 ist ersichtlich, dass in der Druckbehälterwand jeweils gilt: $\sigma_{max} = \sigma_u$. Bei Anwendung der Normalspannungshypothese ist daher der Festigkeitswert lediglich mit der Umfangsspannung zu vergleichen, Längs- und Radialspannung bleiben unberücksichtigt. Diese Hypothese wird im Druckbehälterbau jedoch nur selten angewendet, weil heute allgemein duktile Werkstoffe zur Anwendung kommen.

In die Vergleichsspannung nach der Schubspannungshypothese gehen die größte und die kleinste Spannung ein, die in der Rohrwand wirken. Nach Bild 6.2 sind das: $\sigma_{max} = \sigma_u$ und $\sigma_{min} = \sigma_r$. Je nachdem, ob die mittleren Spannungen $\bar{\sigma}_u$ und $\bar{\sigma}_r$ nach den *Gleichungen 6.8 und 6.10* oder die maximalen Spannungen $\sigma_{u,max}$ und $\sigma_{r,max}$ nach den *Gleichungen 6.4 und 6.5* eingesetzt werden, erhält man für eine zylindrische Druckbehälterwand mit $d_a = d_i + 2 \cdot s$:

- die mittlere Vergleichsspannung nach der Schubspannungshypothese

$$\bar{\sigma}_{V,Sch} = \bar{\sigma}_u - \bar{\sigma}_r = \frac{p_e \cdot d_i}{2 \cdot s} - \left(-\frac{p_e}{2}\right) = \frac{p_e}{2} \cdot \left(\frac{d_i}{s} + 1\right) = \frac{p_e}{2} \cdot \left(\frac{d_a}{s} - 1\right) \tag{6.14}$$

oder

- die maximale Vergleichspannung nach der Schubspannungshypothese

$$\hat{\sigma}_{V,Sch} = \hat{\sigma}_u - \check{\sigma}_r \approx \frac{p_e}{2} \cdot \left(\frac{d_i}{s} + 3\right) = \frac{p_e}{2} \cdot \left(\frac{d_a}{s} + 1\right) \tag{6.15}$$

(Herleitung siehe *Anmerkung 6.2*)

Für die Vergleichsspannung nach der GE-Hypothese ergibt sich durch Einsetzen der drei Einzelspannungen nach den *Gleichungen 6.1 bis 6.3 in Gleichung 6.13:*

$$\sigma_{V,GE} = p_e \cdot \frac{\sqrt{3} \cdot (d_a / x)^2}{(d_a / d_i)^2 - 1} \tag{6.16}$$

und folgender Maximalwert an der Innenfläche der Druckbehälterwand ($x = d_i$):

$$\hat{\sigma}_{V,GE} = p_e \cdot \frac{\sqrt{3} \cdot (d_a / d_i)^2}{(d_a / d_i)^2 - 1} \tag{6.17}$$

Zum Vergleich mit dem Verlauf der Einzelspannungen in Bild 6.2 ist in **Bild 6.4** beispielhaft der Verlauf dieser verschiedenen Vergleichsspannungen in der Wand eines zylindrischen Druckbehälters mit einem Durchmesserverhältnis von $d_a/d_i = 1{,}25$ dargestellt. In **Bild 6.5** sind die Vergleichsspannungen in Abhängigkeit vom Durchmesserverhältnis d_a/d_i aufgetragen. Daraus ist folgendes zu ersehen:

- $\hat{\sigma}_{V,Sch}$ ergibt stets höhere Werte als $\hat{\sigma}_{V,GE}$. Damit ist die Rechnung mit $\hat{\sigma}_{V,Sch}$ immer konservativ (auf der sicheren Seite).
- $\bar{\sigma}_{V,Sch}$ ergibt für $d_a/d_i > 1{,}2$ deutlich kleinere Werte als $\hat{\sigma}_{V,GE}$. Für $d_a/d_i \leq 1{,}2$ ist der Unterschied jedoch unwesentlich und für sehr dünnwandige Behälter erhält man mit $\bar{\sigma}_{V,Sch}$ sogar konservative Werte.

Dies wird in den Regelwerken zur Wanddickenberechnung von Druckbehältern ausgenutzt, indem dort die verhältnismäßig einfachen Gleichungen nach der Schubspannungshypothese u.U. auch dann verwendet werden, wenn theoretisch die Anwendung der GE-Hypothese angezeigt wäre. Diese Berechnungen werden in den *Kapiteln 7 (Wanddickenberechnung von Druckbehältern) und 9 (Festigkeitsberechnung von Rohrleitungen)* eingehend behandelt. Allerdings hat die maximale Vergleichspannung nach der Schubspannungshypothese heute praktisch keine Bedeutung mehr. Sie wurde z.B. in früheren deutschen Normen zur Wanddickenberechnung von Stahlrohren verwendet.

Am Ende des *Abschnittes 6.1.1 (Spannungsverlauf)* wurde gezeigt, dass die Behälterwand infolge zu hohen Innendruckes erst dann versagt, wenn über dem gesamten Querschnitt der plastische Zustand (vollplastisch) erreicht ist. Dies gilt allerdings nur bei „vorwiegend ruhender“ Beanspruchung der Wand, d.h. wenn sämtliche Spannungen überwiegend konstant bleiben. Anders ist es bei dynamischer Beanspruchung, d.h. wenn mindestens eine der auftretenden Spannungen zeitlich veränderlich ist.

Wenn der dynamische Festigkeitswert im höchstbeanspruchten Bereich der Behälterwand zu häufig überschritten wird, muss mit Dauerbruch aufgrund von Materialermüdung gerechnet werden. Es kommt dann zu Anrissen in die-

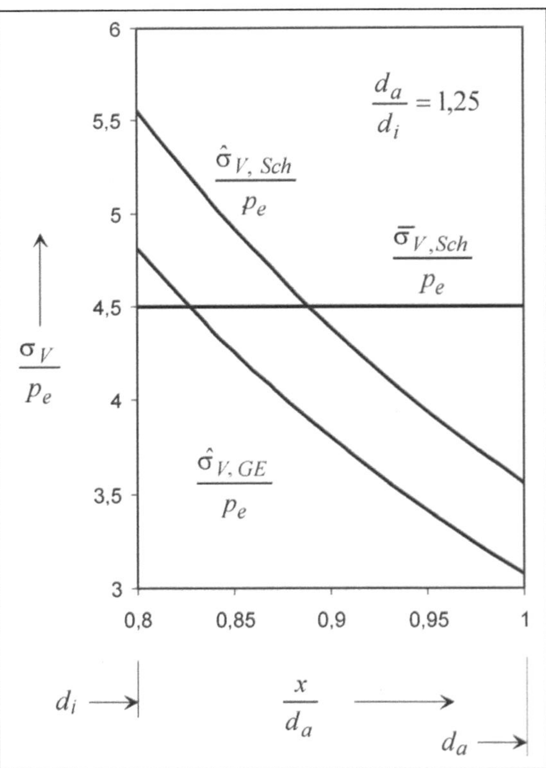

Bild 6.4: Verlauf verschiedener Vergleichsspannungen in der Wand eines zylindrischen Druckbehälters unter innerem Überdruck

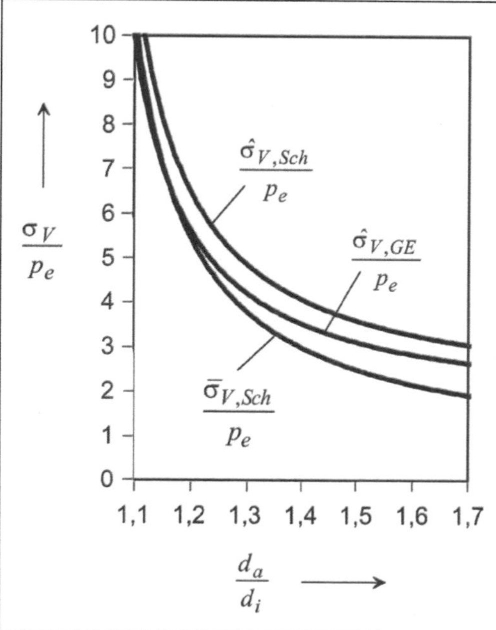

Bild 6.5: Bezogene Vergleichsspannung in der Druckbehälterwand unter innerem Überdruck in Abhängigkeit vom Durchmesserverhältnis

sem Bereich, die allmählich fortschreiten. Ist die Wanddicke dadurch schließlich stark genug geschwächt, so kommt es zum Gewaltbruch der Restwanddicke. Bei dynamischer Beanspruchung sind folglich korrekterweise die Maximalspannungen in der Behälterwand, z.B. die maximale Vergleichspannung nach der GE-Hypothese (*Gleichung 6.17*), zu berücksichtigen.

6.2 Zusätzliche Beanspruchungen

Außer den Spannungen aus Überdruck können in der Druckbehälterwand weitere Beanspruchungen auftreten, nämlich:

- Spannungen aus äußeren Krafteinwirkungen
- Eigenspannungen
- Wärmespannungen

6.2.1 Spannungen aus äußeren Krafteinwirkungen

Äußere Krafteinwirkungen werden insbesondere durch das Eigengewicht des Druckbehälters erzeugt, das an bestimmten Punkten des Mantels in eine Stütz- oder Tragkonstruktion abgeleitet wird (siehe *Abschnitt 4.2.4, Tragelemente*). Daneben können z.B. Reaktionskräfte aus Bewegungen angeschlossener Rohrleitungen (siehe *Kapitel 8, Lagerung und Dehnungsausgleich von Rohrleitungen*) o.ä. auftreten. Bezüglich der Berechnung sei z.B. auf die AD 2000 Merkblätter der Reihe S 3 [26] verwiesen.

6.2.2 Eigenspannungen

Eigenspannungen sind „Wärme-, Schrumpf- und Restspannungen" [35]. Sie treten bei oder in Folge von ungleichförmigen Temperatur- und Spannungsverteilungen in der Behälterwand auf. Schrumpf- und Restspannungen entstehen meist während der Fertigung der Druckbehälter, z.B. durch Schweißvorgänge oder örtliche plastische Verformungen bei äußerer Belastung. Sie können z.B. durch Spannungsfreiglühen (**Bild 6.6**) oder plastische Verformungen im Werkstoff abgebaut werden und sollen hier nicht näher betrachtet werden.

Bild 6.6: Induktionsglühen einer Reaktorabschlussnaht (Werkbild Deggendorfer Werft und Eisenbau GmbH, Deggendorf)

6.2.3 Wärmespannungen

Wärmespannungen treten auf, wenn innerhalb der Behälterwand unterschiedliche Temperaturen herrschen. Dies kommt z.B. dadurch zustande, dass Innen- und Außenwand des Behälters mit Medien oder Flächen von unterschiedlicher Temperatur in Berührung stehen. Es entsteht ein Wärmestrom durch die Wand. Zwischen den Oberflächen, d.h. innerhalb der Behälterwand, bildet sich ein Temperaturprofil aus, das für ebene Platten geradlinig und für gekrümmte Behälterwände - wegen der unterschiedlichen Umfangslängen innen und außen - leicht gekrümmt ist. Die wärmere Seite der Wand will sich dann stärker ausdehnen als die kältere, wird von der kälteren jedoch daran gehindert. So entstehen an der wärmeren Seite Druck- (-) und an der kälteren Zugspannungen (+). Annähernd in der Mitte der Wand bleibt eine neutrale Faser ohne Spannung. Dort herrscht die mittlere Wandtemperatur. **Bild 6.7** verdeutlicht diese Verhältnisse am Beispiel einer ebenen Wand mit unterschiedlichen Oberflächentemperaturen.

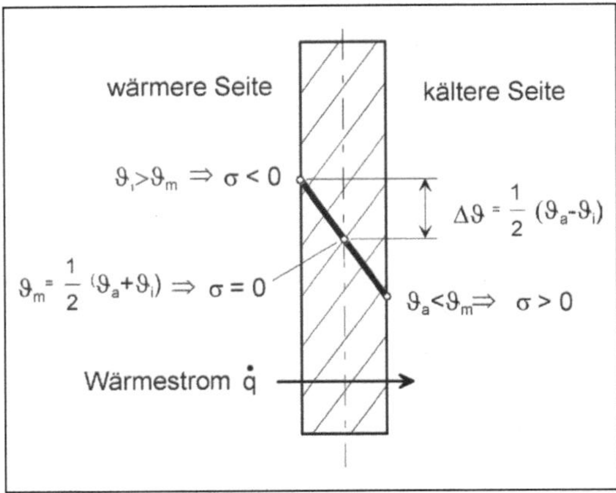

Bild 6.7: Temperaturverlauf und resultierende Wärmespannungen in einer ebenen Wand mit unterschiedlichen Oberflächentemperaturen (hier: innen wärmer, außen kälter)

Da sich die Wärmespannungen aus behinderter Dehnung ergeben, können sie aus dem Hookschen Gesetz

$$\sigma = \frac{\Delta L}{L} \cdot E \tag{6.18}$$

hergeleitet werden. Die Wärmedehnung ΔL wird nach *Gleichung 8.4* ($\Delta L = L \cdot \beta_L \cdot \Delta\vartheta$) berechnet. Die maßgebliche Temperaturdifferenz $\Delta\vartheta$ für die höchsten auftretenden Wärmespannungen ist hier jeweils die zwischen Extremwert und neutraler Faser, d.h. $(\vartheta_a - \vartheta_i)/2$. Diese Spannung wirkt z.B. in einer zylindrischen Behälterwand sowohl in Umfangs- als auch in Längsrichtung. Da die Temperaturdifferenzen Dehnungsunterschiede der Behälterwand in alle drei Raumrichtungen verursachen, ist jeweils zusätzlich der Einfluss der Querkontraktion zu berücksichtigen. Insgesamt ergeben sich so die maximalen Wärmespannungen σ_W an den Oberflächen der Wand mit der Querkontraktionszahl (oder Poisson-Zahl) ν zu[2]:

$$\sigma_W = \pm \frac{E}{1-\nu} \cdot \beta_L \cdot \frac{\vartheta_a - \vartheta_i}{2} \tag{6.19}$$

Das richtige Vorzeichen, d.h. „+“ für Zugspannung und „–“ für Druckspannung, ergibt sich jeweils, wenn die Wärmespannungen an der Außenseite ($\sigma_{W,a}$) und der Innenseite ($\sigma_{W,i}$) der Druckbehälterwand wie folgt berechnet werden:

$$\sigma_{W,a} = -\frac{E}{1-\nu} \cdot \beta_L \cdot \frac{\vartheta_a - \vartheta_i}{2} \tag{6.19a}$$

$$\sigma_{W,i} = +\frac{E}{1-\nu} \cdot \beta_L \cdot \frac{\vartheta_a - \vartheta_i}{2} \tag{6.19b}$$

---

2 für Stahl kann $\nu \approx 0{,}3$ eingesetzt werden (siehe physikalische Eigenschaften der verschiedenen Werkstoffe in *Kapitel 3 „Werkstoffe“*)

E-Modul E und Wärmeausdehnungskoeffizient β_L sind korrekterweise für die jeweilige Oberflächentemperatur einzusetzen, vereinfachend wird häufig die mittlere Wandtemperatur $\vartheta_m = (\vartheta_a + \vartheta_i)/2$ zugrunde gelegt.

Die *Gleichungen 6.19, 6.19a und 6.19b* gelten strenggenommen nur für ebene Wände. Der Einfluss der Krümmung ist bei dünnen Behälterwänden jedoch gering und wird allgemein für $d_a/d_i \leq 1{,}2$ vernachlässigt[3]. Für größere Wandstärken lauten unter Berücksichtigung der Krümmung die korrekten Gleichungen für die Wärmespannungen an der Außenseite $\sigma_{W,a}$ und Innenseite $\sigma_{W,i}$ der Druckbehälterwand [36]:

$$\sigma_{W,a} = \frac{E}{1-\nu} \cdot \beta_L \cdot \frac{\vartheta_a - \vartheta_i}{2} \cdot \left(\frac{2}{(d_a/d_i)^2 - 1} - \frac{1}{\ln(d_a/d_i)} \right) \tag{6.20}$$

$$\sigma_{W,i} = \frac{E}{1-\nu} \cdot \beta_L \cdot \frac{\vartheta_a - \vartheta_i}{2} \cdot \left(\frac{2 \cdot (d_a/d_i)^2}{(d_a/d_i)^2 - 1} - \frac{1}{\ln(d_a/d_i)} \right) \tag{6.21}$$

Diese Gleichungen liefern die richtigen Vorzeichen für die Wärmespannungen, d.h. „+“ für Zugspannung und „–“ für Druckspannung.

Die *Gleichungen 6.19, 6.20 und 6.21* gelten für stationären Wärmestrom, bei dem sich ein zeitlich konstantes Temperaturprofil über der Behälterwand ausgebildet hat. Die entsprechenden Temperaturen an der Behälteraußen- (ϑ_a) und -innenwand (ϑ_i) werden mit Hilfe der Gesetze der Wärmeübertragung berechnet. Während des Aufheizens oder Abkühlens der Wand herrschen dagegen instationäre Wärmeströme, bei denen ungleichförmige Temperaturprofile und höhere Temperaturspreizungen auftreten können.

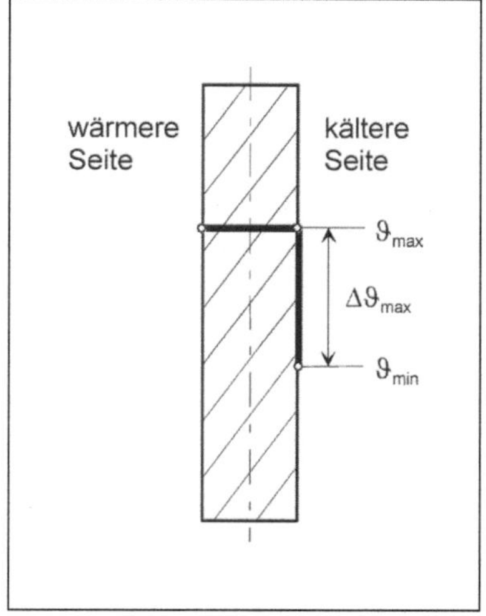

Bild 6.8: Theoretisch ungünstigstes Temperaturprofil beim Thermoschock

Den Extremfall stellt der „Thermoschock“ dar, der z.B. dann entsteht, wenn eine heiße Behälterwand mit einer kalten Flüssigkeit in Kontakt kommt oder umgekehrt. Im theoretisch ungünstigsten Fall erfolgt die Abkühlung bzw. Aufheizung der Wandoberfläche so schnell, dass ein Temperaturprofil z.B. nach **Bild 6.8** über dem Wandquerschnitt entsteht. Daraus folgt die theoretisch maximale Wärmespannung $\sigma_{W,Schock}$ an der abgekühlten bzw. aufgeheizten Oberfläche nach *Gleichung 6.19* zu:

$$\sigma_{W,Schock} = \frac{E}{1-\nu} \cdot \beta_L \cdot \Delta\vartheta_{max} \tag{6.22}$$

mit $\Delta\vartheta_{max}$ z.B. entsprechend Bild 6.8.

Dieser theoretische Thermoschock ist in der Praxis nicht möglich. Zur Abschätzung realer Thermoschocks wurden experimentell Abminderungsfaktoren k_A ermittelt, mit denen die maximale Schockspannung nach *Gleichung 6.22* zu multiplizieren ist:

---

3 z.B. AD 2000 B1: 2000-10

$$\sigma_{W,Schock} = \frac{E}{1-\nu} \cdot \beta_L \cdot \Delta\vartheta_{max} \cdot k_A \qquad (6.23)$$

In **Bild 6.9** sind beispielhaft Anhaltswerte für den Abminderungsfaktor k_A aufgetragen[4].

Bei allmählichem Aufheizen und Abkühlen der Behälterwand hängt die maximal auftretende Temperaturspreizung von der Temperaturänderungsgeschwindigkeit w_ϑ mit der Einheit *K/s* ab. Bleibt diese während des Heiz- bzw. Kühlvorganges konstant, so stellt sich nach einer gewissen Zeit ein quasistationärer Zustand ein [37, 38]. Abhängig von der Temperaturleitfähigkeit *a* (Einheit m^2/s) des Werkstoffes kann die Temperaturspreizung zwischen Behälteraußen- und -innenwand in diesem quasistationären Zustand bestimmt werden aus:

$$\vartheta_a - \vartheta_i = \pm \frac{w_\vartheta \cdot s^2}{a} \cdot f_F \qquad (6.24)$$

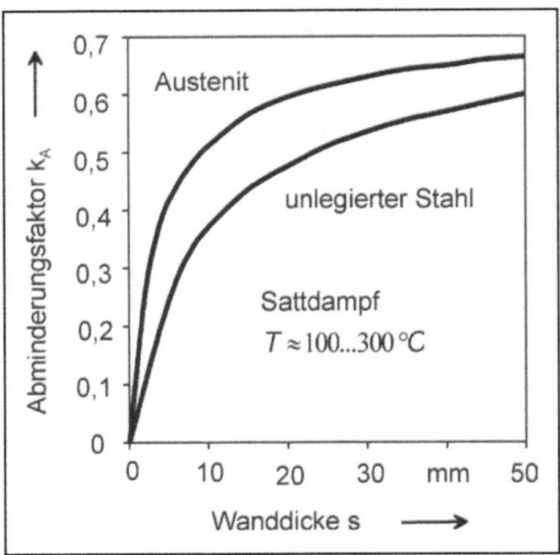

Bild 6.9: Anhaltswerte für den Abminderungsfaktor k_A zur Berechnung von Thermoschockspannungen in Stahlbehälterwänden im Kontakt mit Sattdampf (Werte berechnet nach Angaben von Pich [37] und Schwaigerer u.a. [35], siehe *Anmerkung 6.3*)

Zur Abschätzung der Wärmespannung nach den *Gleichungen 6.19, 6.20 und 6.21* kann für den Formfaktor f_F eingesetzt werden [35, 37, 38]:

$$f_F \approx \frac{2}{3} \quad \text{für ebene Wände}$$

$$f_F \approx \frac{2}{3} \cdot \left(0{,}43 \cdot \frac{d_a}{d_i} + 0{,}57\right) \quad \text{für die Wände zylindrischer Behälter}$$

Die beschriebenen Wärmespannungen wirken sowohl in Umfangs- als auch in Längsrichtung. Sie müssen deshalb bei der Berechnung der Vergleichsspannung in der Behälterwand zu den Spannungen aus Überdruck addiert werden ($\sigma_{u,ges} = \sigma_{u,Überdruck} + \sigma_{Wärmespannung}$ und $\sigma_{l,ges} = \sigma_{l,Überdruck} + \sigma_{Wärmespannung}$). Hierbei ist bei genauen Rechnungen insbesondere zu berücksichtigen, an welchen Stellen der Behälterwand jeweils die Maximalwerte mit gleichem Vorzeichen auftreten.

6.3 Besonderheiten bei äußerem Überdruck

Bei äußerem Überdruck sind die Spannungen im elastischen Bereich nach folgenden Gleichungen entlang der laufenden Koordinate *x* zwischen d_i und d_a über die zylindrische Behälterwand verteilt [35]:

- Umfangsspannung: $$\sigma_{ux} = -p_e \cdot \frac{(d_a/d_i)^2 + (d_a/x)^2}{(d_a/d_i)^2 - 1} \qquad (6.25)$$

[4] Berechnet nach Angaben von Pich [37] und Schwaigerer u.a. [35]

- Längsspannung: $$\sigma_l = -p_e \cdot \frac{(d_a / d_i)^2}{(d_a / d_i)^2 - 1} \tag{6.26}$$

- Radialspannung: $$\sigma_{rx} = -p_e \cdot \frac{(d_a / d_i)^2 - (d_a / x)^2}{(d_a / d_i)^2 - 1} \tag{6.27}$$

Analog zu *Abschnitt 6.1.1 (Spannungsverlauf)* lassen sich aus diesen Gleichungen mit $x = d_i$ die Maximalspannungen $\hat{\sigma}_u$ und $\check{\sigma}_r$ an der Wandinnenfläche berechnen. Durch Einsetzten der Gleichungen für die Einzelspannungen *6.25 bis 6.27* in *Gleichung 6.13* ergibt sich dieselbe Vergleichspannung nach der Gestaltänderungsenergiehypothese[5] $\sigma_{V,GE}$ wie bei innerem Überdruck (*Gleichung 6.16*). Aus dem Flächenvergleich ergeben sich analog zu *Abschnitt 6.1.2* die mittlere Umfangs- und Radialspannung zu:

$$\bar{\sigma}_u = -\frac{p_e \cdot d_a}{2 \cdot s} \tag{6.28}$$

$$\bar{\sigma}_r = -\frac{p_e}{2} \tag{6.29}$$

Damit wird die mittlere Vergleichspannung nach der Schubspannungshypothese (Tresca-Hypothese) vom Betrag her ebenso groß wie bei innerem Überdruck (*Gleichung 6.14*):

$$\begin{aligned} \bar{\sigma}_{V,Sch} &= \bar{\sigma}_u - \bar{\sigma}_r \\ &= -p_e \cdot \frac{d_a - s}{2 \cdot s} = -p_e \cdot \frac{d_i + s}{2 \cdot s} \end{aligned} \tag{6.30}$$

Bild 6.10 zeigt den Verlauf dieser Spannungen, jeweils bezogen auf den herrschenden äußeren Überdruck p_e. Besonders zu bemerken ist, dass die Vergleichspannungen bei äußerem Überdruck gleich groß sind wie bei innerem Überdruck.

Bei äußerem Überdruck auf Behälterwände besteht allerdings zusätzlich die Gefahr elastischen Beulens. Beulung ist wie Knickung (vergleiche *Abschnitt 8.2.2*) ein Instabilitätsfall infolge von Druckspannungen. Bei dünnwandigen Behältern können die kritischen Druckspannungen, die zum elastischen Beulen führen (Beul- oder Knickspannungen), deutlich niedriger liegen als die Elastizitätsgrenze des

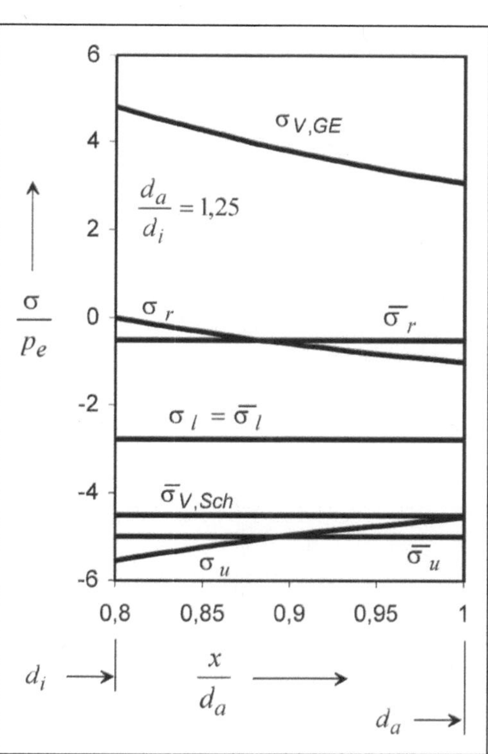

Bild 6.10: Spannungsverlauf in der Wand eines zylindrischen Druckbehälters unter äußerem Überdruck bei linear elastischem Werkstoffverhalten

[5] Hypothese nach von Mises, auch „GE-Hypothese“

Werkstoffes, d.h. es kann zu Beulen kommen, obwohl die Vergleichspannung in der Behälterwand deutlich unter der Dehngrenze des Werkstoffes liegt.

Für kreisrunde zylindrische Druckbehälter von unendlicher Länge lässt sich die kritische Spannung bezüglich elastischen Beulens berechnen aus [35]:

$$\sigma_{B,krit} = \frac{E \cdot s^2}{\left(1 - \nu^2\right) \cdot d_i^2} \tag{6.31}$$

Dieser Fall gilt z.B. annähernd für sehr lange Rohre. Für Druckbehälter mit endlicher Länge liegt die kritische Beulspannung höher, d.h. die Gefahr elastischen Beulens ist kleiner. So ergeben sich für Behälter mit einem Verhältnis von Länge zu Durchmesser von $l/d \approx 5$ kritische Beulspannungen, die etwa um das zwei- bis dreifache höher liegen als die nach *Gleichung 6.31* berechneten [35]. Sind die Behälter nicht kreisrund, so ist die kritische Spannung kleiner und damit die Beulgefahr wiederum größer, da neben den oben beschriebenen Spannungen in der Behälterwand zusätzliche Biegespannungen auftreten.

7. Wanddickenberechnung von Druckbehältern

7. Wanddickenberechnung von Druckbehältern

7.1 Grundlagen der Wanddickenberechnung

7.1.1 Regelwerke

Als Regelwerke für die Wanddickenberechnung von Druckbehältern stehen die europäischen Normen für „Unbefeuerte Druckbehälter" (EN 13445) und für „Wasserrohrkessel und Anlagenkomponenten" (EN 12952) zur Verfügung. Sie füllen die grundlegenden Sicherheitsanforderungen des Anhangs I der EG-Richtlinie für Druckgeräte[1] aus. Die Wanddickenberechnung wird jeweils in Teil 3[2] behandelt. Daneben gibt es das AD[3] 2000-Regelwerk, das ebenfalls die europäische Druckgeräte-Richtlinie ausfüllt.

Im Folgenden werden Beispiele sowohl aus den AD 2000-Merkblättern als auch aus den erwähnten europäischen Normen genannt. In diesen werden zum Teil andere Formelzeichen verwendet als die bisher in den AD-Merkblättern und anderen deutschen Regelwerken üblichen. Wegen der Übersichtlichkeit und der Kompatibilität mit den anderen Kapiteln dieses Buches orientiert sich das Folgende an den bisher üblichen Formelzeichen.

7.1.2 Festigkeitsbedingung

Den Formeln für die notwendige Wanddicke der verschiedenen Teile von Druckbehältern liegt im allgemeinen folgende Festigkeitsbedingung zu Grunde:

$$\text{vorhandene Spannung } \sigma_{vorh} \leq \text{zulässige Spannung } \sigma_{zul} \tag{7.1}$$

Die vorhandene Spannung ist diejenige, die im Betrieb in der Behälterwand maximal zu erwarten ist. Ihre Berechnung wurde im *Kapitel 6 „Beanspruchungen von Druckbehälterwänden"* behandelt. Sie setzt sich zusammen aus den oben beschriebenen Spannungen aus Überdruck und zusätzlichen Spannungen (z.B. Spannungen aus äußeren Kräften und Wärmespannungen). Meist wird die Wanddicke zunächst für die Aufnahme des Überdruckes dimensioniert und bei Bedarf anschließend bezüglich zusätzlicher Spannungen nachgerechnet.

Bei dynamischer Beanspruchung kann es allerdings problematisch sein, einen einzigen Wert für σ_{vorh} anzugeben, denn hier spielt neben der Höhe der Spannungen auch die Häufigkeit der Lastwechsel eine entscheidende Rolle. In manchen Fällen muss dann statt der obigen Festigkeitsbedingung z.B. eine Betrachtung der Schadensakkumulation zu Grunde gelegt werden (siehe z.B. *Abschnitt 7.2.2*). Außerdem müssen im dynamischen Fall Spannungsspitzen berücksichtigt werden, die zu Materialermüdung führen können. Deshalb spielen auch z.B. Bauteilgeometrien einschließlich Schweißnahtgestaltung, Wanddicken und Oberflächenrauhigkeiten eine große Rolle.

Die zulässige Spannung wird aus dem jeweils relevanten Festigkeitskennwert K und einem geeigneten Sicherheitsbeiwert S berechnet:

$$\sigma_{zul} = \frac{K}{S} \tag{7.2}$$

Art und Höhe des Festigkeitskennwertes ist im wesentlichen abhängig von Werkstoff, Betriebstemperatur, Beanspruchungsart (z.B. statisch oder dynamisch) und eventuell Beanspruchungs-

[1] „Richtlinie des Europäischen Parlaments und des Rates zur Angleichung der Rechtsvorschriften der Mitgliedstaaten über Druckgeräte" (97/23/EG vom 29.05.1997)

[2] DIN EN 13445-3: 2012-12; DIN EN 12952-3: 2012-03

[3] „Arbeitsgemeinschaft Druckbehälter"

dauer (Zeitstandsverhalten z.B. von Kunststoffen oder von Stahl bei hohen Temperaturen). Bei dynamischer Beanspruchung ist außerdem die Lastwechselzahl entscheidend.

Aus dem Festigkeitsansatz (*Gleichung 7.1*) werden die Gleichungen für die Mindestwanddicke (Vergleichswanddicke) s_V der verschiedenen Druckbehälterbauteile abgeleitet, die immer gewährleistet sein muss. Bei der Ermittlung der Bestellwanddicke s müssen zu dieser Mindestwanddicke folgende Zuschläge addiert werden:

- c_1 zum Ausgleich von Wanddickenunterschreitungen (Fertigungstoleranzen):

  In den allgemeinen Anforderungen für Flacherzeugnisse aus Druckbehälterstählen in DIN EN 10028-1[4] wird diesbezüglich auf verschiedene Normen für unterschiedlich hergestellte Bleche, Bänder etc. verwiesen. Für warmgewalzte Bleche aus unlegierten und legierten Stählen sind in DIN EN 10029[5] vier Klassen von Grenzabmaßen genormt. Wenn nichts anderes vereinbart ist, gelten die Werte der Klasse A, die in **Tabelle 7.1** zusammengestellt sind. Bleche aus nichtrostenden Stählen dürfen, falls nichts anderes vereinbart ist, die Nenndicke nicht unterschreiten[6]. Auch für NE-Metalle wird üblicherweise $c_1 = 0$ eingesetzt[7].

Tabelle 7.1: Untere Grenzabmaße für Stahlblech (alle Maße in mm)

Nenndicke des Bleches	Unlegierte und legierte Stähle*)	Nichtrostende Stähle**)
≥ 3 < 5	0,3	0,0
≥ 5 < 8	0,4	
≥ 8 < 15	0,5	
≥ 15 < 25	0,6	
≥ 25 < 40	0,7	
≥ 40 < 80	0,9	
≥ 80 < 150	1,1	
≥ 150 < 250	1,2	
≥ 250 ≤ 400	1,3	--

*) DIN EN 10029: 2011-02, Klasse A
**) DIN EN ISO 18286: 2010-11

- c_2 zum Ausgleich von Korrosion und Abnutzung während des Betriebes:

  üblich für ferritische Stähle: $c_2 = 1$ mm; für austenitische Stähle, Nichteisenmetalle und für Bestellwanddicke $s \geq 30$ mm : $c_2 = 0$[8]

- ggf. ein weiterer Zuschlag, der eine mögliche Abnahme der Wanddicke während der Herstellung berücksichtigt (z.B. „Dickenabnahme beim Formen“ nach DIN EN 13445-3: 2012-12, Abschn. 5.2.3)

Der letztgenannte Zuschlag aufgrund möglicher Wanddickenabnahme bei der Herstellung soll hier nicht weiter berücksichtigt werden.

Die Bestellwanddicke s errechnet sich damit aus:

$$s = s_V + c_1 + c_2 \tag{7.3}$$

Im folgenden werden die üblichen Berechnungen der notwendigen Mindestwanddicke s_V für die wichtigsten Druckbehälterteile mit Beispielen aus gängigen Regelwerken beschrieben.

7.2 Zylinder- und Kugelmäntel

Bei der Wanddickenberechnung von Druckbehältern muss grundsätzlich unterschieden werden zwischen statischer oder „überwiegend statischer“ Beanspruchung und dynamischer Beanspruchung. Bei überwiegend statischer Beanspruchung kann allgemein mit mittleren Spannungen in den Bauteilen gerechnet werden. Spannungsspitzen werden dann nicht berücksichtigt, da diese durch plastische Verformung des Werkstoffes und Stützwirkung der weniger beanspruchten

---

4 berücksichtige Ausgabe: DIN EN 10028-1: 2009-07
5 berücksichtige Ausgabe: DIN EN 10029: 2011-02
6 DIN EN ISO 18286: 2010-11
7 z.B. AD 2000 B0: 2008-11
8 z.B. AD 2000 B0: 2008-11

Bereiche abgebaut werden. Bei dynamischer Beanspruchung sind Spannungsspitzen dagegen nicht zu vernachlässigen, weil es dort zu Materialermüdung und Dauerbruch kommen kann.

Als Grenze zwischen überwiegend statischer und dynamischer Beanspruchung sind z.B. in den AD-Merkblättern folgende Bedingungen festgelegt[9]:

- Die Anzahl der Lastwechsel zwischen drucklosem Zustand und maximal zulässigem Betriebsüberdruck darf 1000 nicht überschreiten ($N \leq 1000$)[10]

und

- Die Schwingbreite beliebig vieler Druckschwankungen darf 10 % bzw. unter bestimmten Voraussetzungen 20 % des maximal zulässigen Betriebsdruckes nicht überschreiten ($\Delta p \leq (0{,}1 \ldots 0{,}2) \cdot p_{e,max,zul}$)

7.2.1 *Überwiegend statische Beanspruchung*

Bei überwiegend statischer Beanspruchung der Wände dünnwandiger Behälter ist im allgemeinen erst dann mit Versagen (haltlosem Fließen) der Behälterwand zu rechnen, wenn der Mittelwert der vorhandenen Spannung $\bar{\sigma}_{vorh}$ den Festigkeitswert des Werkstoffes K erreicht. Mit Berücksichtigung des Sicherheitsbeiwertes S ergibt sich daraus die oben beschriebene Festigkeitsbedingung (*Gleichung 7.1*): $\bar{\sigma}_{vorh.} \leq \bar{\sigma}_{zul} = K/S$. Spannungsspitzen, wie sie z.B. durch die ungleichförmige Verteilung der Spannungen aus Innendruck resultieren (siehe *Bild 6.2 und 6.4*) bleiben dabei unberücksichtigt. Ist allerdings ein großes Spannungsgefälle in der Behälterwand zu erwarten (z.B. dickwandige Behälter), so werden u.U. die Maximalspannungen als vorhandene Spannungen eingesetzt. Aus der Festigkeitsbedingung *7.1* folgt dann: $\sigma_{max,\,vorh.} \leq \sigma_{zul} = K/S$.

Der Wanddickenberechnung dünnwandiger Behälter bei überwiegend statischer Beanspruchung liegt in aller Regel die mittlere Vergleichspannung aus Überdruck in der Behälterwand zugrunde, die aus der Schubspannungshypothese berechnet wurde (siehe *Kapitel 6.1.3*). Für zylindrische Behälterwände ohne Ausschnitte ergibt sich so aus *Gleichung 6.14 und Gleichung 7.1* folgende Festigkeitsbedingung:

$$\bar{\sigma}_{V,Sch} = \frac{p_e}{2} \cdot \left(\frac{d_a}{s_V} - 1 \right) \leq \frac{K}{S} \tag{7.4}$$

Daraus erhält man die häufig verwendete Gleichung für die Mindestwanddicke von dünnwandigen zylindrische Druckbehältern ohne Ausschnitte, die auch als „Kesselformel" bekannt ist:

$$s_V \geq \frac{p_e \cdot d_i}{2 \cdot K/S - p_e} = \frac{p_e \cdot d_a}{2 \cdot K/S + p_e} = \frac{p_e \cdot d_m}{2 \cdot K/S} \tag{7.5}$$

Für Kugelmäntel erhält man entsprechend (siehe auch *Abschnitt 6.1.2*):

$$s_V \geq \frac{p_e \cdot d_i}{4 \cdot K/S - p_e} = \frac{p_e \cdot d_a}{4 \cdot K/S + p_e} = \frac{p_e \cdot d_m}{4 \cdot K/S} \tag{7.6}$$

---

[9] AD 2000 S1: 2005-02

[10] In anderen Regelwerken werden andere Grenzwerte genannt, z.B. 500 Kaltstarts in DIN EN 12952-3: 2012-03 (Abschnitt 13.3.3) oder 500 äquivalente Druckzyklen über die volle Schwingbreite in DIN EN 13445-3: 2012-12 (Abschnitt 5.4.2)

Tabelle 7.2: Beispiele für Formeln aus Regelwerken zur Berechnung der Wanddicke von Zylinder- und Kugelschalen bei statischer Beanspruchung durch inneren Überdruck

Regelwerk	Geltungsbereich	Zylinderschalen	Kugelschalen
AD 2000 B1: 2000-10	$\frac{d_a}{d_i} \leq 1{,}2$ *)	$s_V = \frac{d_a \cdot p_e}{2 \cdot \frac{K}{S} \cdot \upsilon_N + p_e}$	$s_V = \frac{d_a \cdot p_e}{4 \cdot \frac{K}{S} \cdot \upsilon_N + p_e}$
AD 2000 B10: 2000-10	$1{,}2 < \frac{d_a}{d_i} \leq 1{,}5$	$s_V = \frac{d_a \cdot p_e}{2{,}3 \cdot \frac{K}{S} - p_e}$	-
DIN EN 13445-3: 2012-12	$\frac{s_V}{d_a} \leq 0{,}16$ $\left(\frac{d_a}{d_i} \leq 1{,}47\right)$	$s_V = \frac{d_a \cdot p_e}{2 \cdot \sigma_{zul} \cdot \upsilon_N + p_e}$	$s_V = \frac{d_a \cdot p_e}{4 \cdot \sigma_{zul} \cdot \upsilon_N + p_e}$
DIN EN 12952-3: 2012-03	-	$s_V = \frac{d_a \cdot p_e}{(2 \cdot \sigma_{zul} - p_e) \cdot \upsilon_N + 2 \cdot p_e}$	$s_V = \frac{d_a}{2} \cdot \frac{\sqrt{1 + \frac{2 \cdot p_e}{2 \cdot \sigma_{zul} - p_e}} - 1}{\sqrt{1 + \frac{2 \cdot p_e}{2 \cdot \sigma_{zul} - p_e}}}$

*) mit Ausnahmen

Tabelle 7.2 enthält eine Übersicht über Gleichungen zur Wanddickenberechnung zylindrischer und kugeliger Mäntel aus verschiedenen Regelwerken bei überwiegend ruhender Beanspruchung. **Tabelle 7.3** zeigt eine Auswahl von Sicherheitsbeiwerten *S* für verschiedene Eisenwerkstoffe mit unterschiedlichen Festigkeitskennwerten *K*. Für die Berechnung des Prüfdruckes gelten andere Werte. Die Sicherheitsbeiwerte aus den AD 2000-Merkblättern B0 und S6 gelten für alle AD 2000-Merkblätter.

Aufgrund des Kriechverhaltens von Stahl bei hohen Temperaturen ist dort bei der Temperatur ϑ neben der Warmdehngrenze $R_{p\,0,2/\vartheta}$ die Zeitstandsfestigkeit $R_{m/t/\vartheta}$ und eventuell auch die Zeitdehngrenze $R_{p1,0/t/\vartheta}$ nach t Stunden als Festigkeitskennwert relevant. Meist wird die Zeitstandsfestigkeit nach 200.000 Stunden (t = 200.000), in manchen Fällen auch nach 100.000 Stunden (t = 100.000) oder weniger verwendet.

Nach den AD 2000-Merkblättern wird die zulässige Spannung grundsätzlich mit folgender Geichung und den Sicherheitsbeiwerten aus Tabelle 7.3 berechnet:

$$\sigma_{zul} = \frac{K}{S} = \min\left\{\frac{R_{m\,/\,20\,°C}}{S}; \frac{R_{p\,0,2/\vartheta}}{S}; \frac{R_{m/t/\vartheta}}{S}\right\} \tag{7.7}$$

Diese Gleichung gilt zunächst auch nach DIN EN 12952 („befeuerte Druckbehälter") und DIN EN 13445 („unbefeuerte Druckbehälter") mit den Sicherheitsbeiwerten aus Tabelle 7.3, wobei in DIN EN 13445 die Zeitstandsfestigkeit nicht berücksichtigt wird. Allerdings werden hier für austenitische Stähle folgende abweichende Gleichungen angegeben, wobei je nach Bruchdehnung A der Stähle unterschieden wird:

Tabelle 7.3: Beispiele für Sicherheitsbeiwerte zur Wanddickenberechnung von Druckbehältern unter innerem Überdruck

Werkstoff	Festigkeitswert	**AD 2000 B0:** 2008-11 **AD 2000 S6:** 2013-02	**DIN EN** 13445-3: 2012-12	**DIN EN** 12952-3: 2012-03
Nicht austenitische Stähle	$R_{e,\vartheta}$ / $R_{p0,2/\vartheta}$	1,5	1,5	1,5
	$R_{m/t/\vartheta}$	t = 200.000h: 1,25 t = 100.000h: 1,5	–	1,25
	$R_{m,20°C}$	2,4	2,4 *)	2,4
Austenitische Stähle	$R_{p0,2/\vartheta}$ (A < 30 %)	1,5	–	1,5
	$R_{p1,0/\vartheta}$ 30 % ≤ A < 35 % A ≥ 35 %	–	1,5 1,5 / 1,2**)	1,5 1,2
	$R_{m/t/\vartheta}$	t = 200.000h: 1,25 t = 100.000h: 1,5	–	1,25
	$R_{m,\vartheta}$	2,4	3	3

*) mit Ausnahmen
**) siehe Gleichung 7.8e

- A < 30 %:

$$\sigma_{zul} = \frac{K}{S} = \min\left\{\frac{R_{m/20\,°C}}{1,5}; \frac{R_{p0,2/\vartheta}}{1,25}\right\} \quad \text{(DIN EN 12952)} \qquad (7.8a)$$

DIN EN 13445 macht für diesen Bereich keine Angaben

- 30 % ≤ A < 35 %:

$$\sigma_{zul} = \min\left\{\frac{R_{p1,0/\vartheta}}{1,5}; \frac{R_{m/t/\vartheta}}{1,25}\right\} \quad \text{(DIN EN 12952)} \qquad (7.8b)$$

$$\sigma_{zul} = \frac{R_{p1,0/\vartheta}}{1,5} \quad \text{(DIN EN 13445)} \qquad (7.8c)$$

- A ≥ 35 %:

$$\sigma_{zul} = \min\left\{\frac{R_{m/\vartheta}}{3}; \frac{R_{p1,0/\vartheta}}{1,2}; \frac{R_{m/t/\vartheta}}{1,25}\right\} \quad \text{(DIN EN 12952)} \qquad (7.8d)$$

$$\sigma_{zul} = \max\left\{\frac{R_{p1,0/\vartheta}}{1,5}; \min\left[\frac{R_{p1,0/\vartheta}}{1,2}; \frac{R_{m/\vartheta}}{3}\right]\right\} \quad \text{(DIN EN 13445)} \qquad (7.8e)$$

Tabelle 7.4 enthält beispielhaft ausgewählte Festigkeitswerte einiger Werkstoffe, die für Druckbehälter nach den verschiedenen Regelwerken zugelassen sind.

Die „Ausnutzung der zulässigen Berechnungsspannung für Fügeverbindungen“[11], d.h. die Verschwächung des Druckbehältermantels durch Schweiß- oder Lötnähte, wird über den („Schweißnaht“-) Faktor υ_N berücksichtigt. Durch den heute erreichten hohen Stand der Schweißtechnologie kann für Schweißnähte in vielen Fällen $\upsilon_N = 1$ eingesetzt werden, für hartgelötete Verbindungen z.B.[12] $\upsilon_N = 0{,}8$.

Wie in *Abschnitt 6.2* ausgeführt können in der Druckbehälterwand neben den Spannungen aus Überdruck weitere Beanspruchungen auftreten, nämlich:

- Spannungen aus äußeren Krafteinwirkungen
- Eigenspannungen
- Wärmespannungen

Statische Berechnungen bezüglich äußerer Zusatzkräfte (siehe *Abschnitt 6.2.1*) sind zu berücksichtigen, wenn sie die „Auslegung des Druckbehälters wesentlich beeinflussen“[13]. Darauf soll hier nicht näher eingegangen werden, es sei z.B. auf die AD-Merkblätter der Reihe S verwiesen. Eigenspannungen (siehe *Abschnitt 6.2.2*) werden durch Glühen oder plastische Verformungen im Werkstoff abgebaut und belasten den Druckbehälter in der Regel nicht auf Dauer. Wärmespannungen müssen dagegen in der Festigkeitsbetrachtung häufig berücksichtigt werden. Ihre Entstehung, Berechnung und Berücksichtigung bei der Berechnung von Vergleichspannungen ist in *Abschnitt 6.2.3* beschrieben.

Wärmespannungen sind ungleichförmig über die Behälterwanddicke verteilt und weisen Extremwerte an der Innen- und Außenfaser auf (siehe auch *Bild 6.7*). Bei dynamischer Beanspruchung sind Spitzenspannungen für die Festigkeitsberechnung entscheidend (siehe auch *Abschnitt 6.1.3* und den folgenden *Abschnitt 7.2.2*). Bei überwiegend statischer Beanspruchung, d.h. wenn sämtliche Spannungen überwiegend konstant bleiben, werden die Spannungsspitzen abgebaut. Entscheidend ist in diesem Fall, dass die mittlere Beanspruchung in der Behälterwand den zulässigen statischen Festigkeitswert nicht übersteigt.

Nach den AD-Merkblättern z.B. sind „nennenswerte“ Wärmespannungen in dickwandigen zylindrischen Mänteln ($1{,}2 < d_a/d_i < 1{,}5$) zu berücksichtigen[14]. Es wird auf die genaue Rechnung mit der Vergleichspannung nach der GE-Hypothese hingewiesen (siehe *Abschnitt 6.1.3*), jedoch auch folgende vereinfachte Nachrechung vorgeschlagen:

An der Innen- und Außenfaser der Druckbehälterwand ist jeweils die maximale Spannung σ_{max} mit dem Festigkeitskennwert K zu vergleichen:

$$\sigma_{max} = \sigma_W + \sigma_V \leq K \tag{7.9}$$

mit der Wärmespannung σ_W nach *Gleichung 6.20 bzw. 6.21* und der Vergleichspannung σ_V an Innen- und Außenfaser:

$$\sigma_{V,i} = p_e \cdot \frac{d_a + s}{2{,}3 \cdot s} \tag{7.10}$$

$$\sigma_{V,a} = p_e \cdot \frac{d_a - 3 \cdot s}{2{,}3 \cdot s} \tag{7.11}$$

Für s ist die ausgeführte Wanddicke einzusetzen.

---

11 z.B. AD 2000 B0: 2008-11

12 z.B. AD 2000 B0: 2008-11

13 AD 2000 B0: 2008-11 in Verbindung mit den AD-Merkblättern der Reihe S3

14 AD 2000 B10: 2000-10

Tabelle 7.4: Beispiele für Festigkeitskennwerte zur Berechnung der Wanddicke s von Druckbehältern (gültig für $s \leq 40$ mm, nur teilweise auch für größere Wanddicken; teilweise etwas höhere Werte für $s \leq 16$ mm)

Stahlsorte	$R_{m/20°C}$ in N/mm²	Dehngrenzen R_{eH} bzw. $R_{p0,2}$ und Zeitstandsfestigkeiten $R_{m/t/\vartheta}$ in N/mm²													
			20 °C	50 °C	100 °C	150 °C	200 °C	250 °C	300 °C	350 °C	400 °C	450 °C	500 °C	550 °C	600 °C
Unlegierte Baustähle (DIN EN 10025-2: 2005-04 bzw. AD-Merkblatt W1: 2006-07)															
S235JR (1.0038), S235J2 (1.0117)	≥ 360	R_{eH}; K	225		180		155	136	117						
S275JR (1.0044), S275J2 (1.0143)	≥ 410	R_{eH}; K	265		210		180	170	140						
S355J2 (1.0577), S355K2 (1.0596)	≥ 470	R_{eH}; K	345		249		221	202	181						
Warmfeste Stähle (DIN EN 10028-2: 2009-09)															
P235GH (1.0345)	≥ 360	R_{eH}; $R_{p0,2/\vartheta}$	225	218	205	190	174	160	147	136	128				
		$R_{m/200.000/\vartheta}$									115	57			
16Mo3 (1.5415)	≥ 440	R_{eH}; $R_{p0,2/\vartheta}$	270	268	259	245	228	209	190	172	156	145	139		
		$R_{m/200.000/\vartheta}$										217	84		
10CrMo9-10 (1.7380)	≥ 480	R_{eH}; $R_{p0,2/\vartheta}$	300	279	257	246	240	235	228	218	205	191	179		
		$R_{m/200.000/\vartheta}$										201	120	58	28

Stahlsorte	A [%]	Zugfestigkeit $R_{m/\vartheta}$, Dehngrenzen $R_{p0,2/\vartheta}$, $R_{p1,0/\vartheta}$ und Zeitstandsfestigkeiten $R_{m/t/\vartheta}$ in N/mm²																
			20 °C	50 °C	100 °C	150 °C	200 °C	250 °C	300 °C	350 °C	400 °C	450 °C	500 °C	550 °C	600 °C	650 °C	700 °C	750 °C	800 °C
Austenitische nichtrostende Stähle (DIN EN 10028-7: 2008-02)																			
X5CrNi18-10 (1.4301)	45	$R_{m/\vartheta}$	≥ 520	494	450	420	400	390	380	380	380	370	360	330					
		$R_{p0,2/\vartheta}$	≥ 210	190	157	142	127	118	110	104	98	95	92	90					
		$R_{p1,0/\vartheta}$	≥ 250	228	191	172	157	145	135	129	125	122	120	120					
X6CrNiTi18-10 (1.4541)	40	$R_{m/\vartheta}$	≥ 500	477	440	410	390	385	375	375	375	370	360	330					
		$R_{p0,2/\vartheta}$	≥ 200	191	176	167	157	147	136	130	125	121	119	118					
		$R_{p1,0/\vartheta}$	≥ 240	228	208	196	186	177	167	161	158	152	149	147					

Tabelle 7.4: (Fortsetzung) Beispiele für Festigkeitskennwerte zur Berechnung der Wanddicke *s* von Druckbehältern (gültig für $s \leq 40$ mm, nur teilweise auch für größere Wanddicken; teilweise etwas höhere Werte für $s \leq 16$ mm)

Stahlsorte	A [%]	Zugfestigkeit $R_{m/\vartheta}$, Dehngrenzen $R_{p0,2/\vartheta}$, $R_{p1,0/\vartheta}$ und Zeitstandsfestigkeiten $R_{m/t/\vartheta}$ in N/mm²																
			20 °C	50 °C	100 °C	150 °C	200 °C	250 °C	300 °C	350 °C	400 °C	450 °C	500 °C	550 °C	600 °C	650 °C	700 °C	750 °C	800 °C
Austenitische nichtrostende Stähle (DIN EN 10028-7: 2008-02)																			
X2CrNiMo17-12-2 (1.4404)	≥ 40	$R_{m/\vartheta}$	≥ 520	486	430	410	390	385	380	380	380		360						
		$R_{p0,2/\vartheta}$	≥ 220	200	166	152	137	127	118	113	108	103	100	98					
		$R_{p1,0/\vartheta}$	≥ 260	237	199	181	167	157	145	139	135	130	128	127					
X2CrNiMo18-14-3 (1.4435)	≥ 40	$R_{m/\vartheta}$	≥ 520	482	420	400	380	375	370	370									
		$R_{p0,2/\vartheta}$	≥ 220	199	165	150	137	127	119	113	108	103	100	98					
		$R_{p1,0/\vartheta}$	≥ 260	237	200	180	165	153	145	139	135	130	128	127					
X5CrNiMo17-12-2 (1.4401)	≥ 40	$R_{m/\vartheta}$	≥ 520	486	430	410	390	385	380	380									
		$R_{p0,2/\vartheta}$	≥ 220	204	177	162	147	137	127	120	115	112	110	108					
		$R_{p1,0/\vartheta}$	≥ 260	242	211	191	177	167	158	150	144	141	139	137					
X6CrNiMoTi17-12-2 (1.4571)	40	$R_{m/\vartheta}$	≥ 520	490	440	410	390	385	375	375	375	370	360	330					
		$R_{p0,2/\vartheta}$	≥ 220	207	185	177	167	157	145	140	135	131	129	127					
		$R_{p1,0/\vartheta}$	≥ 260	244	218	206	196	186	175	169	164	160	158	157					
X1NiCrMoCu25-20-5 (1.4539)	35	$R_{m/\vartheta}$	≥ 520	512	500	480	460	450	440	435									
		$R_{p0,2/\vartheta}$	≥ 220	153	225	200	185	175	165	155	150								
		$R_{p1,0/\vartheta}$	≥ 260	289	255	230	210	200	190	180	175								
Austenitische nichtrostende warmfeste Stähle (DIN EN 10028-7: 2008-02)																			
X6CrNi 18-10 (1.4948)	45	$R_{m/\vartheta}$	≥ 510	484	440	410	390	385	375	375	375	370	360	330	300				
		$R_{p0,2/\vartheta}$	≥ 190	178	157	142	127	117	108	103	98	93	88	83	78				
		$R_{p1,0/\vartheta}$	≥ 230	215	191	172	157	147	137	132	127	122	118	113	108				
		$R_{m/200.000/\vartheta}$											176	125	78	43	22		
X3CrNiMoBN 17-13-3 (1.4910)	≥ 35	$R_{m/\vartheta}$	≥ 550	529	495	472	450	440	430	425	420	410	400	385	365				
		$R_{p0,2/\vartheta}$	≥ 260	239	205	187	170	159	148	141	134	130	127	124	121				
		$R_{p1,0/\vartheta}$	≥ 300	277	220	220	200	189	178	171	164	160	157	154	151				
		$R_{m/200.000/\vartheta}$												200	122	73	42	28	17

7.2.2 Dynamische Beanspruchung

Bei der Wanddickenberechnung dynamisch beanspruchter Druckbehälterwände müssen grundsätzlich zwei Bedingungen eingehalten werden:

- Die mittlere Spannung beim maximalen Betriebsdruck darf den zulässigen Festigkeitskennwert nicht überschreiten (wie bei überwiegend statischer Beanspruchung).
- Spannungsspitzen in der Behälterwand dürfen die zulässige Spannungsschwingbreite nicht überschreiten.

Auf die erste Bedingung wurde oben (*Abschnitt 7.2.1*) eingegangen. Die zweite Bedingung erfordert wesentlich komplexere Analysen und Berechnungen. Die Spannungsspitzen werden außer von den Lastgrößen z.B. auch wesentlich von der geometrischen Form der Behälterwand, der Schweißnahtgestaltung und der Oberflächenbeschaffenheit beeinflusst. Sobald der gleichförmige Kraftfluss gestört, d.h. die Kraftflusslinien verdichtet werden, entstehen Spannungsspitzen durch „Kerbwirkung". Neben der Amplitude der so entstehenden Spannungsschwingungen ist auch deren Lage, d.h. die Höhe der statischen Grundspannung, von Bedeutung (siehe **Bild 7.1**).

Die Berücksichtigung dieser Einflüsse zur Nachrechnung der dynamischen Festigkeit von Behälterwänden soll im folgenden beispielhaft anhand der Vorschriften des AD 2000-Merkblattes S2[15] für elastisch beanspruchte Bereiche erläutert werden[16]:

Die Festigkeitsbedingung mit Vergleichspannungsschwingbreite $2 \cdot \sigma_{Va}$ und zulässiger Spannungsschwingbreite $2 \cdot \sigma_{a,zul}$ (siehe Bild 7.1) lautet:

$$2 \cdot \sigma_{Va} \leq 2 \cdot \sigma_{a,zul} \tag{7.12}$$

Die maßgebliche Vergleichspannungsschwingbreite ist bei mehrachsigen Spannungszuständen aus den Hauptspannungsdifferenzen zu berechnen, wobei die Hauptspannungen in komplexen Fällen z.B. experimentell aus Dehnungsmessungen oder über die „Finite Elemente

[15] berücksichtigte Ausgabe: AD 2000 S2: 2012-07; unter bestimmten Voraussetzungen ist eine vereinfachte Berechnung nach AD 2000 S1 möglich.

[16] Hierbei können nicht alle in AD 2000 S2 unterschiedenen Fälle berücksichtigt werden. Zur Vertiefung sei auf das Merkblatt selbst verwiesen.

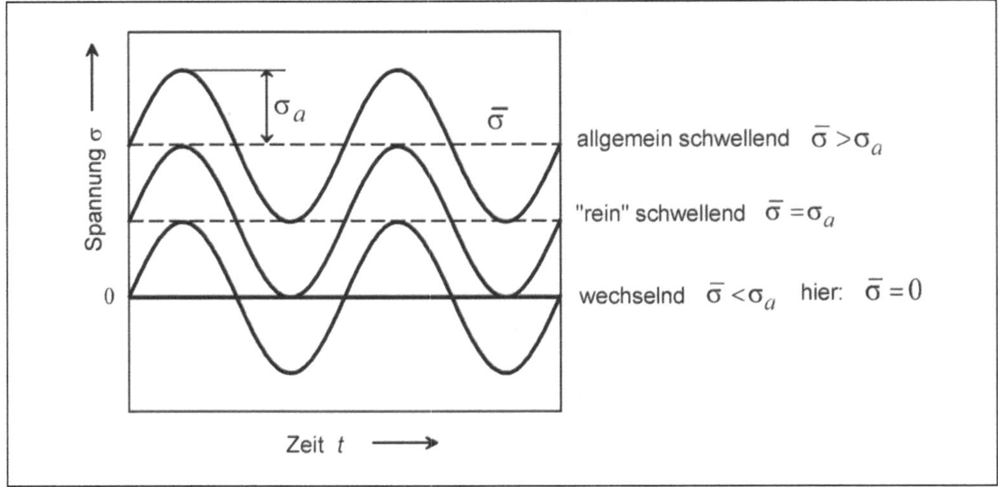

Bild 7.1: Unterscheidung der Lage von Spannungsschwingungen

Methode“ zu ermitteln sind. Im einachsigen Spannungszustand berechnet sich die Vergleichspannungsschwingbreite aus:

$$2 \cdot \sigma_{Va} = \sigma_{max} - \sigma_{min} \tag{7.13}$$

mit der Vergleichsmittelspannung:

$$\bar{\sigma}_V = \frac{1}{2} \cdot (\sigma_{max} + \sigma_{min}) \tag{7.14}$$

Bei überelastischer Beanspruchung werden die Spannungen über „Vergrößerungsfaktoren“ in „pseudoelastische“ Vergleichspannungsschwingbreiten umgerechnet.

Dynamische Festigkeitswerte werden üblicherweise als einachsige Wechselfestigkeit ($\bar{\sigma}_V = 0$) an ungekerbten Probestäben eines bestimmten Durchmessers und mit glatter Oberfläche ermittelt. Diese Wechselfestigkeitswerte für ungekerbte Probestäbe ($2 \cdot \sigma_a$) werden z.B. in Wöhler-Linien abhängig von der Lastwechselzahl N dargestellt. Deren Gleichungen werden für den Zeitfestigkeitsbereich (Lastwechselzahl $10^2 \le N < 2 \cdot 10^6$) mit der Zugfestigkeit des Werkstoffes R_m wie folgt angegeben (mit σ_a und R_m in N/mm²):

- für ungeschweißte Bereiche: $$2 \cdot \sigma_a = \frac{4 \cdot 10^4}{\sqrt{N}} + 0{,}55 \cdot R_m - 10 \tag{7.15}$$

- für geschweißte Bereiche: $$2 \cdot \sigma_a = \left(\frac{B1}{N}\right)^{\frac{1}{3}} \tag{7.16}$$

mit z.B. $B1 = 5 \cdot 10^{11}$ für Schweißnahtklasse K1 (z.B. Längs- oder Rundnaht bei gleichen Wanddicken beidseitig geschweißt oder einseitig geschweißt mit Gegennaht)

Für den Dauerfestigkeitsbereich ($N \ge 2 \cdot 10^6$ bzw. $N \ge 10^8$ bei Lastkollektiv) sind in AD 2000 S2 Werte für $2 \cdot \sigma_a$ angegeben:

- für ungeschweißte Bereiche abhängig von der Zugfestigkeit R_m des Werkstoffes, z.B. für $R_m = 400$ N/mm²: $2 \cdot \sigma_a = 240$ N/mm² bzw. $2 \cdot \sigma_a = 162$ N/mm² bei Lastkollektiv
- für geschweißte Bereiche unabhängig vom Werkstoff, z.B. für Schweißnahtklasse K1: $2 \cdot \sigma_a = 63$ N/mm² bzw. $2 \cdot \sigma_a = 29$ N/mm² bei Lastkollektiv.

Zur Berechnung der zulässigen Spannungsschwingbreite $2 \cdot \sigma_{a,zul}$ ist dieser Festigkeitswert hinsichtlich Oberflächen- (f_0), Wanddicken- (f_d), Mittelspannungs- (f_M) und Temperatureinfluss (f_{ϑ^*}) zu korrigieren:

ungeschweißte Bereiche: $$2 \cdot \sigma_{a,zul} = 2 \cdot \sigma_a \cdot f_0 \cdot f_d \cdot f_M \cdot f_{\vartheta^*} \tag{7.17}$$

geschweißte Bereiche: $$2 \cdot \sigma_{a,zul} = 2 \cdot \sigma_a \cdot f_d \cdot f_{\vartheta^*} \tag{7.18}$$

Für die Korrekturfaktoren werden folgende Gleichungen angegeben[17]:

- $$f_0 = F_0^{\frac{0{,}4343 \cdot \ln N - 2}{4{,}301}} \quad \text{für } N \le 2 \cdot 10^6 \tag{7.19}$$

$$f_0 = F_0 \quad \text{für } N > 2 \cdot 10^6 \tag{7.20}$$

[17] berücksichtigte Ausgabe: AD 2000 S2: 2012-07, verschiedene Ausnahmen und Zusatzbedingungen unberücksichtigt

mit $F_0 = 1 - 0{,}056 \cdot (\ln R_z)^{0{,}64} \cdot \ln R_m + 0{,}289 \cdot (\ln R_z)^{0{,}53}$ (7.21)
(R_z in µm; R_m in N/mm²)

$f_0 = 1$ für $R_Z < 6$ µm (poliert)

- $f_d = F_d^{\frac{0{,}4343 \cdot \ln N - 2}{4{,}301}}$ für $s > 25$ mm und $N \le 2 \cdot 10^6$ (7.22)

  $f_d = F_d$ für $s > 25$ mm und $N > 2 \cdot 10^6$ (7.23)

  mit $F_d = \left(\frac{25}{s}\right)^{\frac{1}{10}} \ge 0{,}84$ ungeschweißt (s in mm; $s \le 150$ mm) (7.24)

  $F_d = \left(\frac{25}{s}\right)^{\frac{1}{4}} \ge 0{,}64$ geschweißt

  $f_d = 1$ für $s \le 25$ mm

- im elastischen Bereich:

  $$f_M = \sqrt{1 - \frac{M\,(2+M)}{1+M} \cdot \frac{\bar{\sigma}_V}{\sigma_a}} \quad \text{für} \quad -R_{p0,2/\vartheta^*} \le \bar{\sigma}_V \le \frac{\sigma_a}{1+M} \qquad (7.25)$$

  $$f_M = \frac{1+M/3}{1+M} - \frac{M}{3} \cdot \frac{\bar{\sigma}_V}{\sigma_a} \quad \text{für} \quad \frac{\sigma_a}{1+M} \le \bar{\sigma}_V \le R_{p0,2/\vartheta^*} \qquad (7.26)$$

  mit $M = 0{,}00035 \cdot R_m - 0{,}1$ N/mm² (7.27)

- für 100 °C ≤ ϑ^* ≤ 600 °C:
  für ferritische Werkstoffe: $f_{\vartheta^*} = 1{,}03 - 1{,}5 \cdot 10^{-4} \cdot \vartheta^* - 1{,}5 \cdot 10^{-6} \cdot \vartheta^{*2}$ (7.28)
  für austenitische Werkstoffe: $f_{\vartheta^*} = 1{,}043 - 4{,}3 \cdot 10^{-4} \cdot \vartheta^*$ (7.29)
  mit der maßgebenden Berechnungstemperatur
  (Lastzyklustemperatur) $\vartheta^* = 0{,}75 \cdot \vartheta_{max} + 0{,}25 \cdot \vartheta_{min}$ in °C (7.30)
  $f_{\vartheta^*} = 1$ für $\vartheta^* < 100$ °C

Ergebnisse für zulässige Spannungsschwingbreiten nach den *Gleichungen 7.17 und 7.18* sind beispielhaft in **Bild 7.2** für Temperaturen bis 100 °C abhängig von der Lastwechselzahl N und in **Bild 7.3** für Dauerfestigkeit abhängig von der Temperatur ϑ^* dargestellt. Es wurden hier jeweils Wanddicken s ≤ 25 mm und eine gewalzte Behälteroberfläche mit R_z = 200 µm bei rein schwellender Beanspruchung ($\bar{\sigma}_V = \sigma_a$, siehe Bild 7.1) zugrundegelegt.

Unterliegt ein Druckbehälter unterschiedlichen bzw. unterschiedlich hohen dynamischen Belastungsvorgängen, so sind die obigen Berechnungen für jeden einzelnen durchzuführen. Liegen eine oder mehrere der vorkommenden Spannungsschwingbreiten über dem zulässigen Dauerfestigkeitswert, so ist Schädigungsakkumulation zu berücksichtigen (Betriebslastkollektiv). Dazu wird die (Teil)-Schädigung D der Behälterwand aus dem Verhältnis der zu erwartenden zu den zulässigen Lastspielen berechnet:

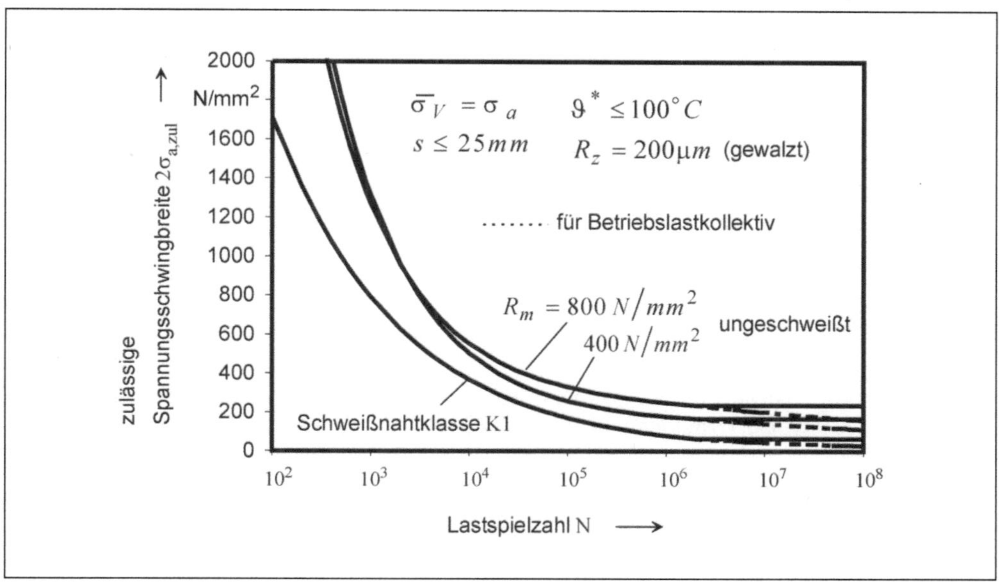

Bild 7.2: Zulässige Spannungsschwingbreiten in Abhängigkeit von der Lastwechselzahl *N*, berechnet nach AD 2000-Merkblatt S2: 2012-07

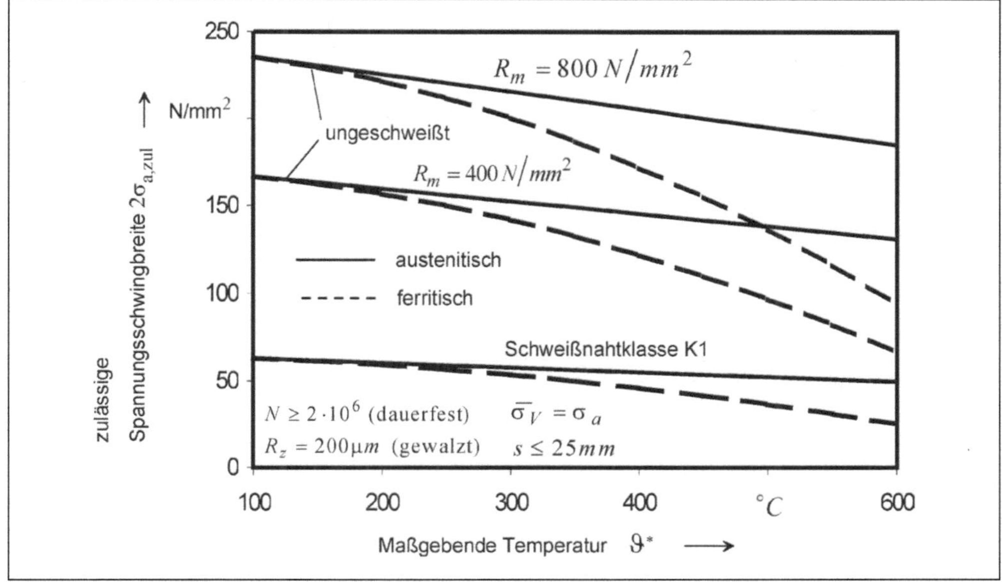

Bild 7.3: Zulässige Spannungsschwingbreiten für Dauerfestigkeit in Abhängigkeit von der maßgebenden Temperatur ϑ^* (Lastzyklustemperatur), berechnet nach AD 2000-Merkblatt S2: 2012-07

$$D = \sum_k \frac{N_k}{N_{zul,k}} = \left(\frac{N_1}{N_{zul,1}} + \frac{N_2}{N_{zul,2}} + \ldots + \frac{N_k}{N_{zul,k}} \right) \leq 1 \tag{7.31}$$

Wird diese Bedingung eingehalten, ist nicht mit Versagen zu rechnen. Sind die in einem bestimmten Zeitraum (z.B. ein Jahr) jeweils zu erwartenden Lastspiele bekannt, so lässt sich aus der Bedingung

$$D = \sum \left(N_k / N_{zul,k} \right) = 1 \tag{7.32}$$

die zu erwartende Lebensdauer des Druckbehälters berechnen (zur näheren Erläuterung siehe *Beispiel 7.7* im Anhang).

Die zulässige Lastwechselzahl N_{zul} wird bei bekannter Vergleichspannungsschwingbreite $2 \cdot \sigma_{Va}$ aus *Gleichung 7.15 oder 7.16* jeweils aufgelöst nach N berechnet:

für ungeschweißte Bereiche:

$$N_{zul} = \left(\frac{4 \cdot 10^4}{2 \cdot \sigma_a - 0{,}55 \cdot R_m + 10} \right)^2 \tag{7.33}$$

mit:

$$2 \cdot \sigma_a = \frac{2 \cdot \sigma_{Va}}{f_0 \cdot f_d \cdot f_M \cdot f_{\vartheta^*}} \tag{7.34}$$

für geschweißte Bereiche:

$$N_{zul} = \frac{B1}{\left(2 \cdot \sigma_a \right)^3} \tag{7.35}$$

mit:

$$2 \cdot \sigma_a = \frac{2 \cdot \sigma_{Va}}{f_d \cdot f_{\vartheta^*}} \tag{7.36}$$

zu B1 siehe Legende zu *Gleichung 7.16*

Aus Bild 7.2 können auf der Abszisse die zulässigen Lastspielzahlen für die dort berücksichtigten Fälle ($s \leq 25$ mm; $R_z = 200$ µm; $\bar{\sigma}_V = \sigma_a$) abgelesen werden, wenn an der Ordinate $2 \cdot \sigma_{Va}$ vorgegeben wird. Bei Anwendung der Schädigungsakkumulations-Methode (Betriebslastkollektiv) sind dort für Lastspielzahlen $N > 10^6$ die gestrichelten Linien maßgebend. Sie folgen den folgenden Beziehungen (σ_a und R_m in N/mm²):

für ungeschweißte Bereiche:

$$N_{zul} = \left(\frac{2{,}35 \cdot R_m + 80}{2 \cdot \sigma_a} \right)^{10} \tag{7.37}$$

für geschweißte Bereiche:

$$N_{zul} = \frac{B2}{\left(2 \cdot \sigma_a \right)^5} \tag{7.38}$$

mit z.B. $B2 = 1{,}98 \cdot 10^{15}$ für Schweißnahtklasse K1 (z.B. Längs- oder Rundnaht bei gleichen Wanddicken beidseitig geschweißt oder einseitig geschweißt mit Gegennaht)

Die Gleichungen 7.37 und 7.38 gelten auch für $s > 25$ mm.

Wird ein Bauteil im Hochtemperaturbereich betrieben, so ist nach AD 2000-Merkblatt S2 zusätzlich eine Kriechschädigung zu berücksichtigen. Dieser Bereich ist dann erreicht, wenn für überwiegend statische Berechnungen (*Abschnitt 7.2.1*) zeitabhängige Festigkeitswerte (Zeitstandsfestigkeit) maßgebend sind.

7.2.3 Zylindrische Behälter unter äußerem Überdruck

Wie in *Abschnitt 6.3* beschrieben besteht unter äußerem Überdruck neben der Möglichkeit des Versagens durch plastische Verformung die Gefahr elastischen Einbeulens.

Üblicherweise werden für beide Fälle kritische Drücke p_k berechnet, gegen die ausreichende Sicherheit S vorhanden sein muss:

$$p_{e,zul} = \frac{p_k}{S} \tag{7.39}$$

Der kritische äußere Überdruck bezüglich elastischen Einbeulens beträgt für einen zylindrischen Druckbehälter der Länge l[18].

$$p_{k,el} = \frac{2 \cdot E}{\left(n^2-1\right) \cdot \left[1+\left(\frac{2 \cdot n \cdot l}{\pi \cdot d_a}\right)^2\right]^2} \cdot \frac{s_V}{d_a} + \frac{2 \cdot E}{3 \cdot \left(1-\nu^2\right)} \cdot \left[n^2 - 1 + \frac{2 \cdot n^2 - 1 - \nu}{1+\left(\frac{2 \cdot n \cdot l}{\pi \cdot d_a}\right)^2}\right] \cdot \left(\frac{s_V}{d_a}\right)^3 \tag{7.40}$$

mit der abgeschätzten Anzahl der möglichen Einbeulwellen auf dem Umfang:

$$n = 1{,}63 \cdot \sqrt[4]{\frac{d_a^3}{l^2 \cdot s_V}} \tag{7.41}$$

n wird ganzzahlig so gewählt, dass $n \geq 2$, $n > \frac{\pi \cdot d_a}{2 \cdot l}$ und $p_{k,el}$ zum kleinsten Wert wird

Für $l \to \infty$ (z.B. für Rohre) gilt:

$$p_{k,el} = \frac{2 \cdot E}{\left(1-\nu^2\right)} \cdot \left(\frac{s_V}{d_a}\right)^3 \tag{7.42}$$

(siehe auch *Gleichung 6.31*)

Bezüglich plastischer Verformung zylindrischer Behälter der Länge l unter äußerem Überdruck werden z.B. in AD-Merkblatt B6[19] folgende kritische Drücke angegeben:

---

18 [35] und AD 2000 B6: 2006-10
19 berücksichtigte Ausgabe: AD 2000 B6: 2006-10

$$\text{Für } \frac{d_a}{l} \leq 5: \; p_{k,pl} = 2 \cdot K \cdot \frac{s_V}{d_a} \cdot \left(1 + \frac{1{,}5 \cdot u \cdot \left(1 - 0{,}2 \cdot \frac{d_a}{l}\right) \cdot d_a}{100 \cdot s_V} \right)^{-1} \tag{7.43}$$

bei Ovalität mit der Unrundheit $u = 2 \cdot \frac{d_{i,max} - d_{i,min}}{d_{i,max} + d_{i,min}} \cdot 100\,\%$ (7.44)

$$\text{Für } \frac{d_a}{l} > 5: \; p_{k,pl} = \max \left\{ 2 \cdot K \cdot \frac{s_V}{d_a} ; 3 \cdot K \cdot \left(\frac{s_V}{l} \right)^2 \right\} \tag{7.45}$$

Folgende Sicherheitsbeiwerte sind vorgegeben:

- *S = 3,0* gegen elastisches Beulen unabhängig vom Werkstoff, unter Berücksichtigung einer Unrundheit von u ≤ 1,5 %; für u > 1,5 gelten höhere Werte (siehe AD 2000 B6)
- *S = 1,6* gegen plastisches Verformen z.B. für Walz- und Schmiedestähle

7.2.4 Ausschnitte in zylindrischen und kugeligen Behälterwänden

Druckbehälter ohne Ausschnitte gibt es praktisch nicht (siehe auch *Abschnitt 4.2, „Apparateelemente“*). In den Ausschnitten fehlt ein Teil der Behälterwand, der ansonsten den Überdruck mit tragen würde. Die Wandbereiche direkt neben einem Ausschnitt müssen deshalb zusätzliche Beanspruchung aufnehmen, wodurch dort höhere Spannungen entstehen als in den anderen Wandbereichen. Experimentell wurden folgende Längen der so verschwächten Bereiche ermittelt [35] (siehe dazu **Bild 7.4**):

- in der Behälterwand: $a_0 = \sqrt{\left(d_{i,0} + s_{V,0}\right) \cdot s_{V,0}}$ (7.46)
- in der Wand des Stutzenrohres: $a_1 = 1{,}25 \cdot \sqrt{\left(d_{i,1} + s_{V,1}\right) \cdot s_{V,1}}$ (7.47)

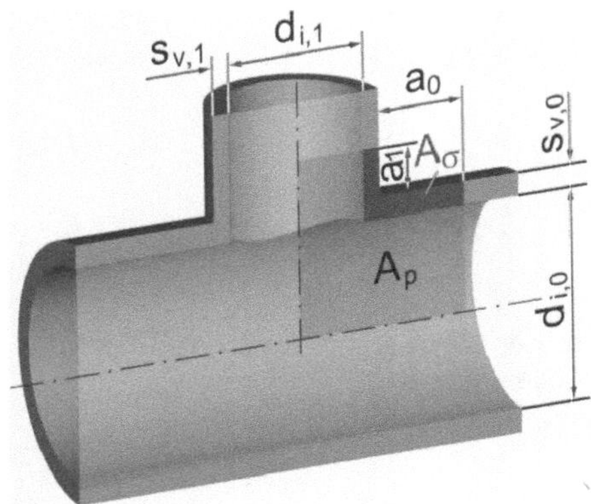

Bild 7.4: Flächenvergleich am Behälterausschnitt mit Stutzenrohr

- in der Wand eines schräg angeordneten Stutzenrohres (α = Abzweigwinkel):

$$a_1 = \left(1 + 0,25 \cdot \frac{\alpha}{90°}\right) \cdot \sqrt{\left(d_{i,1} + s_{V,1}\right) \cdot s_{V,1}} \tag{7.48}$$

Die notwendige Wanddicke $s_{V,0}$ der Behälterwand um den Abzweig herum kann z.B. mit einem „Verschwächungsbeiwert" υ_A ($\upsilon_A < 1$) aus der Mindestdicke der unverschwächten Wand s_V berechnet werden:

$$s_{V,0} = \frac{s_V}{\upsilon_A} \tag{7.49}$$

Obwohl in den Bereichen der Behälterwand direkt um Ausschnitte herum starke Spannungsspitzen auftreten, haben Untersuchungen ergeben, dass hier bei überwiegend ruhender Belastung ohne Bedenken mit der mittleren Beanspruchung gerechnet werden kann [35] (dynamische Beanspruchung s.u.). Unter Anwendung des Flächenvergleichsverfahrens (siehe *Abschnitt 6.1.2*) ergibt sich mit der mittleren Vergleichsspannung nach der Schubspannungshypothese $\bar{\sigma}_V$ und $s_V = s_{V,0} \cdot \upsilon_A$ nach *Gleichung 7.49* folgende Festigkeitsbedingung:

$$\bar{\sigma}_V = p_e \cdot \left(\frac{A_p}{A_\sigma} + \frac{1}{2}\right) = \frac{p_e \cdot d_{i,0}}{2 \cdot s_{V,0} \cdot \upsilon_A} + \frac{p_e}{2} \le \sigma_{zul} \tag{7.50}$$

Die drucktragende Fläche A_p und die spannungstragende Fläche A_σ sind aus Bild 7.4 zu ersehen. Aus *Gleichung 7.50* folgt:

$$\frac{A_p}{A_\sigma} = \frac{d_{i,0}}{2 \cdot s_{V,0} \cdot \upsilon_A} \tag{7.51}$$

und

$$\upsilon_A = \frac{A_\sigma}{A_p} \cdot \frac{d_{i,0}}{2 \cdot s_{V,0}} \tag{7.52}$$

Mit A_p und A_σ aus Bild 7.4 ergibt sich damit der Verschwächungsbeiwert υ_A für zylindrische Behälterwände zu:

$$\upsilon_A = \frac{a_0 + a_1 \cdot \frac{s_{V,1}}{s_{V,0}} + s_{V,1}}{a_0 + s_{V,1} + \frac{d_{i,1}}{2} + \frac{d_{i,1}}{d_{i,0}} \cdot \left(a_1 + s_{V,0}\right)} \tag{7.53}$$

und für kugelige Behälterwände zu:

$$\upsilon_A = \frac{a_0 + a_1 \cdot \frac{s_{V,1}}{s_{V,0}} + s_{V,1}}{a_0 + s_{V,1} + 2 \cdot \frac{d_{i,1}}{d_{i,0}} \cdot \left(a_1 + s_{V,0}\right) + \frac{d_{i,1}}{d_{i,0}} \cdot \sqrt{\frac{1}{4}\left(d_{i,0}^2 - d_{i,1}^2\right)}} \tag{7.54}$$

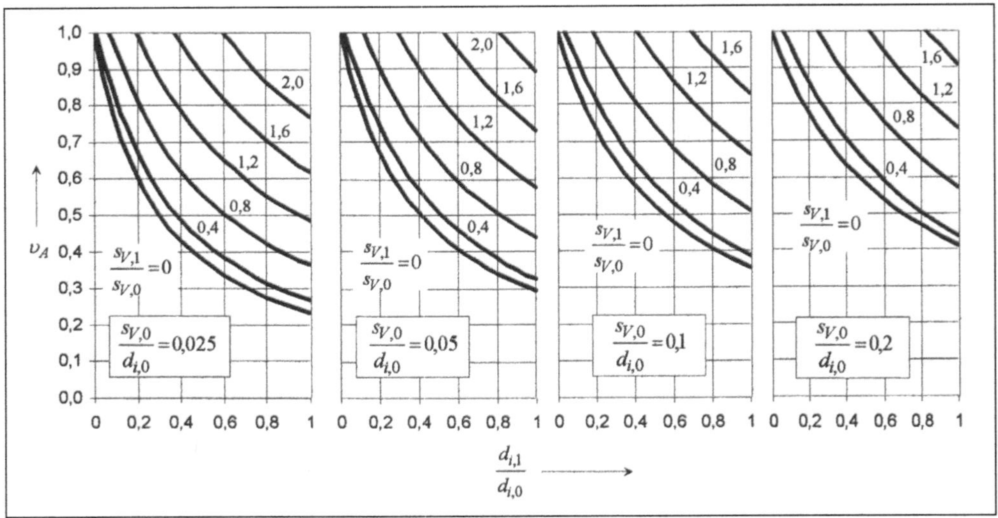

Bild 7.5: Verschwächungsbeiwert υ_A für Abzweige in zylindrischen Behältern

In **Bild 7.5** ist υ_A für Ausschnitte in zylindrischen Behältern in Abhängigkeit der geometrischen Verhältnisse aufgetragen. Die Kurven sind nach *Gleichung 7.53* mit

$$\frac{a_0}{s_{V,0}} = \sqrt{\frac{d_{i,0}}{s_{V,0}} + 1} \tag{7.55}$$

und

$$\frac{a_1}{s_{V,0}} = 1{,}25 \cdot \sqrt{\left(\frac{d_{i,1}}{d_{i,0}} \cdot \frac{d_{i,0}}{s_{V,0}} + \frac{s_{V,1}}{s_{V,0}}\right) \cdot \frac{s_{V,1}}{s_{V,0}}} \tag{7.56}$$

berechnet [35]. Sie gelten unter der Voraussetzung, dass für die Wände des Druckbehälters und des Stutzenrohres dieselben zulässigen Spannungen gelten.

Die Verschwächung der Druckbehälterwand durch mehrere nebeneinander angeordnete Ausschnitte wird wie die für Einzelausschnitte (s.o.) berechnet, wenn sich die tragenden Längen a_0 in der Druckbehälterwand nicht überschneiden, d.h. wenn für die Teilung[20] t der benachbarten Ausschnitte nach **Bild 7.6** folgende Bedingung erfüllt ist:

$$t \geq \frac{d_{a,1}}{2} + \frac{d_{a,2}}{2} + 2 \cdot a_0 \tag{7.57}$$

mit a_0 nach *Gleichung 7.46*

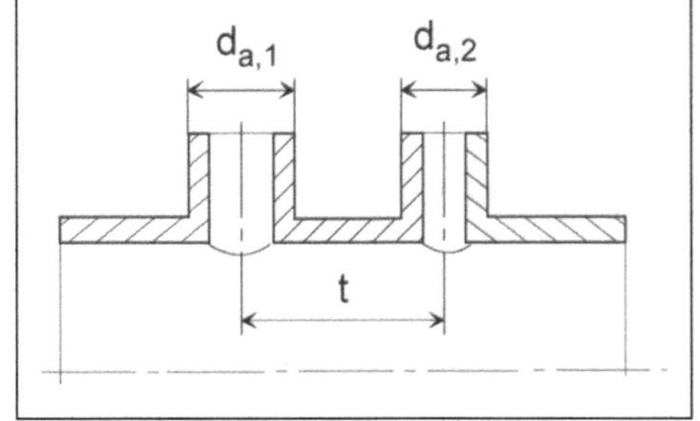

Bild 7.6: Benachbarte Ausschnitte

20 „Teilung" = Abstand der Mittellinien benachbarter Ausschnitt

Ist diese Bedingung nicht erfüllt, sind die benachbarten Ausschnitte als „Lochreihe“ zu betrachten, für die Verschwächungsbeiwerte ebenfalls aus dem Flächenvergleich zu ermitteln sind. In DIN EN 12952-3[21] werden z.B. folgende vereinfachte Verschwächungsbeiwerte unter Vernachlässigung der tragenden Länge der Stutzenrohre angegeben:

- für in Zylinderlängsrichtung benachbarte Ausschnitte mit Abstand t_l:

$$\upsilon_L = \frac{t_l - d_{a,1}}{t_l} \leq 1 \tag{7.58}$$

- für gegen die Zylinderlängsrichtung versetzt benachbarte Ausschnitte mit Abstand t_φ:

$$\upsilon_L = \frac{2 \cdot t_\varphi - d_{a,1}}{\left(1 + \cos^2 \varphi\right) \cdot t_\varphi} \leq 1 \tag{7.59}$$

mit: φ = Winkel, um den die direkte Verbindungslinie zwischen den Abzweigen gegen die Zylinderlängsachse versetzt ist

Die Mindestwanddicke für den Druckbehälter ergibt sich damit zu:

$$s_{V,0} = \frac{s_V}{\upsilon_L} \tag{7.60}$$

Da nur die Bereiche der Druckbehälterwand direkt um die Ausschnitte herum verschwächt sind, ist es oft wirtschaftlicher, diese Bereiche gezielt zu verstärken als die gesamte Druckbehälterwand dicker zu dimensionieren. Zur Berechnung der notwendigen Querschnittsfläche A_V der Verstärkung ist diese beim Flächenvergleich zur Spannungsfläche A_σ zu addieren. Da die Verstärkung jedoch nicht vollflächig mit der Behälterwand verbunden werden kann und der gesamte Kraftfluss z.B. durch die Schweißnähte gebündelt wird, ist ihre Tragfähigkeit eingeschränkt. Dies wird über einen Bewertungsfaktor k_V (**Tabelle 7.5**) berücksichtigt. Damit ergibt sich folgende Festigkeitsbedingung aus dem Flächenvergleich:

$$p_e \cdot \left(\frac{A_p}{A_\sigma + k_V \cdot A_V} + \frac{1}{2} \right) \leq \sigma_{zul} \tag{7.61}$$

und daraus die notwendige Querschnittsfläche der Verstärkung A_V:

$$A_V = \left(\frac{A_p}{\frac{\sigma_{zul}}{p_e} - \frac{1}{2}} - A_\sigma \right) \cdot \frac{1}{k_V} \tag{7.62}$$

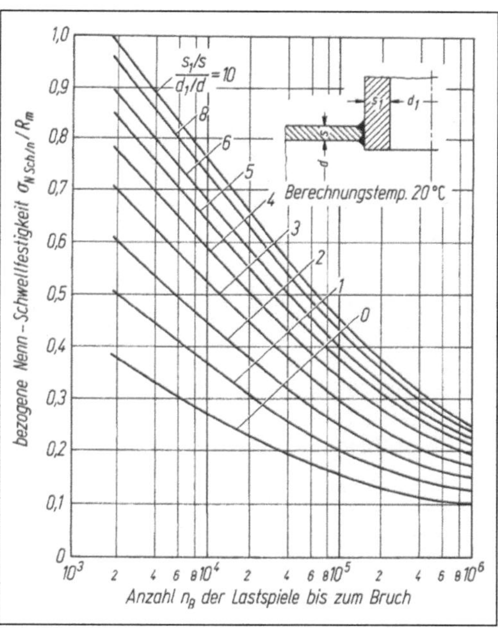

Bild 7.7: Schwellfestigkeit von Abzweigen (aus [35])

21 DIN EN 12952-3: 2012-03, Abschnitt 8.2.4

Tabelle 7.5: Beispiele für Bewertungsfaktoren angeschweißter Verstärkungen (nach [35])

Ausführung der Verstärkung		Bewertungsfaktor k_V
A_V	**Stutzen mit Verstärkung** $(d_{i,1} / d_{i,0} \leq 0{,}3)$ nicht geeignet für warmgehende Rohrleitungen	0,4
A_V	**Grundkörper mit Verstärkung** $(d_{i,1} / d_{i,0} \leq 0{,}5)$ nicht geeignet für warmgehende Rohrleitungen	0,6
A_V	**Verstärkungsscheibe** $(d_{i,1} / d_{i,0} \leq 0{,}7)$	0,8
A_V	**Umschließender Mantel** $(d_{i,1} / d_{i,0} \leq 1{,}0)$	0,9

Die starken Spannungsspitzen in den verschwächten Bereichen der Druckbehälterwand um die Ausschnitte herum sind bei dynamischer Beanspruchung zu berücksichtigen (siehe *Abschnitt 7.2.2*). Schwaigerer u. a. [35] haben aus Untersuchungsergebnissen verschiedener Autoren Werte für die Nennschwellfestigkeit $\sigma_{N,Sch} = p_e \cdot (d_i + s)/2s$ in Abhängigkeit von der Bruchlastspielzahl im Zeitfestigkeitsbereich zusammengestellt (**Bild 7.7**).

7.3 Kegelförmige Mäntel

Der kritischste Bereich von kegelförmigen Mänteln ist der Übergang zwischen dem kegelförmigen und dem zylindrischen Teil des Behältermantels. Dieser Bereich kann z.B. als Eckstoß oder als „Krempe" ausgebildet sein (**Bild 7.8**). Dort treten die größten Spannungen auf, weil unterschiedliche Dehnungen aufeinandertreffen. Die Einflusszone der erhöhten Spannungen erstreckt sich über folgende Längen[22]:

---

22 AD 2000 B2: 2000-10; abweichend von AD 2000 B2 wurde s_{Kr} anstatt $(s_{Kr} - c_1 - c_2)$ eingesetzt

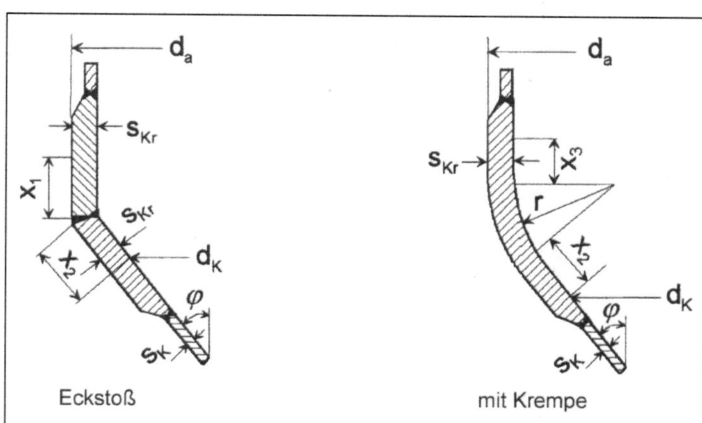

Bild 7.8: Verbindung von Kegel- mit Zylindermantel

- im zylindrischen Teil beim Eckstoß: $x_1 = \sqrt{d_a \cdot s_{Kr}}$ (7.63)

- im kegelförmigen Teil: $x_2 = 0{,}7 \cdot \sqrt{\frac{d_a \cdot s_{Kr}}{\cos\varphi}}$ (7.64)

- im zylindrischen Teil bei einer Krempe: $x_3 = 0{,}5 \cdot x_1$ (7.65)

Die notwendige Mindestwanddicke in dieser Einflusszone (auch „Abklingbereich"[23]) wird z.B. in AD-Merkblatt B2 in Diagrammen angegeben. An anderen Stellen werden auch Beiwerte (z.B. β_{KB}, siehe **Bild 7.9**) aus dem Flächenvergleich angegeben, mit denen die Wanddicke analog der von gewölbten Böden (siehe *Abschnitt 7.4*) berechnet werden kann:

$$s_{V,Kr} = \frac{p_e \cdot d_a \cdot \beta_{KB}}{4 \cdot \sigma_{zul} \cdot \upsilon_N} \qquad 7.66)$$

Außerhalb des beschriebenen Abklingbereiches ergibt sich in kegelförmigen Mänteln mit einem Neigungswinkel $\varphi \leq 70°$ aus dem Flächenvergleich (*siehe Abschnitt 6.1.2*) die notwendige Mindestwanddicke zu[24]:

$$s_{V,K} = \frac{d_K \cdot p_e}{2 \cdot \frac{K}{S} \cdot \upsilon_N - p_e} \cdot \frac{1}{\cos\varphi} \qquad (7.67)$$

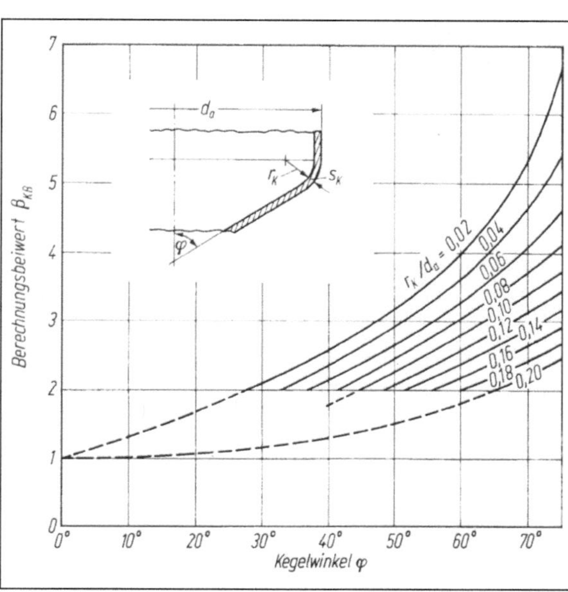

Bild 7.9: Berechnungsbeiwert β_{KB} für die Kegelkrempe (aus [35])

23 AD 2000 B2: 2000-10

24 [40], [35], AD 2000 B2: 2000-10

mit dem Kegeldurchmesser d_K am Ende des Abklingbereiches (siehe Bild 7.8):

$$d_K = d_a - 2 \cdot [s_{Kr} + r \cdot (1 - \cos\varphi) + x_2 \cdot \sin\varphi] \quad (7.68)$$

Für Neigungswinkel $\varphi > 70°$ sind in der kegelförmigen Wand wie bei ebenen Platten Biegespannungen zu berücksichtigen [40]. Daraus ergibt sich folgende notwendige Mindestwanddicke sowohl für den Abklingbereich als auch für den Kegelmantel[25]:

$$s_V = 0{,}3 \cdot (d_a - r) \cdot \frac{\varphi}{90°} \cdot \sqrt{\frac{p_e}{\frac{K}{S} \cdot \upsilon_N}} \quad (7.69)$$

Die Verschwächung durch Ausschnitte in kegelförmigen Mänteln kann berechnet werden wie die in zylindrischen Mänteln (siehe *Abschnitt 7.2.4*), wobei als Zylinder-Ersatzdurchmesser der größte Kegeldurchmesser am Rand des Ausschnitts einzusetzen ist[26].

7.4 Gewölbte Böden

Gewölbte Böden bestehen aus einer kugelförmigen Kalotte, die gegebenenfalls über eine stärker gekrümmte Krempe mit dem zylindrischen Teil verbunden ist (Bild 4.28). Die festigkeitsmäßig günstigste Form ist der Halbkugelboden, der naturgemäß keine Krempe hat bzw. nur aus einer kugeligen Kalotte besteht. Bei Klöpper- und Korbbogenböden treten die größten Spannungen in der Krempe auf.

Die Wanddicke der Kugelkalotte wird jeweils wie die von kugelförmigen Behälterwänden nach *Gleichung 7.6* (siehe auch Tabelle 7.2) berechnet. Auch die Verschwächung durch Ausschnitte und deren notwendige Verstärkung werden wie für kugelige Mäntel (*Gleichungen 7.54 und 7.62*) behandelt. Für Klöpper- und Korbbogenböden gilt dies nach AD-Merkblatt B3 dann, wenn die Ausschnitte innerhalb des Bereiches $0{,}6 \cdot d_a$ um den Scheitel liegen.

Die Wanddicke der Krempe mit und ohne Ausschnitte kann mit dem Berechnungsbeiwert β wie folgt berechnet werden[27]:

25 [40], AD 2000 B2: 2000-10
26 AD 2000 B2: 2000-10
27 [40], AD 2000 B3: 2011-05

Tabelle 7.6: Beiwerte zur Wanddickenberechnung der Krempe gewölbter Böden (nach [40])

	ohne Ausschnitt	**mit Ausschnitt**
	Im Krempenbereich	
Klöpperboden	$\beta = 1{,}9 + \frac{0{,}0325}{\left(\frac{s_V}{d_a}\right)^{0{,}7}}$	$\beta = 1{,}9 + \frac{0{,}933 \cdot \frac{d_{i,1}}{d_{a,0}}}{\left(\frac{s_V}{d_{a,0}}\right)^{0{,}5}}$
Korbbogenboden	$\beta = 1{,}55 + \frac{0{,}0255}{\left(\frac{s_V}{d_a}\right)^{0{,}625}}$	$\beta = 1{,}55 + \frac{0{,}866 \cdot \frac{d_{i,1}}{d_{a,0}}}{\left(\frac{s_V}{d_{a,0}}\right)^{0{,}5}}$

$$s_V = \frac{p_e \cdot d_a \cdot \beta}{4 \cdot K/S \cdot \upsilon_N} \quad (7.70)$$

In AD-Merkblatt B3 sind die Berechnungsbeiwerte β in Diagrammen abhängig von $s_V/d_{a,0}$ und $d_{i,1}/d_{a,0}$ vorgegeben. **Tabelle 7.6** enthält Gleichungen zur Berechnung der Beiwerte β, die aus dem Flächenvergleich hergeleitet sind [40]. Dabei wurden folgende mittragende Längen neben der Krempe berücksichtigt:

- im zylindrischen Teil: $a_{Zylinder} = 0{,}8 \cdot \sqrt{(d_i + s_V) \cdot s_V}$ (7.71)
- in der Kugelkalotte: $a_{Kugel} = 0{,}8 \cdot \sqrt{2 \cdot (R + s_V) \cdot s_V}$ (7.72)

mit: R = Kalottenradius (siehe Bild 4.28)

In **Bild 7.10** sind diese Berechnungsbeiwerte abhängig von den geometrischen Verhältnissen aufgetragen.

Obwohl Halbkugelböden keine Krempe aufweisen, wird für diese in

AD 2000-Merkblatt B3[28] im Bereich von $x = 0{,}5 \cdot \sqrt{R \cdot s_V} = 0{,}5 \cdot \sqrt{\frac{d_i}{2} \cdot s_V}$ (7.73)

um die Anschlussschweißnaht ein Berechnungsbeiwert von β = 1,1 gefordert.

Für äußeren Überdruck sind in AD-Merkblatt B3[29] erhöhte Sicherheitsbeiwerte vorgeschrieben. Außerdem ist sicherzustellen, dass der zulässige Überdruck gegen elastisches Einbeulen nicht überschritten wird:

[28] berücksichtigte Ausgabe: AD 2000 B3: 2011-05
[29] berücksichtigte Ausgabe: AD 2000 B3: 2011-05

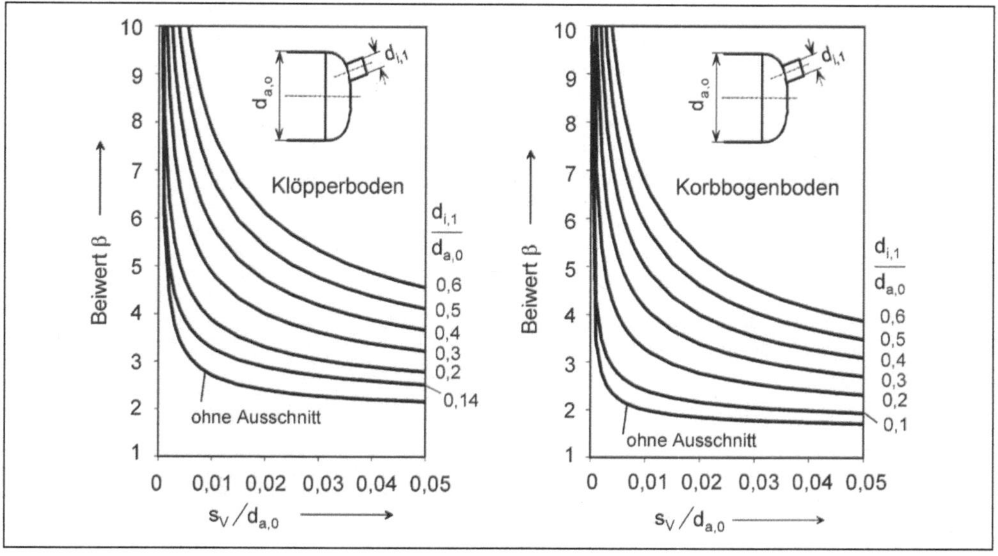

Bild 7.10: Beiwert β zur Berechnung der Krempenwanddicke gewölbter Böden

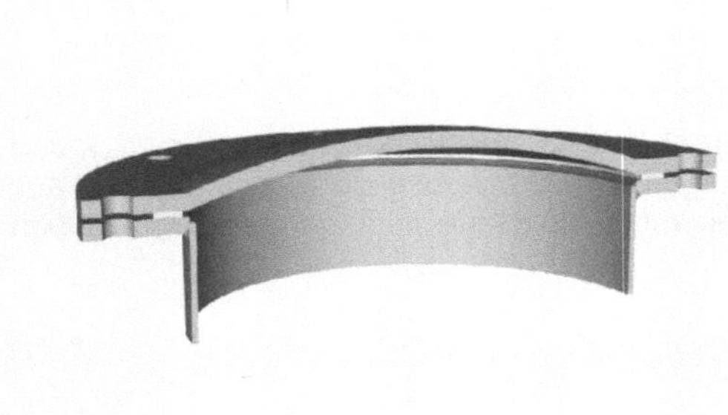

Bild 7.11: Tellerboden

Bild 7.12: Ebene Platte als Verschlusselement eines Druckbehälters

$$p_{e,zul} = 3{,}66 \cdot \frac{E}{S} \cdot \left(\frac{s_V}{R}\right)^2 \tag{7.74}$$

mit dem Sicherheitsbeiwert: $$S = 3 + \frac{0{,}002}{s_V / R} \tag{7.75}$$

Die Wanddickenberechnung von Tellerböden (**Bild 7.11**) soll hier nicht gesondert behandelt werden. Dazu wird z.B. auf AD-Merkblatt B4[30] verwiesen.

7.5 Ebene Böden

Ebene Böden dienen in Druckbehältern z.B. zum Verschließen (**Bild 7.12**), als Einbauten (z.B. Böden in Bodenkolonnen oder Reaktoren, Bilder 2.15, 4.29 und 4.30) oder zur Fixierung von Einbauten (z.B. Rohren in Rohrbündelwärmeaustauschern, **Bilder 7.13** und 2.11). Sie werden durch Überdruck auf einer ihrer Oberflächen, gegebenenfalls Einzelkräfte und/oder Randmomente auf Biegung beansprucht [35]. Aus dem Festigkeitsansatz

$$\sigma_b = \frac{M}{W} \leq \frac{K}{S} \tag{7.76}$$

ergibt sich die notwendige Mindestdicke s_V gleichmäßig belasteter Kreisplatten allgemein zu[31]:

$$s_V = C \cdot d \cdot \sqrt{\frac{p_e}{K/S}} \tag{7.77}$$

Bild 7.13: Rohreinschweißung in den Boden eines Hochdruckwärmeaustauschers (Werkbild Deggendorfer Werft und Eisenbau GmbH, Deggendorf)

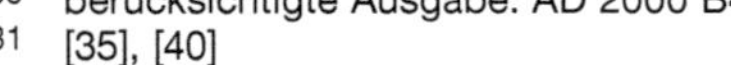

30 berücksichtigte Ausgabe: AD 2000 B4: 2000-10

31 [35], [40]

Tabelle 7.7: Beispiele für Berechnungsbeiwerte *C* ebener Böden nach AD 2000-Merkblatt B5: 2012-07 (keine zusätzlichen Randmomente)

Ausführungsform	**Voraus-setzungen**	**Berechnungs-beiwert C**
gekrempter ebener Boden s d	Mindestmaße für Krempenradius und Bordhöhe	0,3
beidseitig eingeschweißte Platte s_1 d s	$s \leq 3 \cdot s_1$ $s > 3 \cdot s_1$	0,35 0,4
ebene Platte an Flanschverbindung mit durchgehender Dichtung s p_e d		0,35
einseitig eingeschweißte Platte s s_1 d	$s \leq 3 \cdot s_1$ $s > 3 \cdot s_1$	0,45 0,5

Der Berechnungsbeiwert *C* beträgt je nach Randeinspannung 0,321 bis 0,454 [35]. Für den Berechnungsdurchmesser *d* wird z.B. bei eingespannten Platten der mittlere Dichtungsdurchmesser, bei eingeschweißten Platten der Innendurchmesser des zylindrischen Behälters eingesetzt[32]. *Gleichung 7.77* ist auch in AD-Merkblatt B5[33] für die erforderliche Wanddicke unverankerter runder ebener Böden und Platten ohne zusätzliches Randmoment vorgegeben. Dazu sind dort Berechnungsbeiwerte *C* und Berechnungsdurchmesser *d* für unterschiedliche Konstruktionen tabelliert. **Tabelle 7.7** enthält einige Beispiele daraus. In diesem AD-Merkblatt sind auch weitere Fälle berücksichtigt, z.B. rechteckige und elliptische Platten, zusätzliche Randmomente, verankerte und versteifte Platten sowie Platten in Wärmeaustauschern. Beispielhaft seien folgende Fälle genannt:

---

32 [35], AD 2000 B5: 2012-07

33 berücksichtigte Ausgabe: AD 2000 B5: 2012-07

Bild 7.14: Rohrbündelwärmeaustauscher (Rohrplatten durch Rohre und Mantel gegenseitig verankert)

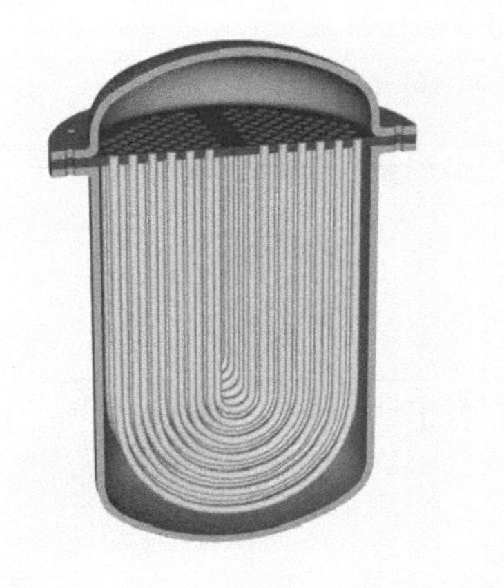

Bild 7.15: Rohrbündelwärmeaustauscher mit rückkehrenden Rohren

- erforderliche Mindestwanddicke s_V für runde ebene Platten in Wärmetauschern, die durch die Rohre und den Mantel gegenseitig verankert sind (**Bild 7.14**):

$$s_V = 0,4 \cdot d_2 \cdot \sqrt{\frac{p_e}{K/S}} \tag{7.78}$$

  mit dem jeweils größeren Überdruck p_e in den oder um die Rohre und dem größten im unberohrten Teil eingeschriebenen Berechnungsdurchmesser d_2.

- erforderliche Mindestwanddicke s_V für runde, ebene, vollberohrte Platten mit rückkehrenden Rohren (**Bild 7.15**, siehe auch *Gleichung 7.77*):

$$s_V = C \cdot d \cdot \sqrt{\frac{p_e}{K/S}} \tag{7.79}$$

  mit Beiwert C und dem Durchmesser d nach Tabelle 7.7.

  Sind solche Platten nur teilweise oder ungleichmäßig berohrt, so gelten andere Berechnungsbeiwerte.

7.6 Besonderheiten bei Druckbehältern aus Kunststoffen

Für Druckbehälter kommen auch textilglasfaserverstärkte Kunststoffe (GFK) zum Einsatz (siehe *Abschnitt 3.3.2* und Bild 2.7). Formeln zu ihrer Berechnung sind z.B. in einem speziellen AD-Merkblatt N1[34] zusammengestellt. Besonders zu erwähnen ist, dass

- Festigkeitswerte in unterschiedlichen Richtungen unterschiedlich sein können und deshalb bei den Wanddickenberechnungen Beanspruchungen zwischen Längs- und Umfangsrichtung unterschieden werden,

---

[34] berücksichtigte Ausgabe: AD 2000 N1: 2006-05

- zwischen Zugfestigkeit K_Z, Biegefestigkeit K_B und Druckfestigkeit K_D, Biege-E-Modul in Umfangsrichtung (E_{UB}) und Längsrichtung (E_{LB}) sowie Zug-E-Modul in Umfangsrichtung (E_{UZ}) und Längsrichtung (E_{LZ}) unterschieden wird,
- neben dem Sicherheitsbeiwert von S = 2,0 ein zusätzlicher Werkstoffabminderungsfaktor A berücksichtigt wird. Dieser Faktor setzt sich aus vier Einzelfaktoren zusammen, die Einflüsse von Zeitstandsverhalten, Beschickung und Witterung, Betriebstemperatur und Inhomogenitäten im Material berücksichtigen. Als Standardwert ergibt sich insgesamt $A \approx 4{,}0$. Unter bestimmten Bedingungen können die Einzelfaktoren herabgesetzt oder müssen erhöht werden. Das Produkt aus Sicherheitsbeiwert S und Werkstoffabminderungsfaktor A muss jedoch immer $S \cdot A \geq 4$ sein.

Einige Vorschriften für Wanddickenberechnung und Stabilitätsnachweis nach AD-Merkblatt N1 sind im folgenden kurz zusammengefasst:

- Wanddicke zylindrischer Mäntel bei innerem Überdruck:
  - für Beanspruchung in Umfangsrichtung:

$$s = \frac{d_a \cdot p_e}{2 \cdot \frac{K_Z}{A \cdot S}} \tag{7.80}$$

  - für Beanspruchung in Längsrichtung:

$$s = \frac{d_a \cdot p_e}{4 \cdot \frac{K_Z}{A \cdot S}} \tag{7.81}$$

- Stabilitätsnachweis zylindrischer unversteifter Mäntel bei äußerem Überdruck:
  - für Beanspruchung in Umfangsrichtung:

$$p_{e,zul} = \frac{2 \cdot s \cdot K_D}{d_a \cdot A \cdot S} \tag{7.82}$$

  - für Beanspruchung in Längsrichtung (ungestörter Bereich):

$$p_{e,zul} = \frac{4 \cdot s \cdot K_D}{d_a \cdot A \cdot S} \tag{7.83}$$

  - zulässiger Beuldruck für $l \leq 6 \cdot d_a$:

$$p_{e,zul} = \frac{2{,}35}{A \cdot S} \cdot E_s \cdot \frac{d_a}{l} \cdot \left(\frac{s}{d_a} \right)^{\frac{5}{2}} \tag{7.84}$$

mit: $$E_s = \frac{E_{UB}^{3/4} \cdot E_{LB}^{1/4}}{1 - 0{,}1 \cdot \frac{E_{LB}}{E_{UB}}} \tag{7.85}$$

  - zulässiger Beuldruck für $l > 6 \cdot d_a$:

$$p_{e,zul} = \frac{2{,}2}{A \cdot S} \cdot E_{UB} \cdot \left(\frac{s}{d_a}\right)^3 \tag{7.86}$$

- Kegelförmige Mäntel (Bild 7.8, Ausführung mit Krempe) bei innerem Überdruck für $\frac{s}{d_a} \geq 0{,}005$ am weiten Ende und $\frac{r}{d_a} \geq 0{,}1$:

  - für Beanspruchung in Umfangsrichtung:

$$s_K = \frac{d_K \cdot p_e}{2 \cdot \frac{K_Z}{A \cdot S}} \cdot \frac{1}{\cos\varphi} \tag{7.87}$$

  - für Beanspruchung in Längsrichtung:

$$s_K = \frac{d_a \cdot p_e}{4 \cdot \frac{K_Z}{A \cdot S}} \cdot \frac{1}{\cos\varphi} \tag{7.88}$$

  - Krempe für Beanspruchung in Umfangsrichtung:

$$s_{Kr} = \frac{d_K \cdot p_e \cdot C_1}{2 \cdot \frac{K_B}{A \cdot S}} \tag{7.89}$$

  - Krempe für Beanspruchung in Längsrichtung:

$$s_{Kr} = \frac{d_K \cdot p_e \cdot C_1}{4 \cdot \frac{K_B}{A \cdot S}} \tag{7.90}$$

  mit d_K nach *Gleichung 7.68* $\left(x_2 = \sqrt{d_a \cdot s_K}\right)$ und dem Formwert C_1 nach **Tabelle 7.8.**

- Kugelförmige Mäntel: $s = \frac{d_a \cdot p_e}{4 \cdot \frac{K_Z}{A \cdot S}}$ (7.91)

Tabelle 7.8: Beispiele für den Formwert C_1 für die Krempen- und Mantelberechnung von Kegeln aus GFK nach AD-Merkblatt N1: 2006-05

φ	**r/d$_a$**		
	0,1	**0,3**	**0,5**
10°	1,2	1,2	1,2
30°	2,9	2,3	1,7
60°	5,4	3,9	2,4

Zu den geometrischen Bezeichnungen siehe Bild 7.8

Tabelle 7.9: Beispiele für den Formwert C_2 für die Berechnung gewölbter Böden aus GFK nach AD 2000-Merkblatt N1: 2006-05

Bodenform	**Kalotte**	**Krempe**
Halbkugelboden	1,2	-
Klöpperboden	2,4	5,8(s_{Kr}/d_a = 0,005) 5,4(s_{Kr}/d_a = 0,01) 4,75(s_{Kr}/d_a = 0,03) 4,2(s_{Kr}/d_a = 0,05) 4,0($s_{Kr}/d_a \geq$ 0,06)
Korbbogenboden	1,8	3,5

s_{Kr} = Krempenwanddicke
d_a = Außendurchmesser des zylindrischen Behälters

- Gewölbte Böden (vorzugsweise Korbbogen- oder Halbkugelböden):

  – Krempe: $$s_{Kr} = \frac{d_a \cdot p_e \cdot C_2}{4 \cdot \dfrac{K_B}{A \cdot S}} \tag{7.92}$$

  – Kalotte oder Halbkugel: $$s = \frac{d_a \cdot p_e \cdot C_2}{4 \cdot \dfrac{K_Z}{A \cdot S}} \tag{7.93}$$

  mit dem Formwert C_2 nach **Tabelle 7.9.**

- Ausschnittränder

  – von Zylindern und Kegeln: $$s = \frac{d_a \cdot p_e}{2 \cdot \upsilon_A \cdot \dfrac{K_Z}{A \cdot S}} \tag{7.94}$$

  (d_a von Kegeln am Ausschnittsmittelpunkt)

  – von Kugeln und Kugelkalotten: $$s = \frac{d_a \cdot p_e}{4 \cdot \upsilon_A \cdot \dfrac{K_Z}{A \cdot S}} \tag{7.95}$$

  mit dem Verschwächungsbeiwert υ_A nach **Tabelle 7.10.**

Tabelle 7.10: Beispiele für den Verschwächungsbeiwert υ_A für die Berechnung von Ausschnitten in GFK-Behältern ohne Verstärkung oder mit scheibenförmiger Verstärkung nach AD 2000-Merkblatt N1: 2006-05

$\frac{d_{a,1}}{\sqrt{d_{a,0} \cdot s_0}}$		
1	3	5
0,44	0,27	0,19

Zu den geometrischen Bezeichnungen siehe Bild 7.4

8. Lagerung und Dehnungsausgleich von Rohrleitungen

8. Lagerung und Dehnungsausgleich von Rohrleitungen

8.1 Rohrlagerung

Bezüglich der Lagerung von Rohrleitungen lassen sich grundsätzlich zwei Fälle unterscheiden:

- die Rohre liegen auf ihrer gesamten Länge auf (z.B. eingeerdete Rohrleitungen, **Bild 8.1**)
- die Rohre sind in Abständen aufgestützt (**Bild 8.2**)

Im ersten Fall ist darauf zu achten, dass die Rohre gleichmäßig eben und nicht z.B. auf den Verbindungsmuffen aufliegen, um eine zusätzliche Biegebeanspruchung der Rohrwände zu vermeiden. Im zweiten Fall müssen die maximalen Abstände zwischen den Rohrlagern so bestimmt werden, dass die Durchbiegung oder die Biegebeanspruchung jeweils einen bestimmten Wert nicht überschreitet.

Außerdem wird die Gestaltung der Rohrlagerung wesentlich davon beeinflusst, ob die einzelnen Rohrleitungselemente „längskraftschlüssig" miteinander verbunden sind oder nicht. Eine längskraftschlüssige Verbindung kann Kräfte in Längsrichtung der Rohrleitung aufnehmen. Nichtlängskraftschlüssige Verbindungen werden, wenn sie nicht zusätzlich gesichert sind, z.B. durch die Zugkräfte aus dem Innendruck auseinandergezogen.

Grundsätzlich werden an Gestaltung und Anordnung der Rohrlagerung folgende Anforderungen gestellt:

- Sämtliche Kräfte sind mit hinreichender Sicherheit aufzunehmen.
- Die resultierenden Beanspruchungen der Rohre (z.B. aus Durchbiegung oder Längskräften) sind in unschädlichen Grenzen zu halten.
- Die Rohrleitung ist in der vorgesehenen Lage zu halten.

Zur Erfüllung dieser Anforderungen ist die kombinierte Anwendung von zwei verschiedenen Lagerarten notwendig:

- Festlager (Festpunkte), in denen keine Rohrbewegung zugelassen wird
- Loslager (Gleit- oder Rollenlager), die eine Bewegung des Rohres in eine oder mehrere Raumrichtungen zulassen.

Außerdem ist darauf zu achten, dass die Rohrleitung hinreichend elastisch verlegt ist (siehe dazu die *Abschnitte 8.3 und 8.4* zum Dehnungsausgleich).

Die Lager werden je nach Art und Anwendungsfall durch eine oder mehrere der folgenden Kräfte belastet:

- Gewichtskraft der Rohrleitung einschließlich Füllung, ggf. Wärmedämmung etc.
- Zusätzliche Kräfte, z.B. aufgrund von Windlasten, Schneelasten, möglichen Erdbeben etc.
- Kräfte, die aus Längenänderungen der Rohrleitung resultieren, z.B. verursacht durch Wärmedehnung, Längskraft aus Innendruck, Druckstöße etc.

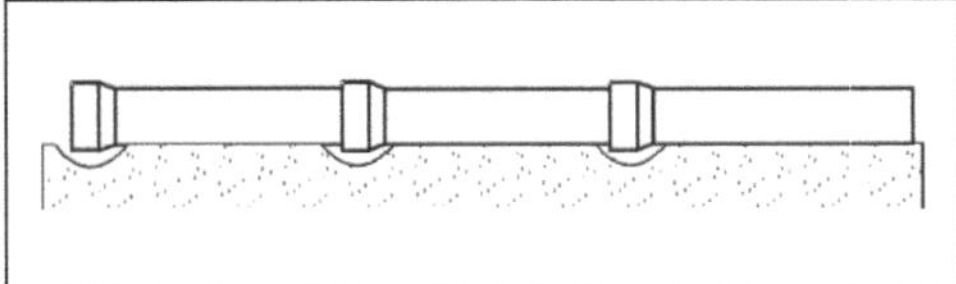

Bild 8.1: Erdverlegte Leitung aus Muffenrohren

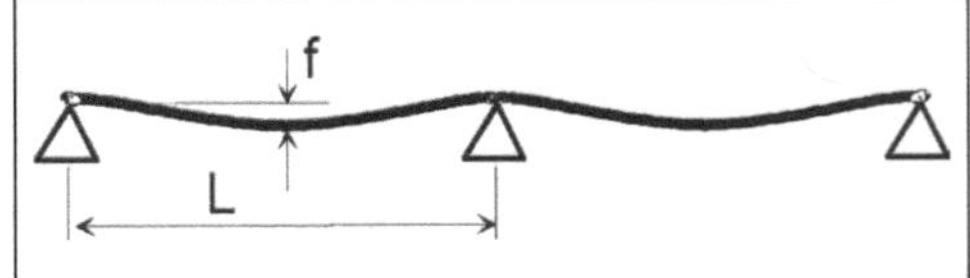

Bild 8.2: Durchbiegung zwischen Rohrhalterungen (übertrieben dargestellt)

Festlager müssen sämtliche auftretenden Kräfte aufnehmen. Bestimmte Einbauten wie z.B. Armaturen, die fixiert werden müssen, Anschlüsse an Apparate oder Maschinen können Zwangsfestpunkte ergeben. In solchen Rohrleitungen, die während des Betriebes ihre Temperatur ändern („warm- und kaltgehende“ Rohrleitungen), trennen Festpunkte verschiedene Abschnitte voneinander, in denen die Dehnung jeweils ausgeglichen werden muss (siehe *Abschnitte 8.3 und 8.4* zum Dehnungsausgleich). Loslager führen die Rohrleitung bei Längenänderungen und nehmen nur in horizontal verlaufenden Leitungen Gewichtskräfte auf.

Eingeerdete Rohrleitungen liegen im allgemeinen auf ihrer gesamten Länge mit Ausnahme der Verbindungsmuffen auf. Die gesamte Auflagelänge ist zunächst eine Gleitlagerung. Festlager werden z.B. als Betonlager ausgebildet, die sich am Erdreich abstützen. Auch durch die Reibung am Erdreich kann insgesamt Festlagerfunktion erreicht werden. In nicht längskraftschlüssigen Leitungen muss dazu eine bestimmte Anzahl von Rohren längskraftschlüssig verbunden werden. In diesem Zusammenhang sei z.B. auf das Regelwerk der DVGW[1] verwiesen.

Liegt eine Rohrleitung nicht mit ihrer gesamten Länge auf, so biegt sie sich zwischen den einzelnen Rohrhalterungen durch (Bild 8.2). Für die Berechnung der maximalen Stützweite, d.h. des maximalen Abstandes zwischen den Rohrhalterungen, kommen zwei Kriterien infrage:

- maximal zulässige Durchbiegung f_{zul} des Rohres
- maximal zulässige Biegespannung $\sigma_{b,zul}$ in der Rohrwand

Die maximal zulässige Durchbiegung hängt vom Anwendungsfall und vom Durchmesser des Rohres ab. So nennt z.B. die DIN EN 13480-3[2] zur Vermeidung von Kondensatansammlungen für Dampfleitungen folgende Werte:

- $\leq$ DN 50: $f_{zul} \leq 3$ mm
- $>$ DN 50: $f_{zul} \leq 5$ mm

In dem US-amerikanischen Standard ASME B31.1 „Power Piping“ ist z.B. $f_{zul} \leq 2{,}5$ mm festgelegt[3].

Die maximal zulässige Biegebeanspruchung im Rohr hängt vom Werkstoff und den weiteren Beanspruchungen der Rohrwand, insbesondere aus Überdruck, ab. In den meisten Fällen werden die Rohrwanddicken gegen inneren Überdruck nach der Schubspannungshypothese dimensioniert. Darin werden nur die größte und die kleinste in der Rohrwand auftretende Spannung berücksichtigt. Bei Innendruckbeanspruchung sind das die Umfangs- und Radialspannung (siehe *Abschnitt 6.1.3*). Die Längsspannung aus innerem Überdruck ist nur etwa halb so groß wie die Umfangsspannung. Relevant für die Festigkeitsbetrachtung nach der Schubspannungshypothese ist sie jedoch erst dann, wenn sie größer als die Umfangsspannung wird. Eine so gegen inneren Überdruck dimensionierte Rohrwand kann also zusätzliche Längsspannungen in Höhe von etwa 50 % der Umfangsspannung aus Innendruck aufnehmen. Das kann z.B. die hier besprochene Biegespannung sein. Die DIN EN 13480-3 lässt für Stahlrohre z.B. eine maximale Biegespannung von $\sigma_{b,zul} \leq 40$ N/mm^2 zu (ASME B 31.1: $\sigma_{b,zul} \leq 16$ N/mm^2).

Zur Berechnung von Durchbiegung und Biegespannung der Rohrleitung kommen drei mechanische Modelle in Betracht:

- Träger auf zwei Stützen
- Durchlaufträger
- Kragträger

[1] Deutsche Vereinigung des Gas- und Wasserfaches
[2] DIN EN 13480-3: 2012-11, Anhang Q
[3] [41], Chapter II, Part 5, Section 121

Mit einer konstanten Streckenlast *F'* aus dem Rohrgewicht inklusive Füllung und Dämmung und einer zusätzlichen Einzellast *F* jeweils mittig zwischen zwei Stützen (siehe **Tabelle 8.1**) erhält man allgemein folgende Gleichungen für Durchbiegung *f* und Biegespannung $\sigma_{b,max}$:

$$f = k_{f,1} \cdot \frac{F' \cdot L^4}{E \cdot I} + k_{f,2} \cdot \frac{F \cdot L^3}{E \cdot I} \tag{8.1}$$

$$\sigma_{b,max} = k_{S,1} \cdot \frac{F' \cdot i \cdot L^2}{W} + k_{S,2} \cdot \frac{F \cdot i \cdot L}{W} \tag{8.2}$$

mit:

f = Durchbiegung (Bild 8.2)

$\sigma_{b,max}$ = maximale Biegespannung

F' = Streckenlast [N/m]

F = Einzellast [N]

L = Stützweite (Bild 8.2)

E = Elastizitätsmodul des Rohrleitungswerkstoffes

I = Flächenträgheitsmoment (Flächenmoment 2. Grades) des Rohrleitungsquerschnittes

W = Biegewiderstandsmoment (axiales Widerstandsmoment) des Rohrleitungsquerschnittes

i = Spannungserhöhungsfaktor (siehe Tabelle 8.3)

$k_{f,1}$; $k_{f,2}$; $k_{S,1}$; $k_{S,2}$: Faktoren, die vom Belastungsfall abhängen (siehe Tabelle 8.1)

Falls die Rohrleitung nur mit der Streckenlast *F'* ohne zusätzliche Einzellast *F* belastet ist, wird in den *Gleichungen 8.1 und 8.2* jeweils der zweite Summand Null. Ein Spannungserhöhungsfaktor *i* ist nur zu berücksichtigen, wenn ein oder mehrere Formstücke in dem betrachteten Rohrabschnitt eingebaut sind. Ist dies nicht der Fall, so ist $i = 1$.

Zur Berechnung der maximalen Stützweite ist *Gleichung 8.1* oder *Gleichung 8.2* nach *L* aufzulösen. Bei *Gleichung 8.1* ist das nicht geschlossen möglich. Daher kann die Stützweite *L* in Abhängigkeit von der zulässigen Durchbiegung f_{zul} nur iterativ bestimmt werden, wenn neben der Streckenlast *F'* auch eine Einzellast *F* wirkt. Falls keine zusätzliche Einzellast *F* vorliegt, kann die Gleichung allerdings sehr leicht nach der Stützweite aufgelöst und diese somit explizit berechnet werden. Für die Stützweite *L* in Abhängigkeit von der zulässigen Biegespannung σ_{zul} ergibt sich aus *Gleichung 8.2* allgemein:

$$L = -\frac{1}{2} \cdot \frac{k_{S,2}}{k_{S,1}} \cdot \frac{F}{F'} + \sqrt{\frac{1}{4} \cdot \left(\frac{k_{S,2}}{k_{S,1}}\right)^2 \cdot \left(\frac{F}{F'}\right)^2 + \frac{W \cdot \sigma_{zul}}{F' \cdot i \cdot k_{S,1}}} \tag{8.3}$$

Für Leitungen, die mit Gefälle verlegt werden, ist die maximal zulässige Durchbiegung klein genug zu halten, dass dadurch kein „Gegengefälle", d.h. keine Steigung im Rohrleitungsverlauf erzeugt werden kann. Aus der Biegelinie kann die durch Biegung verursachte Steigung berechnet werden.

Unabhängig von der Durchbiegung können z.B. wegen der Ausknickgefahr bei Verwendung von Axialkompensatoren kleinere Abstände zwischen Führungslagern notwendig sein (siehe *Abschnitte 8.4.2 und 8.5*).

Tabelle 8.1: Berechnungsfaktoren für Durchbiegung *f* und Biegespannung $\sigma_{b,max}$

Belastung		Berechnung der **Durchbiegung** f		Berechnung der **Biegespannung** $\sigma_{b,max}$	
		$k_{f,1}$	$k_{f,2}$	$k_{S,1}$	$k_{S,2}$
Träger auf 2 Stützen		$\frac{5}{384}$	$\frac{8}{384}$	$\frac{1}{8}$	$\frac{1}{4}$
Kragträger		$\frac{1}{8}$	$\frac{1}{3}$	$\frac{1}{2}$	1
Durchlaufträger, Einzellast in allen Feldern		$\frac{1}{384}$	$\frac{2}{384}$	$\frac{1}{12}$	$\frac{1}{8}$
Durchlaufträger, Einzellast nur im jeweiligen Feld	$F \leq 0{,}38 \cdot F' \cdot \sqrt{\frac{12 \cdot W \cdot \sigma_{zul}}{F' \cdot i}}$	$\frac{1}{384}$	$\frac{6{,}1}{384}$	$\frac{1}{12}$	$\frac{21}{265}$
	$F > 0{,}38 \cdot F' \cdot \sqrt{\frac{12 \cdot W \cdot \sigma_{zul}}{F' \cdot i}}$			$\frac{1}{24}$	$\frac{543}{3180}$

8.2 Beanspruchungen durch Wärmedehnung

8.2.1 Wärmedehnung

Temperaturänderungen in den Rohrwänden erzeugen Längenänderungen von Rohrleitungen. Werden diese nicht in der Rohrführung oder durch den Einbau von Kompensatoren berücksichtigt, so kann es zu Schäden an den Rohren und den Rohrlagerungen kommen.

Die Dehnung bzw. Schrumpfung eines Rohres ΔL in Längsrichtung unter dem Einfluss der Temperaturänderung $\Delta\vartheta$ wird mit Hilfe des linearen Wärmeausdehnungskoeffizienten β_L des Rohrwerkstoffes berechnet:

$$\Delta L = L_S \cdot \beta_L \cdot \Delta\vartheta \qquad (8.4)$$

mit:

L_S = „schiebende" Rohrlänge = Rohrlänge vor Beginn der Wärmedehnung

Der lineare Wärmeausdehnungsdehnungskoeffizient β_L ist temperaturabhängig, er nimmt mit steigender Temperatur zu. Bei großen Temperaturunterschieden, wie sie in Rohrleitungen häufig auftreten, ist deshalb mit entsprechenden mittleren linearen Ausdehnungskoeffizienten $\bar{\beta}_L$ zu rechnen. Da die Rohrmontage meist bei Raumtemperatur erfolgt, werden mittlere Ausdehnungskoeffizienten üblicherweise zwischen 20 °C und verschiedenen höheren Temperaturen angegeben. **Tabelle 8.2** enthält eine Zusammenstellung von Wärmeausdehnungskoeffizienten für einige Rohrwerkstoffe (siehe dazu auch *Kapitel 3, Werkstoffe*).

Tabelle 8.2: Beispiele für mittlere Wärmeausdehnungskoeffizienten (siehe auch *Kapitel 3 „Werkstoffe"*)

	Temperatur						
	20 °C	**100 °C**	**200 °C**	**300 °C**	**400 °C**	**500 °C**	**600 °C**
mittlerer linearer Wärmeausdehnungskoeffizient $\bar{\beta}_L$ zwischen 20 °C und der jeweiligen Temperatur in 10^{-6} K^{-1}							
unlegierter Stahl	11,9	12,3	12,8	13,3	13,8	14,3	14,8
hochlegierter austenitischer Stahl	16,8	17,3	17,8	18,2	18,7	19,0	19,3
Kupfer	16,8	17,0	17,2	17,4	17,7	17,9	
PVC	80						
PE-HD	200						
PP	150						
PB	130						
ABS	90						

8.2.2 Druck-Beanspruchung im geraden Rohr

In einem geraden Rohr entstehen durch Wärmedehnung zwischen zwei Festlagern Druckspannungen in Längsrichtung des Rohres. Im Bereich der elastischen Dehnung können diese berechnet werden aus:

$$\sigma_d = E \cdot \bar{\beta}_L \cdot \Delta\vartheta \qquad (8.5)$$

mit E = Elastizitätsmodul des Rohrwerkstoffes.

Aus der Festigkeitsbedingung $\sigma_d \leq \sigma_{zul}$ folgt, dass kein Schaden aus Überschreitung der Druckfestigkeit des Rohres zu erwarten ist, solange folgende Bedingung erfüllt ist:

$$\Delta\vartheta \leq \frac{\sigma_{zul}}{E \cdot \bar{\beta}_L} \tag{8.6}$$

Als zulässige Spannung ist üblicherweise die Streckgrenze mit einem geeigneten Sicherheitsbeiwert einzusetzen.

Rohre sind jedoch aufgrund ihrer schlanken Form außerdem knickgefährdet. Je nach Abstand der Rohreinspannungen kann z.B. die elastische Knickspannung σ_K deutlich kleiner als die Streckgrenze des Rohrmaterials und damit die entscheidende Grenze für die Druckspannung aus Wärmedehnung werden. Auch elastisches Ausknicken kann zu Schäden an der Rohrlagerung oder an den Rohrhalterungen führen. Soll dies vermieden werden, so ist folgende Bedingung einzuhalten:

$$\sigma_d = \bar{\beta}_L \cdot \Delta\vartheta \cdot E \leq \frac{\sigma_K}{S_K} \tag{8.7}$$

mit der Knickspannung σ_K, ab der mit elastischer Knickung zu rechnen ist:

$$\sigma_K = \frac{\pi^2 \cdot E}{\lambda^2} \tag{8.8}$$

mit:

S_K = Knicksicherheit (Sicherheit gegen elastisches Knicken)

λ = $\frac{L}{i} = \frac{L}{\sqrt{\frac{I}{A}}}$ = Schlankheitsgrad

L = freie Knicklänge

i = Trägheitsradius

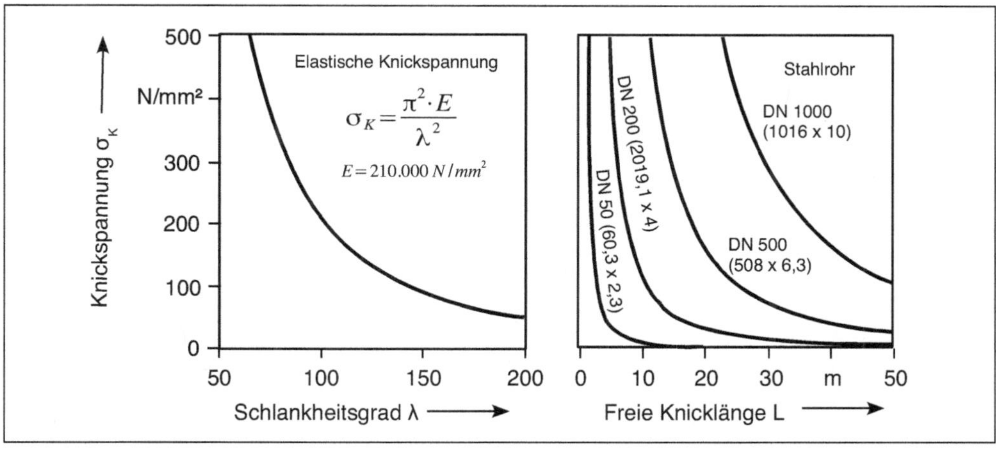

Bild 8.3: Elastische Knickspannung abhängig vom Schlankheitsgrad (links) und beispielhaft für Stahrohre abhängig von der freien Knicklänge (rechts)

$A = \frac{\pi}{4} \cdot \left(d_a^2 - d_i^2\right)$ = Querschnittsfläche der Rohrwand

$I = \frac{\pi}{64} \cdot \left(d_a^4 - d_i^4\right)$ = Flächenträgheitsmoment (Flächenmoment 2. Grades) des Rohrquerschnitts

In **Bild 8.3** ist die elastische Knickspannung in Abhängigkeit vom Schlankheitsgrad λ des Rohres (Euler-Hyperbel) aufgetragen. Daneben ist sie beispielhaft für bestimmte Stahlrohre in Abhängigkeit der freien Knicklänge L dargestellt. Das Verhältnis von freier Knicklänge L zum Abstand der Rohrhalterungen L_F kann je nach Art der Einspannung kleiner als 1 sein, bei beidseitig fester Einspannung z.B. bis zu 0,5.

8.2.3 Biegebeanspruchung in fest eingespannten Biegeschenkeln

Die beschriebenen Druckbeanspruchungen in Rohrleitungen durch Wärmedehnung können durch Richtungsänderungen der Rohrleitung zwischen zwei Festlagern stark verringert werden („natürlicher" Dehnungsausgleich). Allerdings entstehen dann in bestimmten Rohrschenkeln zusätzliche Biegebeanspruchungen und eventuell auch Torsionsbeanspruchungen. Im Folgenden wird beispielhaft auf die Biegebeanspruchungen in einfachen ebenen Systemen eingegangen.

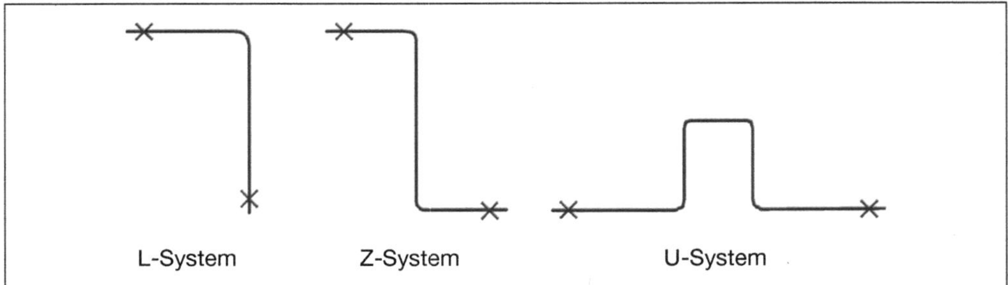

Bild 8.4: Ebene Dehnungsausgleichersysteme

Die einfachste Form eines natürlichen Dehnungsausgleichers ist das beidseitig fest eingespannte L-System (**Bild 8.4**). Unter der Voraussetzung, dass die beiden Schenkel des L-Systems gelenkig miteinander verbunden sind (**Bild 8.5**), entsteht an der Einspannstelle des kürzeren Schenkels die größte Biegespannung im System. Die Länge des längeren Schenkels ist die „schiebende Länge" L_s, die des kürzeren Schenkels die „Ausladelänge" L_A. Die durch die Wärmedehnung des längeren Schenkels verursachte Auslenkung des kürzeren Biegeschenkels (ΔL) erzeugt am Auslenkungspunkt die Kraft F:

$$F = 3 \cdot E \cdot I \cdot \frac{\Delta L}{L_A^3} \tag{8.9}$$

(„Kragträger", siehe auch *Abschnitt 8.1 „Rohrlagerung"*)

Dadurch entsteht an der Einspannstelle das Biegemoment M_b:

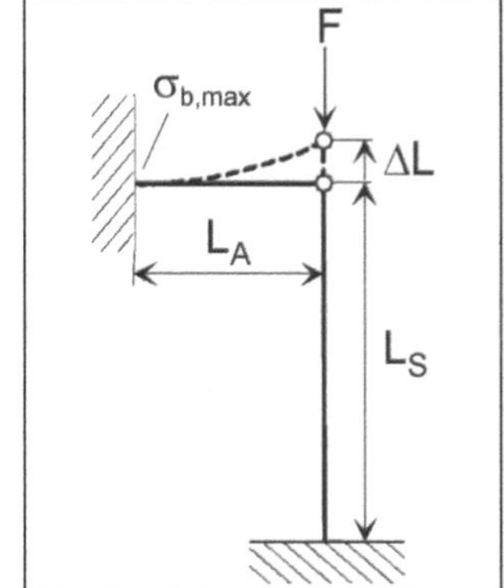

Bild 8.5: Gelenkig verbundenes L-System mit Dehnung ΔL des schiebenden Schenkels L_s (vereinfacht dargestellt)

$$M_b = F \cdot L_A = 3 \cdot E \cdot I \cdot \frac{\Delta L}{L_A^2} \qquad (8.10)$$

und die maximale Biegespannung $\sigma_{b,max}$:

$$\sigma_{b,max} = \frac{M_b}{W} = \frac{M_b}{\frac{2 \cdot I}{d_a}} = \frac{3}{2} \cdot E \cdot \frac{\Delta L \cdot d_a}{L_A^2} \qquad (8.11)$$

Die Kräfte, Momente und Spannungen in ähnlich geformten Systemen (siehe Bild 8.4) können entsprechend berechnet werden.

8.2.4 Biegebeanspruchung in Formstücken

Biegeschenkel und „schiebender“ Rohrschenkel des L-Systems sind tatsächlich nicht gelenkig, sondern über ein geeignet geformtes Rohrstück (z.B. Bogen, Winkel oder T-Stück) miteinander verbunden (**Bild 8.6**). Ein solches Formstück setzt der Dehnung ΔL einen zusätzlichen Widerstand entgegen, wodurch die Kraft F größer wird als im gelenkigen L-System (**Bild 8.5**).

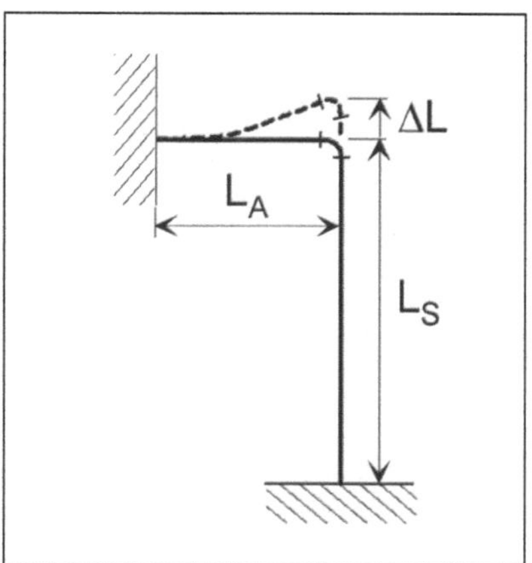

Bild 8.6: L-System, über Bogen verbunden, mit Dehnung ΔL des schiebenden Schenkels L_s (vereinfacht dargestellt)

Betrachtet man zunächst den Extremfall des beidseitig fest eingespannten Rohres, so erzeugt die durch die Wärmedehnung des schiebenden Rohrschenkels verursachte Auslenkung ΔL im Auslenkungspunkt die folgende Kraft F:

$$F = 12 \cdot E \cdot I \cdot \frac{\Delta L}{L_A^3} \qquad (8.12)$$

und das Biegemoment M_b:

$$M_b = F \cdot \frac{L_A}{2} = 6 \cdot E \cdot I \cdot \frac{\Delta L}{L_A^2} \qquad (8.13)$$

(siehe auch *Abschnitt 8.1 „Rohrlagerung“*)

Bestünde das Verbindungsstück aus einem biegesteifen Winkel (**Bild 8.7**), so ergäbe sich daraus die maximale Biegespannung $\sigma_{b,max}$:

$$\sigma_{b,max} = \frac{M_b}{W} = \frac{M_b}{\frac{2 \cdot I}{d_a}} = 3 \cdot E \cdot \frac{\Delta L \cdot d_a}{L_A^2} \qquad (8.14)$$

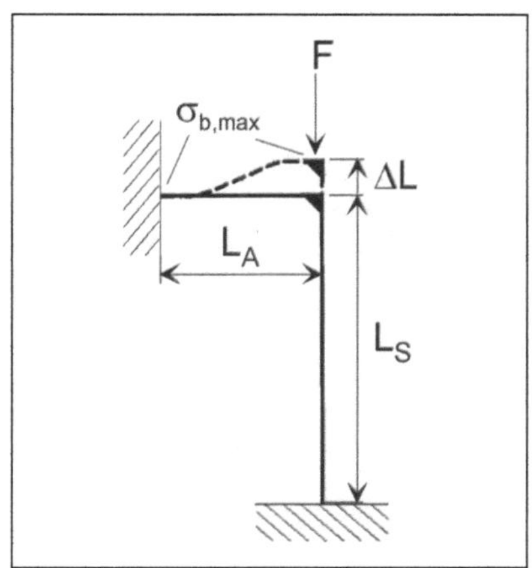

Bild 8.7: Fest verbundenes L-System mit Dehnung ΔL des schiebenden Schenkels L_s (vereinfacht dargestellt)

Reale Formstücke sind flexibler als biegesteife Winkel. Dadurch wird die Kraft F im Auslenkungspunkt kleiner als nach *Gleichung 8.12* berechnet. Andererseits treten

Tabelle 8.3: Beispiele für Elastizitätsfaktoren und Spannungserhöhungsfaktoren nach ASME B 31.1 bzw. DIN EN 13480-3

Formstück	Elastizität h	Elastizitätsfaktor k_B	Spannungserhöhungsfaktor i
Bogen (s, s, r, d_m)	$\frac{4 \cdot r \cdot s}{d_m^2}$	$\frac{1{,}65}{h}$	$\frac{0{,}9}{h^{2/3}}$
T-Stück (eingeschweißt) (s, d_m)	$\frac{2 \cdot s}{d_m}$	1	$\frac{0{,}9}{h^{2/3}}$

im Formstück selbst aufgrund seiner besonderen geometrischen Form im allgemeinen höhere Spannungen auf als im geraden Rohr. Diese beiden Effekte können über Elastizitätsfaktoren k_B und Spannungserhöhungsfaktoren i berücksichtigt werden[4]. Damit ergibt sich für die maximale Biegespannung $\sigma_{b,max}$ im Verbindungsstück zwischen Biegeschenkel und schiebendem Schenkel (Bild 8.6):

$$\sigma_{b,max} = \frac{\frac{i}{k_B} \cdot M_b}{W} = \frac{\frac{i}{k_B} \cdot M_b}{\frac{2 \cdot I}{d_a}} = 3 \cdot \frac{i}{k_B} \cdot E \cdot \frac{\Delta L \cdot d_a}{L_A^2} \tag{8.15}$$

Flexibilitätsfaktor k_B und Spannungserhöhungsfaktor i dürfen nur eingesetzt werden, wenn ihr Wert jeweils ≥ 1 ist. In **Tabelle 8.3** sind einige Beispiele tabelliert. Z.B. ASME 31.1 [41] oder DIN EN 13480-3[5] enthalten umfangreichere und detailliertere Angaben. Dort sind auch Einschränkungen für einige Werte enthalten, die in Tabelle 8.3 nicht übernommen wurden.

8.3 Ausgleich der Wärmedehnung durch Biegeschenkel

Um die Beanspruchungen von Rohrleitungen aus Wärmedehnung im Rahmen zulässiger Grenzen zu halten, sind die Dehnungen auf geeignete Weise auszugleichen. Dazu stehen zwei grundsätzliche Prinzipien zur Verfügung:

---

4 z.B. nach der US-amerikanischen Norm ASME B31.1 („Power Piping") [41], DIN EN 13480-3: 2012-11 Anhang H oder FDBR-Richtlinie „Berechnung von Kraftwerksrohrleitungen" [42]

5 berücksichtigte Ausgabe: DIN EN 13480-3: 2012-11

- Dehnungsausgleich durch Biege- und Torsionsschenkel („natürlicher“ Dehnungsausgleich)
- Dehnungsausgleich durch Kompensatoren („künstlicher“ Dehnungsausgleich)

Für die notwendigen „rohrstatischen“ Berechnungen, die sehr komplex sein können, werden heute Computerprogramme eingesetzt[6]. Im Folgenden wird der Dehnungsausgleich durch Biegeschenkel in einfachen ebenen Systemen behandelt. Für den Dehnungsausgleich durch Kompensatoren folgt ein eigener Abschnitt.

8.3.1 Anordnung von Biegeschenkeln

Zum Dehnungsausgleich durch Biegeschenkel werden jeweils zwischen zwei Festpunkten eine oder mehrere Richtungsänderungen in die Rohrleitung eingebaut. Dadurch entstehen Biegeschenkel, die in der Regel senkrecht zueinander angeordnet sind. Die Längenänderung eines Schenkels erzeugt dann Biegung in einem oder zwei angrenzenden Schenkeln. Sind sämtliche Biegeschenkel hinreichend lang, so dass die entstehende Biegespannung nicht zu groß wird, nimmt das System die Längenänderung flexibel auf.

Grundsätzlich lassen sich L-, Z- und U-Systeme unterscheiden (Bild 8.4). Wesentlich für die Berechnung ist zunächst herauszufinden, an welcher Stelle die größte Biegespannung im System auftritt. Dazu ist zu klären:

- welcher Schenkel stärker ausgebogen und damit der Biegeschenkel wird;
- wie groß die schiebende Länge ist, die Biegung im Biegeschenkel erzeugt;
- ob die Dehnung der schiebenden Länge nur in einem angrenzenden Schenkel oder in mehreren Biegespannung erzeugt;
- ob die größte Biegespannung an einer festen Einspannung (Festlager), in einem Formstück oder sowohl als auch auftritt.

8.3.2 Berechnung der notwendigen Länge von Biegeschenkeln

Aus den *Gleichungen 8.11, 8.14 und 8.15* im vorigen Abschnitt ist ersichtlich, dass die Biegespannung aus Wärmedehnung mit zunehmender Ausladelänge des Biegeschenkels abnimmt. Das Kriterium für die Mindest-Ausladelänge L_A eines Biegeschenkels (siehe z.B. Bild 8.6) ist die zulässige Spannung σ_{zul} in diesem Schenkel. Sie hängt vom Werkstoff, dem notwendigen Sicherheitsbeiwert und der Höhe der weiteren Beanspruchungen ab, die auf die Rohrleitung wirken (siehe hierzu *Abschnitt 9.3 „Gesamtbeanspruchung von Rohrleitungen“).*

8.3.2.1 Fest eingespannte Biegeschenkel

Damit die Spannung an der festen Einspannung eines gelenkig angeschlossenen Biegeschenkels (Bild 8.5) nach *Gleichung 8.11* den zulässigen Wert nicht überschreitet, muss folgende Bedingung erfüllt sein:

$$\sigma_{b,max} = \frac{3}{2} \cdot E \cdot \frac{\Delta L \cdot d_a}{L_A^2} \leq \sigma_{zul} \qquad (8.16)$$

Daraus ergibt sich die notwendige Ausladelänge L_A für fest eingespannte Biegeschenkel:

$$L_A \geq \sqrt{\frac{3}{2} \cdot \frac{E}{\sigma_{zul}} \cdot \Delta L \cdot d_a} \qquad (8.17)$$

---

6 siehe hierzu z.B. [1]

mit der Längenänderung ΔL durch Wärmedehnung der schiebenden Länge L_s nach *Gleichung 8.4* und $\beta_L = \bar{\beta}_L$.

8.3.2.2 Nicht fest eingespannte Biegeschenkel

Wie oben beschrieben können außer an festen Einspannstellen große Spannungen auch in den Formstücken entstehen, über welche die schiebenden Schenkel mit den Biegeschenkeln verbunden sind (Bild 8.6). Beispielsweise in U-Bogen-Dehnungsausgleichern (U-System, Bild 8.4) treten die wesentlichen Biegespannungen nur in den Bögen und nicht an den Festlagern auf. Damit diese Spannungen nach *Gleichung 8.15* den zulässigen Wert nicht überschreiten, muss folgende Bedingung erfüllt sein:

$$\sigma_{b,max} = 3 \cdot \frac{i}{k_B} \cdot E \cdot \frac{\Delta L \cdot d_a}{L_A^2} \leq \sigma_{zul} \tag{8.18}$$

Daraus ergibt sich die notwendige Ausladelänge L_A für Biegeschenkel, in denen die größten Spannungen im Formstück auftreten, nach folgender Gleichung:

$$L_A \geq \sqrt{3 \cdot \frac{i}{k_B} \cdot \frac{E}{\sigma_{zul}} \cdot \Delta L \cdot d_a} \tag{8.19}$$

mit der Längenänderung ΔL wie in *Gleichung 8.17*.

Dies gilt z.B. für U-Systeme (Bild 8.4), weil dort die wesentlichen Biegespannungen nur in den Umlenkungen (Formstücken) auftreten. An den Festpunkten wirken sie nicht.

In manchen Biegeschenkel-Systemen treten Biegespannungen in den Rohrleitungen sowohl an festen Einspannungen als auch in Formstücken auf (z.B. L-System und evtl. Z-System, siehe Bild 8.4). In diesem Fall ist wesentlich für die Berechnung der Biegeschenkellänge, an welcher Stelle diese Spannungen am größten sind. Dies hängt von der Elastizität und der Spannungserhöhung im Formstück ab. Aus *Gleichungen 8.11 und 8.15* ist leicht ersichtlich, dass die Spannung im Formstück dann größer wird als die Spannung in der Festeinspannung, wenn:

$$3 \cdot \frac{i}{k_B} > \frac{3}{2} \text{ bzw. } \frac{i}{k_B} > \frac{1}{2} \tag{8.20}$$

Im Fall $\frac{i}{k_B} > \frac{1}{2}$ muss also die notwendige Biegeschenkellänge L_A mit *Gleichung 8.19* berechnet werden, im Fall $\frac{i}{k_B} < \frac{1}{2}$ mit Gleichung 8.17. Dies gilt wie beschrieben nur, wenn sowohl am Festpunkt als auch in Formstücken Biegespannungen durch Rohrdehnung auftreten.

8.3.2.3 Vorspannung

Wird ein Biegeschenkel bei der Montage entgegen der Richtung, in die ihn später die Wärmedehnung des schiebenden Schenkels biegt, z.B. um die Länge ΔL_V vorgedehnt und damit „vorgespannt", so hebt ein Teil der Wärmedehnung zunächst diese Vorspannung („Vordehnung") auf (**Bild 8.8**). Damit wird der Biegeschenkel bei voller Wärmedehnung der schiebenden Länge L_s wesentlich weniger ausgebogen als ohne Vorspannung. Die notwendige Biegeschenkellänge wird damit kleiner.

Nach den *Gleichungen 8.17 und 8.19* ist:

$$L_A \sim \sqrt{\Delta L} \qquad (8.21)$$

Definiert man eine relative Vordehnung V als:

$$V = \frac{\Delta L_V}{\Delta L} \qquad (8.22)$$

so ergibt sich:

$$\frac{L_{A,V}}{L_A} = \frac{\sqrt{\Delta L - \Delta L_V}}{\sqrt{\Delta L}} = \frac{\sqrt{\Delta L - \Delta L \cdot V}}{\sqrt{\Delta L}} = \sqrt{1-V} \qquad (8.23)$$

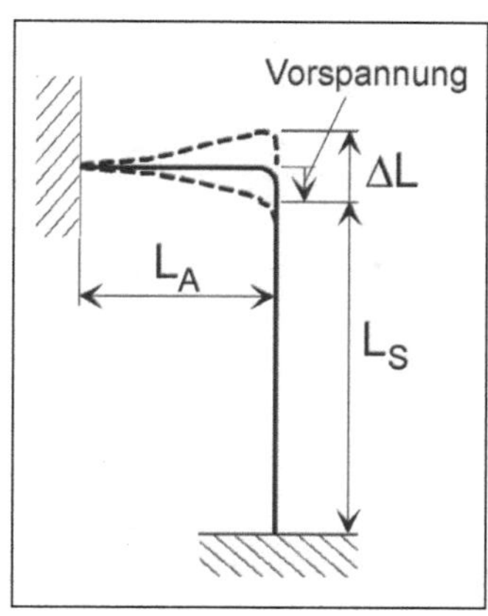

Bild 8.8: Vorspannung eines L-Systems

und

$$L_{A,V} = L_A \cdot \sqrt{1-V} \qquad (8.24)$$

mit:

L_A = notwendige Ausladelänge des Biegeschenkels ohne Vorspannung

$L_{A,V}$ = notwendige Ausladelänge des Biegeschenkels mit Vorspannung

Bei einer üblichen Vorspannung von 50 % (Vordehnung V = 0,5) ergibt sich daraus:

$$L_{A,V} = L_A \cdot \sqrt{1-0{,}5} = 0{,}71 \cdot L_A \qquad (8.25)$$

Es ist zu beachten, dass *Gleichung 8.24* die notwendige Länge des Biegeschenkels während des Betriebes unter Wärmedehnung berechnet, nicht die notwendige Länge des Biegeschenkels unter Vorspannung. Sie ist daher nur für $V \leq 0{,}5$ sinnvoll anwendbar. Ist $V > 0{,}5$, so ist die Vorspannung im Biegeschenkel größer als die Spannung während des Betriebs. In diesem Fall müsste die notwendige Länge des Biegeschenkels nach *Gleichung 8.17 bzw. 8.19* mit ΔL_V anstatt ΔL berechnet werden.

8.3.3 Elastizität beliebig geformter Systeme

Ein Rohrsystem gilt dann als elastisch, wenn bei maximaler Wärmedehnung an keinem Punkt die zulässige Spannung überschritten wird. Für komplexere als die oben beschriebenen einfachen ebenen Biegeschenkelsysteme wird der Aufwand hierfür schnell sehr hoch. So werden heute für Berechnungen dieser Art Computerprogramme auf Basis der Finite Elemente Methode (FEM) eingesetzt.

Für überschlägige Betrachtungen kann die Elastizität beliebig geformter Systeme zwischen zwei Festpunkten ohne Zwischenlager auch pauschal abgeschätzt werden. Dem liegen zunächst folgende Überlegungen zugrunde (siehe **Bild 8.9**):

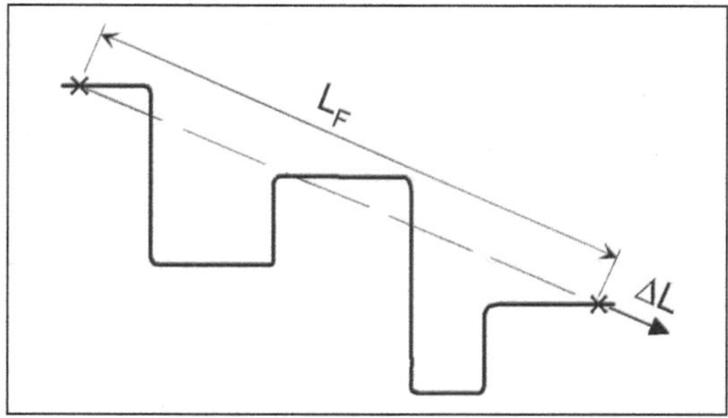

Bild 8.9: Beispiel eines „beliebig geformten“ Systems

- Ein beliebig geformtes Rohrsystem ohne führende Zwischenlager dehnt sich in Richtung der direkten Verbindung der beiden Endpunkte aus.
- Die schiebende Länge L_S ist gleich der direkten Verbindung L_F zwischen den beiden Endpunkten (Festlagern).

Je größer die Gesamtlänge L der Rohrleitung zwischen den beiden Festpunkten mit vorgegebenem Abstand ist, desto größer ist seine Elastizität. Das Verhältnis von Gesamtlänge L des Systems zum direkten Abstand der Festpunkte L_F kann daher zur Abschätzung der Elastizität dienen. Man geht von folgendem Ansatz aus:

$$L = L_S + L_A = L_F + L_A \tag{8.26}$$

mit:

L_A = Ausladelänge der Biegeschenkel

Eingesetzt in *Gleichung 8.17* (gelenkiges L-System) mit ΔL nach *Gleichung 8.4* ergibt sich:

$$\frac{L}{L_F} \geq 1 + \sqrt{\frac{3}{2} \cdot \frac{E}{\sigma_{zul}}} \cdot \sqrt{\bar{\beta}_L \cdot \Delta\vartheta} \cdot \sqrt{\frac{d_a}{L_F}} \tag{8.27}$$

Ist diese Bedingung erfüllt, so kann das System als elastisch betrachtet werden, sofern es sich um ein gelenkig verbundenes L-System (Bild 8.5) handelt. Zur Beurteilung der Elastizität beliebig geformter Systeme, die bezüglich der Elastizität ungünstiger als ein L-System sein können und in denen außerdem Spannungserhöhungen in Formstücken stattfinden, kann z.B. ein zusätzlicher Sicherheitsfaktor S berücksichtigt werden:

$$\frac{L}{L_F} \geq 1 + S \cdot \sqrt{\frac{3}{2} \cdot \frac{E}{\sigma_{zul}}} \cdot \sqrt{\bar{\beta}_L \cdot \Delta\vartheta} \cdot \sqrt{\frac{d_a}{L_F}} \tag{8.28}$$

mit z.B. $S = 2$ [43].

In ASME B31.1 (Abschnitt 119.7) ist folgendes Elastizitätskriterium für Eisenwerkstoffe angegeben[7]:

$$\frac{D \cdot Y}{(L-U)^2} \leq 208{,}3 \tag{8.29}$$

mit:

D = Rohr-Nenngröße (Nennweite) nach US-amerikanischer Norm (siehe **Tabelle 8.4**) in mm

Y = resultierende Wärmedehnung, die kompensiert werden muss, in mm

Tabelle 8.4: Übliche Nennweiten (Nominal Pipe Sizes „NPS") nach US-Amerikanischem Standard (1 Inch = 25,4 mm); Werte aus [7]

Inches (Zoll)	mm
0,375	9,525
0,5	12,7
0,75	19,05
1	25,4
1,25	31,75
1,5	38,1
2	50,8
2,5	63,5
3	76,2
4	101,6
6	152,4
8	203,2
10	254
12	304,8
14	355,6
16	406,4
18	457,2
20	508
22	558,8
24	609,6
26	660,4
28	711,2
30	762
32	812,8
34	863,6
36	914,4

7 In ASME B31.1 wird darauf hingewiesen, dass diese Beziehung nicht immer konservative Werte liefert. In DIN EN 13480-3: 2012-11 ist dieses Kriterium auch enthalten (*Abschnitt 12*). Für D ist dort der „Nennaußendurchmesser" in mm einzusetzen

L = Gesamtlänge des Rohrsystems in m

U = direkter Abstand der Festlager in m

Setzt man:

$D = d_N$ = Nennweite nach US-amerikanischer Norm

$Y = L_F \cdot \bar{\beta}_L \cdot \Delta\vartheta$

$U = L_F$,

so ergibt sich daraus folgende dimensionsgerechte Gleichung:

$$\frac{L}{L_F} \geq 1 + 69{,}3 \cdot \sqrt{\bar{\beta}_L \cdot \Delta\vartheta} \cdot \sqrt{\frac{d_N}{L_F}} \qquad (8.30)$$

Es sei nochmals darauf hingewiesen, dass die hier in *Abschnitt 8.3.3* beschriebenen Kriterien nur für überschlägige Abschätzungen der Elastizität geeignet sind.

8.4 Ausgleich der Wärmedehnung mit Wellrohrkompensatoren

Der Dehnungsausgleich in Rohrleitungen kann auch durch besondere dafür bestimmte flexible Komponenten erfolgen. Solche Einbauten werden meist Kompensatoren[8] genannt. Die größte Bedeutung haben Wellrohrkompensatoren, für bestimmte Anwendungen sind jedoch z.B. auch Gummikompensatoren besonders geeignet (siehe *Abschnitt 4.1.5*).

8.4.1 Anordnung von Kompensatoren

Bild 8.10 gibt eine Übersicht über die Anordnung von Axial- und Gelenkkompensatoren in Rohrleitungen und die Charakteristika dieser Kompensationsarten [33]. Axialkompensatoren eignen sich zur Aufnahme von Dehnungen in geraden Rohrleitungsstrecken. Die Strecken müssen durch Festpunkte begrenzt und die Rohrleitungen dazwischen in geeigneten Gleit- oder Rollenlagern (siehe *Abschnitt 4.1.4, Rohrhalterungen*) geführt werden. Der Kompensator kann jeweils symmetrisch, d.h. mittig in dem kompensierten Rohrleitungsabschnitt, oder unsymmetrisch angeordnet werden. Angularkompensatoren sind Rohrgelenkstücke, die Winkelbewegungen ausführen können (Bilder 4.24 und 4.25). Lateralkompensatoren sind Gelenksysteme, die keine Winkelbewegungen (Angularbewegungen), sondern nur seitliche Parallelbewegungen (Lateralbewegungen) zulassen. Die Kräfte aus dem Rohrinnendruck werden an Angular- und Lateralkompensatoren durch Gelenkanker aufgenommen, die Teil der Kompensatoren sind.

Eine vollständige Gelenkkompensation ist nur mit drei Gelenken möglich (siehe „Angularkompensation" in Bild 8.10). Mit zwei Gelenken (zwei Angularkompensatoren oder ein Lateralkompensator) bleibt jeweils eine Restdehnung, die den angrenzenden Rohrschenkel ausbiegt (siehe „Lateralkompensation" in Bild 8.10 und Berechnung im nächsten Abschnitt).

Die notwendige Bewegungsaufnahme der Kompensatoren kann durch Vorspannung wesentlich verringert werden. Dazu wird das Kompensationssystem bei der Montage entgegen der Richtung vorgedehnt, in die es später durch die Wärmedehnung bewegt wird (siehe auch Vorspannung von Biegeschenkeln in *Abschnitt 8.3.2.3*).

8.4.2 Rohrführung und -lagerung

Aus Bild 8.10 geht hervor, dass beim Einsatz von Axialkompensatoren besondere Anforderungen an Festlager und Führungen der Rohrleitung gestellt werden. Axialkompensatoren können

---

8 auch der Begriff „Dehnungsausgleicher" ist anzutreffen

Kompensationsart	Charakteristika
Axiale Kompensation Axialkompensator	• Einfache Konzeption • Kleine Bewegungsaufnahme • Große Axialkräfte und hohe Festpunktbelastung • Gute Führung erforderlich
Angulare Kompensation Angularkompensatoren	• Schwierige Konzeption • Große Bewegungsaufnahme • Geringe Festpunktbelastung • Keine besonderen Anforderungen an die Führung
Laterale Kompensation Lateralkompensator Kreuzgleitführung	• Einfache Konzeption • Geringe Festpunktbelastung • Restdehnung als Zusatzbelastung • Keine besonderen Anforderungen an die Führung

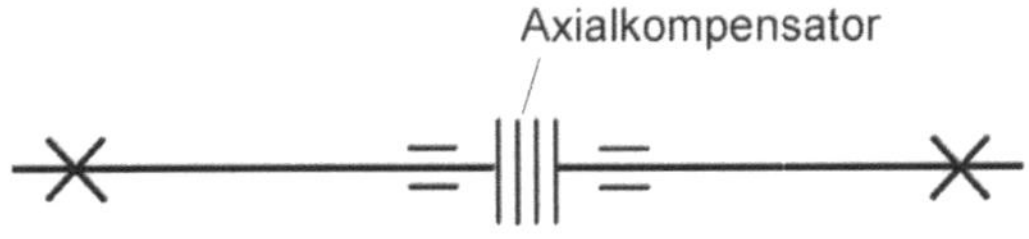

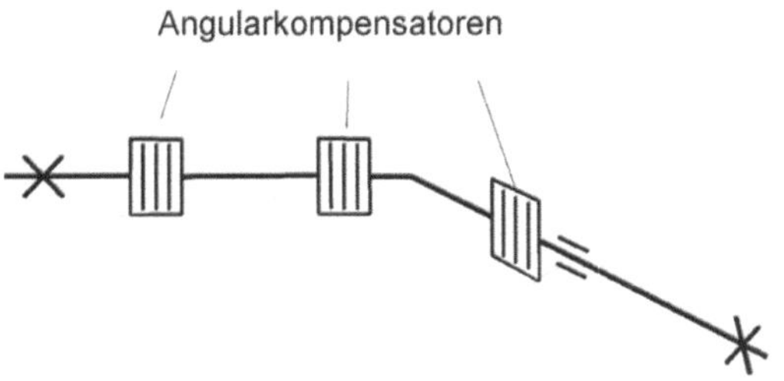

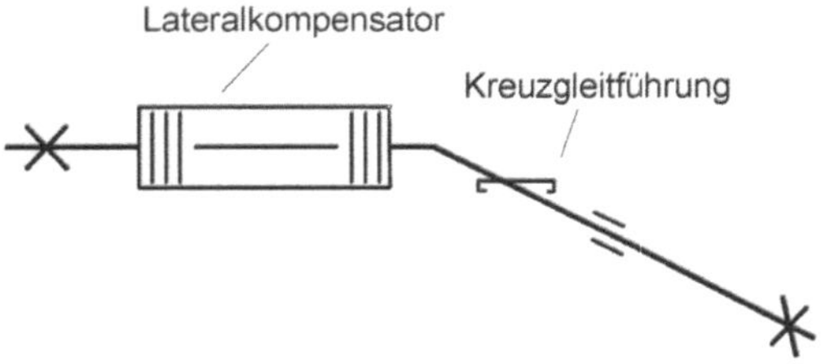

Umrandet gezeichnete Kompensatoren sind nur senkrecht zur umrandeten Fläche beweglich

Bild 8.10: Prinzipien und Charakteristika der verschiedenen Kompensationsarten mit Wellrohrkompensatoren

leicht seitlich ausknicken. Außerdem steht auch die Rohrleitung wegen der hohen Axialkräfte unter Druckspannung, was zu deren Ausknicken führen könnte. Dies ist bei der Anordnung der Führungslager zu berücksichtigen. Besonders direkt neben Axialkompensatoren sind kleine Lagerabstände notwendig (**Bild 8.11**).

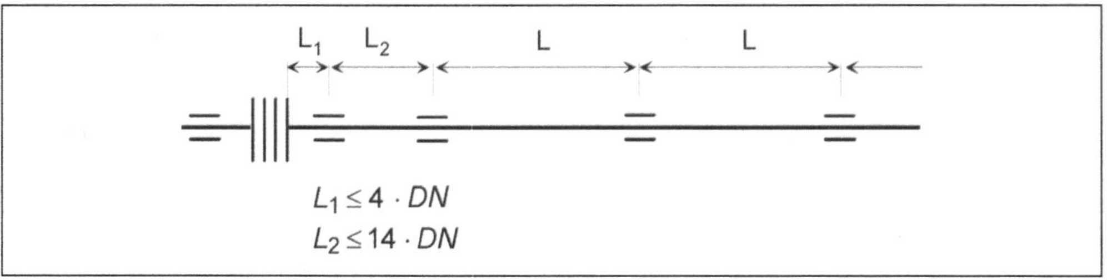

Bild 8.11: Empfohlene Anordnung von Führungslagern bei axialer Kompensation (nach [33])

Bei Lateralkompensatoren ist zu beachten, dass sie eine Bogenbewegung ausführen, welche die jeweils angrenzenden Rohrschenkel ausbiegt (**Bild 8.12**). Wird zur Vermeidung dieser Biegung kein zusätzlicher Angularkompensator eingebaut, so ist dies bei der Länge des angrenzenden Schenkels zu berücksichtigen (siehe *Abschnitt 8.3.2 „Berechnung der notwendigen Länge von Biegeschenkeln“*). Die Höhe h des Bogens, den das Kompensatorsystem während seiner Auslenkung beschreibt, ergibt sich zu:

$$h = L_K - \sqrt{L_K^2 - \Delta L^2} \tag{8.31}$$

mit:

L_K = Abstand der Gelenkpunkte des Lateralkompensators

ΔL = Auslenkung des Kompensators

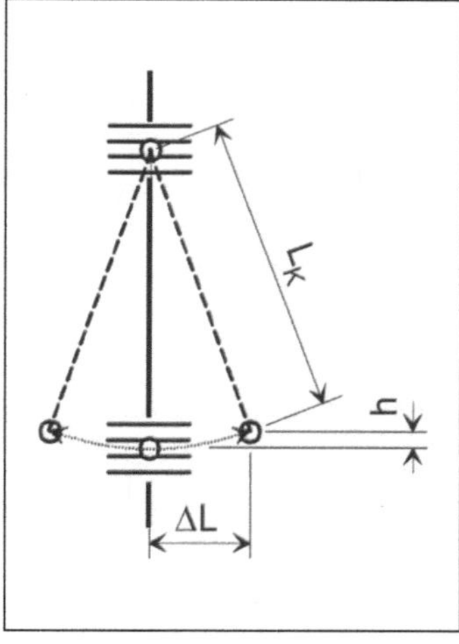

Bild 8.12: Lateralbewegung

8.4.3 Kompensatorauswahl

Im *Abschnitt 4.1.5* sind die Charakteristika und Einsatzgrenzen verschiedener Kompensatormaterialien aufgezeigt. Bild 8.10 oben zeigt außerdem die Charakteristika und möglichen Bewegungsrichtungen von Metallbalgkompensatoren. Entsprechend sind die geeigneten Materialien und Bauarten für die jeweiligen Anwendungsfälle auszuwählen.

Zur Bestimmung der Größe eines bestimmten Kompensators werden üblicherweise Herstellerangaben herangezogen, in denen für die verschiedenen Rohrnennweiten DN die nominale Bewegungsaufnahme ΔL_N abhängig vom Nenndruck PN tabelliert ist [33]. In der Regel sind jedoch Korrekturrechnungen notwendig, um folgende Bedingungen zu berücksichtigen:

- Der Betriebsdruck p_B ist nicht immer gleich einer PN-Stufe[9].
- Kompensatoren werden meist mit wesentlich höheren Temperaturen als 20 °C beaufschlagt, während der PN auf 20 °C bezogen ist.
- Die vom Hersteller angegebene nominale Bewegungsaufnahme ΔL_N eines Kompensators gilt im allgemeinen für 1000 Lastwechsel, bei höheren Lastwechselzahlen darf die nominale Bewegungsaufnahme nicht voll ausgenützt werden.

Zur Berücksichtigung dieser Einflüsse wird die erforderliche nominale Bewegungsaufnahme ΔL_{erf} eines Kompensators aus der tatsächlich notwendigen Bewegungsaufnahme ΔL (= tatsächlich vorhandene Dehnung) mit einem Korrekturfaktor k berechnet:

$$\Delta L_{erf} = \frac{\Delta L}{k} \tag{8.32}$$

Der Korrekturfaktor k ist das Produkt der Einflussfaktoren[10] von:

---

[9] PN-Stufen siehe Tabelle 4.1

[10] nach [33]

Tabelle 8.5: Temperatureinfluss auf den zulässigen Überdruck in Wellrohrkompensatoren (aus [33])

	Arbeitstemperatur ϑ_A in °C								
	100	200	300	400	500	600	700	800	900
Abminderungsfaktor $k_{p,\vartheta}$ für den Druck	0,83	0,74	0,67	0,62	0,6	0,46	0,19	0,08	0,03
Balg-Werkstoff	1.4541					1.4876			

Tabelle 8.6: Druckeinfluss auf die Bewegungsaufnahme von Wellrohrkompensatoren (aus [33])

Druckverhältnis p_{RT}/PN	1	0,8	0,6	0,4	0,2	0
Einflussfaktor $k_{p,RT}$	1	1,03	1,07	1,1	1,13	1,15

- Druck ($k_{p,RT}$; **Tabelle 8.6**) und
- Lastwechselzahl (k_n; **Tabelle 8.7**):

$$k = k_{p,RT} \cdot k_n \leq 1{,}15$$

Der Druck-Einflussfaktor $k_{p,RT}$ hängt ab von dem Verhältnis $\frac{p_{RT}}{PN}$ des Betriebsdruckes bei Raumtemperatur p_{RT} zur Nenndruckstufe PN (Tabelle 8.6). Ein Betriebsdruck p_B, der bei höherer Temperatur auftritt, muss daher zunächst in einen äquivalenten Druck bei Raumtemperatur p_{RT} umgerechnet werden. Dazu dient der Druck-Abminderungsfaktor $k_{p,\vartheta}$ (**Tabelle 8.5**)[11]:

$$p_{RT} = \frac{p_B}{k_{p,\vartheta}} \qquad (8.33)$$

Nach [33] hat die Temperatur bis 500 °C keinen Einfluss auf die Bewegungsgröße. In der Vergangenheit wurde dies anders gesehen und ein zusätzlicher Abminderungsfaktor berücksichtigt, der zwischen 100 °C und 500 °C von dem Wert 1,0 auf 0,75 abnahm.

Tabelle 8.7: Einfluss der Lastspielzahl auf die Bewegungsaufnahme von Wellrohrkompensatoren (aus [33])

Lastspiele n	Einflussfaktor k_n
500	1,15
1.000	1,00
2.000	0,82
4.000	0,68
7.000	0,58
10.000	0,53
20.000	0,44
50.000	0,34
100.000	0,29
200.000	0,24
500.000	0,20
1.000.000	0,17
2.000.000	0,14
5.000.000	0,12
10.000.000	0,11

8.5 Festpunktbelastung bei kompensierter Wärmedehnung

Auf die Festpunkte, die Kompensationssysteme begrenzen, wirken folgende zusätzliche Kräfte aus Wärmedehnung in Längsrichtung der Rohrleitung:

- Verstellkraft von Biegeschenkeln oder Kompensatoren
- Reibkraft in den Gleitlagern
- Druckreaktionskraft nicht entlasteter Kompensatoren

[11] Der Druck-Abminderungsfaktor ist nach [33] das Verhältnis der Materialstreckgrenze bei Betriebstemperatur zur Streckgrenze bei Raumtemperatur

Die Verstellkraft eines Biegeschenkels kann beispielsweise unter Annahme gelenkiger Verbindung (siehe Bild 8.5) nach *Gleichung 8.9* berechnet werden. Die Verstellkraft eines Kompensators hängt von der Federkonstante c_F des Kompensatorbalges ab und wird wie die Federkraft F_F elastischer Federn berechnet, wobei die aufzunehmende Rohrdehnung ΔL dem Federweg entspricht:

$$F_F = c_F \cdot \Delta L \tag{8.34}$$

Wird die Rohrleitung zwischen den Festpunkten in Gleitlagern geführt, so entsteht die Reibkraft F_R:

$$F_R = \mu \cdot F_G \tag{8.35}$$

mit:

μ = Reibungskoeffizient

F_G = Gewichtskraft des Rohres

Die Druckreaktionskraft F_p von Kompensatorbälgen resultiert daraus, dass der innere Überdruck in der Rohrleitung versucht, den Balg auseinander zu drücken bzw. äußerer Überdruck versucht, ihn zusammenzudrücken:

$$F_p = p_e \cdot A_p \tag{8.36}$$

Die Fläche A_P, auf die er wirkt, wird üblicherweise „wirksamer Balgquerschnitt" genannt[12] und vom Hersteller angegeben. Überschlägig kann sie auch wie folgt berechnet werden:

$$A_p \approx \frac{\pi}{4} \cdot d_{B,m}^2 \tag{8.37}$$

mit dem mittlerer Balgdurchmesser als Mittelwert zwischen äußerem und innerem Balgdurchmesser:

$$d_{B,m} = \frac{d_{B,a} + d_{B,i}}{2} \tag{8.38}$$

(Bild 8.13)

Die Gesamtkraft F_{FP}, die in Längsrichtung eines Wellrohr-kompensierten Rohrleitungsabschnittes auf die Festpunkte wirkt, errechnet sich damit zu:

$$F_{FP} = F_F + F_R + F_p \tag{8.39}$$

Im Falle der Kompensation durch Biegeschenkel tritt keine Druckreaktionskraft F_p auf.

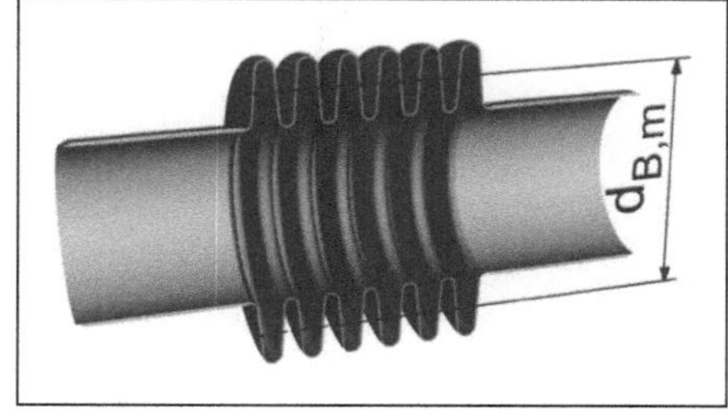

Bild 8.13: Mittlerer Balgdurchmesser für die Berechnung der Druckreaktionskraft

[12] z.B. [1] und [43]

9. Festigkeitsberechnung von Rohrleitungen

9. Festigkeitsberechnung von Rohrleitungen

Druckrohrleitungen unterliegen wie Druckbehälter Beanspruchungen aus innerem oder äußerem Überdruck sowie zusätzlichen Beanspruchungen aus äußeren Kräften, evtl. Wärmespannungen und Eigenspannungen. Wie bei Druckbehältern werden üblicherweise auch die Wanddicken von Rohrleitungen zunächst gegen den maximal zu erwartenden Überdruck dimensioniert und anschließend gegebenenfalls gegen zusätzliche Beanspruchungen nachgerechnet.

Rohrleitungen bestehen zum größten Teil aus geraden Rohren, deren Beanspruchungen durch Überdruck denen von zylindrischen Druckbehältern entsprechen. Auch die Beanspruchungen von Abzweigen, konischen Reduzierungen und Erweiterungen (kegelförmige Wände) verhalten sich so wie die entsprechender Druckbehältermäntel. Besonderheiten stellen z.B. Bögen dar, die im Folgenden speziell behandelt werden. Auf die Wanddickenberechnung von Armaturen, die sehr unterschiedlich geformt sind, soll hier nicht eingegangen werden.

Spezielle zusätzliche Beanspruchungen von Rohrleitungen, die bei Druckbehältern nicht auftreten, resultieren insbesondere aus Auflagerung und Wärmedehnung. Diese wurden bereits im *Kapitel 8 „Lagerung und Dehnungsausgleich von Rohrleitungen“* behandelt. Auf die Gesamtbeanspruchung aus Überduck und zusätzlichen Beanspruchungen wird am Ende des vorliegenden Kapitels eingegangen.

9.1 Wanddickenberechnung von geraden Rohren

Wie oben bereits erwähnt entsprechen die Beanspruchungen aus Überdruck in geraden Rohrleitungen denen in zylindrischen Druckbehältern. Diese wurden in *Kapitel 6 „Beanspruchungen von Druckbehälterwänden“* behandelt. Die Wanddickenberechnung von Rohren erfolgt auch grundsätzlich nach den in *Kapitel 7 „Wanddickenberechnung von Druckbehältern“* dargelegten Regeln. Das Folgende beschränkt sich auf Zusammenfassungen und Besonderheiten für Rohre.

9.1.1 Rohre aus Stahl

Neben den in Tabelle 7.2 zusammengestellten Richtlinien zur Wanddickenberechnung von Druckbehältern und Dampfkesseln, die auch für zugehörige Druckrohre gelten, sei hier zusätzlich auf DIN EN 13480 „Metallische industrielle Rohrleitungen“ hingewiesen. Teil 3 dieser Norm[1] „Konstruktion und Berechnung“ hat DIN 2413-1 („Berechnung der Wanddicke von Stahlrohren gegen Innendruck“) ersetzt, die über viele Jahre in Deutschland gültig war. DIN EN 13480 füllt die grundlegenden Sicherheitsanforderungen des Anhangs I der europäischen Druckgeräte-Richtlinie[2] aus. In den **Tabellen 9.1** und **9.2** sind die Gleichungen für die Berechnung der notwendigen Mindestwanddicke s_v und der zugehörigen zulässigen Spannungen σ_{zul} für überwiegend statischen inneren Überdruck nach DIN EN 13480 zusammengestellt.

Tabelle 9.3 enthält beispielhaft statische Festigkeitskennwerte für einige Rohrstähle. Aufgrund des Kriechverhaltens von Stahl bei hohen Temperaturen ist dort bei der Temperatur ϑ neben der Warmdehngrenze (zeitunabhängig, z.B. $R_{p0,2/\vartheta}$) die Zeitstandsfestigkeit $R_{m/t/\vartheta}$ nach t Stunden (zeitabhängig) als Festigkeitskennwert relevant.

In den Temperaturbereichen, in denen sowohl Warmstreckgrenzen als auch Zeitstandsfestigkeiten relevant sind, ist aus beiden jeweils die zulässige Spannung $\sigma_{zul} = K/S$ zu berechnen und der niedrigere Wert für die Wanddickenberechnung zu verwenden.

---

[1] berücksichtigte Ausgabe: DIN EN 13480-3: 2012-11

[2] „Richtlinie des Europäischen Parlaments und des Rates zur Angleichung der Rechtsvorschriften der Mitgliedstaaten über Druckgeräte“ (97/23/EG vom 29.05.1997)

Tabelle 9.1: Gleichungen zur Berechnung der Wanddicke von metallischen industriellen Rohrleitungen unter überwiegend statisch auftretenden inneren Überdruck nach DIN EN 13480-3: 2012-11

Geltungsbereich	Vergleichswandstärke s_V
$\frac{d_a}{d_i} \leq 1{,}7$	$s_V = \frac{d_a \cdot p_e}{2 \cdot \sigma_{zul} \cdot \upsilon_N + p_e}$
$\frac{d_a}{d_i} > 1{,}7$	$s_V = \frac{d_a}{2}\left(1 - \sqrt{\frac{\sigma_{zul} \cdot \upsilon_N - p_e}{\sigma_{zul} \cdot \upsilon_N + p_e}}\right)$

υ_N = Schweißnahtfaktor (Wertigkeit der Schweißnaht für Längsnaht und Schraubenliniennaht)

- alle Nähte geprüft und keine signifikanten Fehler: $\upsilon_N = 1$
- Stichproben mit zerstörungsfreier Prüfung: $\upsilon_N = 0{,}85$
- Sichtprüfung: $\upsilon_N = 0{,}7$

Tabelle 9.2: Zulässige Spannungen für die Berechnung der Wanddicke von metallischen industriellen Rohrleitungen unter überwiegend statisch auftretendem inneren Überdruck nach DIN EN 13480-3: 2012-11

	Werkstoff *		Zulässige Spannung
zeitunabhängig	Nichtaustenitische Stähle und austenitische Stähle mit A < 30 %		$\sigma_{zul} = min\left\{\frac{R_{eH/\vartheta}}{1{,}5} \text{ oder } \frac{R_{p0{,}2/\vartheta}}{1{,}5}; \frac{R_m}{2{,}4}\right\}$
	Austenitische Stähle	30 % $\leq A <$ 35 %	$\sigma_{zul} = min\left\{\frac{R_{p1{,}0/\vartheta}}{1{,}5}; \frac{R_m}{2{,}4}\right\}$
		$A \geq$ 35 %	$\sigma_{zul} = \frac{R_{p1{,}0/\vartheta}}{1{,}5}$ oder, falls $R_{m/\vartheta}$ verfügbar: $\sigma_{zul} = min\left(\frac{R_{m/\vartheta}}{3{,}0}; \frac{R_{p1{,}0/\vartheta}}{1{,}2}\right)$
	Stahlguss		$\sigma_{zul} = min\left\{\frac{R_{eH/\vartheta}}{1{,}9} \text{ oder } \frac{R_{p0{,}2/\vartheta}}{1{,}9}; \frac{R_m}{3{,}0}\right\}$
zeitabhängig	Stähle		$\sigma_{zul,CR} = \frac{R_{m/200.000/\vartheta}}{1{,}25}$ $\sigma_{zul,CR} = \frac{R_{m/150.000/\vartheta}}{1{,}35}$ $\sigma_{zul,CR} = \frac{R_{m/100.000/\vartheta}}{1{,}5}$

Andere Werte für Stähle ohne besondere Qualitätsüberwachung

*) A = Bruchdehnung

Tabelle 9.3: Beispiele für Festigkeitskennwerte zur Wanddickenberechnung von Stahlrohren

Stahlsorte	R_m in N/mm²		Dehngrenzen R_{eH} bzw. $R_{p0,2}$ und Zeitstandsfestigkeiten $R_{m/t/\vartheta}$ in N/mm²															
			20 °C	100 °C	150 °C	200 °C	250 °C	300 °C	350 °C	400 °C	450 °C	500 °C	550 °C	600 °C	650 °C	700 °C	750 °C	800 °C
Nahtlose und geschweißte Rohre aus unlegierten und legierten Stählen bei Raumtemperatur (s ≤ 16 mm) (DIN EN 10216-1: 2004-07 und 10217-1: 2005-04)																		
P 195 TR1 und P 195 TR2 (1.0107 und 1.0108)	≥ 320	R_{eH}; $R_{p0,2}$	195															
P 235 TR1 und P 235 TR2 (1.0254 und 1.0255)	≥ 360	R_{eH}; $R_{p0,2}$	235															
P 265 TR1 und P 265 TR2 (1.0258 und 1.0259)	≥ 410	R_{eH}; $R_{p0,2}$	265															
Nahtlose Rohre aus warmfesten Stählen (s ≤ 16 mm) (DIN EN 10216-2: 2007-10)																		
P 235 GH (1.0345)	≥ 360	R_{eH}; $R_{p0,2/\vartheta}$	235	198	187	170	150	132	120	112	108							
		$R_{m/200.000/\vartheta}$								128	66	24						
16Mo3 (1.5415)	≥ 450	R_{eH}; $R_{p0,2/\vartheta}$	280	243	237	224	205	173	159	156	150	146						
		$R_{m/200.000/\vartheta}$									218	84	25					
10CrMo9-10 (1.7380)	≥ 480	R_{eH}; $R_{p0,2/\vartheta}$	280	249	241	234	224	219	212	207	193	180						
		$R_{m/200.000/\vartheta}$									204	124	57	28				
Geschweißte Rohre aus warmfesten Stählen (s ≤ 16 mm) (DIN EN 10217-2: 2005-04)																		
P 235 GH (1.0345)	≥ 360	R_{eH}; $R_{p0,2/\vartheta}$	235	198	187	170	150	132	120	112								
16Mo3 (1.5415)	≥ 450	R_{eH}; $R_{p0,2/\vartheta}$	280	243	237	224	205	173	159	156								

Tabelle 9.3: (Fortsetzung) Beispiele für Festigkeitskennwerte zur Wanddickenberechnung von Stahlrohren

Stahlsorte	R_m in N/mm²		Dehngrenzen $R_{p1,0/\vartheta}$ und Zeitstandsfestigkeiten $R_{m/t/\vartheta}$ in N/mm²															
			20 °C	100 °C	150 °C	200 °C	250 °C	300 °C	350 °C	400 °C	450 °C	500 °C	550 °C	600 °C	650 °C	700 °C	750 °C	800 °C
Nahtlose Rohre aus nichtrostenden austenitischen Stählen ($s \leq 16$ mm) (DIN EN 10216-5: 2004-11**)																		
X5CrNi18-10 (1.4301)	≥ 500	$R_{p1,0/\vartheta}$	230	190	170	155	145	135	129	125	122	120	120					
X6CrNiTi18-10 (1.4541)*	≥ 460	$R_{p1,0/\vartheta}$	215	181	162	147	137	127	121	116	112	109	108					
X2CrNiMo17-12-2 (1.4404)	≥ 490	$R_{p1,0/\vartheta}$	225	200	180	165	153	145	139	135	130	128	127					
X2CrNiMo18-14-3 (1.4435)	≥ 490	$R_{p1,0/\vartheta}$	225	200	180	165	153	145	139	135	130	128	127					
X5CrNiMo17-12-2 (1.4401)	≥ 510	$R_{p1,0/\vartheta}$	240	210	190	175	165	155	150	145	141	139	137					
X6CrNiMoTi17-12-2 (1.4571)*	≥ 490	$R_{p1,0/\vartheta}$	225	181	162	147	137	127	121	116	112	109	108					
X1NiCrMoCu15-20-5 (1.4539)	≥ 520	$R_{p1,0/\vartheta}$	250	235	220	205	190	175	165	155	145	140	135					
Nahtlose Rohre aus warmfesten nichtrostenden austenitischen Stählen ($s \leq 50$ mm) (DIN EN 10216-5: 2004-11**)																		
X6CrNi18-10 **(1.4948)**	≥ 500	$R_{p1,0/\vartheta}$	225	191	172	157	147	137	132	127	122	118	113					
		$R_{m/200.000/\vartheta}$										176	125	78	43	22		
X3CrNiMoBN 17-13-3 (1.4910)	≥ 550	$R_{p1,0/\vartheta}$	300	240	220	200	189	178	171	164	160	157	154					
		$R_{m/100.000/\vartheta}$											220	141	83	52	34	20

*) Werte für $R_{p0,2}$ und R_m gelten für warmgefertigte Rohre, entsprechende Werte für kaltgefertigte Rohre liegen etwas höher

**) Die hier aufgeführten austenitischen Stähle weisen in der Regel höhere Bruchdehnungen A in Quer- als in Längsrichtung auf; außer für 1.4301 (A = 35 %) ist für alle hier aufgeführten Stähle A = 30 % (Bruchdehnung in Querrichtung)

Bei schwellender Innendruckbeanspruchung werden nach DIN EN 13480-3[3] drei Fälle unterschieden:

1. Unter bestimmten Voraussetzungen ist keine detaillierte Ermüdungsanalyse gefordert, z.B. wenn die Gesamtzahl der Lastzyklen aus allen Quellen kleiner als 1000 oder die maximale Hauptspannungsschwingbreite kleiner als 47 N/mm² (bzw. 35 N/mm² bei Betrachtung von Kehlnähten) ist.
2. Wenn die zu berechnenden dynamischen Beanspruchungen ausschließlich auf Druckschwankungen beruhen, ist eine „vereinfachte Auslegung für Wechselbeanspruchung[4]" zulässig[5].
3. Reichen die Voraussetzungen nicht aus, um keine oder eine vereinfachte dynamische Berechnung zuzulassen, ist eine detaillierte Ermüdungsanalyse durchzuführen[6]. Hierbei wird auf die mögliche Verwendung von EN 12952-3 oder EN 13445-3 hingewiesen. Auch AD 2000-Merkblatt S2 enthält Regeln für die Wanddickenberechnung zylindrischer Druckbehälter, die ebenfalls für Rohre gelten. Diese sind in Abschnitt 7.2.2 beschrieben. Darauf sei hier verwiesen.

Im folgenden soll auf die „vereinfachte Auslegung für Wechselbeanspruchung" (siehe Punkt 2) eingegangen werden:

Die zulässige Lastspielzahl wird abhängig von der „pseudoelastische Spannungsschwingbreite" $2 \cdot \sigma_a^*$ berechnet:

$$N_{zul} = \left(\frac{B}{2 \cdot \sigma_a^*} \right)^m \tag{9.1}$$

mit: Berechnungskonstante B (z.B. B = 7890 N/mm² für warmgewalztes Stahlblech mit 200 µm Oberflächenrauhigkeit oder B = 7940 N/mm² für Schweißnahtklasse K1 = Rundschweißnaht mit gleichen Wanddicken)

Exponent m = 3 (Schweißnähte)

m = 3,5 (ungeschweißte Bereiche, gewalzt oder bearbeitet)

Die maßgebliche (fiktive) pseudoelastische Spannungsschwingbreite berechnet sich nach:

$$2 \cdot \sigma_a^* = \frac{\eta}{F_d \cdot F_t^*} \cdot \frac{\hat{p} - \check{p}}{p_r} \cdot \sigma_{zul;20} \tag{9.2}$$

mit: η = Spannungsfaktor
z.B. 1,0 für kreisrundes ungeschweißtes Rohr
1,3 für Rundschweißnaht mit gleichen Wanddicken
3,0 für durchgesteckten oder eingesetzten Stutzen
2,0 für Vorschweißflansch

p_r = „Ersatz-Druck" = zulässiger statischer Druck bei 20 °C, z.B. berechnet mit Gleichungen aus Tabelle 9.1

$\sigma_{zul,20}$ = Zulässige Spannung bei 20 °C (siehe Tabelle 9.2)

---

3 berücksichtigte Ausgabe: DIN EN 13480-3: 2012-11

4 Der Begriff „Wechselbeanspruchung" bedeutet hier nur, dass die Beanspruchungen zeitliche veränderlich sind, nicht dass sich dabei das Vorzeichen ändert, schließt also auch und insbesondere Schwellbeanspruchungen ein.

5 DIN EN 13480-3, Abschnitt 10.3.2

6 DIN EN 13480-3, Abschnitt 12.4

Die Einflussfaktoren für Wanddicke F_d und Temperatur F_t^* werden berechnet nach:

$$F_d = \left(\frac{25}{s}\right)^{0,25} \geq 0,64 \tag{9.3}$$

$F_d = 1$ für $s \leq 25$ mm

$$F_t^* = 1,03 - 1,5 \cdot 10^{-4} \cdot \vartheta^* - 1,5 \cdot 10^{-6} \cdot \vartheta^{*2} \text{ (ferritischer Stahl)} \tag{9.4a}$$

$$F_t^* = 1,043 - 4,3 \cdot 10^{-4} \cdot \vartheta^* \text{ (austenitischer Stahl)} \tag{9.4b}$$

$F_t^* = 1$ für $\vartheta^* \leq 100$ °C

mit der Lastzyklustemperatur $\vartheta^* = 0,75 \cdot \vartheta_{max} + 0,25 \cdot \vartheta_{min}$ (in °C)

Als Dauerfestigkeitswerte werden z.B. angegeben:

$2 \cdot \sigma_{a,D} = 125$ N/mm² für warmgewalztes Stahlblech mit 200 μm Oberflächenrauhigkeit

$2 \cdot \sigma_{a,D} = 63$ N/mm² für Schweißnähte Klasse K1

Liegt die maßgebliche (fiktive) pseudoelastische Spannungsschwingbreite $2 \cdot \sigma_a^*$ jeweils unter diesem Dauerfestigkeitswert, so ist die zulässige Lastwechselzahl $N_{zul} > 2 \cdot 10^6$.

Liegen Lastspiele unterschiedlicher Schwingbreite vor, so kann die Schädigung der Rohrleitung während der Betriebszeit nach der Regel der „linearen Schadensakkumulation“ (siehe auch *Abschnitt 7.2.2* für Druckbehälter) ermittelt werden. Voraussetzung dafür ist die genaue Kenntnis der Lastspielzahlen N_i für die unterschiedlichen Druckschwingbreiten $(\hat{p} - \check{p})$. Für jede Druckschwingbreite ist zunächst die maßgebliche pseudoelastische Spannungsschwingbreite $2 \cdot \sigma_a^*$ nach Gleichung 9.2 zu berechnen. Für jede einzelne so berechnete Spannungsschwingbreite ist die zugehörige zulässige Lastspielzahl $N_{i,zul}$ nach Gleichung 9.1 zu berechnen. Die Schädigung D der Rohrleitung lässt sich dann berechnen aus:

$$D = \sum_{i=1}^{m} \frac{N_i}{N_{i,zul}} \leq 1,0 \tag{9.5}$$

Für $0,5 \cdot 2 \cdot \sigma_{a,D} \leq 2 \cdot \sigma_a^* \leq 2 \cdot \sigma_{a,D}$ ist $N_{zul} = 2 \cdot 10^6$ einzusetzen. Spannungsschwingbreiten $2 \cdot \sigma_a^* < 0,5 \cdot 2 \cdot \sigma_{a,D}$ können vernachlässigt werden.

Wie bei Druckbehältern sind zur Ermittlung der Bestellwanddicke s von Stahlrohren mindestens zwei Zuschläge c_1 und c_2 zur notwendigen Mindestwanddicke s_V zu addieren (siehe auch *Gleichung 7.3*)[7]:

$$s = s_V + c_1 + c_2 \tag{9.6}$$

mit:

c_1 = Zuschlag zum Ausgleich der zulässigen Wanddickenunterschreitung (Fertigungstoleranz)

c_2 = Zuschlag für Korrosion und Abnutzung (üblich für ferritische Stähle: $c_2 = 1$ mm; für austenitische Stähle: $c_2 = 0$)

---

[7] In DIN EN 13480: 2012-11 (Abschn. 4.3) wird ein weiterer Zuschlag für „mögliche Wanddickenabnahme bei der Fertigung“ berücksichtigt. Siehe hierzu auch Abschnitt 7.1.2.

Tabelle 9.4: Beispiele für zulässige Wanddickenunterschreitungen c_1 und c_1' von Stahlrohren

Nahtlose Rohre aus unlegierten und legierten Stählen DIN EN 10216-1: 2004-07 und -2: 2007-10				
d_a	s/d_a			
	≤ 0,025	> 0,025 ... 0,05	> 0,05 ... 0,1	> 0,1
≤219,1 mm	12,5 %, mindestens aber 0,4 mm			
>219,1 mm	20 %	15 %	12,5 %	10 %

Geschweißte Rohre aus unlegierten und legierten Stählen DIN EN 10217-1 und -2: 2005-04	
s ≤ 5 mm	*5 mm < s ≤ 40 mm*
10 % , mindestens aber 0,3 mm	8 %, höchstens aber 2 mm

Nahtlose Rohre aus nichtrostenden austenitischen Stählen DIN EN 10216-5: 2004-11						
	d_a	Toleranzklasse (nach EN ISO 1127)				
			T_1	T_2	T_3	T_4
warmgefertigt	30 mm .... 219,1 mm	-	15 %, mind. aber 0,6 mm	12,5 %, mind. aber 0,4 mm	-	-
	> 219,1 mm ... 610 mm	15 %			-	-
kaltgefertigt	≤ 219,1 mm	-	-	-	10 %, mind. aber 0,2 mm	7,5 %, mind. aber 0,15 mm

Geschweißte Rohre aus nichtrostenden austenitischen Stählen DIN EN 10217-7: 2005-05
10 %, mindestens aber 0,2 mm (Toleranzklasse T_3)

Der Zuschlag c_1 richtet sich nach den technischen Lieferbedingungen für Stahlrohre (siehe *Abschnitt 4.1.1.1*). Ist c_1' in % der Bestellwanddicke gegeben ($c_1' = (c_1/s) \cdot 100$ %), so lassen sich der Absolutwert c_1 und die Bestellwanddicke s wie folgt berechnen:

$$c_1 = \left(s_V + c_2\right) \cdot \frac{c_1'}{100 - c_1'} \tag{9.7}$$

$$s = \left(s_V + c_2\right) \cdot \frac{100}{100 - c_1'} \tag{9.8}$$

mit c_1' in % der Bestellwanddicke ($c_1 = s \cdot c_1'$).

Tabelle 9.4 enthält einige Beispiele.

Die Druckprüfung von metallischen industriellen Rohren ist in DIN EN 13480-5 beschrieben. Für die während der Prüfung auftretende Spannung $\sigma_{prüf}$ gilt nach DIN EN 13480-3

$$\sigma_{prüf} \leq \sigma_{prüf,zul} \tag{9.9}$$

mit[8]:

$\sigma_{\text{prüf,zul}} \leq \max\{0{,}95 \cdot R_{p1,0};\ 0{,}45 \cdot R_m\}$ für austenitische Stähle mit A ≥ 25 %

$\sigma_{\text{prüf,zul}} \leq 0{,}95 \cdot R_{eH}$ für nicht austenitische Stähle und austenitische Stähle mit A < 25 %

9.1.2 Rohre aus anderen metallischen Werkstoffen als Stahl

Die Wanddickenberechnung von Rohren aus anderen metallischen Werkstoffen als Stahl, z.B. aus Gusseisen oder Nichteisen-Metallen, erfolgt im wesentlichen nach den gleichen Regeln wie die von Stahlrohren[9]. Bei statischer bzw. überwiegend statischer Beanspruchung wird allgemein die „Kesselformel" nach *Gleichung 7.5* angewendet. Zu beachten ist jeweils, ob bzw. unter welchen Voraussetzungen der jeweilige Werkstoff für die vorgesehene Anwendung zugelassen ist und welche Festigkeitskennwerte zu verwenden sind. Dies ist in unterschiedlichen Richtlinien festgelegt[10], z.B. auch in den AD-Merkblättern der Reihe W.

Für duktile Guss-Muffenrohre mit Mindest-Gusswanddicke s_{min} (siehe Tabelle 4.8) wird beispielsweise in DIN EN 545[11] der zulässige Betriebsdruck für Wasserrohre folgendermaßen angegeben[12]:

$$p_{e,zul} = \frac{2 \cdot s_{min} \cdot R_m}{d_m \cdot S} \tag{9.10}$$

mit: $R_m = 420 \dfrac{\text{N}}{\text{mm}^2}$

$S = 3$ z.B. für den höchsten hydrostatischen Druck im Dauerbetrieb (ohne Druckstoß)

$S = 2{,}5$ z.B. für den höchsten zeitweise auftretenden Druck im Dauerbetrieb (einschließlich Druckstoß)

9.1.3 Rohre aus Kunststoff

Im *Abschnitt 7.6* sind Berechnungsgleichungen für Druckbehälter aus GFK nach AD-Merkblatt N1 zusammengestellt, die auch für Druckrohre aus GFK anzuwenden sind.

Für Rohrleitungen kommen außerdem häufig thermoplastische Kunststoffe zur Anwendung (siehe *Abschnitte 3.3.1 und 4.1.1.4*). Deren Wanddickenberechnung erfolgt üblicherweise nach der Kesselformel (*Gleichung 7.5*)[13]. Es ist allerdings zu beachten, dass Thermoplaste auch bei Raumtemperatur zum Kriechen neigen und ihre Festigkeit damit unter Dauerbelastung immer zeitabhängig ist. Für die Wanddickenberechnung muss die Zeitstandsfestigkeit verwendet werden. Der Festigkeitsberechnung ist somit eine bestimmte Belastungs- bzw. Nutzungsdauer zu Grunde zu legen.

In den Normen zu Qualitätsanforderungen von Kunststoffrohren sind Gleichungen zur Berechnung der Zeitstandsfestigkeit σ in N/mm² abhängig von der Zeit t in Stunden und der Temperatur T in Kelvin (Zeitstandskurven) angegeben, z.B:

---

8 jeweils bei Prüftemperatur
9 DIN EN 13480 gilt z.B. allgemein für metallische industrielle Rohrleitungen
10 siehe hierzu z.B. Kapitel 3 „*Werkstoffe*"
11 berücksichtigte Ausgabe: DIN EN 545: 2011-09
12 Die Wanddicke wird in DIN EN 545: 2011-09 mit *e* bezeichnet. Hier wurde wegen der Durchgängigkeit mit den anderen Kapiteln *s* gewählt.
13 z.B. [2] und die einschlägigen Normen in Tabelle 4.11

- ABS (DIN EN ISO 15493: 2003-10):

$$\lg t = -154{,}8961 - \frac{35935{,}57 \cdot \lg \sigma}{T} + \frac{55180{,}34}{T} + 98{,}73749 \cdot \lg \sigma \quad (9.11)$$

- PVC-U (DIN EN ISO 15493: 2003-10):

$$\lg t = -164{,}461 - \frac{29349{,}493 \cdot \lg \sigma}{T} + \frac{60126{,}534}{T} + 75{,}079 \cdot \lg \sigma \quad (9.12)$$

- PE 100 (DIN EN ISO 15494: 2003-10):

flacher Ast: $$\lg t = -38{,}937 + \frac{24482{,}467}{T} - 38{,}9789 \cdot \lg \sigma \quad (9.13)$$

steiler Ast: $$\lg t = -20{,}3159 + \frac{9342{,}693}{T} - 4{,}5076 \cdot \lg \sigma \quad (9.14)$$

- PP-H (DIN EN ISO 15494: 2003-10):

flacher Ast: $$\lg t = -46{,}364 - \frac{9601{,}1 \cdot \lg \sigma}{T} + \frac{20381{,}5}{T} + 15{,}24 \cdot \lg \sigma \quad (9.15)$$

steiler Ast: $$\lg t = -18{,}387 + \frac{8918{,}5}{T} - 4{,}1 \cdot \lg \sigma \quad (9.16)$$

- PVDF (DIN EN ISO 10931: 2006-03):

flacher Ast: $$\lg t = -165{,}4958 - \frac{36518{,}7 \cdot \lg \sigma}{T} + \frac{78465{,}65}{T} + 57{,}0467 \cdot \lg \sigma \quad (9.17)$$

steiler Ast: $$\lg t = -23{,}19426 - \frac{1611{,}69 \cdot \lg \sigma}{T} + \frac{12100}{T} - 0{,}40473 \cdot \lg \sigma \quad (9.18)$$

Bild 9.1 zeigt einige Beispiele von Zeitstandskurven, die so berechnet wurden. Daran wird auch die Aufteilung in einen „flachen" und einen „steilen" Ast deutlich[14].

Die Berechnung der zulässigen Spannung für thermoplastische Kunststoffrohre ist in DIN EN ISO 12162[15] beschrieben. Darin werden drei verschiedene Festigkeitswerte unterschieden:

---

14 in den Normen sind auch solche Zeitstandsdiagramme enthalten

15 berücksichtigte Ausgabe: DIN EN ISO 12162: 2010-04

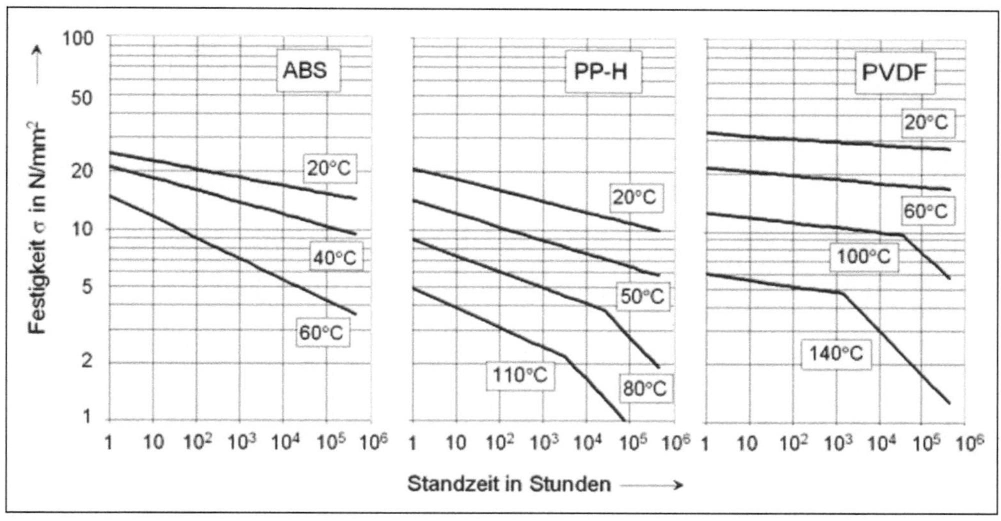

Bild 9.1: Beispiele für Zeitstandsdiagramme von Kunststoffen

- die „hydrostatische Festigkeit", die abhängig von Betriebsdauer und Temperatur nach den Gleichungen 9.11 bis 9.18 oder entsprechenden Gleichungen für weitere Werkstoffe aus den einschlägigen Normen (siehe Tabelle 4.11) bestimmt werden kann (siehe auch Bild 9.1);
- die Mindestfestigkeit bei 20 °C für 50 Jahre Betriebsdauer, genannt MRS („Minimum Required Strength");
- ein Festigkeitswert für Konstruktionszwecke in industriellen Anwendungen bei anderen Temperaturen und für andere Betriebszeiten, genannt $CRS_{\vartheta,t}$.

Diese Festigkeitswerte gelten bei Beaufschlagung der Rohre mit Wasser. Die MRS- und $CRS_{\vartheta,t}$-Werte werden durch Abrundung der hydrostatischen Festigkeit auf den nächst niedrigeren Wert der Normzahlenreihe R10 (bzw. R20 für Werte über 10 N/mm²) nach ISO 3 und ISO 497 ermittelt. **Tabelle 9.5** enthält Beispiele dieser MRS-Werte für einige Kunststoffe. Zur Berechnung der zulässigen Spannung ($\sigma_{zul} = K/S$; siehe auch Abschnitt 7.1.2) gibt DIN EN ISO 12162 beispielsweise die in **Tabelle 9.6** aufgeführten Mindest-Sicherheitsbeiwerte vor. Dieser Mindest-Sicherheitsbeiwert wird dort „kleinster Gesamtbetriebs-(berechnungs-)Koeffizient" genannt.

Eine mögliche Beeinflussung der Festigkeit beim Einsatz der Kunststoffrohre mit Chemikalien anstatt mit Wasser kann z.B. mit „Chemikalien-

Tabelle 9.5: Beispiele von Festigkeitswerten für thermoplastische Kunststoffrohre nach DIN EN ISO 12162: 2010-04

Kunststoff	DIN EN ISO	Festigkeit* in N/mm²	MRS in N/mm²
ABS	15493	14,50	14
PVC-U		25,00	25
PVC-C		25,00	25
PB	15494	13,64	12,5
PE 63		6,28	6,3
PE 80		7,98	8
PE 100		9,97	10
PP-H		10,01	10
PP-B		8,70	8
PP-R		9,71	8
PVDF	10931	26,88	25

*) berechnet nach den Gleichungen 9.11 bis 9.18 (bzw. entsprechenden Gleichungen für die anderen Werkstoffe aus den genannten Normen) für 20 °C und 50 Jahre

Resistenz-Faktoren" f_{CR} berücksichtigt werden[16]. Sie sind definiert als das Verhältnis der Festigkeitskennwerte des Kunststoffes bei Einsatz mit der Chemikalie K_{Ch} und mit Wasser K_W:

$$f_{CR} = \frac{K_{Ch}}{K_W} \quad (9.19)$$

Die zulässige Spannung beim Einsatz des Rohres mit einer Chemikalie ergibt sich damit zu:

$$\sigma_{zul} = f_{CR} \cdot \frac{K_W}{S} \quad (9.20)$$

Werte für f_{CR} enthält beispielsweise [44].

Tabelle 9.6: Beispiele von Mindest-Sicherheitsbeiwerten *S* für thermoplastische Kunststoffrohre nach DIN EN ISO 12162: 2010-04

Kunststoff	Sicherheitsbeiwert S (Mindestwert)
ABS	1,6
PVC-U	1,6
PVC-C	1,6
PB	1,25
PE 63	1,25
PE 80	
PE 100	
PP-H	1,6
PP-B	1,25
PP-R	
PVDF	1,6*

*) für Homopolymer; 1,4 für Copolymer

9.2 Wanddickenberechnung von Formstücken

Wie zu Beginn dieses Kapitels bereits angesprochen decken sich die Wanddickenberechnungen einiger Rohrleitungselemente mit den Berechnungen entsprechender Druckbehälterelemente, die bereits im *Kapitel 7 „Wanddickenberechnung von Druckbehältern"* behandelt wurden. Dies gilt insbesondere für:

- Abzweige (Ausschnitte, *Abschnitt 7.2.4*)
- Reduzierungen und Erweiterungen (*Kegelförmige Mäntel, Abschnitt 7.3*)

---

16 z.B. [2], [44]

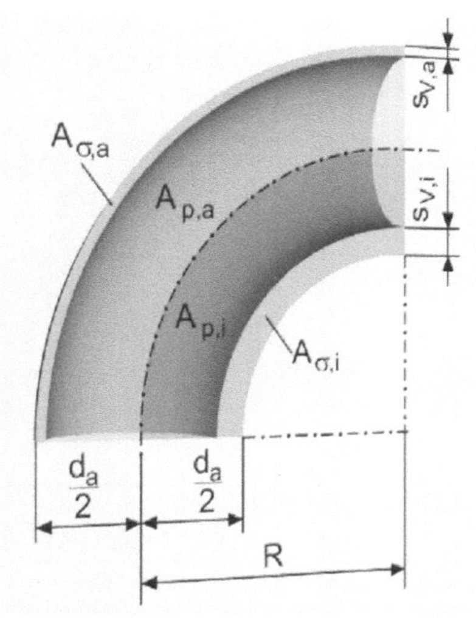

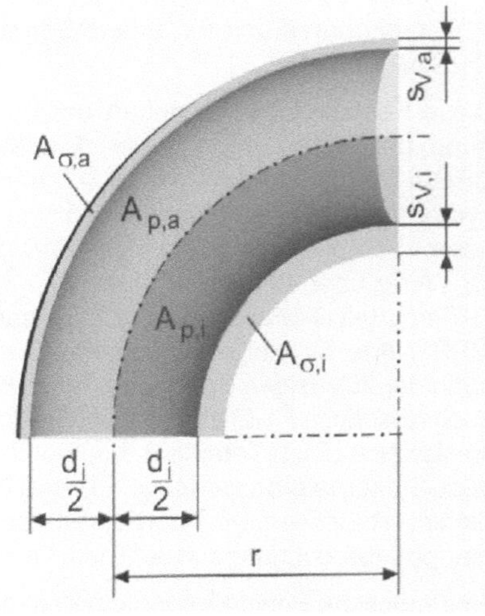

Bild 9.2: Flächenvergleich an Rohrbögen bei vorgegebenem Außendurchmesser (links) und vorgegebenem Innendurchmesser (rechts)

- Abschlüsse (*gewölbte Böden, Abschnitt 7.4 und ebene Böden, Abschnitt 7.5*); Rohrabschlüsse in Form gewölbter Böden werden „Kappen“ genannt (siehe *Abschnitt 4.1.3.4*)[17]

Bögen sind dagegen spezielle Rohrleitungselemente, die in Druckbehältern nicht vorkommen. Sie werden im folgenden speziell behandelt.

In den einschlägigen Normen[18] werden Rohrleitungselemente „mit vollem Ausnutzungsgrad“ und „vermindertem Ausnutzungsgrad“ unterschieden. „Voller Ausnutzungsgrad“ bedeutet, dass die Wanddicken des Elementes (auch „Formstück“) überall auf denselben Überdruck dimensioniert sind wie das gerade Rohr mit den passenden Anschlussdimensionen. Das bedeutet meist, dass an bestimmten Stellen dickere Wände notwendig sind als für das gerade Rohr. Elemente mit „vermindertem Ausnutzungsgrad“ weisen dagegen überall dieselbe Wanddicke auf wie das gerade Anschlussrohr, d.h. hier werden die oben genannten Verschwächungen ignoriert. Damit können sie nur mir einem gegenüber dem geraden Rohr verminderten Überdruck beaufschlagt werden. Für die Wanddickenberechnung der Elemente werden „Berechnungs“- oder „Verschwächungs“-Beiwerte definiert, die ein Maß für die notwendige Verstärkung der Wände an den kritischen Stellen darstellen (siehe oben angegebene Abschnitte im *Kapitel 7*).

Auch bei Rohrbögen unterscheidet man solche mit „vollem Ausnutzungsgrad“ und „vermindertem Ausnutzungsgrad“. Aus dem Flächenvergleich entsprechend **Bild 9.2** ergeben sich unterschiedliche notwendige Mindestwanddicken an Außen- und Innenfaser des Bogens. Danach ist an der Innenfaser eine stärkere Wand erforderlich als an der Außenfaser und als im geraden Rohr.

Für die mittlere Vergleichspannung nach der Schubspannungshypothese ergibt sich nach **Bild 9.2**[19]:

- in der Innenfaser des Bogens:
  - bei vorgegebenem Innendurchmesser:

$$\bar{\sigma}_V = \frac{p_e \cdot d_i}{2 \cdot s_{V,i} \cdot \upsilon_N} \cdot \frac{2 \cdot r - 0{,}5 \cdot d_i}{2 \cdot r - d_i - s_{V,i}} + \frac{p_e}{2} \tag{9.21}$$

  - bei vorgegebenem Außendurchmesser:

$$\bar{\sigma}_V = \frac{p_e \cdot \left(d_a - s_{V,i} - s_{V,a}\right)}{2 \cdot s_{V,i} \cdot \upsilon_N} \cdot \frac{2 \cdot R - 0{,}5 \cdot d_a + 1{,}5 \cdot s_{V,i} - 0{,}5 \cdot s_{V,a}}{2 \cdot R - d_a + s_{V,i}} + \frac{p_e}{2} \tag{9.22}$$

- in der Außenfaser des Bogens:
  - bei vorgegebenem Innendurchmesser:

$$\bar{\sigma}_V = \frac{p_e \cdot d_i}{2 \cdot s_{V,a} \cdot \upsilon_N} \cdot \frac{2 \cdot r + 0{,}5 \cdot d_i}{2 \cdot r + d_i + s_{V,a}} + \frac{p_e}{2} \tag{9.23}$$

  - bei vorgegebenem Außendurchmesser:

$$\bar{\sigma}_V = \frac{p_e \cdot \left(d_a - s_{V,i} - s_{V,a}\right)}{2 \cdot s_{V,a} \cdot \upsilon_N} \cdot \frac{2 \cdot R + 0{,}5 \cdot d_a + 0{,}5 \cdot s_{V,i} - 1{,}5 \cdot s_{V,a}}{2 \cdot R + d_a - s_{V,a}} + \frac{p_e}{2} \tag{9.24}$$

---

17 DIN EN 13480-3 geht auch auf die Berechnung solcher Elemente ein. Hier sei jedoch auf die genannten Abschnitte in Kapitel 7 verwiesen

18 siehe Abschnitt 4.1.3.1

19 siehe auch DIN EN 13480-3 (Anhang B)

Tabelle 9.7: Beispiele für Beiwerte zur Wanddickenberechnung von Rohrbögen und Rohrbiegungen nach DIN EN 13480-3: 2012-11

Standardverfahren	**Genaue Rechnung** (weniger konservativ als Standardverfahren)
$B_i = \dfrac{\dfrac{R}{d_a} - 0{,}25}{\dfrac{R}{d_a} - 0{,}5}$	$B_i = \dfrac{d_a}{2 \cdot s_V} + \dfrac{r}{s_V} - \left(\dfrac{d_a}{2 \cdot s_V} + \dfrac{r}{s_V} - 1\right) \cdot \sqrt{\dfrac{\left(\dfrac{r}{s_V}\right)^2 - \left(\dfrac{d_a}{2 \cdot s_V}\right)^2}{\left(\dfrac{r}{s_V}\right)^2 - \dfrac{d_a}{2 \cdot s_V} \cdot \left(\dfrac{d_a}{2 \cdot s_V} - 1\right)}}$
$B_a = \dfrac{\dfrac{R}{d_a} + 0{,}25}{\dfrac{R}{d_a} + 0{,}5}$	$B_a = \dfrac{d_a}{2 \cdot s_V} - \dfrac{r}{s_V} - \left(\dfrac{d_a}{2 \cdot s_V} - \dfrac{r}{s_V} - 1\right) \cdot \sqrt{\dfrac{\left(\dfrac{r}{s_V}\right)^2 - \left(\dfrac{d_a}{2 \cdot s_V}\right)^2}{\left(\dfrac{r}{s_V}\right)^2 - \dfrac{d_a}{2 \cdot s_V} \cdot \left(\dfrac{d_a}{2 \cdot s_V} - 1\right)}}$
	$B = \dfrac{d_a}{2 \cdot s_V} - \dfrac{R}{s_V} + \sqrt{\left(\dfrac{d_a}{2 \cdot s_V} - \dfrac{R}{s_V}\right)^2 + 2 \cdot \dfrac{R}{s_V} - \dfrac{d_a}{2 \cdot s_V}}$

Die notwendigen Mindestwanddicken an Bogeninnenfaser ($s_{V,i}$) und Bogenaußenfaser ($s_{V,a}$) werden mit den Beiwerten B_i und B_a aus der notwendigen Mindestwanddicke des geraden Rohres s_V berechnet:

$$s_{V,i} = s_V \cdot B_i \tag{9.25}$$

$$s_{V,a} = s_V \cdot B_a \tag{9.26}$$

Soll die Wanddicke an Innen- und Außenfaser gleich sein ($s_{V,i} = s_{V,a}$), so wird der Beiwert B verwendet:

$$s_{V,i} = s_{V,a} = s_V \cdot B \tag{9.27}$$

Tabelle 9.7 enthält eine Zusammenstellung von Berechnungsformeln für die Beiwerte B_i, B_a und B nach DIN EN 13480-3[20]. Diese Formeln gelten auch für Rohre, die durch Umformverfahren gebogen werden. DIN EN 13480-3 enthält außerdem ein weiteres Berechnungsverfahren für Biegungen, das hier nicht behandelt wird. Der Krümmungsradius R kann wie folgt in den Krümmungsradius r umgerechnet werden (siehe Bild 9.2)

$$\frac{r}{s_V} = \sqrt{\frac{1}{2} \cdot \left[\left(\frac{d_a}{2 \cdot s_V}\right)^2 + \left(\frac{R}{s_V}\right)^2\right] + \sqrt{\frac{1}{4} \cdot \left[\left(\frac{d_a}{2 \cdot s_V}\right)^2 + \left(\frac{R}{s_V}\right)^2\right]^2 - \frac{d_a}{2 \cdot s_V} \cdot \left(\frac{d_a}{2 \cdot s_V} - 1\right) \cdot \left(\frac{R}{s_V}\right)^2}} \tag{9.28}$$

Hier sei noch auf die eventuelle Verschwächung von Rohrbögen bezüglich dynamischer Beanspruchung durch mögliche Unrundheit hingewiesen. In DIN EN 13480-3 wird dies z.B. bei der „vereinfachten Auslegung für Wechselbeanspruchung" (*Abschnitt 9.1.1*) über den Spannungsfak-

20 berücksichtigte Ausgabe: DIN EN 13480-3: 2012-11

tor η in *Gleichung 9.2* berücksichtigt. Anschauliche Anhaltswerte enthält die frühere DIN 2413-2[21] mit der Abminderung dynamischer Festigkeitswerte für Bögen abhängig von der Unrundheit:

$$K_U = f_U \cdot K \tag{9.29}$$

mit: K = Festigkeitswert ohne Berücksichtigung der Unrundheit

K_U = Festigkeitswert mit Berücksichtigung der Unrundheit

$f_U = 1{,}1 - 0{,}05 \cdot U$ (U [%], f_u [–])

Die Unrundheit U ist dabei wie folgt definiert:

$$U = \frac{2 \cdot \left(\hat{d}_a - \check{d}_a\right)}{\hat{d}_a + \check{d}_a} \cdot 100\,[\%] \tag{9.30}$$

9.3 Gesamtbeanspruchung von Rohrleitungen

Wie in den vorhergehenden Kapiteln beschrieben sind Druckrohrleitungen außer durch Überdruck durch weitere Belastungen wie z.B. Wärmespannungen, Durchbiegung zwischen Auflagern und aufgrund von Wärmedehnung etc. beansprucht. An jeder Stelle einer Rohrleitung entsteht so ein spezifischer Spannungszustand in der Rohrwand. Dabei ist z.B. zu berücksichtigen, dass Spannungsspitzen durch plastische Verformung des Werkstoffes abgebaut werden können und dass bei der üblichen Dimensionierung der Rohrwand nach der Schubspannungshypothese (siehe *Abschnitt 6.1.3*) eine Reserve gegen zusätzliche Längsspannungen vorliegt. Solche zusätzlichen Längsspannungen resultieren z.B. aus der Durchbiegung von Rohrleitungen zwischen den Auflagern oder aus der Kompensation von Wärmedehnungen (siehe *Kapitel 8 „Lagerung und Dehnungsausgleich von Rohrleitungen"*).

Verschiedene Regelwerke gehen anwendungsspezifisch auf die Nachrechnung von Rohrleitungen unter Berücksichtigung der Gesamtbeanspruchung ein. Im folgenden werden beispielhaft Berechnungsregeln vorgestellt für:

- die Elastizitätsanalyse nach DIN EN 13480-3[22], *Abschnitt 12.3*. Die dort beschriebenen Regeln sind fast identisch mit denen für elastisch verlegte Kraftwerksrohrleitungen nach FDBR-Richtlinie „Berechnung von Kraftwerksrohrleitungen" [42], die sich an den US-amerikanischen Standard ASME B 31.1 „Power Piping" [41] anlehnt (*Abschnitt 9.3.1*)
- erdverlegte Rohrleitungen für gefährliche Flüssigkeiten nach VdTÜV-Merkblatt 1063 „Rohrfernleitungen" [45] (*Abschnitt 9.3.2*)

9.3.1 Gesamtbeanspruchung elastisch verlegter Rohrleitungen

Eine Rohrleitung gilt als elastisch verlegt, wenn „behindernde Längsdehnungen hauptsächlich durch biegende und tordierende Verformungen des Leitungssystems aufgenommen werden" [42]. Zur Bestimmung der resultierenden Biege- und Torsionsmomente wird das mechanische Verhalten des Rohrleitungssystems als Gesamtheit analysiert[23]. An jedem kritischen Punkt werden die Einzelmomente in jeder Raumrichtung (x,y,z) aufsummiert bzw. resultierende Wechselmomente berechnet und daraus

ein Gesamtmoment
$$M = \sqrt{M_x^2 + M_y^2 + M_z^2} \tag{9.31}$$

21 DIN 2413-2: 1993-10, zurückgezogen 2002-08
22 berücksichtigte Ausgabe: DIN EN 13480-3: 2012-11
23 [45], [43]

bzw. ein Gesamtwechselmoment $$\tilde{M} = \sqrt{\tilde{M}_x^2 + \tilde{M}_y^2 + \tilde{M}_z^2} \qquad (9.32)$$

berechnet. Dabei ist die erhöhte Flexibilität z.B. von Rohrbögen gegenüber dem geraden Rohr durch den Flexibilitätsfaktor k_B zu berücksichtigen (siehe *Abschnitt 8.2.4, Biegebeanspruchung in Formstücken*).

Grundsätzlich wird unterschieden, aus welcher Art Lasten die entstehenden Momente resultieren:

- ständig wirkende mechanische Lasten (Eigengewicht der Rohrleitung, Masse des Fluids, Innenkräfte nicht entlasteter Axialkompensatoren); Moment M_A
- gelegentlich wirkende oder außergewöhnliche Lasten (Wind-, Schnee-, dynamische Lasten durch Schaltvorgänge, seismische Lasten); Moment M_B
- aufgrund von Wärmedehnung und Wechselbeanspruchung (z.B. seismische Lasten); Moment M_C
- aufgrund einer einmaligen Verschiebung von Rohrhalterungen (z.B. durch Setzen von Fundamenten oder Erdbewegungen durch Bauarbeiten); Moment M_D

Folgende Festigkeitsbedingungen müssen eingehalten werden (i = Spannungserhöhungsfaktor, siehe z.B. Tabelle 8.3; $0{,}75 \cdot i \geq 1$):

- Spannungen aufgrund ständig wirkender Lasten:

$$\sigma_1 = \frac{p_e \cdot d_a}{4 \cdot s} + \frac{0{,}75 \cdot i \cdot M_A}{W} \leq \sigma_{zul,h} \qquad (9.33)$$

- Spannungen aufgrund gelegentlich wirkender oder außergewöhnlicher Lasten:

$$\sigma_2 = \frac{p_e \cdot d_a}{4 \cdot s} + \frac{0{,}75 \cdot i \cdot M_A}{W} + \frac{0{,}75 \cdot i \cdot M_B}{W} \leq k \cdot \sigma_{zul,h} \qquad (9.34)$$

mit:

k = 1,00, wenn Wirkungszeit der Zusatzprimärlast > 10 % der Gesamtbetriebszeit

k = 1,15, wenn Wirkungszeit der Zusatzprimärlast ≤ 10 % der Gesamtbetriebszeit

k = 1,20, wenn Wirkungszeit der Zusatzprimärlast ≤ 1 % der Gesamtbetriebszeit

k = 1,30 bei außergewöhnlichen Lasten mit geringer Eintrittswahrscheinlichkeit (z.B. Schneefall oder Wind mit dem 1,75-fachen der üblichen Stärke)

k = 1,80 bei Sicherheitsabschaltung wegen Erdbeben

- Spannungsschwingbreite aufgrund von Wärmedehnung und Wechselbeanspruchung:

$$\sigma_3 = \frac{i \cdot M_C}{W} \leq 2 \cdot \sigma_{a,\,zul} \qquad (9.35)$$

und, falls diese Bedingung nicht eingehalten ist:

$$\sigma_4 = \sigma_1 + \sigma_3 \leq \sigma_{zul,h} + 2 \cdot \sigma_{a,zul} \qquad (9.36)$$

- Zusätzliche Bedingungen für den Zeitstandsbereich:

$$\sigma_5 = \sigma_1 + \sigma_3 \leq \sigma_{zul,CR} \qquad (9.37)$$

- Spannung aufgrund einmaliger Verschiebung von Rohrhalterungen:

$$\sigma_6 = \frac{i \cdot M_D}{W} \leq \min\left\{3 \cdot \sigma_{zul}; 2 \cdot R_{p0,2/\vartheta}\right\} \tag{9.38}$$

Die zulässigen Spannungen sind wie folgt definiert[24]:

- Grundlegende zulässige Spannung bei der niedrigsten Rohrwandtemperatur:

$$\sigma_{zul,c} = \min\left\{\frac{R_m}{3}; \sigma_{zul}\right\} \tag{9.39}$$

  mit σ_{zul} nach Tab. 9.2 bei der niedrigsten Rohrwandtemperatur

- Zulässige Spannung bei der höchsten Rohrwandtemperatur:

$$\sigma_{zul,h} = \min\left\{\sigma_{zul,c}; \sigma_{zul}; \sigma_{zul,CR}\right\} \tag{9.40}$$

  mit σ_{zul} und $\sigma_{zul,CR}$ nach Tab. 9.2 bei der höchsten Rohrwandtemperatur:

- Zulässige Spannungsschwingbreite[25]:

$$2 \cdot \sigma_{a,zul} = U \cdot \left(1{,}25 \cdot \sigma_{zul,c} + 0{,}25 \cdot \sigma_{zul,h}\right) \cdot \frac{E_h}{E_c} \tag{9.41}$$

  mit: U nach **Tabelle 9.8** und den Elastizitätsmoduln E_c bei der niedrigsten und E_h bei der höchsten Rohrwandtemperatur

Tabelle 9.8: Faktor U zur Berechnung der zulässigen Spannungsschwingbreite $2 \cdot \sigma_{a,zul}$

Lastwechselzahl[26] N	**Faktor** U
$\leq$ 7.000	1
7.000 < N $\leq$ 14.000	0,9
14.000 < N $\leq$ 22.000	0,8
22.000 < N $\leq$ 45.000	0,7
45.000 < N $\leq$ 100.000	0,6
N > 100.000	0,5

DIN EN 13480 enthält zu dieser Thematik weitere Anmerkungen und Einschränkungen, die hier nicht berücksichtigt werden konnten.

9.3.2 Gesamtbeanspruchung eingeerdeter Rohrleitungen

Eingeerdete Rohrleitungen unterliegen folgenden besonderen Bedingungen (**Bild 9.3**):

- Durch Erdlast, Verkehrslast und Eigengewicht, die in vertikaler Richtung auf die Rohrleitung wirken, kann diese unrund, d.h. „ovalgedrückt“ werden. Dadurch entstehen zusätzliche Biegespannungen in der Rohrwand.
- Neben der vertikalen Belastung wirkt auch seitlicher Erddruck auf die Rohrleitung. Wird sie ovalgedrückt (s.o.), so erhöht sich der seitliche Erddruck.
- Innerer Überdruck in der Rohrleitung wirkt dem „Ovaldrücken“ entgegen und entlastet die Rohrwand teilweise von den zusätzlichen Biegespannungen.

---

24 Die hier verwendeten Formelzeichen weichen von denen in DIN EN 13480 ab.

25 Spannungsschwingbreite = zweimal die Ausschlagsspannung ($2 \cdot \sigma_a$); siehe auch 7.2.2

26 über die volle Temperaturschwankungsbreite

Damit sind die Höhe der Spannungen in der Rohrwand und auch deren Verteilung über den Rohrumfang abhängig von:

- der Höhe der Erdüberdeckung und zusätzlichen Verkehrslasten
- der Bodenart, -beschaffenheit und -verdichtung
- der Elastizität des Rohrwerkstoffes
- der Rohrlagerung
- der Innendruckbeaufschlagung der Rohrleitung

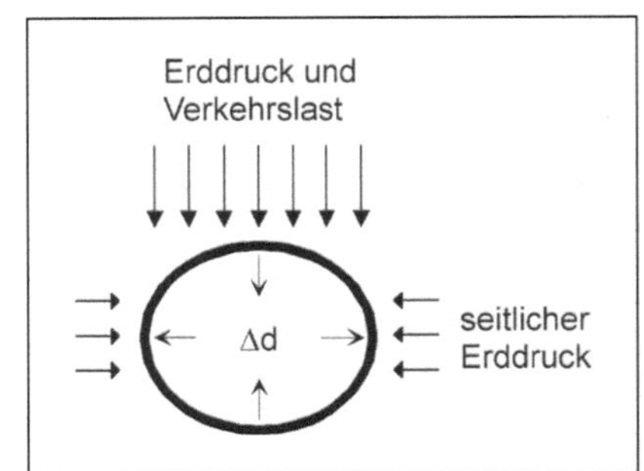

Bild 9.3: Belastung und Verformung eingeerdeter Rohrleitungen

Nach VDTÜV 1063 [45] sind vier verschiedene Lastfälle nachzurechnen:

- Innendruck
- Erdlast und Verkehrslast
- Erdlast, Verkehrslast und Innendruck
- Rohrbeulung

Für die reine Rechnung gegen Innendruck wird auf DIN 2413 verwiesen (inzwischen ersetzt durch DIN EN 13480, siehe *Abschnitt 9.1.1*), wobei ein Mindest-Sicherheitsbeiwert von $S = 1{,}6$ gefordert wird.

Immer wenn Erdlast und Verkehrslast auftreten, berechnet sich die Gesamtspannung in der Rohrwand nach:

$$\sigma_{ges} = \sigma_n \pm \sigma_b = \frac{F_n}{A_\sigma} \pm \frac{M}{W} \tag{9.42}$$

mit der Normalkraft F_n und der spannungsbeaufschlagten Fläche A_σ

Die Biegespannung σ_b wird an den Stellen positiv, an denen der Krümmungsradius vergrößert wird und negativ, wo er verkleinert wird.

Der Lastfall „**Erdlast und Verkehrslast**" trifft für eingeerdete Rohrleitungen ohne inneren Überdruck zu. Die maximalen Druck- und Zugspannungen in der Rohrwand ergeben sich dann zu:

$$\sigma_{max,d} = -\frac{r_m}{s} \cdot q - 3 \cdot \frac{1-\lambda}{2+\lambda} \cdot \left(\frac{r_m}{s}\right)^2 \cdot q \tag{9.43}$$

$$\sigma_{max,z} = -\frac{1+2\cdot\lambda}{2+\lambda} \cdot \frac{r_m}{s} \cdot q + 3 \cdot \frac{1-\lambda}{2+\lambda} \cdot \left(\frac{r_m}{s}\right)^2 \cdot q \tag{9.44}$$

mit:

r_m = mittlerer Rohrradius = $\frac{d_a + d_i}{4}$

λ = Konzentrationsfaktor (s.u.)

q = vertikale Gesamtauflast (s.u.)

Für diesen Lastfall ist folgende Festigkeitsbedingung vorgegeben:

$$\left|\sigma_{max}\right| \le \sigma_{zul} = \frac{R_e}{1{,}1} \tag{9.45}$$

Die Verformung des Rohres („Ovaldrücken") lässt sich als horizontale Durchmesseränderung Δd_h (+) oder vertikale Durchmesseränderung Δd_v (-) berechnen nach:

$$\frac{\Delta d_{h/v}}{d_a} = \pm 2 \cdot \left(1 - \nu^2\right) \cdot \frac{1-\lambda}{2+\lambda} \cdot \left(\frac{r_m}{s}\right)^3 \cdot \frac{q}{E_R} \qquad (9.46)$$

mit dem E-Modul des Rohrleitungswerkstoffes E_R.

Für den Lastfall **„Erdlast, Verkehrslast und Innendruck"** ergibt sich die maximale Spannung in der Rohrwand zu:

$$\sigma_{max,z} = \sigma_n + \sigma_b = \frac{p_i \cdot r_i}{s} - \frac{1+2\cdot\lambda}{2+\lambda} \cdot \frac{r_m}{s} \cdot q + \frac{3}{1+\alpha} \cdot \frac{1-\lambda}{2+\lambda} \cdot \left(\frac{r_m}{s}\right)^2 \cdot q \qquad (9.47)$$

mit dem inneren Überdruck p_i, dem Innenradius $r_i = d_i/2$ und einem besonderen Faktor α (s.u.).

Für diesen Lastfall ist folgende Festigkeitsbedingung vorgegeben:

$$\sigma_n \cdot 1{,}5 + \sigma_b \cdot 1{,}1 \le R_e \qquad (9.48)$$

wobei:

$$\sigma_n = \frac{p_i \cdot r_i}{s} - \frac{1+2\cdot\lambda}{2+\lambda} \cdot \frac{r_m}{s} \cdot q \qquad (9.49)$$

$$\sigma_b = \frac{3}{1+\alpha} \cdot \frac{1-\lambda}{2+\lambda} \cdot \left(\frac{r_m}{s}\right)^2 \cdot q \qquad (9.50)$$

Für den Lastfall **„Rohrbeulen"** wird der kritische Beuldruck berechnet nach (siehe auch *Gleichungen 7.42*):

$$p_k = \frac{E}{4 \cdot \left(1-\nu^2\right)} \cdot \left(\frac{s}{r_m}\right)^3 \qquad (9.51)$$

mit der Stabilitätsbedingung: $S_k = \frac{p_k}{\left|p_1\right|} \ge 2{,}5$ (9.52)

und dem Druck $p_1 = p_i - \frac{3}{2} \cdot \frac{1+\lambda}{2+\lambda} \cdot q$ (9.53)

Der Druck p_1 berücksichtigt neben dem Innendruck p_i den Mittelwert der äußeren Druckbelastung. Beulgefahr besteht selbstverständlich nur, wenn p_1 negativ wird. Dies ist normalerweise dann der Fall, wenn kein innerer Überdruck oder sogar innerer Unterdruck vorliegt. Auch Druckleitungen sind gelegentlich drucklos, z.B. vor Inbetriebnahme oder bei Wartung.

Die vertikale Gesamtauflast q errechnet sich aus dem Erddruck p_e und der Verkehrslast p_V:

$$q = p_e + p_V \tag{9.54}$$

Der Erddruck p_e entspricht im einfachsten Fall dem Druck der Erdsäule über dem Rohrscheitel:

$$p_e = \rho_B \cdot g \cdot h \tag{9.55}$$

mit der Dichte des Bodens ρ_B

In bestimmten Fällen wird dieser Erddruck durch die Erdreibung an den Grabenwänden abgemindert (siehe VDTÜV 1063). Bezüglich der Verkehrslast wird ebenfalls auf VDTÜV 1063 sowie DIN 1072 und DIN 4033 verwiesen[27].

Der Konzentrationsfaktor λ beschreibt das Verhältnis von seitlichem Erddruck zu vertikalem Erddruck auf die Rohrleitung. Nach VDTÜV 1063 ist für unverdichtete Rohrgrabenverfüllung $\lambda = 0{,}5$ und für verdichtete Rohrgrabenverfüllung $\lambda = 0{,}7$ einzusetzen. Der Faktor α in *Gleichung 9.47* berücksichtigt verschiedene bodenmechanische Effekte und berechnet sich nach[28]:

$$\alpha = \frac{0{,}712}{f_\lambda} \cdot \frac{p_1}{p_k} \tag{9.56}$$

mit dem Druck p_1 nach *Gleichung 9.53*, der hier mit innerem Überdruck p_i der wirksame innere Überdruck ist, dem kritischen Beuldruck p_k (*Gleichung 9.51*) und

$$f_\lambda = \frac{1-\lambda_a}{1-\lambda} \cdot \frac{2+\lambda}{2+\lambda_a} \tag{9.57}$$

$$\text{mit} \quad \lambda_a = \tan^2\left(45^\circ - \frac{\rho}{2}\right) \tag{9.58}$$

wobei ρ hier für den Reibungswinkel des Bodens steht (z.B. $\rho = 33°$ für Kies und $\rho = 22°$ für Lehm).

Für die weitere Vertiefung dieser Thematik sei auf VDTÜV 1063 [45] verwiesen.

Außerdem sei darauf hingewiesen, dass beispielsweise DIN EN 545[29] in Anhang F ein etwas einfacheres Berechnungsverfahren für die Überdeckungshöhe von Gussrohrleitungen enthält.

---

27 DIN 1072, zurückgezogen 2011-10, kein Nachfolgedokument, Verweis auf DIN-Fachbericht 101: 2009-03; DIN 4033, zurückgezogen 1997-11, Nachfolgedokument DIN EN 1610: 1997-10

28 Durch den Faktor 0,712 wird der Einfluss der Rückverformung des Rohres auf die Solbettung berücksichtigt

29 berücksichtigte Ausgabe: DIN EN 545: 2011-09

10. Strömungstechnische Auslegung von Rohrleitungen

10. Strömungstechnische Auslegung von Rohrleitungen

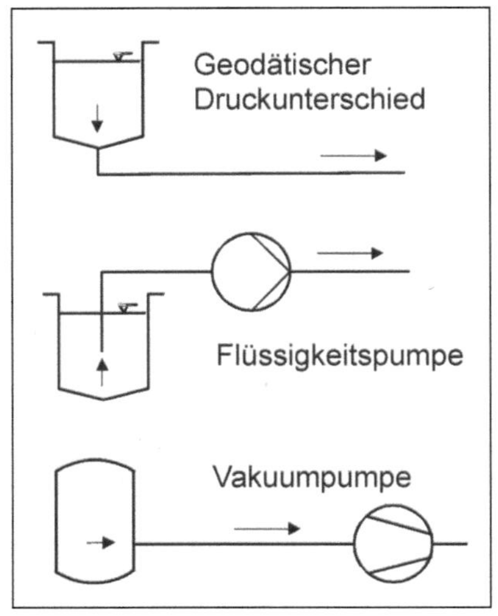

Bild 10.1: Erzeugung von Strömungen in Druckleitungen (Beispiele)

Auf die Unterscheidung zwischen Druckleitungen und drucklosen Leitungen wurde bereits zu Beginn des *Kapitels 2 „Grundlegendes"* eingegangen. Im folgenden wird die strömungstechnische Auslegung von Druckleitungen behandelt. Bezüglich des Spezialgebietes der Strömung in drucklosen Leitungen sei z.B. auf die Literatur der Abwassertechnik verwiesen.

Das Innere von Druckleitungen steht gegenüber der Umgebung unter Über- oder Unterdruck. Die Strömung wird durch ein Druckgefälle in Strömungsrichtung erzeugt. Dazu wird jeweils am Anfang einer Leitung oder eines Leitungsabschnittes Überdruck bzw. an dessen Ende Unterdruck angelegt. Überdruck kann durch Einwirkung einer Flüssigkeitssäule über der Leitung (z.B. Hochbehälter in der Wasserversorgung) oder über Strömungsaggregate (Pumpen, Verdichter) erzeugt werden. Unterdruck wird meist durch Strömungsaggregate (Vakuumpumpen) am Leitungsende ggf. in Verbindung mit Unterdruckbehältern erzeugt (**Bild 10.1**).

Die strömungstechnische Auslegung von Druckrohrleitungen verfolgt folgende Zwecke:

- Auswahl optimaler Rohrdurchmesser (Rohrleitungsdimensionierung)
- Berechnung des Druckverlustes z.B. zur Auswahl geeigneter Pumpen und Verdichter

Als Kriterium für die Rohrleitungsdimensionierung dient je nach Anwendungsfall entweder die Strömungsgeschwindigkeit oder der Druckverlust.

10.1 Strömungsgeschwindigkeit

Die Strömungsgeschwindigkeit ist im allgemeinen nicht gleichmäßig über den Rohrquerschnitt verteilt. In einer geraden Rohrleitung bildet sich nach einer gewissen Einlaufstrecke jeweils ein Geschwindigkeitsprofil aus, dessen Form vom Turbulenzgrad der Strömung abhängt. Grundsätzlich lassen sich laminare Strömung mit einem paraboloiden Profil und turbulente Strömung mit einem gegenüber dem laminaren „abgeplatteten" Profil unterscheiden (**Bild 10.2**). Mit zunehmender Turbulenz wird die „Abplattung" stärker, da Quervermischungen in der Strömung zunehmen und damit die Strömungsgeschwindigkeit über dem Rohrquerschnitt vereinheitlicht wird. Unmittelbar an der Rohrwand ist die Geschwindigkeit immer gleich null, in der Rohrmitte ist sie stets am größten (w_{max}).

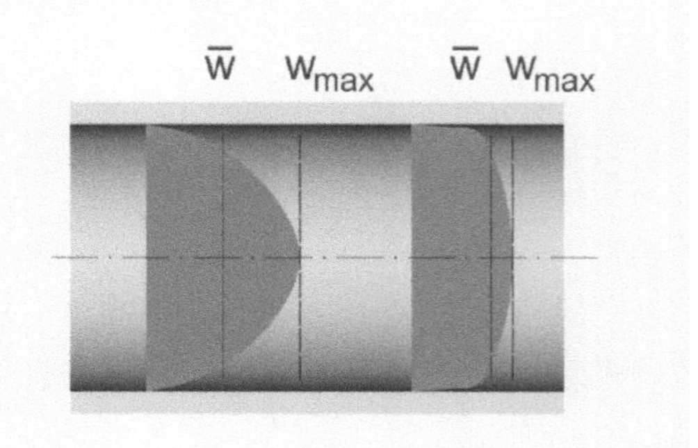

Bild 10.2: Strömungsprofile in Rohrleitungen: Paraboloid bei laminarer Strömung (links) und abgeplattetes Profil bei turbulenter Strömung (rechts)

Das Maß für den Turbulenzgrad der Strömung ist die dimensionslose Reynolds-Zahl (*Re*):

$$\mathrm{Re} = \frac{\bar{w} \cdot d_i}{\nu} \tag{10.1}$$

mit:

$\bar{w}$ = mittlere Strömungsgeschwindigkeit

$\nu = \frac{\eta}{\rho}$ = kinematische Viskosität des Fluids (siehe **Tabelle 10.1**)

- η = dynamische Viskosität des Fluids
- ρ = Dichte des Fluids (siehe Tabelle 10.1)
- d_i = Rohrinnendurchmesser

Als unterer Umschlagpunkt von laminarer zu turbulenter Strömung wird eine Reynolds-Zahl von *Re* = 2.320 angegeben. Je nach Randbedingungen kann der Umschlag jedoch auch höher liegen. Bei *Re* ≥ *4.000* wird allgemein von turbulenter Strömung ausgegangen.

Die mittlere Strömungsgeschwindigkeit $\bar{w}$ wird für die strömungstechnischen Berechnungen in Rohrleitungen verwendet. Sie lässt sich nach dem Kontinuitätsgesetz aus dem Volumenstrom $\dot{V}$ berechnen:

$$\bar{w} = \frac{\dot{V}}{A_i} \tag{10.2}$$

mit: A_i = freier (innerer) Querschnitt der Rohrleitung

Das Verhältnis der mittleren Strömungsgeschwindigkeit $\bar{w}$ in einer Rohrleitung zur maximalen Strömungsgeschwindigkeit in der Mitte der Rohrleitung (Bild 10.2) beträgt:

$$\frac{\bar{w}}{w_{max}} = 0{,}5 \quad \text{bei laminarer Strömung}$$

$$\frac{\bar{w}}{w_{max}} \approx 0{,}7 \ldots 0{,}9 \quad \text{bei turbulenter Strömung}$$

Im turbulenten Bereich nimmt das Verhältnis mit wachsendem Turbulenzgrad d.h. mit steigender Re-Zahl zu.

Als Anhaltswert kann z.B. $\frac{\bar{w}}{w_{max}} \approx 0{,}833$ angenommen werden, das etwa für Re = $1{,}5 \cdot 10^5$ gilt [46].

Volumenstrom und mittlere Strömungsgeschwindigkeit sind eindeutig über den Innendurchmesser miteinander verbunden. Bei vorgegebenem Volumenstrom bedeutet die Auswahl eines Rohrdurchmessers gleichzeitig die Festlegung der Strömungsgeschwindigkeit. Wirtschaftlich betrachtet ist der optimale Rohrdurchmesser derjenige, der „insgesamt" ein Minimum an Kosten erzeugt, wobei sich die Gesamtkosten aus den Kapitalkosten für die Investition zum Bau der Rohrleitung und den Betriebskosten während ihrer Nutzung zusammensetzen. Es leuchtet ein, dass für einen bestimmten Volumenstrom mit steigendem Rohrdurchmesser die Investitionskosten steigen und die Betriebskosten sinken, da der Strömungswiderstand und damit die Leistungsaufnahme der Pumpe kleiner werden. Qualitativ sind diese Abhängigkeiten in **Bild 10.3** dargestellt[1]. Zur Vertiefung sei auf die Literatur zur Wirtschaftlichkeitberechnung verwiesen, z.B. [47].

---

[1] Kapitalkosten ~ d_i^2 und Betriebeskosten ~ Druckverlust durch Rohrreibung ~ $\frac{1}{d_i^5}$

Tabelle 10.1: Anhaltswerte für Dichte und Viskosität einiger Flüssigkeiten und Gase

Flüssigkeiten (Werte aus [57], [58], [68])	**Dichte** ρ	**kinematische Viskosität** $\nu = \eta / \rho$
	kg/m³	**10^{-6} m²/s**
	1 bar	1 bar
Benzin (Fahrzeug) 20 °C	680...729	0,5...0,9
Essigsäure 20 °C	1049	1,21
Ethanol 20 °C	789	1,19
Heizöl 20 °C	950...1080	13
Ammoniak 20 °C	718	13,2
Salpetersäure (50 %) 20 °C	1310	1,4
Salpetersäure (100 %) 20 °C	1514	0,58
Schwefelsäure (50 %) 25 °C	1483	2,39
Schwefelsäure (99,6 %) 25 °C	1832	13,2
Wasser 0 °C	1000	1,75
Wasser 20 °C	998	1,00
Wasser 40 °C	992	0,66
Wasser 60 °C	983	0,48
Wasser 80 °C	972	0,38
Wasser 100 °C	958	0,30

Gase (Werte aus [58], [60])	**Dichte*)** ρ	**dynamische Viskosität**)** η
	kg/m³	**10^{-6} Pa · s**
	1013 mbar	1 bar
Argon	1,78	22,6
Luft -25 °C	1,42	15,9
Luft 0 °C	1,29	17,1
Luft 25 °C	1,18	18,3
Luft 50 °C	1,09	19,3
Luft 100 °C	0,95	21,6
Luft 200 °C	0,75	25,7
Kohlendioxid	1,98	14,8
Methan	0,72	10,9
Schwefeldioxid	2,93	11,6

*) bei 0 °C, wenn nicht anders angegeben
**) bei 25 °C, wenn nicht anders angegeben

Häufig beeinflussen jedoch zusätzlich auch technische Randbedingungen die Auswahl der Strömungsgeschwindigkeit. So können der zulässigen Strömungsgeschwindigkeit z.B. durch folgende unerwünschte Effekte Grenzen gesetzt sein:

- Entstehung von Schwingungen oder Strömungsgeräuschen in der Rohrleitung
- Unterschreitung des Dampfdruckes von Flüssigkeiten (Kavitation, siehe *Abschnitt 11.3.2.1*)
- Überschreitung der Schallgeschwindigkeit in Gasen und Dämpfen (Verdichtungsstöße)
- Erosion in Umlenkungen etc.

Tabelle 10.2 gibt einige Anhaltswerte für übliche Strömungsgeschwindigkeiten in Rohrleitungen[2].

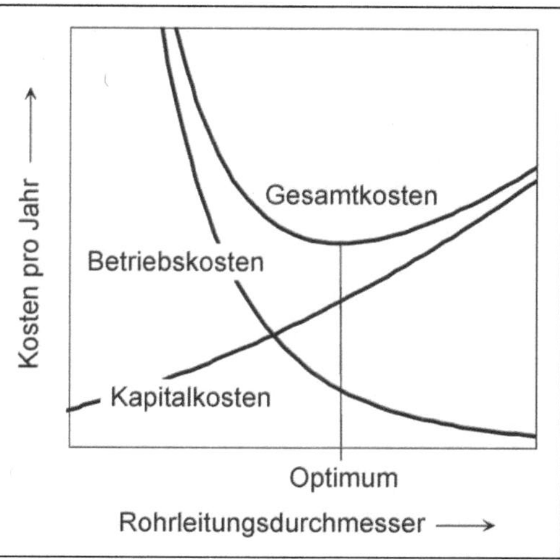

Bild 10.3: Abhängigkeit der Kosten vom Durchmesser einer Rohrleitung (qualitativ)

10.2 Druck und Energie

Der Druck p ist eine gleichförmig auf eine bestimmte Fläche A verteilte Kraft F, die senkrecht auf dieser Fläche steht:

$$p = \frac{F}{A} \tag{10.3}$$

In der Strömungsmechanik wird zwischen „statischem" Druck und „dynamischem" Druck (Fließdruck) unterschieden. Der statische Druck wirkt gleichförmig in alle Richtungen, in einem Rohr also gleichermaßen auf Rohrwandungen wie auf Rohrabschlüsse (**Bild 10.4**). Dynamischer Druck entsteht, sobald das Medium im Rohr fließt. Für sein Verständnis ist die Betrachtung der Energiebilanz in einer durchströmten Rohrleitung hilfreich. In der Bernoulli-Gleichung ist diese für eine

2 siehe z.B. [43], [5], [58]

Tabelle 10.2: Beispiele üblicher Strömungsgeschwindigkeiten in Rohrleitungen für industrielle Anwendungen (Werte aus [43], [58])

Medien	**Charakteristik**	**Mittlere Strömungsgeschwindigkeit** in m/s					
		Rohrinnendurchmesser d_i in mm					
		10	**20**	**50**	**100**	**200**	**≥ 500**
Flüssigkeiten	$\nu \approx 10^{-6} \frac{m^2}{s}$	0,8	1	2	3	4	5
	$\nu \approx 10^{-4} \frac{m^2}{s}$	0,3	0,5	0,8	1	1,5	2
Gase	$p \approx 1\,bar$	2,5	4	7	10	15	20
	$p >> 1\,bar$	7	10	20	27	35	50

stationäre und reibungsfreie Strömung durch ein Kontrollvolumen mit einem Einlass (1) und einem Auslass (2) wie folgt formuliert:

$$\frac{\bar{w}_2^2 - \bar{w}_1^2}{2} + g \cdot (z_2 - z_1) + \int_1^2 \frac{1}{\rho} dp = 0 \qquad (10.4)$$

mit: g = Erdbeschleunigung

ρ = Dichte des Fluids

z = geodätische Höhe

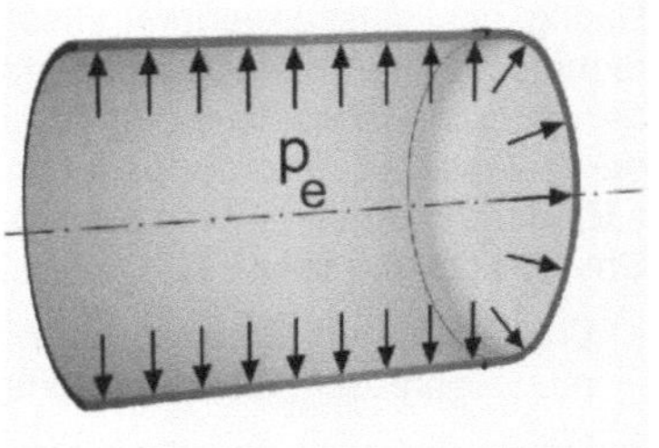

Bild 10.4: Wirkung des statischen Druckes gleichförmig in alle Richtungen

Mit konstanter Dichte ρ ergibt sich daraus allgemein folgende „Druckgleichung“:

$$p_{dyn} + p_{pot} + p_{stat} = \frac{\rho}{2} \cdot \bar{w}^2 + \rho \cdot g \cdot z + p = const. \qquad (10.5)$$

Der statische Druck p_{stat} und der „potentielle“ Druck

$$p_{pot} = \rho \cdot g \cdot z \qquad (10.6)$$

sind statische Anteile. Der dynamische Druck

$$p_{dyn} = \frac{\rho}{2} \cdot \bar{w}^2 \qquad (10.7)$$

ist die kinetische Energie pro Volumeneinheit. Er ist abhängig von der Strömungsgeschwindigkeit und wirkt nur in Strömungsrichtung. Gemäß obiger Definition des Druckes ist er nur dann als Druck (= Kraft pro Fläche) messbar, wenn die Strömung in einer bestimmten Querschnittsfläche vollständig abgebremst wird, z.B. in einem Pitot-Rohr (**Bild 10.5**).

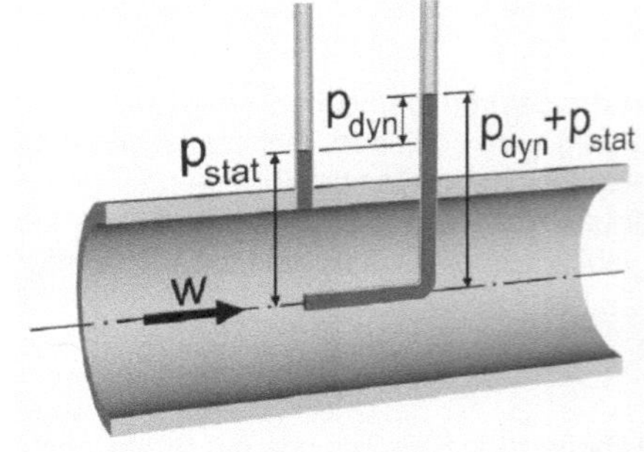

Bild 10.5: Pitot-Static-Rohr (Prandtl-Rohr; schematisch)

Vergleicht man zwei Punkte (Index „1“ und Index „2“, siehe **Bild 10.6**) in einer stationär und reibungsfrei durchströmten Rohrleitung gemäß der *Bernoulli-Druckgleichung 10.5* miteinander, so ergibt sich:

$$\frac{\rho_1}{2} \cdot \bar{w}_1^2 + \rho_1 \cdot g \cdot z_1 + p_1 = \frac{\rho_2}{2} \cdot \bar{w}_2^2 + \rho_2 \cdot g \cdot z_2 + p_2 \qquad (10.8)$$

In einer flüssigkeitsführenden Rohrleitung ist die Dichte konstant ($\rho_1 = \rho_2$), nicht jedoch in einer Gasleitung (siehe auch *Abschnitt 10.3.2 „Druckverlust in Gasströmungen“*).

Aus *Gleichung 10.8* ergibt sich die statische Druckdifferenz zwischen zwei Punkten einer stationär und reibungsfrei durchströmten Rohrleitung zu:

$$\Delta p = p_1 - p_2 = \frac{1}{2} \cdot \left(\rho_2 \cdot \bar{w}_2^2 - \rho_1 \cdot \bar{w}_1^2\right) + g \cdot \left(\rho_2 \cdot z_2 - \rho_1 \cdot z_1\right) \qquad (10.9)$$

Für den Fall einer waagerechten flüssigkeitsführenden Leitung konstanten Querschnittes wären $\bar{w}_1 = \bar{w}_2$ und $z_1 = z_2$ und damit in dieser idealisierten reibungsfreien Strömung $\Delta p = 0$. Dies entspricht nicht der Realität. Im realen Fall wird entlang des durchströmten Rohres eine bestimmte Menge an Energie durch Reibung in Wärme umgewandelt. Im Rahmen der betrachteten Bilanz der „Druckenergien" wird diese Dissipationsenergie als „verloren" betrachtet und mit „Druckverlust" Δp_V bezeichnet. Ergänzt man *Gleichung 10.9* um diesen Druckverlust Δp_V, ergibt sich für den statischen Druckunterschied zwischen „1" und „2":

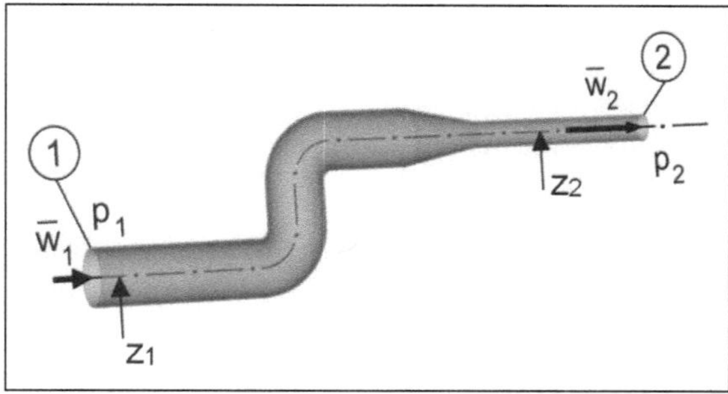

Bild 10.6: Beispiel für die Anwendung der Bernoulli-Gleichung

$$\Delta p = p_1 - p_2 = \frac{1}{2} \cdot \left(\rho_2 \cdot \bar{w}_2^2 - \rho_1 \cdot \bar{w}_1^2\right) + g \cdot \left(\rho_2 \cdot z_2 - \rho_1 \cdot z_1\right) + \Delta p_V \tag{10.10}$$

Für die horizontal verlaufende Flüssigkeitsrohrleitung mit konstantem Innendurchmesser folgt dann: $\Delta p = \Delta p_V$.

10.3 Druckverlust

Im vorigen Abschnitt wurde der Druckverlust als Teil der Gesamtenergiebilanz in einer durchströmten Rohrleitung betrachtet. Interessant ist nun, wie er berechnet werden kann. Er resultiert aus:

- der Reibung des Fluids an den Rohrwandungen
- örtlichen Beschleunigungen der Strömung in Einzelwiderständen (z.B. Formstücken und Armaturen)
- Beschleunigungen bei veränderlicher Dichte (Trägheitswiderstand; nur in Gasströmungen und auch dort meist vernachlässigbar)

In jedem Fall wird er in Abhängigkeit vom dynamischen Druck des strömenden Fluids berechnet. Man geht davon aus, dass er diesem proportional ist:

$$\Delta p_V \sim p_{dyn} = \frac{\rho}{2} \cdot \bar{w}^2 \tag{10.11}$$

Die Form des Proportionalitätsfaktors hängt davon ab, ob der Druckverlust durch Reibung oder in Einzelwiderständen zustande kommt. Entsprechend sind folgende Fälle zu unterscheiden:

- Druckverlust in einer geraden Rohrleitung
- Druckverlust in Einzelwiderständen
- Druckverlust in einer geraden Rohrleitung mit zusätzlichen Einzelwiderständen

Die Dichte ρ des Fluids beeinflusst die Höhe des Druckverlustes direkt. Falls sie sich in der Strömung wesentlich ändert, muss dies bei der Druckverlustberechnung berücksichtigt werden. Hierin unterscheiden sich Flüssigkeiten und Gase, die deshalb im folgenden getrennt behandelt werden.

10.3.1 Druckverlust in Flüssigkeitsströmungen

Die Kompressibilität von Flüssigkeiten ist so gering, dass ihrer Dichte auch bei großen Druckunterschieden nahezu konstant bleibt und sie hier als inkompressibel gelten können. Der Einfluss der Temperatur ist nicht immer vernachlässigbar. Bei größeren Änderungen ist er z.B. durch Mittelwertbildungen oder abschnittsweise Rechnung zu berücksichtigen.

10.3.1.1 Flüssigkeitsströmung in geraden Rorleitungen

In geraden Rohrleitungen resultiert der Druckverlust aus der Rohrreibung des strömenden Fluids. Man geht davon aus, dass die Reibkraft F_R durch eine Schubspannung τ_0 erzeugt wird, die gleichmäßig über die benetzte Fläche der Rohrinnenwand verteilt ist. Betrachtet man ein Rohrstück der Länge dL mit dem Innendurchmesser d_i, so ergibt sich die Reibkraft F_R entsprechend **Bild 10.7** aus der Schubspannung τ_0 an der inneren Oberfläche der Rohrwand zu:

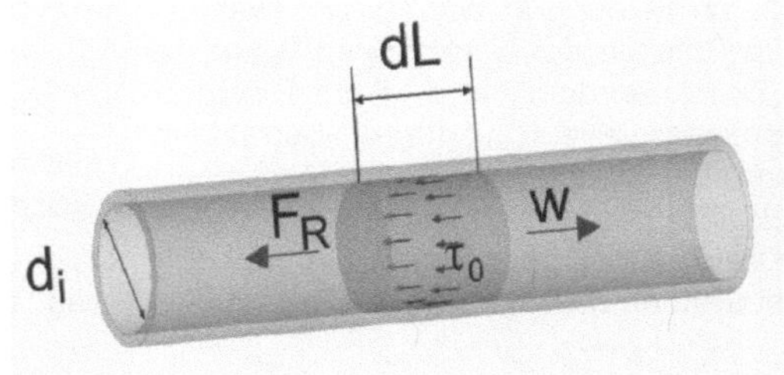

Bild 10.7: Reibung der Flüssigkeitsströmung an der Innenoberfläche der Rohrwand

$$F_R = \tau_0 \cdot \pi \cdot d_i \cdot dL \qquad (10.12)$$

Über die gesamte Rohrlänge L, die die Flüssigkeit durchströmt, wird die Reibarbeit W_R geleistet:

$$W_R = F_R \cdot L = \tau_0 \cdot \pi \cdot d_i \cdot dL \cdot L \qquad (10.13)$$

Bezieht man die Reibarbeit auf das Flüssigkeitsvolumen dV, das in der Rohrlänge dL eingeschlossen ist, so folgt daraus der Druckverlust durch Reibung Δp_R:

$$\Delta p_R = \frac{W_R}{dV} = \frac{\tau_0 \cdot \pi \cdot d_i \cdot dL \cdot L}{\frac{\pi}{4} \cdot d_i^2 \cdot dL} = 4 \cdot \tau_0 \cdot \frac{L}{d_i} \qquad (10.14)$$

Die Schubspannung τ_0 wird nun mit der Rohrreibungszahl λ willkürlich in folgendes Verhältnis zum dynamischen Druck (*siehe Gleichung 10.7*) gesetzt [46]:

$$\tau_0 = \frac{1}{4} \cdot \lambda \cdot p_{dyn} = \frac{1}{4} \cdot \lambda \cdot \frac{\rho}{2} \cdot \bar{w}^2 \qquad (10.15)$$

Eingesetzt in *Gleichung 10.14* ergibt sich dann der Druckverlust durch Rohrreibung Δp_λ mit $\Delta p_R = \Delta p_\lambda$ zu:

$$\Delta p_\lambda = \lambda \cdot \frac{L}{d_i} \cdot \frac{\rho}{2} \cdot \bar{w}^2 \qquad (10.16)$$

Diese Gleichung wird üblicherweise „Darcy"-Gleichung oder „Darcy-Weisbach"-Gleichung genannt[3]. Neben der Länge L und dem Innendurchmesser d_i der Rohrleitung geht die Rohrreibungszahl λ in den Proportionalitätsfaktor zwischen Druckverlust in geraden Rohren und dynamischem Druck ein.

---

[3] z.B. [48], [49]

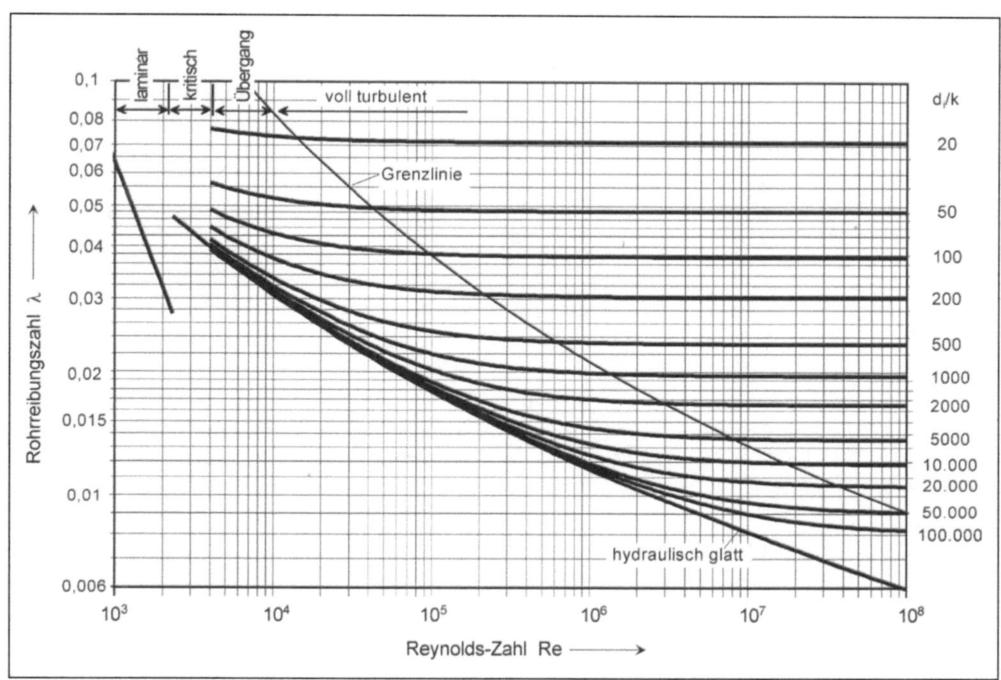

Bild 10.8: Rohrreibungszahl λ in Abhängigkeit von Reynolds-Zahl *Re* und relativer Rohrrauhigkeit d_i/k („Moody-Diagramm")

Die dimensionslose Rohrreibungszahl λ hängt in komplexer Weise vom Turbulenzgrad der Strömung, d.h. der Reynolds-Zahl[4] (*Re*), und der Rauhigkeit der Rohrwandungen („Rohrrauhigkeit") ab. Diese Abhängigkeit ist in **Bild 10.8** dargestellt („Moody-Diagramm" [49]). Es lassen sich dort vier Bereiche unterscheiden:

- laminarer Strömungsbereich für $0 \leq Re \leq 2320$, in dem λ in einfacher Weise nur von *Re* abhängt
- instabiler (kritischer) Bereich für $2320 \leq Re \leq 4000$, in dem laminare oder turbulente Strömung vorliegen kann
- Übergangsbereich (turbulent), in dem λ sowohl von der Reynoldszahl als auch von der Rohrrauhigkeit abhängt
- Bereich voller Turbulenz, in dem λ nur noch von der Rohrrauhigkeit abhängt (waagerechte Linien)

Im laminaren Strömungsbereich ist die Rohrreibungszahl von der Rohrrauhigkeit unabhängig und ihre Abhängigkeit von der Reynoldszahl eindeutig (siehe **Bild 10.8**). Diese Abhängigkeit ist im Hagen-Poiseuillschen Gesetz formuliert (siehe Tabelle 10.4). Rohrleitungen werden jedoch selten in diesem Bereich ausgelegt.

Im turbulenten Strömungsbereich spielt die Rohrrauhigkeit dagegen eine große Rolle. Sie wird durch das Verhältnis d_i/k von Rohrinnendurchmesser zu „absoluter Rohrrauhigkeit" der Rohrwandung quantifiziert. Die „absolute Rauhigkeit" oder „Sandkornrauhigkeit" *k* geht auf Versuche verschiedener Wissenschaftler zurück [50] und ist ansonsten in der Technik unüblich. Sie ist nicht

---

4 siehe oben *Abschnitt 10.1* („Strömungsgeschwindigkeit")

Tabelle 10.3: Beispiele für Sandkornrauhigkeiten k üblicher Rohrleitungswerkstoffe (Werte aus [43], [58])

Werkstoff	Zustand	„Sandkorn"-Rauhigkeit k in mm
Kupfer, Messing etc. (gezogen, gepresst)	neu	0,0015
Kunststoffe	neu	0,0015...0,007
Stahl	neu	0,02...0,1
	angerostet	0,1...0,2
Gusseisen	neu	0,2...0,6
	gebraucht	0,5...1,5

mit den üblichen Methoden der Rauhigkeitsmessung zu bestimmen, sondern nur über ihre Wirkung auf den Druckverlust. Es liegen Werte für die verschiedenen Rohrleitungswerkstoffe vor[5], die für die Bestimmung der Rohrreibungszahl herangezogen werden. **Tabelle 10.3** zeigt eine Auswahl davon.

Zahlreiche Wissenschaftler haben Formeln für die Berechnung der Rohrreibungszahl angegeben. In **Tabelle 10.4** sind einige Beispiele zusammengestellt. Alle Formeln dieser Tabelle liefern gut, aber selbstverständlich nicht vollständig übereinstimmende Ergebnisse. Die Kurven in Bild 10.8 sind nach folgenden Formeln berechnet:

- Hagen und Poisseuille für laminare Strömung
- Prandtl und von Kármán für hydraulisch glatte Rohre
- Colebrook und White für raue Rohre

Die Kurven nach Colebrook und White gehen im vollturbulenten Bereich in die Kurven für raue Rohre nach Prandtl und von Kármán über. Die Formel für hydraulisch glatte Rohre nach Prandtl und von Kármán ergibt auch für Reynoldszahlen $Re < 10^6$ recht genaue Rohrreibungszahlen, weshalb sie hier für den gesamten turbulenten Bereich verwendet wurde. Diese Formel und die von Colebrook und White haben den Nachteil, dass sie implizit sind und somit iterativ gelöst werden müssen. Für schnelle Überschlagsrechnungen können sich deshalb andere explizite Formeln aus Tabelle 10.4 anbieten. Es wurden auch explizite Gleichungen entwickelt, die sowohl den laminaren als auch den gesamten turbulenten Bereich einschließen [52, 62]. Dabei besteht allerdings die Gefahr, dass der Vorteil der praktischen Handhabung, den diese Gleichungen bieten, auf Kosten der Genauigkeit in bestimmten Bereichen der Reynolds-Zahl geht. Hier sei jedoch besonders auf die Gleichung von Churchill [62] (siehe Tabelle 10.4) hingewiesen, die überall gute Werte liefert. Sie ist für manuelle Rechnungen zwar sehr unhandlich, aber zur Verwendung in Rechenprogrammen sehr nützlich.

Moody, der die in Bild 10.8 verwendete Darstellung vorgeschlagen hat, gibt an, dass dort die Genauigkeit der Rohrreibungszahl λ für hydraulisch glatte Rohre ±5 %, und für raue Rohre im vollturbulenten Bereich ca. ±10 % erreicht, dass die Genauigkeit im Übergangsbereich jedoch schlechter sein kann [49]. Von hydraulisch glatten Rohren kann ausgegangen werden, wenn die absolute Rauhigkeit der Rohrwandungen $k \leq 0{,}007$ mm ist[6]. Dies trifft allgemein auf gezogene Rohre aus Messing oder Kupfer, auf Glas- und Kunststoffrohre und ähnliche zu (siehe Tabelle 10.3). Rohre aus Materialien mit größeren absoluten Rauhigkeiten können bei großen Durchmessern auch geringe relative Rauhigkeiten aufweisen und sich so annähernd hydraulisch glatt

---

5 z.B. [43], [49], [51], [58]

6 z.B. [53

Tabelle 10.4: Beispiele für Formeln zur Berechnung der Rohrreibungszahl λ

Urheber	Einschränkungen	Formel
Laminare Strömung		
Hagen und Poiseuille	Re < 2.300	$\lambda = \frac{64}{Re}$
Turbulente Strömung, hydraulisch glatte Rohrwand		
Blasius	3.000 < Re < 100.000	$\lambda = \frac{0{,}3164}{\sqrt[4]{Re}}$
Hermann	20.000 < Re < 2.000.000	$\lambda = 0{,}0054 + \frac{0{,}3964}{Re^{0{,}3}}$
Prandtl und v. Kármán	Re > 1.000.000	$\frac{1}{\sqrt{\lambda}} = -0{,}8 + 2 \cdot lg\left(Re \cdot \sqrt{\lambda}\right) = 2 \cdot lg\left(Re \cdot \frac{\sqrt{\lambda}}{2{,}51}\right)$
Nikuradse	100.000 < Re < 5.000.000	$\lambda = 0{,}0032 + 0{,}221 \cdot Re^{-0{,}237}$
Filonenko und Althul /53/	Re > 4.000	$\lambda = \frac{1}{(1{,}8 \cdot lg\, Re - 1{,}64)^2}$
Turbulente Strömung, Übergangsbereich, raue Rohrwand		
Colebrook und White		$\frac{1}{\sqrt{\lambda}} = -2 \cdot lg\left[\frac{2{,}51}{Re \cdot \sqrt{\lambda}} + \frac{k}{3{,}71 \cdot d_i}\right]$
Althul /53/		$\lambda = 0{,}11 \cdot \left(\frac{k}{d_i} + \frac{68}{Re}\right)^{0{,}25}$
Lobaev /53/	0,0001 < λ < 0,01	$\lambda = \frac{1{,}42}{\left(lg \frac{Re \cdot d_i}{k}\right)^2}$
Eck /46/		$\lambda = \lambda_{glatt} + 0{,}11 \cdot \lambda_{glatt}^2 \cdot Re \cdot \frac{k}{d_i}$
Voll turbulente Srömung, raue Rohrwand		
Prandtl und v. Kármán		$\frac{1}{\sqrt{\lambda}} = 2 \cdot lg\left(\frac{d_i}{k}\right) + 1{,}14 = 2 \cdot lg\left(3{,}72 \cdot \frac{d_i}{k}\right)$
Moody		$\lambda = 0{,}0055 + 0{,}15 \cdot \left(\frac{k}{d_i}\right)^{\frac{1}{3}}$
Alle Strömungsformen		
Churchill /62/		$\lambda = 8 \cdot \left[\left(\frac{8}{Re}\right)^{12} + (A+B)^{-3/2}\right]^{\frac{1}{12}}$ mit: $A = \left\{-2{,}456 \cdot ln\left[\left(\frac{7}{Re}\right)^{0{,}9} + \frac{k}{3{,}7 \cdot d_i}\right]\right\}^{16}$ $B = \left(\frac{37.530}{Re}\right)^{16}$

verhalten. Der voll turbulente Bereich, in dem die Linien für raue Rohre im Moody-Diagramm horizontal verlaufen und somit die Rohrreibungszahl λ von der Reynolds-Zahl unabhängig ist, ist dann erreicht, wenn die laminare Unterschicht so dünn wird, dass sie nicht mehr über die Oberflächenrauhigkeit der Rohrwand hinausragt. Die Grenzlinie zwischen dem Übergangsbereich und dem voll turbulenten Bereich in Bild 10.8 wurde nach der Gleichung

$$\lambda = \left(\frac{200}{Re} \cdot \frac{d_{\mathrm{i}}}{k} \right)^2 \tag{10.17}$$

berechnet [49].

10.3.1.2 Flüssigkeitsströmung durch Einzelwiderstände

Einzelwiderstände sind Einbauten in Rohrleitungen, die zusätzlichen Druckverlust z.B. durch folgende Beeinflussungen der Strömung verursachen:

- Umlenkung der Strömung
- Auftrennung in Teilströme oder Vereinigung aus Teilströmungen
- Veränderung des Strömungsquerschnitts

Dies geschieht immer dann, wenn der Strömungsquerschnitt nicht gerade und nicht mit unveränderlichem Querschnitt verläuft, insbesondere in Formstücken und Armaturen.

Der Proportionalitätsfaktor zwischen dem Druckverlust in einem Einzelwiderstand und dem dynamischen Druck $p_{\mathrm{dyn}} = \frac{\rho}{2} \cdot \bar{w}^2$ (siehe *Gleichung 10.7*) wird als „Widerstandszahl" ζ oder auch als „ζ-Wert" bezeichnet. Der Druckverlust Δp_ζ in Formstücken ergibt sich damit zu:

$$\Delta p_\zeta = \zeta \cdot \frac{\rho}{2} \cdot \bar{w}^2 \tag{10.18}$$

Es ist zu bemerken, dass jeder Einzelwiderstand selbst auch eine gewisse Rohrlänge einschließt und somit neben dem Druckverlust durch Strömungsbeeinflussung auch einen Druckverlust durch Rohrreibung verursacht, der meist jedoch verhältnismäßig klein ist. Bezüglich der Details der Strömungsbeeinflussung sei auf die umfangreiche Literatur der Strömungsmechanik verwiesen.

Die **Tabellen 10.5** bis **10.8** geben Anhaltswerte für Widerstandszahlen gebräuchlicher Formstücke und Armaturen bei Vollöffnung. Der Fall vollgeöffneter Armaturen ist deshalb besonders interessant, weil nur dann der maximale Volumenstrom erreicht wird, für den die Rohrleitung dimensioniert wird. Widerstandszahlen von Armaturen variieren jedoch stark mit der Bauart, so dass die angegebenen Zahlen nur grobe Anhaltswerte sein können. Im Einzelfall ist auf die Angaben der Armaturenhersteller zurückzugreifen.

Häufig wird von Ventilherstellern keine Widerstandszahl ζ angegeben, sondern ein „Ventilkennwert"[7] k_{V} (auch „k_{V}-Wert"), der experimentell leicht zu bestimmen ist. Er ist definiert als der Volumenstrom in m^3/h von Wasser bei einer Temperatur zwischen 5 °C und 40 °C, bei dem der Druckverlust über die Armatur $\Delta p_0 = 1$ bar beträgt. Wird eine Armatur mit einem Volumenstrom $\dot{V}$ eines Fluids der Dichte ρ durchströmt und dabei über die Armatur ein Druckverlust Δp gemessen, so kann daraus wie folgt der k_{V}-Wert der Armatur berechnet werden[8]:

---

[7] siehe VDI/VDE 2173: 2007-09; im US-amerikanischen Inch-Pound-System ist der c_{v}-Wert in [Gallons per Minute (*GPM*)] bei 1 Pound per Square Inch (*PSI*) Druckverlust üblich; $k_{\mathrm{V}} = 0{,}865 \cdot c_{\mathrm{V}}$

[8] siehe Anmerkung 10.1 im Anhang

Tabelle 10.5: Anhaltswerte für Widerstandszahlen ζ von Rohrbögen und -winkeln (berechnet aus [59])

	r/d_i	Innendurchmesser d_i in mm				
		25	50	100	200	500
90°-Bögen	1	0,59	0,49	0,41	0,35	0,29
	1,5	0,41	0,34	0,29	0,24	0,20
	2	0,35	0,29	0,25	0,21	0,17
	3	0,35	0,29	0,25	0,21	0,17
	4	0,41	0,34	0,29	0,24	0,20
	6	0,50	0,41	0,35	0,30	0,24
90°-Winkel		0,88	0,73	0,62	0,52	0,43
45°-Bögen	1	0,43	0,36	0,30	0,25	0,21
	1,5	0,29	0,24	0,20	0,17	0,14
	2	0,24	0,20	0,17	0,14	0,12
	3	0,23	0,19	0,16	0,14	0,11
	4	0,26	0,22	0,18	0,16	0,13
	6	0,30	0,25	0,21	0,18	0,15
45°-Winkel		0,47	0,39	0,33	0,28	0,23

$$k_V = \dot{V} \cdot \sqrt{\frac{\Delta p_0 \cdot \rho}{\Delta p \cdot \rho_0}} \tag{10.19}$$

oder vereinfacht als Zahlenwertgleichung (nicht dimensionsgerecht!):

$$k_V = \frac{\dot{V}}{31{,}6} \cdot \sqrt{\frac{\rho}{\Delta p}} \tag{10.20}$$

mit: k_V und $\dot{V}$ in m³/h, Δp in bar und ρ in kg/m³

Aus den *Gleichungen 10.18 und 10.19* kann eine Beziehung zur Umrechnung des k_V-Wertes in eine Widerstandszahl ζ abgeleitet werden[9]. Üblicherweise wird folgende nicht dimensionsgerechte Form verwendet:

$$\zeta = \frac{1}{625{,}4} \cdot \left(\frac{d_i^2}{k_V}\right)^2 \tag{10.21}$$

mit: d_i in mm und k_V in m³/h

[9] siehe Anmerkung 10.2 im Anhang

Tabelle 10.6: Anhaltswerte für Widerstandszahlen ζ von Armaturen (berechnet aus [59])

	Innendurchmesser d_i in mm				
	25	50	100	200	500
Schieber	0,23	0,20	0,16	0,14	0,11
Durchgangsventil	10,0	8,3	7,0	5,9	4,9
Schrägsitzventil	1,6	1,3	1,1	1,0	0,8
Eckventil	4,4	3,7	3,1	2,6	2,1
Kugelhahn	0,09	0,07	0,06	0,05	0,04
Klappe		1,3	1,1	0,9	0,8

Tabelle 10.7: Anhaltswerte für Widerstandszahlen ζ von Rohrverzweigungen und -vereinigungen (Werte aus VDI-Wärmeatlas [63])

Verzweigungen			
$\dot{V}a/\dot{V}$	ζ_d	ζ_a (90°)	ζ_a (45°)
0	0,05	(1)	(0,9)
0,25	-0,05	0,9	0,7
0,5	0,05	0,9	0,45
0,75	0,2	1,1	0,35
1	(0,35)	1,3	0,45

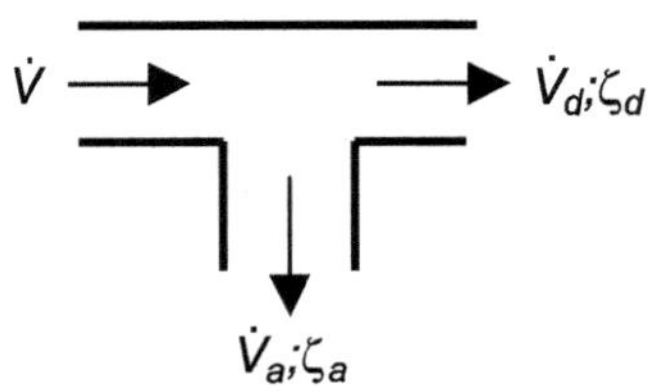

$\dot{V}$ $\dot{V}_d;\zeta_d$ $\dot{V}_a;\zeta_a$

Vereinigungen				
$\dot{V}a/\dot{V}$	ζ_d (90°)	ζ_a (90°)	ζ_d (45°)	ζ_a (45°)
0	0,1	(-1)	0,05	(-0,9)
0,25	0,25	-0,3	0,2	-0,2
0,5	0,35	0,3	0,15	0,15
0,75	0,5	0,7	-0,15	0,35
1	(0,6)	0,9	(-0,5)	0,35

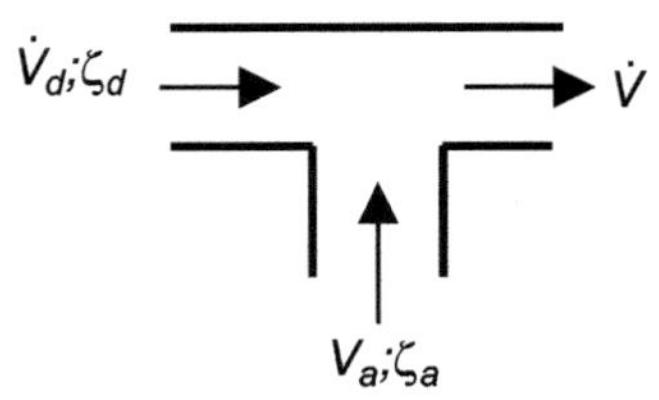

$\dot{V}_d;\zeta_d$ $\dot{V}$ $V_a;\zeta_a$

Werte in Klammern sind als Interpolationsgrenzen aufgeführt

Der Ventilkennwert bei Vollöffnung wird üblicherweise mit k_{VS} bezeichnet. Neben diesem Wert ist insbesondere für die Regelungstechnik auch die Veränderung des Ventilkennwertes mit der Änderung des Ventilhubs bzw. des Klappenstellwinkels o. ä. interessant. Dies wird von den Armaturenherstellern z.B. in Form von Öffnungskennlinien angegeben. Dazu wird das Verhältnis von k_V-Wert zu k_{VS}-Wert (k_V/k_{VS}) über dem Verhältnis von Ventilhub zu Ventilhub bei Vollöffnung ($H/H_{100\,\%}$) oder Klappenstellwinkel φ zu Klappenstellwinkel bei Vollöffnung $\varphi_{100\,\%}$ aufgetragen.

In bestimmten Anwendungen ist es verbreitet, den Strömungswiderstand von Einzelwiderständen über „äquivalente Rohrlängen" zu berücksichtigen. Dazu wird dem Einzelwiderstand jeweils eine

Tabelle 10.8: Anhaltswerte für Widerstandszahlen ζ von Reduktionen und Erweiterungen (Werte aus VDI-Wärmeatlas [63]; bezogen auf Eintrittsgeschwindigkeit)

φ	Widerstandszahl		
Reduktionen			
< 40°	≈ 0,04		
Erweiterungen			
	$d_{i,größer}/d_{i,kleiner}$		
	1,5	2	3
10°	0,06	0,12	0,16
20°	0,12	0,23	0,32
30°	0,23	0,37	0,52
40°	0,3	0,5	0,63

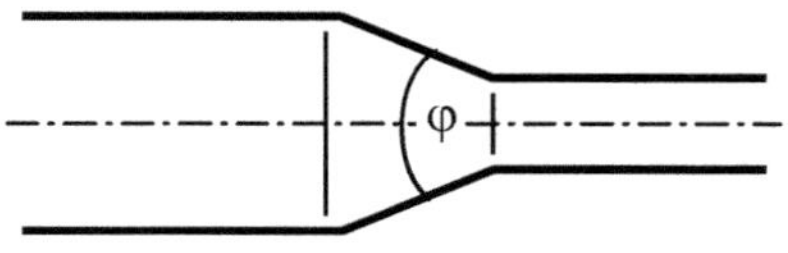

φ

bestimmte Rohrlänge zugeordnet, die denselben Druckverlust in der Strömung hervorrufen würde wie der betreffende Einzelwiderstand. Aus der tatsächlichen Rohrlänge und der Summe der äquivalenten Längen der Einzelwiderstände wird dann eine fiktive Gesamtrohrlänge für den betrachteten Rohrleitungsabschnitt berechnet und der Druckverlust mit der *Darcy-Weisbach-Gleichung 10.16* ohne ζ-Werte bestimmt.

Aus einer bekannten Widerstandszahl ζ kann die zugehörige äquivalente Länge $L_{äq}$ durch Gleichsetzen der Druckverluste aus Rohrreibung (*Gleichung 10.16*) und Einzelwiderstand (*Gleichung 10.18*) $\Delta p_\lambda = \Delta p_\zeta$ ermittelt werden. Daraus folgt:

$$\lambda \cdot \frac{L_{äq}}{d_i} = \zeta \qquad (10.22)$$

und aufgelöst nach $L_{äq}$:

$$L_{äq} = \frac{\zeta \cdot d_i}{\lambda} \qquad (10.23)$$

Die äquivalente Länge $L_{äq}$ hängt also auch von der Rohrreibungszahl λ ab, in die wiederum, wie aus dem Moody-Diagramm (Bild 10.8) ersichtlich, sowohl die Reynoldszahl als auch die Rohrrauhigkeit eingehen. Das bedeutet, dass $L_{äq}$ z.B. abhängig vom Rohrleitungswerkstoff und vom Strömungszustand angegeben werden muss. Nach dem Moody-Diagramm nehmen die Rohrreibungszahlen λ im vollturbulenten Bereich jeweils ihren kleinsten Wert an, der unabhängig von der Reynoldszahl ist. Legt man der äquivalenten Länge $L_{äq}$ diese Rohrreibungszahlen λ zugrunde, so liegt man auf der sicheren Seite. In **Bild 10.9** ist der Zusammenhang zwischen äquivalenter Länge und Widerstandszahl ζ nach *Gleichung 10.23* beispielhaft für eine Rohrrauhigkeit von k = 0,02 mm dargestellt. Darin wurde die Rohrreibungszahl für vollturbulente Strömung nach der Formel von Prandtl und Kármán (siehe Tabelle 10.4) berücksichtigt. **Tabelle 10.9** enthält eine Auswahl von äquivalenten Längen für Einzelwiderstände, die auf die gleiche Weise aus Widerstandszahlen ζ der Tabellen 10.5 bis 10.8 berechnet wurden.

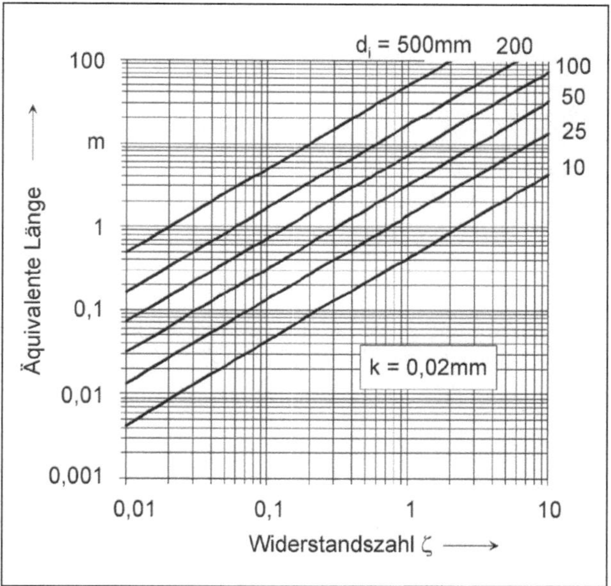

Bild 10.9: Abhängigkeit der äquivalenten Länge von der Widerstandszahl ζ

10.3.1.3 Gesamtdruckverlust in Flüssigkeitsströmungen

Die Druckverluste aus Rohrreibung und Einzelwiderständen in einem unverzweigten Rohrleitungsabschnitt stellen eine Reihe serieller Strömungswiderstände dar, die sich zum Gesamtdruckverlust summieren (siehe auch *Abschnitt 10.4, Strömung in Rohrnetzen*). Bei gleichbleibendem Innen-

Tabelle 10.9: Anhaltswerte für äquivalente Längen in m von Strömungswiderständen für Rohrrauhigkeit k = 0,02 mm

<table>
<tr><th colspan="2" rowspan="2">Strömungswiderstand</th><th colspan="5">Innendurchmesser d_i in mm</th></tr>
<tr><th>25</th><th>50</th><th>100</th><th>200</th><th>500</th></tr>
<tr><td>90° Bögen</td><td>r/d_i = 1,5</td><td>0,6</td><td>1,1</td><td>2,1</td><td>4,0</td><td>9,9</td></tr>
<tr><td colspan="2">90° Winkel</td><td>1,2</td><td>2,3</td><td>4,5</td><td>8,7</td><td>21,2</td></tr>
<tr><td colspan="2">Schieber</td><td>0,3</td><td>0,6</td><td>1,2</td><td>2,3</td><td>5,4</td></tr>
<tr><td colspan="2">Durchgangsventil</td><td>13,4</td><td>26,1</td><td>51,0</td><td>98,6</td><td>241,9</td></tr>
<tr><td colspan="2">Schrägsitzventil</td><td>2,2</td><td>4,1</td><td>8,0</td><td>16,7</td><td>39,5</td></tr>
<tr><td colspan="2">Eckventil</td><td>5,9</td><td>11,7</td><td>22,6</td><td>43,4</td><td>103,7</td></tr>
<tr><td colspan="2">Kugelhahn</td><td>0,1</td><td>0,2</td><td>0,4</td><td>0,8</td><td>2,0</td></tr>
<tr><td colspan="2">Klappe</td><td></td><td>4,1</td><td>8,0</td><td>15,0</td><td>39,5</td></tr>
<tr><td colspan="2">Reduktion < 40°</td><td colspan="5">0,05</td></tr>
<tr><td>Verzweigung 90° Durchgang</td><td rowspan="4">$\frac{\dot{V}_a}{\dot{V}} = 0{,}5$</td><td colspan="5">0,07</td></tr>
<tr><td>Verzweigung 90° Abzweig</td><td colspan="5">1,21</td></tr>
<tr><td>Vereinigung 90° Durchgang</td><td colspan="5">0,47</td></tr>
<tr><td>Vereinigung 90° Einmündung</td><td colspan="5">0,40</td></tr>
<tr><td>Erweiterung 20°</td><td>$\frac{d_{i,groß}}{d_{i,klein}} = 2$</td><td colspan="5">0,31</td></tr>
</table>

durchmesser und somit gleichbleibender Strömungsgeschwindigkeit ergibt sich dieser Gesamtdruckverlust aus den *Gleichungen 10.16 und 10.18* zu:

$$\Delta p_{ges} = \Delta p_{\lambda} + \sum \Delta p_{\zeta} = \left(\lambda \cdot \frac{L}{d_i} + \sum \zeta \right) \cdot \frac{\rho}{2} \cdot \overline{w}^2 \qquad (10.24)$$

Werden die Einzelwiderstände anstatt über Widerstandszahlen ζ über äquivalente Längen $L_{äq}$ berücksichtigt (s.o.), so vereinfacht sich *Gleichung 10.24* zu:

$$\Delta p_{ges} = \lambda \cdot \frac{L + \sum L_{äq}}{d_i} \cdot \frac{\rho}{2} \cdot \overline{w}^2 \qquad (10.25)$$

10.3.2 Druckverlust in Gasströmungen

Gase sind kompressibel, d.h. ihre Dichte ρ_G ist abhängig vom herrschenden Absolutdruck p. Für ideale Gase ist diese Proportionalität linear ($\rho_G \sim p$, ideales Gasgesetz). Bei Berücksichtigung realen Gasverhaltens (z.B. bei hohen Drücken) ergeben sich Abweichungen von dieser Linearität nach oben oder unten, in jedem Fall ist jedoch auch hier die Dichte direkt vom Druck abhängig.

Gase erleiden wie Flüssigkeiten beim Durchströmen von Rohrleitungen und Einzelwiderständen (s.o.) einen Druckverlust Δp_V. Dadurch kommt folgende Kausalkette in Gang:

1. Der Absolutdruck p sinkt entlang der Strömung.
2. Das Gas wird entspannt.
3. Die Gasdichte ρ nimmt ab und damit nimmt der Gasvolumenstrom $\dot{V}$ zu.
4. Entsprechend der Kontinuitätsgleichung (10.2) steigt die Strömungsgeschwindigkeit $\bar{w}$ an.
5. Da der Druckverlust Δp_V von der Strömungsgeschwindigkeit $\bar{w}$ abhängt (Darcy-Weisbach-Gleichung 10.16), steigt er ebenfalls entlang der Strömung an.
6. Wegen des wachsenden Druckverlustes Δp_V sinkt der Absolutdruck p überproportional (**Bild 10.10**).

In Bild 10.10 ist beispielhaft der Verlauf der Dichte, der Strömungsgeschwindigkeit und des Druckes von Druckluft in einer sehr langen Rohrleitung mit einem Innendurchmesser von d_i = 100 mm aufgetragen. Die mit „kompressibel" bezeichneten Kurven wurden für isotherme Strömung bei Raumtemperatur berechnet (siehe *Abschnitt 10.3.2.1*). Die mit „inkompressibel" bezeichneten Kurven zeigen zum Vergleich den theoretischen Fall der Strömung eines inkompressiblen Fluids mit der Dichte[10] ρ = 12 kg/m³.

Solange der Druckverlust in dem jeweils zu berechnenden Rohrleitungsabschnitt klein ist gegenüber dem Anfangsdruck p_1 (z.B. $\Delta p_V/p_1 < 0{,}1$)[11] werden die aufgezeigten Effekte in der Praxis häufig vernachlässigt und der Druckverlust für kompressible Gasströmungen überschlägig wie der für inkompressible Flüssigkeiten (*Gleichung 10.24*) berechnet.

Bild 10.10 verdeutlicht diese Vernachlässigung. Man rechnet entlang der dort im untersten Diagramm (Druckverlauf) gezeigten Tangente (Kurve „inkompressibel") anstatt entlang der gekrümmten Kurve („kompressibel"). Hier ist deutlich zu sehen, dass der Unterschied für kurze Rohrlängen gering ist.

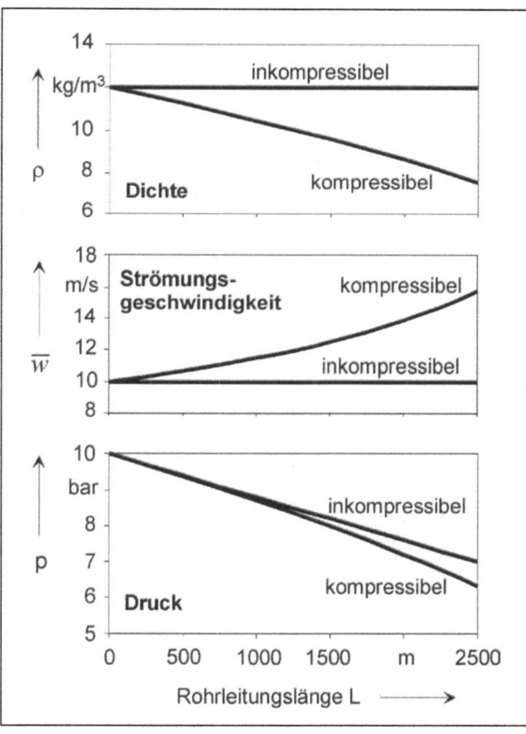

Bild 10.10: Verlauf von Dichte ρ, Strömungsgeschwindigkeit $\bar{w}$ und Druck p über der Rohrleitungslänge bei inkompressibler und kompressibler Strömung

Für genaue Berechnungen müssen jedoch die obigen Effekte der kompressiblen Strömung berücksichtigt werden, woraus eine Integralrechnung entlang der gekrümmten Kurve („kompressibel") über die zu betrachtende Rohrlänge folgt. Um eine anschauliche Formel für die Druckverlustberechnung von Gasströmungen zu erhalten, sind einige Vereinfachungen üblich, die im folgenden gezeigt werden[12].

---

10 ρ = 12 kg/m³ entspricht der Anfangsdichte ρ_1 der Druckluft in dem hier gewählten Beispiel

11 Ein weiteres Kriterium für die Anwendbarkeit inkompressibler Rechnung ist die Mach-Zahl (Ma), d.h. das Verhältnis von Strömungsgeschwindigkeit zu Schallgeschwindigkeit. Z.B. für Ma < 0,2 kann inkompressibel gerechnet werden [54]

12 siehe z.B. [58]

10.3.2.1 Gasströmung im geraden Rohr

Wie oben gezeigt wird die Strömung kompressibler Fluide entlang der Rohrleitung beschleunigt. Aus der dabei verbrauchten Beschleunigungsenergie resultiert zusätzlicher Druckverlust. Werden die Strömungsgeschwindigkeiten nicht zu groß, ist dieser zusätzliche Druckverlust klein gegenüber dem aus Rohrreibung, für Luft mit 20 °C z.B. 3,2 % bei 50 m/s und 14 % bei 100 m/s [46].

Des Weiteren geht man vereinfachend von idealem Gasverhalten aus, das für viele technische Anwendungsfälle annähernd zutrifft[13]. Damit gilt die ideale Gasgleichung:

$$p \cdot V = m \cdot R \cdot T \quad \text{bzw.} \quad p \cdot \dot{V} = \dot{m} \cdot R \cdot T \tag{10.26}$$

Hierbei ist zu berücksichtigen, dass Druck p und Temperatur T jeweils absolut einzusetzen sind (Absolutdruck = Überdruck in der Leitung + Umgebungsdruck; Absoluttemperatur in Kelvin).

Dichte ρ und Strömungsgeschwindigkeit $\bar{w}$ können damit an jedem beliebigen Punkt in einer Rohrleitung abhängig von dem bekannten Zustand in einem Bezugspunkt (Index „1") bestimmt werden, wenn man den Druck p und die Temperatur T kennt:

$$\rho = \rho_1 \cdot \frac{p}{p_1} \cdot \frac{T_1}{T} \tag{10.27}$$

$$\bar{w} = \bar{w}_1 \cdot \frac{p_1}{p} \cdot \frac{T}{T_1} \tag{10.28}$$

In einem Rohrstück mit der infinitesimal kurzen Länge *dL* (**Bild 10.11**) können die druckabhängigen Größen p, T und λ annähernd als konstant angenommen werden. Damit liegen inkompressible Verhältnisse vor und der Druckverlust in diesem kurzen geraden Rohrstück kann nach der *Darcy-Weisbach-Gleichung 10.16* berechnet werden. Setzt man darin Dichte und Strömungsgeschwindigkeit nach den obigen *Gleichungen 10.27 und 10.28* ein, so erhält man für den Druckunterschied im Rohrstück der Länge *dL*:

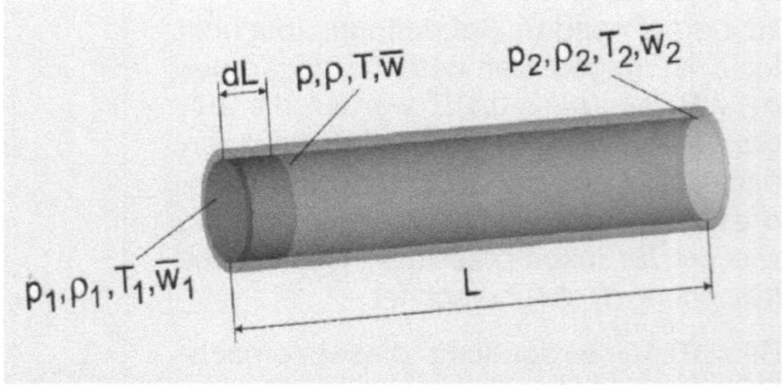

Bild 10.11: Modell zum Druckverlust bei kompressibler Strömung

$$dp = -\lambda \cdot \frac{dL}{d_i} \cdot \frac{\rho_1}{2} \cdot \bar{w}_1^2 \cdot \frac{T}{T_1} \cdot \frac{p_1}{p} \tag{10.29}$$

oder

$$p \cdot dp = -\frac{\lambda}{d_i} \cdot \frac{\rho_1}{2} \cdot \bar{w}_1^2 \cdot \frac{T}{T_1} \cdot p_1 \cdot dL \tag{10.30}$$

mit der Temperatur T, dem Druck p und der Rohrreibungszahl λ im jeweiligen Rohrabschnitt *dL*.

---

[13] z.B. für Luft bei 20bar ist der Realgasfaktor Z zwischen 0 °C und 200 °C: $0{,}99 \le Z = \frac{p \cdot V}{n \cdot R \cdot T} \le 1{,}006$ (berechnet aus Virialkoeffizienten nach [60])

Das Minuszeichen auf der rechten Seite der Gleichung rührt daher, dass der Druck abnimmt und damit der Druckunterschied $p_2 - p_1$ negativ ist. Für technische Anwendungen ist der Druckverlust in einem Rohrleitungsabschnitt zwischen zwei Punkten „1" und „2" (Bild 10.11) interessant, der folgendermaßen definiert ist:

$$\Delta p_\lambda = p_1 - p_2 \tag{10.31}$$

Mit den Vereinfachungen

- $\lambda \approx const.$

und

- $T \approx \bar{T} = \dfrac{T_1 + T_2}{2}$

ergibt die Integration von *Gleichung 10.30* mit der Rohrlänge L zwischen den Punkten „1" und „2":

$$\frac{p_1^2 - p_2^2}{2 \cdot p_1} = \lambda \cdot \frac{L}{d_i} \cdot \frac{\rho_1}{2} \cdot \bar{w}_1^2 \cdot \frac{\bar{T}}{T_1} \tag{10.32}$$

worin die Bezugsgrößen p_1, T_1, ρ_1 und $\bar{w}_1$ am Beginn (Punkt „1") des betrachteten Rohrleitungsabschnittes bekannt sein müssen.

Mit *Gleichung 10.31* ergibt sich daraus für den kompressiblen Druckverlust einer Gasströmung im geraden Rohr $\Delta p_{\lambda,k}$ (siehe *Anmerkung 10.4*):

$$\Delta p_{\lambda,k} = p_1 \cdot \left(1 - \sqrt{1 - \frac{2}{p_1} \cdot \lambda \cdot \frac{L}{d_i} \cdot \frac{\rho_1}{2} \cdot \bar{w}_1^2 \cdot \frac{\bar{T}}{T_1}}\right) \tag{10.33}$$

In dieser Gleichung enthalten ist die *Darcy-Weisbach-Gleichung 10.16*

$\left(\Delta p_{\lambda,i} = \lambda \cdot \dfrac{L}{d_i} \cdot \dfrac{\rho_1}{2} \cdot \bar{w}_1^2\right)$ für den Druckverlust bei inkompressibler Strömung (Flüssigkeitsströmung) mit der Dichte ρ_1 und der Strömungsgeschwindigkeit $\bar{w}_1$ am Punkt „1". Damit lässt sich *Gleichung 10.33* übersichtlicher schreiben als:

$$\Delta p_{\lambda,k} = p_1 \cdot \left(1 - \sqrt{1 - \frac{2}{p_1} \cdot \Delta p_{\lambda,i} \cdot \frac{\bar{T}}{T_1}}\right) \tag{10.34}$$

Die Vereinfachungen bei der Herleitung dieser Gleichung ($\lambda \approx$ *const.* und $T \approx \bar{T}$, s.o.) wirken sich umso mehr auf die Genauigkeit des berechneten Druckverlustes aus, je länger die Länge L des betrachteten Rohrabschnitte bzw. je größer der Druckverlust im Verhältnis zum Anfangsdruck ist. Es ist daher zu empfehlen, längere Rohrleitungen in mehreren Teilabschnitten zu berechnen. Dabei ist jeweils der Enddruck $p_2 = p_1 - \Delta p_V$ des vorhergehenden Abschnittes der Anfangsdruck p_1 des nachfolgenden.

Das Temperaturverhältnis $\bar{T}/T_1$ wird nur dann $\neq 1$, wenn sich die Gastemperatur entlang der Rohrleitung ändert. Hierfür kommen folgende Effekte in Betracht:

- Wärmeaustausch mit der Umgebung
- Abkühlung des Gases durch adiabate bzw. polytrope Entspannung des Gases
- Erwärmung des Gases durch Rohrreibung

Permanenter Wärmeaustausch mit der Umgebung sorgt in bestimmten Fällen dafür, dass die Gastemperatur trotz Gasentspannung und Reibungseinfluss nahezu konstant bleibt. Dies ist insbesondere in Gasrohrleitungen ohne Wärmedämmung der Fall. Man spricht dann von „isothermer Strömung" und setzt $\bar{T}/T_1 = 1$.

In Rohrleitungen mit Wärmedämmung herrschen dagegen annähernd adiabate Verhältnisse, d.h. es findet nur sehr geringer Wärmeaustausch mit der Umgebung statt. Damit wirken sich Abkühlungs- und Erwärmungseffekte direkt auf die Fluidtemperatur entlang der Strömung aus. Dies betrifft z.B. Dampfrohrleitungen [43]. Die Abkühlung des Dampfes entlang der Rohrleitung durch Entspannung aufgrund des Druckverlustes z.B. bewirkt, dass $\bar{T}/T_1 < 1$ wird. Zu bedenken ist allerdings, dass andererseits die Dissipation durch Rohrreibung dieser Abkühlung entgegenwirkt. Auch dies wird jedoch üblicherweise vernachlässigt. **Bild 10.12** zeigt einen Vergleich der Druckverluste bei isothermer und nicht-isothermer Strömung.

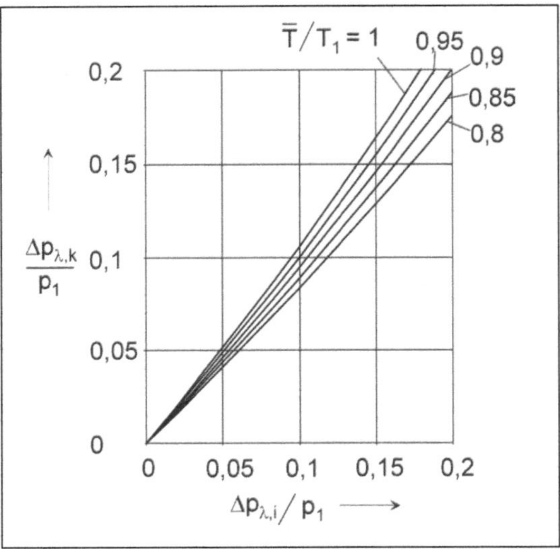

Bild 10.12: Einfluss der Temperaturänderung im Gas auf den Druckverlust bei kompressibler Strömung

10.3.2.2 Gasströmung durch Einzelwiderstände

Die Druckverluste von Gasströmungen durch Einzelwiderstände Δp_ζ werden berechnet wie die von Flüssigkeitsströmungen (s.o. *Gleichung 10.18*). Für die Genauigkeit des so berechneten Druckverlustes ist entscheidend, welche Strömungsgeschwindigkeit $\bar{w}_1$ eingesetzt wird. Diese nimmt entlang einer Gasströmung zu, wie oben beschrieben. Sitzt z.B. ein Einzelwiderstand am Ende eines betrachteten Rohrleitungsabschnittes, sein Druckverlust wird jedoch mit der Strömungsgeschwindigkeit berechnet, die am Anfang des Abschnittes herrscht, so können sich daraus erhebliche Abweichungen ergeben.

Als Widerstandsbeiwerte ζ können dieselben wie für inkompressible Strömung verwendet werden (z.B. *Tabellen 10.5 bis 10.8*). Dies führt nur bei Einbauten mit Gebieten starker Ablösung, d.h. großen Verlustbeiwerten und hoher Strömungsgeschwindigkeiten ($Ma > 0{,}5$)[14] zu unzureichenden Ergebnissen [54]. Auch äquivalente Längen können zur Berücksichtigung der Einzelwiderstände wie in Flüssigkeitsströmungen verwendet werden (s.o.).

10.3.2.3 Gesamtdruckverlust in Gasströmungen

Entsprechend den obigen Ausführungen wird der Druckverlust in Gasströmungen nach *Gleichung 10.33 bzw. 10.34* berechnet. Wie in *Gleichung 10.34* formuliert ist darin der Druckverlust bei inkompressibler Strömung, d.h. in Flüssigkeitsströmungen enthalten. Dieser wird nach den *Gleichungen 10.24 oder 10.25* bestimmt. Bei sehr kleinen Druckverlusten (z.B. $\Delta p_V \leq 0{,}1 \cdot p_1$) kann auch für Gasströmungen vereinfacht wie im inkompressiblen Fall (*Gleichungen 10.24 oder 10.25*) gerechnet werden.

In jedem Fall ist zu bedenken, dass wegen der Veränderlichkeit von Gasdichte und Strömungsgeschwindigkeit die Rechnung umso ungenauer wird, je größer der Druckverlust $\Delta p_V/p_1$ im betrach-

---

[14] Mach-Zahl = Verhältnis von Strömungsgeschwindigkeit zu Schallgeschwindigkeit

teten Rohrleitungsabschnitt ist. Es ist daher zu empfehlen, jeweils möglichst kurze Abschnitte zu betrachten und die Lage der Einzelwiderstände zu berücksichtigen.

10.3.3 Längenbezogene Druckverlustermittlung (Druckgefälle)

Die bisher beschriebene Art der Druckverlustberechnung ist auf jeden praktischen Fall anwendbar. In der Ingenieurpraxis sind für bestimmte Anwendungen allerdings auch vereinfachte Berechnungen verbreitet. In diesen Fällen arbeitet man gern mit vorberechneten Werten für den „längenbezogenen Druckverlust“, der auch als „Druckgefälle“ oder als „*R*-Wert“ bezeichnet wird:

$$R = \frac{\Delta p}{L} \tag{10.35}$$

Daraus lässt sich der Druckverlust Δp eines Rohrstranges sehr einfach bestimmen:

$$\Delta p = R \cdot L \tag{10.36}$$

mit:

L = Länge des betrachteten Rohrabschnittes inklusive äquivalenter Längen für Einzelwiderstände (siehe *Abschnitt 10.3.1.2*)

R = längenbezogener Druckverlust (Druckgefälle)

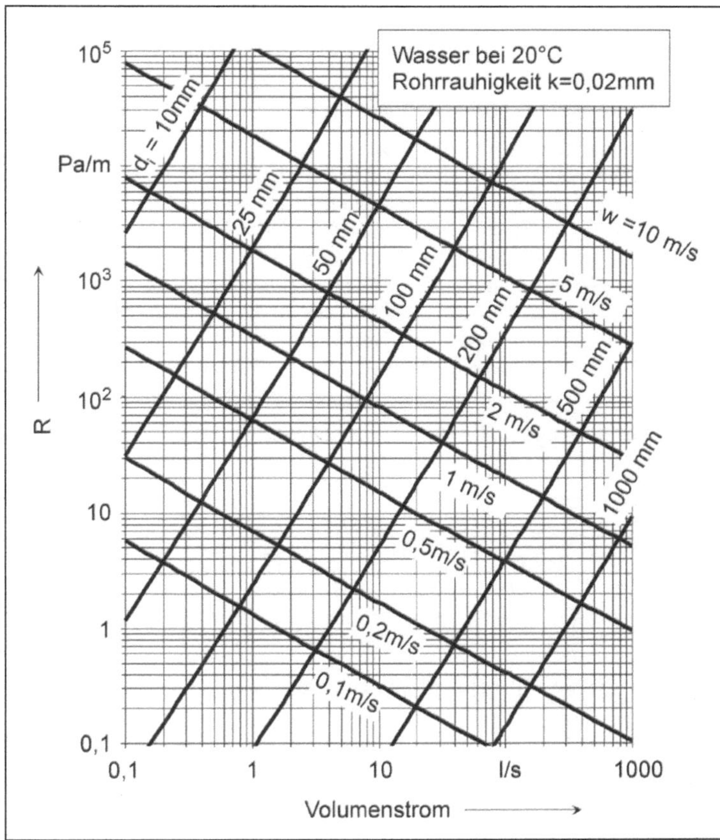

Bild 10.13:
Längenbezogener Druckverlust (Druckgefälle) *R*

Zur Bestimmung des längenbezogenen Druckverlustes R muss *Gleichung 10.16* umgeformt werden zu:

$$R = \frac{\Delta p_\lambda}{L} = \lambda \cdot \frac{1}{d_i} \cdot \frac{\rho}{2} \cdot \bar{w}^2 \qquad (10.37)$$

R hängt also ab von:

- Rohrleitungswerkstoff
- Rohrinnendurchmesser
- Dichte des Fluids
- Strömungszustand (Reynolds-Zahl)
- Volumenstrom

Es existieren verschiedenste Kataloge für R-Werte, meist in Form von Tabellen oder Diagrammen (z.B. **Bild 10.13**). Es ist darauf zu achten, das die verfügbaren R-Werte auch in allen genannten Kriterien zu dem jeweiligen Anwendungsfall passen. Die Werte in Bild 10.13 gelten z.B. nur für Wasser bei Raumtemperatur in Rohren mit einer Wandrauhigkeit von k = 0,02 mm.

10.4 Strömung in Rohrnetzen

Im technischen Sprachgebrauch werden verzweigte Rohrleitungssysteme häufig „Rohrnetze" genannt. Strömungstechnisch sind das Kombinationen von seriellen (hintereinandergeschalteten) und parallelen Strömungswiderständen.

10.4.1 Serielle Strömungswiderstände

Jeder Rohrleitungsabschnitt, der nicht ausschließlich aus einem geraden Stück Rohr mit konstantem Durchmesser besteht, stellt eine Reihe serieller Strömungswiderstände dar. Zwei Rohrstücke verschiedener Dimension, die über eine Reduktion miteinander verbunden sind, stellen beispielsweise eine Reihe von drei seriellen Strömungswiderständen dar (**Bild 10.14**).

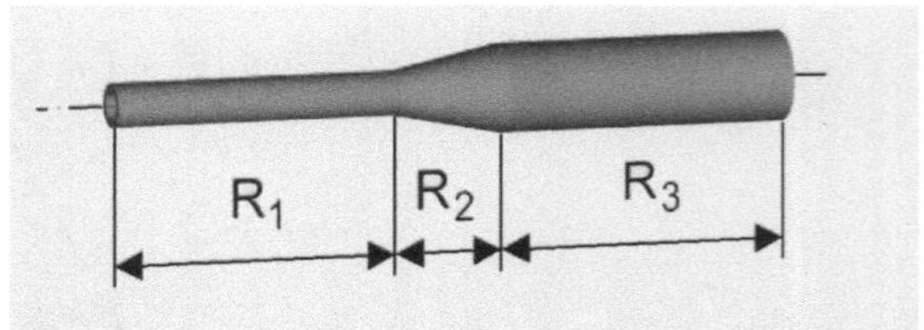

Bild 10.14: Beispiel für serielle Strömungswiderstände

Der Gesamtdruckverlust einer Reihe serieller Strömungswiderstände ist gleich der Summe der Einzeldruckverluste:

$$\Delta p_{ges} = \sum_{i=1}^{n} \Delta p_i \qquad (10.38)$$

Der eintretende Massenstrom ist immer gleich dem austretenden Massenstrom:

$$\dot{m}_{ein} = \dot{m}_{aus} \qquad (10.39)$$

Bei konstanter Dichte, d.h. bei inkompressiblen Fluiden (Flüssigkeiten) bedeutet das, dass auch der eintretende Volumenstrom gleich dem austretenden Volumenstrom ist:

$$\dot{V}_{ein} = \dot{V}_{aus} \qquad (10.40)$$

10.4.2 Parallele Strömungswiderstände

In jeder Rohrverzweigung wird der Fluidstrom in zwei oder mehr Teilströme aufgeteilt. Werden diese Teilströme stromabwärts wieder zusammengeführt oder weisen sie aus einem anderen Grunde an ihren Enden den gleichen Druck auf, so sind sie im Sinne der Strömungstechnik „parallel“. In diesem Fall sind die Druckverluste in den einzelnen Teilsträngen gleich (**Bild 10.15**):

$$\Delta p_1 = \Delta p_2 = \Delta p_3 = \ldots = \Delta p_n \qquad (10.41)$$

Für die Massenströme gilt:

$$\dot{m}_{ein} = \dot{m}_{aus} = \sum_{i=1}^{n} \dot{m}_i \qquad (10.42)$$

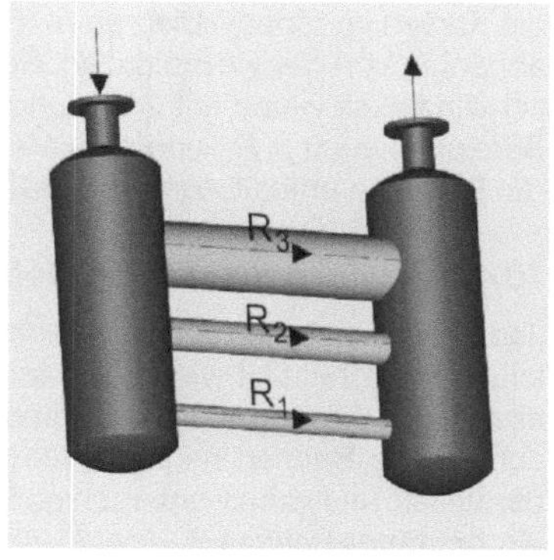

Bild 10.15: Beispiel für parallele Strömungswiderstände

und bei konstanter Dichte, d.h. inkomressiblen Fluiden (Flüssigkeiten):

$$\dot{V}_{ein} = \dot{V}_{aus} = \sum_{i=1}^{n} \dot{V}_i \qquad (10.43)$$

Die einzelnen Teilvolumenströme paralleler Leitungen können über den Vergleich ihrer Strömungswiderstände ermittelt werden. Aus den *Gleichungen 10.24 und 10.2* ergibt sich:

$$\Delta p = \left(\lambda \cdot \frac{L}{d_i} + \sum \zeta \right) \cdot \frac{\rho}{2} \cdot \frac{\dot{V}^2}{A_i^2} \qquad (10.44)$$

Fasst man die für einen bestimmten Strömungswiderstand konstanten Größen zu dem „Strömungswiderstand“ R_S zusammen, so ist:

$$\Delta p = R_S \cdot \dot{V}^2 \qquad (10.45)$$

mit:

$$R_S = \left(\lambda \cdot \frac{L}{d_i} + \sum \zeta \right) \cdot \frac{\rho}{2} \cdot \frac{1}{A_i^2} \qquad (10.46)$$

Aus *Gleichung 10.41* folgt damit:

$$R_{S,1} \cdot \dot{V}_1^2 = R_{S,2} \cdot \dot{V}_2^2 = R_{S,3} \cdot \dot{V}_3^2 = \ldots = R_{S,n} \cdot \dot{V}_n^2 \qquad (10.47)$$

und für das Verhältnis der Massenströme z.B. in den parallelen Strängen „1“ und „2“:

$$\frac{\dot{V}_1}{\dot{V}_2} = \sqrt{\frac{R_{S,2}}{R_{S,1}}} \qquad (10.48)$$

Aus *Gleichung 10.45* ($\Delta p = R_S \cdot \dot{V}^2$) folgt nicht notwendigerweise $\Delta p \sim \dot{V}^2$, denn im Strömungswiderstand R_S nach *Gleichung 10.46* steckt die Rohrreibungszahl λ [$R_S = f(\lambda)$]. Überall dort, wo die Kurven im Moody-Diagramm (Bild 10.8) nicht waagerecht verlaufen, ist die Rohrreibungszahl λ abhängig von der Reynoldszahl *Re*, damit nach *Gleichung 10.1* abhängig von der Strömungsgeschwindigkeit $\bar{w}$ und mit *Gleichung 10.2* abhängig vom Volumenstrom $\dot{V}$. Somit steckt $\dot{V}$ in diesen Bereichen auch in R_S und $\Delta p \sim \dot{V}^2$ gilt nur für den vollturbulenten Bereich. Beispiele für die anderen Bereiche enthält *Anmerkung 10.3* im Anhang.

10.4.3 Druckverlust in Rohrnetzen

Jedes „Rohrnetz" ist eine Kombination paralleler und serieller Rohrleitungsabschnitte. Jeder Rohrleitungsabschnitt ist wiederum eine Folge serieller Strömungswiderstände. Parallele Rohrleitungsabschnitte stellen parallele Strömungswiderstände dar. In einem Rohrnetz kann das Fluid unterschiedliche Bahnen nehmen, die unterschiedliche Kombinationen von Strömungswiderständen darstellen und damit unterschiedlich hohe Druckverluste erzeugen. Solche Bahnen werden z.B. „Rohrstränge" genannt.

Bei der Auslegung eines Rohrnetzes ist der Rohrstrang von besonderer Bedeutung, der den größten Druckverlust erzeugt. Er wird z.B. „ungünstigster Strang" genannt. Von dem Druckverlust, der bei maximalem Volumenstrom in diesem ungünstigsten Strang entsteht, hängt der maximale Druck ab, der am Anfang dieses Rohrstranges zur Verfügung stehen muss.

In *Abschnitt 10.4.2* wurde gezeigt, dass sich der Gesamtvolumenstrom entsprechend der Strömungswiderstände auf parallele Stränge verteilt (*Gleichung 10.48*). Sind in den parallelen Strängen jeweils bestimmte Volumenströme gefordert, so müssen die Strömungswiderstände entsprechend abgeglichen werden. Dies geschieht z.B. durch das Einregulieren von Abgleich-Ventilen in den einzelnen Strängen. Diese Maßnahme wird „hydraulischer Abgleich" genannt.

10.4.4 Treibendes Druckgefälle

In einer Rohrleitung findet nur dann eine Strömung statt, wenn ein „treibendes Druckgefälle" vorhanden ist, d.h., grob ausgedrückt, wenn am Anfang der Rohrleitung ein höherer statischer Druck herrscht als am Ende. Mit der *Bernoulli-Gleichung 10.5*, erweitert um den Druckverlust Δp_V, lässt sich das folgendermaßen darstellen:

$$\rho_1 \cdot g \cdot z_1 - \rho_2 \cdot g \cdot z_2 + p_1 - p_2 = \frac{\rho_2}{2} \cdot \bar{w}_2^2 - \frac{\rho_1}{2} \cdot \bar{w}_1^2 + \Delta p_V \qquad (10.49)$$

Auf der linken Seite dieser Gleichung steht die Summe der statischen Druckanteile, die die Strömung treiben, auf der rechten Seite die Summe der dynamischen Druckanteile, die durch die Strömung entstehen. Je nach Anwendungsfall können einzelne Teile dieser Gleichung auch wegfallen oder vernachlässigt werden. **Bild 10.16** verdeutlicht dies an einigen Beispielen:

- Im Beispiel (A) für Flüssigkeitsströmungen wird über einen Kompressor in dem geschlossenen Behälter ein Überdruck aufgebaut, der die Flüssigkeit aus dem Behälter durch die Rohrleitung in das höhergelegene offene Becken drückt. Die Strömungsgeschwindigkeiten sind in beiden Behältern annähernd null. Hier fließt erst dann etwas, wenn der statische Druckunterschied $p_1 - p_2$ größer ist als der geodätische. Das treibende Druckgefälle ist die Differenz dieser beiden Druckunterschiede.
- Im Beispiel (B) für Flüssigkeitsströmungen treibt nur der geodätische Druckunterschied die Strömung. Die Strömungsgeschwindigkeit im offenen Becken ist annähernd null. Je größer der Strömungswiderstand in der Rohrleitung ist, desto geringer wird die Strömungsgeschwindigkeit am Punkt 2. Dies ließe sich z.B. veranschaulichen durch ein Ventil in der Rohrleitung, das zugedreht wird.
- Das Beispiel (C) für die Gasströmung ähnelt dem Beispiel (A). Bei Gasen ist allerdings der Höhenunterschied zu vernachlässigen, wenn er z.B. kleiner als 100 m ist. Der Druckunterschied

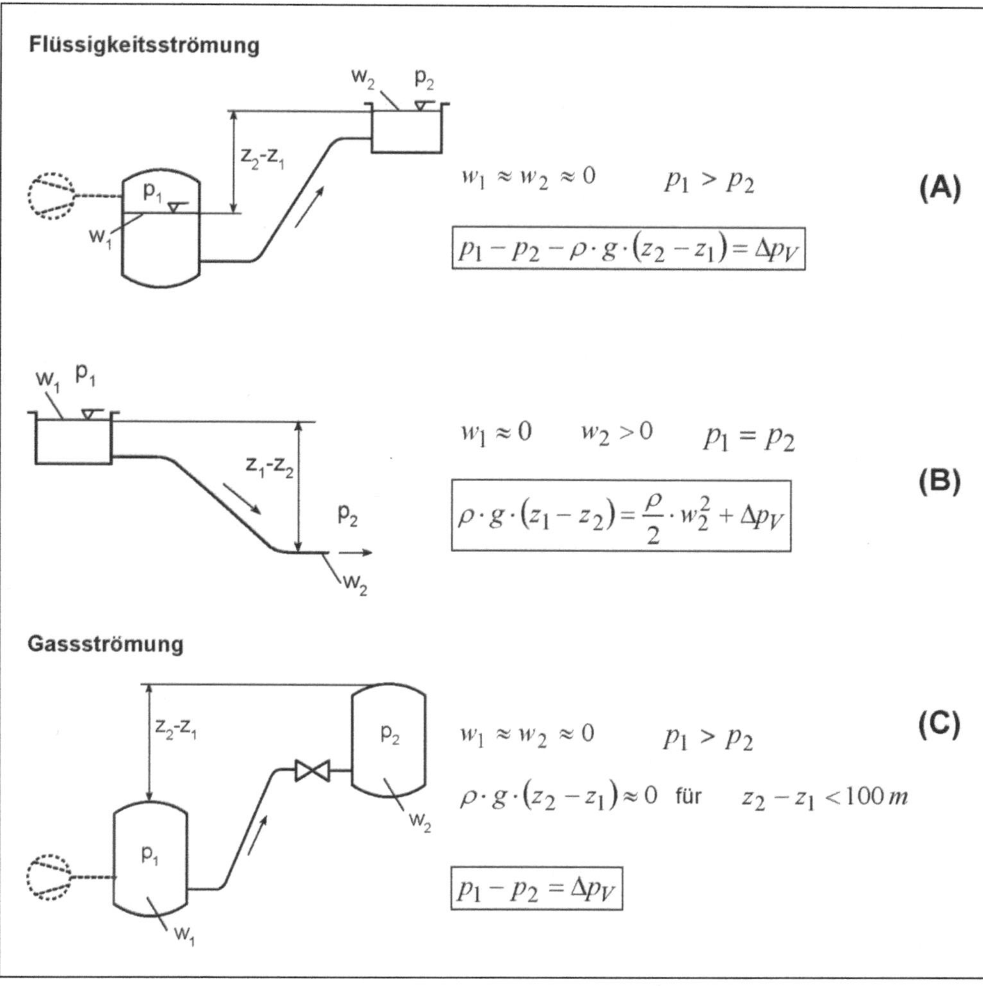

Bild 10.16: Beispiele für treibendes Druckgefälle ohne Pumpe

in den beiden Gasbehältern wird damit ausschließlich vom Druckverlust in der Rohrleitung beeinflusst. Wird vom Kompressor nichts nachgeliefert, so nimmt der Druckunterschied zwischen den Behältern ab und gleicht sich schließlich aus. Sobald dieser Zustand erreicht ist, hört die Strömung ganz auf.

Selbstverständlich gibt es Fälle, in denen die Summe der statischen Druckanteile null oder negativ wird und deshalb keine Strömung in die gewünschte Richtung zustande kommt. Dann werden Pumpen oder Verdichter benötigt, die die Druckverhältnisse ändern. Die erforderliche statische Druckerhöhung durch Pumpe oder Verdichter ergibt sich aus der Summe aller statischen und dynamischen Anteile von *Gleichung 10.49*. Sie kann z.B. „Anlagendruckdifferenz" Δp_A genannt werden:

$$\Delta p_A = \rho_2 \cdot g \cdot z_2 - \rho_1 \cdot g \cdot z_1 + p_2 - p_1 + \frac{\rho_2}{2} \cdot \bar{w}_2^2 - \frac{\rho_1}{2} \cdot \bar{w}_1^2 + \Delta p_V \qquad (10.50)$$

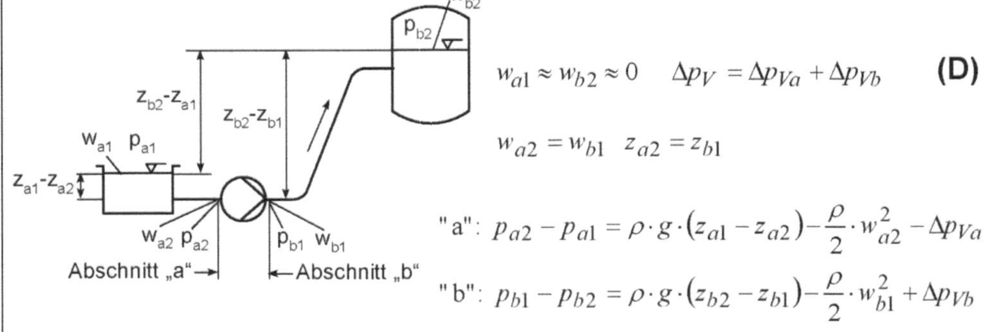

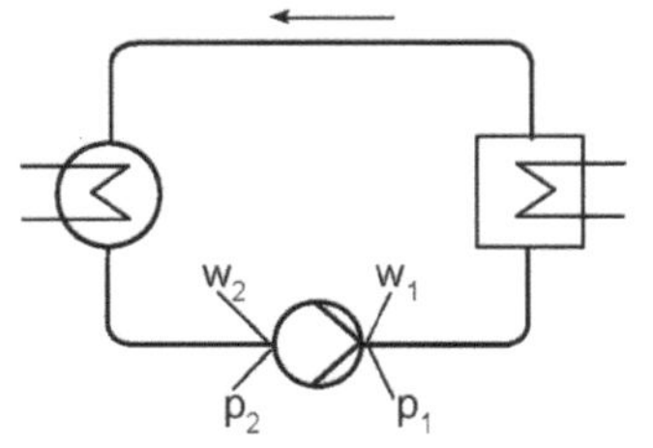

$w_1 = w_2 \qquad z_1 = z_2$ **(E)**

$$\boxed{\Delta p_A = p_1 - p_2 = \Delta p_V}$$

Gasströmung

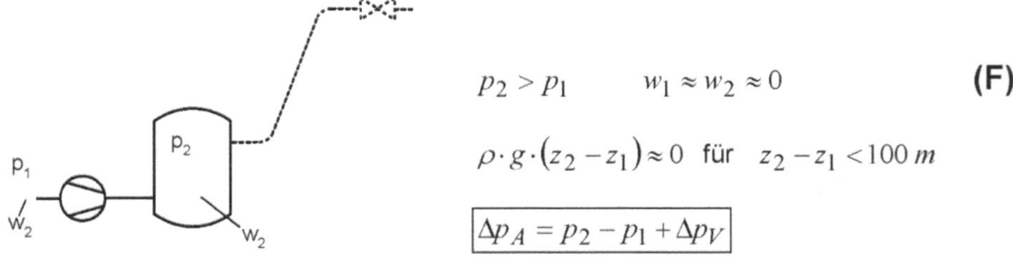

Bild 10.17: Beispiele für die Anlagendruckdifferenz, die von einer Pumpe oder einem Verdichter aufgebracht werden muss

Bild 10.17 erläutert dies an einigen Beispielen:

- Das Beispiel (D) für Flüssigkeitsströmung ist in zwei Abschnitte unterteilt, die Saugseite (Abschnitt „a“) und die Druckseite (Abschnitt „b“) der Pumpe. Auf der Saugseite wird die Strömung durch die Höhe der Flüssigkeitssäule im Becken unterstützt. Auf der Druckseite dagegen muss die Pumpe den Höhenunterschied und den statischen Überdruck in dem geschlossenen Behälter überwinden. Die Strömungsgeschwindigkeiten in den Behältern sind annähernd null, diejenigen vor und nach der Pumpe gleich (gleiche Rohrdurchmesser angenommen). Damit sind keine dynamischen Druckunterschiede zu berücksichtigen.
- Das Beispiel (E) für Flüssigkeitsströmung stellt ein geschlossenes Rohrsystem dar. Hier sind keine Höhenunterschiede zu berücksichtigen. Bei gleichförmigem Rohrdurchmesser fallen auch die dynamischen Druckunterschiede heraus. Die Anlagendruckdifferenz hängt hier ausschließlich vom Druckverlust in der Rohrleitung ab.
- Das Beispiel (F) für Gasströmung stellt die Befüllung eines Druckluftbehälters dar. Der Druckverlust in der Leitung zwischen Kompressor und Behälter ist zu berücksichtigen, aber klein. Damit hängt die Druckerhöhung, die der Kompressor erzeugen muss, zum größten Teil vom Überdruck im Behälter ab.

10.4.5 Anlagenkennlinie

Aus *Gleichung 10.50* mit dem Druckverlust Δp_V wird deutlich, dass die dynamischen Anteile $\left((\rho_2/2)\cdot\bar{w}_2^2-(\rho_1/2)\cdot\bar{w}_1^2\right)$ und Δp_V (siehe z. B. *Gleichung 10.24*) der Anlagendruckdifferenz von der Strömungsgeschwindigkeit $\bar{w}$ und damit vom Volumenstrom $\dot{V}$ abhängen. Wie oben bereits erwähnt wird eine Anlage zunächst auf den maximal zu erwartenden Betriebsvolumenstrom ausgelegt. Häufig laufen Anlagen in der Praxis jedoch auch im Teillastbetrieb, d.h. mit geringeren Volumenströmen. Zur Beurteilung des Betriebsverhaltens und zur Regelung der Anlagen ist daher die Abhängigkeit der Anlagendruckdifferenz vom Volumenstrom wichtig. Die grafische Darstellung dieser Abhängigkeit wird „Anlagenkennlinie“ oder auch „Rohrleitungskennlinie“ genannt.

Gleichung 10.50 aus dem vorhergehenden *Abschnitt 10.4.4* ist die Gleichung der Anlagenkennlinie. **Bild 10.18** zeigt qualitativ ihre grafische Darstellung mit den einzelnen Anteilen, aus denen sie besteht. Wie in *Abschnitt 10.4.4* schon beschrieben, können je nach Anwendungsfall einzelne der Summanden in *Gleichung 10.50* wegfallen, z.B. einer oder beide statischen Anteile oder auch die

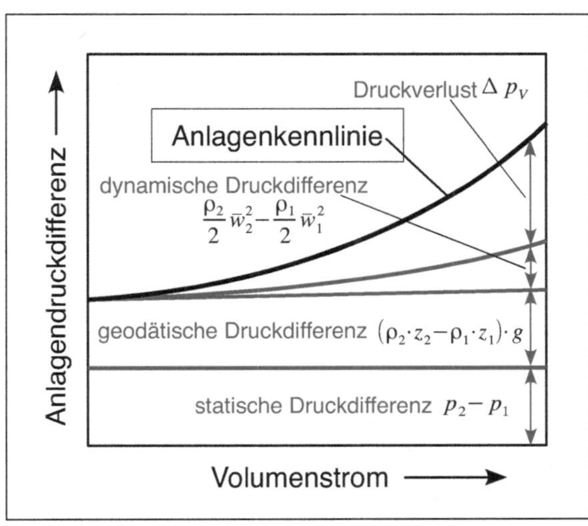

Bild 10.18: Anteile der Anlagenkennlinie bzw. Rohrleitungskennlinie

dynamische Druckdifferenz. Tatsächlich ist in der praktischen Anwendung die dynamische Druckdifferenz $\frac{\rho_2}{2} \cdot \bar{w}_2^2 - \frac{\rho_1}{2} \cdot \bar{w}_1^2$ sehr häufig vernachlässigbar klein. Lässt man diese weg und fasst die statischen Anteile der Anlagenkennlinie zu einer Konstante K_0 zusammen, so bleibt:

$$\Delta p_A = K_0 + \Delta p_V \qquad (10.51)$$

mit: $\frac{\rho_2}{2} \cdot \bar{w}_2^2 - \frac{\rho_1}{2} \cdot \bar{w}_1^2 \approx 0$ und $K_0 = \rho_2 \cdot g \cdot z_2 - \rho_1 \cdot g \cdot z_1 + p_2 - p_1$

Formuliert man die Abhängigkeit des Druckverlustes allgemein zu $\Delta p_V = K_1 \cdot \dot{V}^n$, wird daraus:

$$\Delta p_A = K_0 + K_1 \cdot \dot{V}^n \qquad (10.52)$$

Der Exponent n hängt vom Einfluss der Reynolds-Zahl Re auf die Rohrreibungszahl λ ab, wie in *Abschnitt 10.4.2* und in Anmerkung 10.3 erläutert wurde. So wird er bei rein laminarer Rohrströmung zu $n = 1$ und bei voll turbulenter Rohrströmung zu $n = 2$. Im Übergangsbereich der turbulenten Strömung liegt er zwischen $n = 1$ und $n = 2$, bei Anwendung der Blasius-Gleichung (siehe Tabelle 10.4) z.B. bei $n = 1{,}75$, wie in Anmerkung 10.3 gezeigt. Es liegt auf der Hand, dass in größeren Anlagen, die aus unterschiedlichen Komponenten und Teilsystemen bestehen, auch unterschiedliche Exponenten vorkommen, so dass sich genau genommen insgesamt eine Anlagenkennlinie der folgenden Form ergibt:

$$\Delta p_A = K_0 + K_1 \cdot \dot{V}^{n_1} + K_2 \cdot \dot{V}^{n_2} + \ldots + K_m \cdot \dot{V}^{n_m} \qquad (10.53)$$

Die Anlagenkennlinie hat große Bedeutung bei der Auswahl geeigneter Pumpen und Verdichter. Hierauf wird in Kapitel 11 eingegangen.

10.5 Strömung im Vakuum

Der Druckbereich unterhalb des Umgebungsdruckes wird allgemein als „Vakuum" bezeichnet, auch wenn der herrschende Absolutdruck noch verhältnismäßig hoch ist (z.B. 200 mbar).

Die Art von Fluidströmung, die in den vorhergehenden Abschnitten beschrieben wurde, hängt stark von der Viskosität der Fluide ab und wird deshalb „viskose" Strömung genannt. Alle Fluidströmungen unter Atmosphärendruck oder Überdruck sind viskose Strömungen. Ihre Eigenschaften resultieren aus der Wechselwirkung der Fluidteilchen. Senkt man den Druck eines Gases hinreichend weit ab, so wird die Zahl der Moleküle oder Atome pro Raumeinheit so klein, dass sie kaum mehr Wechselwirkungen miteinander ausüben. Sie treffen sich kaum noch. In diesem Fall spricht man von „Molekularströmung". Diese gehorcht anderen Gesetzen als die viskose Strömung.

Ob in einer Vakuum-Rohrleitung viskose oder molekulare Strömung herrscht, hängt vom Verhältnis der mittleren freien Weglänge der Gasmoleküle oder -atome zwischen zwei Kollisionen und dem Rohrinnendurchmesser ab[15]. Dieses Verhältnis wird als Knudsen-Zahl *Kn* bezeichnet:

$$Kn = \frac{\bar{l}}{d_i} \qquad (10.54)$$

mit: $\bar{l}$ = mittlere freie Weglänge

d_i = Rohrinnendurchmesser

15 [64]

Tabelle 10.10: Produkt aus freier Weglänge und Absolutdruck für verschiedene Gase bei 20 °C[16]

Gas	$p \cdot \bar{l}$ in [m · mbar]
Helium (He)	$17{,}5 \cdot 10^{-5}$
Luft	$6{,}65 \cdot 10^{-5}$
Sauerstoff (O_2)	$6{,}5 \cdot 10^{-5}$
Stickstoff (N_2)	$5{,}9 \cdot 10^{-5}$
Kohlendioxid (CO_2)	$4{,}0 \cdot 10^{-5}$

Tabelle 10.11: Vakuumbereiche

	Knudsenzahl $Kn = \frac{\bar{l}}{d_i}$	Druck [mbar] (Anhaltswerte)
Grobvakuum	$< 10^{-2}$	1000 ... 1
Feinvakuum	10^{-2} ... 0,5	1 ... 10^{-3}
Hochvakuum	> 0,5	10^{-3} ... 10^{-7}
Ultrahochvakuum		10^{-7} ... < 10^{-12}

Die mittlere freie Weglänge hängt direkt vom herrschenden Druck ab. Für ein bestimmtes Gas gilt bei einer bestimmten Temperatur:

$$p \cdot \bar{l} = const. \tag{10.55}$$

Tabelle 10.10 zeigt beispielhaft Werte für einige Gase bei 20° C. Der Wert $\bar{l} \cdot p = 6{,}65 \cdot 10^{-5}\ m \cdot mbar$ für Luft bedeutet beispielsweise, dass bei Umgebungsdruck von 1 bar die freie Weglänge der Luftmoleküle $\bar{l} = 6{,}65 \cdot 10^{-5}\ m \cdot mbar/1000\ mbar = 6{,}65 \cdot 10^{-8}\ m = 66{,}5\ nm$ beträgt, im Grobvakuum bei einem Druck von 1 mbar dagegen $\bar{l} = 6{,}65 \cdot 10^{-5}\ m \cdot mbar/1\ mbar = 6{,}65 \cdot 10^{-5}\ m = 66{,}5\ \mu m$ und im Hochvakuum bei 10^{-6} mbar $\bar{l} = 6{,}65 \cdot 10^{-5}\ m \cdot mbar/10^{-6}\ mbar = 66{,}5\ m$.

Der Vakuumbereich, d.h. der gesamte Druckbereich unterhalb des Atmosphärendruckes wird in die vier Bereiche Grob-, Fein-, Hoch- und Ultrahochvakuum unterteilt (**Tabelle 10.11**). Im Grobvakuum herrscht viskose Strömung, ab dem Hochvakuum Molekularströmung. Im Übergangangsbereich dazwischen (Feinvakuum) überlagern sich beide Strömungsarten. Er ist strömungstechnisch schwierig zu beherrschen.

Bei allen Gasströmungen ist das Volumen, das eine bestimmte Stoffmenge des Gases einnimmt, vom herrschenden Druck und der Temperatur abhängig. Im Überdruckbereich (Druckluft, Gase) wird deshalb üblicherweise mit dem Volumenstrom auch der Druck und die Temperatur angegeben, für die dieser gilt (z.B. Normzustand oder Ansaugzustand). Oder es wird der Massenstrom angegeben, der von Druck und Temperatur unabhängig ist. In der Vakuumtechnik werden dagegen üblicherweise die

- Stoffmengenstromstärke $\dot{\nu}$ in $\frac{\text{mol}}{\text{s}}$

  oder die
- pV-Stromstärke $q_{pV} = \dot{V} \cdot p$ in $\frac{\text{mbar} \cdot \text{l}}{\text{s}}$ oder $\frac{\text{Pa} \cdot \text{m}^3}{\text{s}}$ (10.56)

verwendet[17].

Bei viskoser Strömung, d.h. Im Grobvakuumbereich, können die strömungstechnischen Berechnungen wie für Druckgase (siehe *Abschnitt 10.3.2*) erfolgen. In der Vakuumtechnik ist jedoch allgemein, d.h. für viskose wie für molekulare Strömung, die Rechnung mit „Leitwerten" üblich:

$$q_{pV} = C \cdot \Delta p \tag{10.57}$$

mit dem Leitwert *C* z.B. in l/s

---

16 Werte aus [39], S. 846

17 Schreibt man die ideale Gasgleichung (10.26) in der Form $p \cdot \dot{V} = \dot{\nu} \cdot R_m \cdot T$ mit der allgemeinen Gaskonstante R_m, so ergibt sich für T = const.: $p \cdot \dot{V} \sim \dot{\nu}$.

Aus dem Hagen-Poisseuilleschen Gesetz (siehe *Abschnitt 10.3.1.1*) ergibt sich für den Leitwert einer geraden Rohrleitung bei laminarer viskoser Strömung:

$$C_V = \frac{\pi \cdot d_i^4}{128 \cdot \eta \cdot L} \cdot \bar{p} \tag{10.58}$$

mit dem mittleren Druck $\bar{p} = \frac{p_{ein} + p_{aus}}{2}$

Wegen der geringen Drücke im Vakuumbereich ist die Dichte der strömenden Gase klein. Dadurch wird auch die Reynoldszahl

$$\mathrm{Re} = \frac{\bar{w} \cdot d_i \cdot \rho}{\eta} \tag{10.1}$$

klein und die Strömung ab einem bestimmten Unterdruck laminar. Turbulente Strömung ist hier von untergeordneter Bedeutung, sie findet nur zu Beginn der Evakuierung statt. Falls dennoch im Vakuum im Bereich turbulenter Strömung gerechnet werden muss, geht man wie für Druckgase vor (siehe *Abschnitt 10.3.2*).

Bei Molekularströmung, d.h. im Hoch- und Ultrahochvakuum ist die freie Weglänge der Gasteilchen sehr groß. Die Durchströmung einer Rohrleitung wird von den Kollisionen der Teilchen mit der Rohrwand bestimmt. Nicht alle Teilchen bewegen sich deshalb durch eine Rohrleitung wie vorgesehen von der Eintrittsöffnung zur Austrittsöffnung, sondern können auch zurück reflektiert werden und an der Eintrittsöffnung wieder austreten. Es ergibt sich eine „Durchlaufwahrscheinlichkeit“, mit der die Teilchen die Rohrleitung wie vorgesehen durchlaufen. Der Leitwert bei molekularer Strömung wird in Abhängigkeit von dieser Durchlaufwahrscheinlichkeit angegeben. Es gilt allgemein:

$$C_M = A_i \cdot \frac{\bar{c}}{4} \cdot P \tag{10.59}$$

mit: A_i = Innenquerschnittsfläche der durchströmten Rohrleitungskomponente
$\bar{c}$ = mittlere Teilchengeschwindigkeit
P = Durchlaufwahrscheinlichkeit

Die mittlere Teilchengeschwindigkeit lässt sich berechnen aus:

$$\bar{c} = \sqrt{\frac{8 \cdot R \cdot T}{\pi}} \tag{10.60}$$

mit: R = spezifische Gaskonstante

Die Durchlaufwahrscheinlichkeit hängt von der Geometrie der durchströmten Rohrleitung ab, z.B[18]:

- Blende: $P = 1$
- kurzes Rohr (Länge klein gegenüber Durchmesser): $P = 1 - \frac{L}{d_i}$ (10.61)
- langes Rohr (Länge groß gegenüber Durchmesser): $P = \frac{4}{3} \cdot \frac{d_i}{L}$ (10.62)

18 [39], S. 122 f

- Rohr beliebiger Länge: $$P \approx \frac{14 + 4 \cdot \frac{L}{d_i}}{14 + 18 \cdot \frac{L}{d_i} + 3 \cdot \left(\frac{L}{d_i}\right)^2} \qquad (10.63)$$

mit: L = Rohrlänge

d_i = Rohrinnendurchmesser

Für den kritischen Feinvakuumbereich wird beispielsweise folgende näherungsweise Berechnung des Leitwertes[19] vorgeschlagen:

$$C_F \approx C_V + C_M \qquad (10.64)$$

Grundsätzlich kann diese Gleichung im gesamten Druckbereich angewendet werden, weil im Grobvakuumbereich $C_V \gg C_M$ und im Hochvakuumbereich umgekehrt $C_M \gg C_V$ wird. Entsprechend wird bei der Anwendung dieser Gleichung im Feinvakuum der Wert C_V von bei hohen Drücken größer und bei kleinen Drücken kleiner, während der Wert von C_M vom Druck unabhängig ist.

Die Berechnung des Gesamt-Leitwertes eines Rohrleitungssystems aus den Einzelleitwerten mehrerer Rohrleitungen bzw. Rohrleitungskomponenten erfolgt nach folgenden Gleichungen:

- bei serieller Durchströmung $$\frac{1}{C_{ges}} = \sum_i \frac{1}{C_i} \qquad (10.65)$$

- bei paralleler Durchströmung $$C_{ges} = \sum_i C_i \qquad (10.66)$$

Vergleicht man Volumenströme und Drücke am Eintritt und am Austritt einer Rohrleitung, so ergibt sich nach dem Kontinuitätsprinzip:

$$\dot{V}_{ein} \cdot p_{ein} = C \cdot (p_{ein} - p_{aus}) = \dot{V}_{aus} \cdot p_{aus} \qquad (10.67)$$

Aus $\dot{V}_{ein} \cdot p_{ein} = \dot{V}_{aus} \cdot p_{aus}$ folgt: $$\frac{p_{ein}}{p_{aus}} = \frac{\dot{V}_{aus}}{\dot{V}_{ein}} \qquad (10.68)$$

Aus $C \cdot (p_{ein} - p_{aus}) = \dot{V}_{aus} \cdot p_{aus}$ folgt: $$\frac{p_{ein}}{p_{aus}} = \frac{\dot{V}_{aus}}{C} + 1 \qquad (10.69)$$

Aus *10.68* und *10.69* folgt: $$\dot{V}_{ein} = \dot{V}_{aus} \cdot \frac{1}{\frac{\dot{V}_{aus}}{C} - 1} \qquad (10.70)$$

und $$\frac{1}{\dot{V}_{ein}} = \frac{1}{C} + \frac{1}{\dot{V}_{aus}} \qquad (10.71)$$

Gleichung 10.70 ist insbesondere wichtig zur Berechnung des „effektiven Saugvermögens" einer Vakuumpumpe (siehe *Abschnitt 11.5*).

---

19 [39], S. 136

10.6 Druckstoß

Der im *Abschnitt 10.2* („Druck und Energie") gezeigte Zusammenhang zwischen den verschiedenen Energie- bzw. Druckarten an verschiedenen Stellen einer Rohrleitung (*Bernoulli-Gleichung 10.5*) gilt für stationäre Strömungen. Mit jeder Änderung der Strömungsgeschwindigkeit wird dieser Zusammenhang zwischen statischem und dynamischem Druck der Strömung kurzzeitig gestört. Daraus resultieren mitunter erhebliche Druckstöße, die zu Schäden an der Rohrleitung führen können. Solche Änderungen der Strömungsgeschwindigkeit kommen in Rohrleitungen

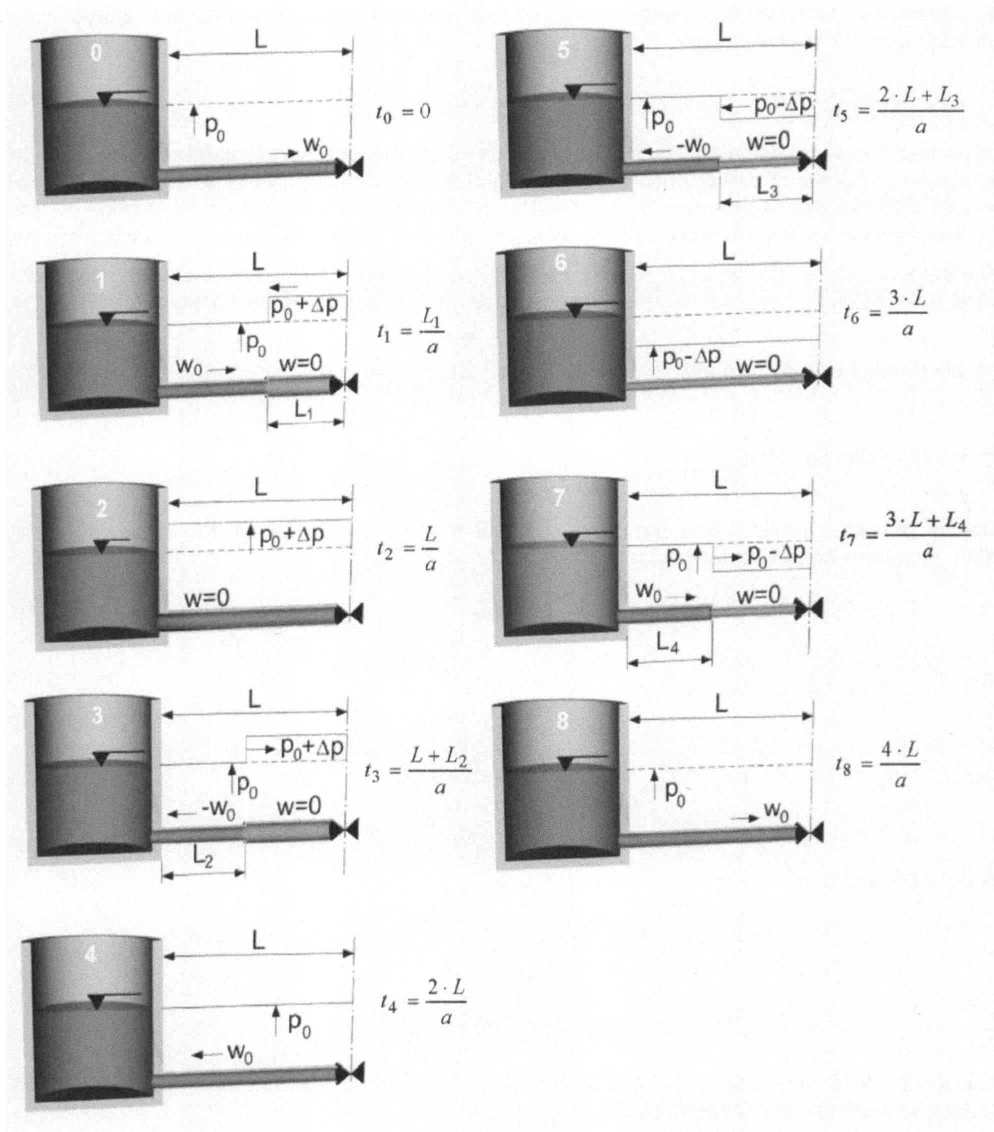

Bild 10.19: Prinzip der Entstehung von Druckstößen

häufig vor, beispielsweise beim Öffnen und Schließen von Armaturen oder beim Starten und Stoppen von Pumpen.

Die Charakteristika von Druckstößen resultieren daraus, dass die Information über eine Geschwindigkeitsänderung der Strömung von einer Stelle der Rohrleitung nicht in unendlich kurzer Zeit an alle anderen Stellen der Rohrleitung übermittelt werden kann. Diese Information wird vielmehr mit einer bestimmten „Druckfortpflanzungsgeschwindigkeit" a übermittelt, die u.a. von der Kompressibilität des Fluids und der Elastizität der Rorwandungen abhängt. Es entsteht eine Druckwelle, die sich mit dieser Geschwindigkeit durch die Rohrleitung bewegt und an bestimmten Punkten vollständig oder teilweise reflektiert werden kann. Jeder Querschnitt der Rohrleitung, den die Druckwelle passiert, erfährt eine kurzzeitige Druckerhöhung.

Bild 10.19 zeigt ein einfaches Modell, das die Mechanismen zu Entstehung, Fortpflanzung und Reflexion eines Druckstoßes verdeutlicht. Das Modellsystem besteht aus einer Rohrleitung der Länge L mit konstantem Durchmesser, die an ihrem Anfang von einem Druckbehälter und an ihrem Ende von einer Absperrarmatur begrenzt wird. Die unterschiedlichen Rohrdurchmesser in der Zeichnung stellen Bereiche höheren (Leitung aufgeweitet) und niedrigeren statischen Druckes dar.

Vereinfachend wird angenommen:

- reibungsfreie Strömung
- Die Absperrarmatur schließt innerhalb unendlich kurzer Zeit.
- Der statische Druck am Ausgang des Druckbehälters bleibt konstant (Behälter unendlich groß).

Folgende Vorgänge laufen dann nacheinander ab [55]:

- Zeitpunkt $t_0 = 0$:

  Die Absperrarmatur wird plötzlich geschlossen (idealisiert: Schließzeit $t_S = 0$). Dadurch nimmt die Strömungsgeschwindigkeit unmittelbar an der Armatur schlagartig von einem positiven Wert w_0 auf $w = 0$ ab. Entsprechend steigt der statische Druck an dieser Stelle schlagartig von dem ursprünglichen Wert p_0 auf $p_0 + \Delta p$ an.

- Zeitpunkt $t_1 \left(0 < t_1 < \frac{L}{a}\right)$:

  Der entstandene neue Strömungszustand bewegt sich in Form einer Druckwelle mit der Druckfortpflanzungsgeschwindigkeit a entgegen der ursprünglichen Strömungsrichtung durch die Rohrleitung auf den Druckbehälter zu. Der Teil der Rohrleitung, den sie bereits durchlaufen hat, steht unter dem erhöhtem Druck $p_0 + \Delta p$, die Leitung ist dadurch aufgeweitet (dick gezeichnet). Hier ist die Strömungsgeschwindigkeit $w = 0$. In den anderen Teilen der Rohrleitung herrschen nach wie vor die ursprüngliche Strömungsgeschwindigkeit $w0$ und der ursprüngliche Druck p_0 (mitteldick gezeichnet).

- Zeitpunkt $t_2 = \frac{L}{a}$:

  Die Druckwelle hat den Druckspeicher erreicht, in dem der statische Druck unveränderlich ist. Der Druck in der gesamten Rohrleitung ist jetzt um den Betrag Δp höher als der im Druckspeicher. Deshalb beginnt Fluid aus der Rohrleitung mit der Geschwindigkeit $-w_0$ in den Druckspeicher zu strömen, um den Druck wieder auszugleichen. Dadurch nimmt der Druck in der Rohrleitung unmittelbar am Druckspeicher von $p_0 + \Delta p$ auf p_0 ab.

- Zeitpunkt $t_3 \left(\frac{L}{a} < t_3 < \frac{2 \cdot L}{a}\right)$:

Die neu entstandene Druckwelle bewegt sich vom Druckbehälter weg auf die Absperrarmatur zu. Der Teil der Rohrleitung, den sie bereits durchlaufen hat, steht wieder unter dem ursprünglichen Druck p_0 (mitteldick gezeichnet), das Fluid strömt hier mit der Geschwindigkeit $-w_0$ in Richtung Druckbehälter. In dem anderen Teil der Rohrleitung herrschen noch der erhöhte Druck $p_0 + \Delta p$ und die Strömungsgeschwindigkeit $w = 0$ (dick gezeichnet).

- Zeitpunkt $t_4 = \dfrac{2 \cdot L}{a}$:

Die Druckwelle hat die geschlossene Absperrarmatur erreicht und kann nicht weiter. Die gesamte Rohrleitung steht jetzt unter dem ursprünglichen Druck p_0 und überall herrscht die Strömungsgeschwindigkeit $-w_0$. Jetzt wird die Strömungsgeschwindigkeit unmittelbar an der Armatur auf $w = 0$ abgebremst. Damit fällt der Druck dort auf $p_0 - \Delta p$ ab.

- Zeitpunkt $t_5 \left(\dfrac{2 \cdot L}{a} < t_5 < \dfrac{3 \cdot L}{a} \right)$:

Die jetzt negative Druckwelle bewegt sich von der Absperrarmatur weg auf den Druckbehälter zu. Der Teil der Rohrleitung, den sie bereits durchlaufen hat, steht unter dem niedrigeren Druck $p_0 - \Delta p$, der Durchmesser der Leitung wird dadurch kleiner (dünn gezeichnet). Hier ist die Strömungsgeschwindigkeit $w = 0$. In dem anderen Teil der Rohrleitung herrschen die Strömungsgeschwindigkeit ($-w_0$) und der Druck p_0 (mitteldick gezeichnet).

- Zeitpunkt $t_6 = \dfrac{3L}{a}$:

Die Druckwelle hat wiederum den Druckspeicher erreicht, in dem der statische Druck unveränderlich ist. Die gesamte Rohrleitung steht jetzt unter dem Druck $p_0 - \Delta p$ und überall steht die Strömung ($w = 0$). Da der Druck in der Rohrleitung jetzt niedriger ist als im Druckspeicher, beginnt Fluid aus dem Druckspeicher mit der Geschwindigkeit w_0 in die Rohrleitung zurückzuströmen. Dadurch nimmt der Druck in der Rohrleitung unmittelbar am Druckspeicher von $p_0 + \Delta p$ auf p_0 ab.

- Zeitpunkt $t_7 \left(\dfrac{3 \cdot L}{a} < t_7 < \dfrac{4 \cdot L}{a} \right)$:

Die Druckwelle bewegt sich vom Druckbehälter weg auf die Absperrarmatur zu. Der Teil der Rohrleitung, den sie bereits durchlaufen hat, steht wieder unter dem ursprünglichen Druck p_0 (mitteldick gezeichnet), das Fluid strömt hier mit der Geschwindigkeit w_0 in Richtung Absperrarmatur. Im restlichen Teil der Rohrleitung herrschen noch der niedrigere Druck $p_0 - \Delta p$ und die Strömungsgeschwindigkeit $w = 0$ (dünn gezeichnet).

- Zeitpunkt $t_8 = \dfrac{4 \cdot L}{a}$:

Die Druckwelle hat wiederum die geschlossene Armatur erreicht. Der Strömungszustand entspricht demjenigen zum Zeitpunkt $t = 0$. Das Ganze geht von vorne los.

Folglich durchläuft die Druckwelle viermal die Rohrlänge L, bevor der Anfangszustand wieder erreicht ist, die Periode der Schwingung ist $4 \cdot L/a$. Durch die idealisierte Reibungsfreiheit ist die Druckerhöhung nach jeder Periode vollkommen unvermindert. Es würde sich so eine ungedämpfte Schwingung ergeben. Dies entspricht nicht der Realität, wie weiter unten erläutert werden wird.

Der maximale Druckstoß bei reibungsfreier Strömung, der sogenannte „Joukowski"-Stoß lässt sich nach folgender Gleichung berechnen [56]:

$$\Delta p = \rho \cdot a \cdot \Delta w \tag{10.72}$$

Dabei ist zu berücksichtigen, dass diese Druckänderung sowohl positiv als auch negativ auftritt, d.h. jeder betroffene Querschnitt der Rohrleitung mit der Druckschwingbreite $2 \cdot \Delta p$ beaufschlagt wird. Dies ist insbesondere bei der dynamischen Festigkeitsberechnung von Rohrleitungen von Bedeutung.

Die Druckfortpflanzungsgeschwindigkeit a errechnet sich aus:

$$a = \frac{1}{\sqrt{\rho \cdot \left(\frac{1}{E_F} + \frac{1}{E_R} \cdot \frac{d_i}{s} \right)}} \tag{10.73}$$

mit:

E_F = Kompressionsmodul des Fluids

E_R = Elastizitätsmodul des Rohrleitungswerkstoffes

Bei vollkommen starren Rohrwänden wäre sie gleich der Schallgeschwindigkeit im Fluid, die z.B. für Wasser bei 20 °C 1.485 m/s [57] beträgt. Durch die Flexibilität der Rohrwände wird dieser Wert etwas kleiner, für Stahlrohre typischerweise ca. 1.300 m/s, für dünnwandige Stahlrohre mit großen Durchmessern bis zu 1.000 m/s [40].

Der Joukowski-Stoß tritt dann auf, wenn die gesamte Änderung der Strömungsgeschwindigkeit am Punkt ihrer Entstehung innerhalb der Reflexionszeit

$$t_R = \frac{2 \cdot L}{a} \tag{10.74}$$

abgeschlossen ist, d.h. wenn z.B. die Absperrarmatur innerhalb dieser Zeitspanne vollständig schließt. Wird der Fluidstrom in der Leitung allmählich linear innerhalb einer Schließzeit $t_S > t_R$ abgebremst, so tritt ein verminderter Druckstoß auf. Häufig wird die Verminderung vereinfacht durch eine „Stoßwirkungszahl" z berücksichtigt:

$$z = \frac{t_R}{t_S} = \frac{2 \cdot L}{a \cdot t_S} \leq 1 \tag{10.75}$$

Der verminderte Druckstoß lässt sich damit berechnen aus:

$$\Delta p = z \cdot \rho \cdot a \cdot \Delta w \tag{10.76}$$

Die Mechanismen der Entstehung und Fortpflanzung von Druckstößen sind in realen Rohrleitungssystemen komplexer. Die Rohrreibung und andere Strömungswiderstände dämpfen die entstehende Druckerhöhung und lassen die Schwingungen abklingen. Der maximale Druckstoß kann durch vorhandene Strömungswiderstände jedoch auch vergrößert werden. Im Moment, in dem die Strömung gestoppt wird, wird auch der Druckverlust durch Reibung und Widerstände aufgehoben und erhöhter statischer Druck kommt zur Wirkung. Wird im Bereich der „negativen Druckwelle" der Dampfdruck der Flüssigkeit unterschritten, so bilden sich Dampfblasen. Sobald der Druck wieder steigt, implodieren diese spontan, was lokal begrenzt wiederum zu sehr hohen Druckstößen führen kann.

In verzweigten Rohrsystemen werden die Druckwellen an verschiedenen Punkten teilweise oder voll reflektiert. Totalreflexion findet an allen Punkten konstanten Drucks (z.B. Druckbehälter, s.o.) und an Rohrabschlüssen statt (auch geschlossene Armaturen). Teilreflexionen erfolgen überall dort, wo sich der Strömungsquerschnitt (z.B. Reduktionen oder Erweiterungen) und/oder die Druckfortpflanzungsgeschwindigkeit (z.B. Übergänge zu anderen Rohrwandstärken oder -materialien) ändert.

Die *Gleichungen 10.72 und 10.76* berücksichtigen diese Effekte nicht und ermöglichen damit nur grobe Abschätzungen. Zur genaueren Bestimmung von Druckstößen wurden bis in die 60er Jahre graphische Verfahren verwendet. Zwischenzeitlich wurden ausgefeilte Simulationsprogramme entwickelt, die genauere Berechnungen ermöglichen[20].

20 siehe hierzu z.B. [55]

11. Pumpen und Verdichter

11. Pumpen und Verdichter

Pumpen und Verdichter erzeugen Druck und Strömung in Rohrleitungen und Apparaten. Der technische Oberbegriff dafür ist „Fluidenergiemaschinen“, da sie Energie in die Fluide eintragen. Kaum eine Anlage kommt ohne sie aus. Entsprechend ihrer Anwendung, d.h entsprechend dem Fluid, das sie fördern sollen, kann ihre große Variantenvielfalt z.B. eingeteilt werden in:

- Flüssigkeitspumpen
- Verdichter
- Vakuumpumpen
- Ventilatoren und Gebläse

Der Begriff „Pumpe“ wird im Allgemeinen für Flüssigkeitspumpen verwendet. Dem widerspricht jedoch der Begriff „Vakuumpumpen“, die eigentlich Gase verdichten. Hier wird der Unterdruck auf der Saugseite genutzt. Demgegenüber werden „Pumpen“ für Gase, deren Überdruckseite genutzt wird, „Verdichter“ oder „Kompressoren“ genannt. Ventilatoren und Gebläse sind im Grunde ebenfalls „Verdichter“. Sie werden jedoch nicht so bezeichnet, da die erzeugte Druckerhöhung klein gegenüber dem Absolutdruck ist. Folglich sind alle genannten Maschinen entweder Pumpen oder Verdichter. Wenn im Folgenden allgemein von „Pumpen und Verdichtern“ die Rede ist, soll das auch Vakuumpumpen, Ventilatoren und Gebläse einschließen.

Im Folgenden werden Grundlagen und Eigenschaften von Pumpen und Verdichtern behandelt, die für deren Anwendung in der Rohrleitungs- und Apparatetechnik wichtig sind. Es wird nicht auf solche Aspekte eingegangen, die für deren Entwicklung und Konstruktion notwendig sind. Da Ventilatoren und Gebläse in der Rohrleitungs- und Apparatetechnik eine untergeordnete Bedeutung haben, werden diese nicht explizit behandelt, die einschlägigen Grundlagen aus *Abschnitt 11.2* treffen jedoch auch auf diese Art von Strömungsmaschinen zu.

11.1 Funktionsprinzipien

Zunächst lassen sich zwei große Gruppen von Fluidenergiemaschinen nach ihrem Funktionsprinzip unterscheiden:

- hydrodynamische Kinetikpumpen und -verdichter („Kreiselmaschinen“; „Turbomaschinen“; „Strömungsmaschinen“)
- hydrostatische Verdrängerpumpen und -verdichter („Verdrängermaschinen“)

Sowohl für Flüssigkeiten als auch für Gase (und Vakuum) werden beide Funktionsprinzipien angewendet, wobei es von der Art des Mediums (z.B. seiner Viskosität) und den Betriebsbedingungen (insbesondere Druck und Volumenstrom) abhängt, welches Prinzip das geeignete ist. Grob gesagt kommen Strömungsmaschinen für große Volumenströme und Verdrängermaschinen für große Drücke zur Anwendung. Speziell für Flüssigkeitspumpen sind Verdrängermaschinen bei hoher Fluidviskosität im Vorteil, Strömungsmaschinen werden insgesamt jedoch bei weitem häufiger eingesetzt.

Daneben gibt es weitere Funktionsprinzipien, z.B. Blasenpumpen, Strahlpumpen, Sorptionspumpen etc., die in einzelnen speziellen Bereichen Anwendung finden (Strahl- und Sorptionspumpen z.B. in der Vakuumtechnik, siehe *Abschnitt 11.5*). Obwohl alle genannten Funktionsprinzipien Strömungen erzeugen, fallen nur die hydrodynamischen Kinetikpumpen und -verdichter in die Kategorie der „Strömungsmaschinen“. Sie werden auch „Kreiselmaschinen“ oder „Turbomaschinen“ genannt.

Im Folgenden wird auf Kreisel- und Verdrängermaschinen näher eingegangen, die den Großteil aller Anwendungen abdecken.

11.1.1 Kreiselpumpen und -verdichter (Strömungsmaschinen)

In hydrodynamischen Kreiselpumpen und -verdichtern wird die Energie durch rotierende beschaufelte Laufräder in das Fluid eingebracht. Diese Laufräder (Rotoren) drehen sich in einem bestimmten Betriebszustand mit konstanter Geschwindigkeit und erzeugen so einen kontinuierlichen und pulsationsarmen Förderstrom.

Je nachdem, wie stark die Strömung im Laufrad umgelenkt wird, spricht man von Radial-, Diagonal- oder Axiallaufrädern (**Bild 11.1**). Radialräder saugen den Fluidstrom axial (d.h. in Richtung der Achse des Laufrades) an, lenken die Strömung um 90° um und stoßen den Strom radial (d.h. in Richtung des Radius' des Laufrades) aus[1]. Axialräder saugen axial an, lenken die Strömung nicht um und stoßen wiederum axial aus. Diagonalräder liegen dazwischen, d.h. Sie lenken die Strömung um weniger als 90° um und stoßen den Fluidstrom in „diagonaler" Richtung aus. Grundsätzlich sind Radialräder geeignet, verhältnismäßig hohe Drücke bei niedrigen Volumenströmen, Axialräder dagegen, verhältnismäßig niedrige Drücke bei hohen Volumenströmen zu erzeugen.

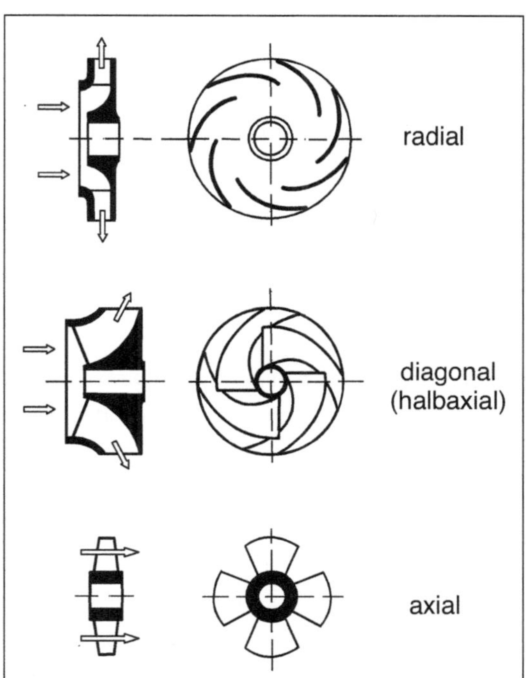

Bild 11.1: Prinzipielle Laufradformen von Kreiselmaschinen (Strömungsmaschinen)

Es können auch mehrere Laufräder in einer Pumpe oder einem Verdichter angeordnet sein. Dies geschieht, um den Druck in mehreren hintereinander angeordneten Laufrädern weiter zu erhöhen oder in parallel zueinander angeordneten Laufrädern einen höheren Volumenstrom zu erreichen. Darauf wird in *Abschnitt 11.2.5* eingegangen.

Nicht immer, jedoch meistens sind die Laufräder von Strömungsmaschinen in ein Gehäuse eingebaut. Typisch für einstufige Radialräder sind beispielsweise spiralförmige Gehäuse, in dem sich

---

[1] Es gibt auch das (eher seltene) umgekehrte Prinzip der Zentripedalpumpe, die radial ansaugt und axial ausstößt.

der druckseitige Fluidstrom in einem zum Druckstutzen hin erweiternden ringförmigen Raum sammelt (**Bild 11.2**). Für andere Laufradformen und mehrstufige Strömungsmaschinen sind beispielsweise auch zylindrische Gehäuse üblich.

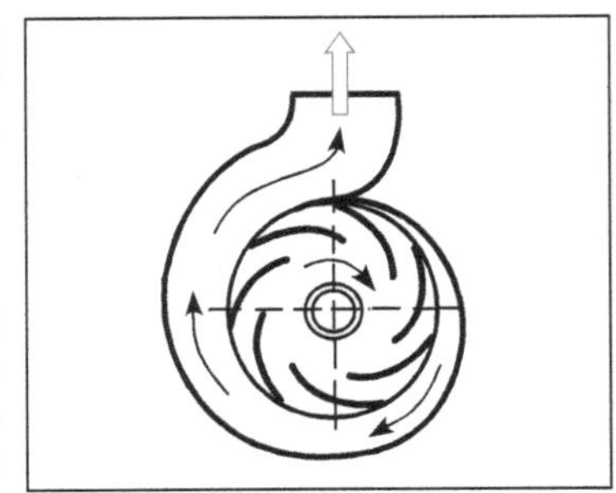

Bild 11.2: Prinzipielle Form eines Spiralgehäuses für einstufige radiale Strömungsmaschinen

11.1.2 Verdrängerpumpen und -verdichter

In hydrostatischen Verdrängerpumpen und -verdichtern wird die Energie durch „mechanisch bewegte Wände (=Verdränger)“[2] auf das Fluid übertragen. Diese Wände werden so bewegt, dass sie zunächst saugseitig ein bestimmtes Volumen des Fluids umschließen, dann abdichten und schließlich an anderer Stelle (druckseitig) wieder ausstoßen. Diese Prozessfolge kann insgesamt nicht so kontinuierlich und pulsationsarm erfolgen wie die Energieübertragung in Strömungsmaschinen. Man hat es in der Regel mit pulsierenden Strömungen zu tun.

Das Funktionsprinzip der Verdrängermaschinen lässt sich anschaulich an der Kolbenpumpe bzw. dem Kolbenkompressor erläutern (**Bild 11.3**). Bewegt sich der Kolben nach unten, erzeugt er im Arbeitsraum einen Unterdruck. Dadurch öffnet sich das saugseitige Einlassventil (im Bild linkes Ventil) und Fluid strömt ein bis der Kolben seinen unteren Umkehrpunkt („Totpunkt“) erreicht. Bewegt sich der Kolben wieder nach oben, erhöht sich der Druck im Arbeitsraum und das Einlassventil schließt. Ist ein bestimmter Überdruck erreicht, öffnet sich das druckseitige Auslassventil (im Bild rechtes Ventil) und das Fluid wird ausgestoßen. Nach Überschreiten des oberen Umkehrpunktes des Kolbens beginnt der Zyklus von vorne. Die Kolbenmaschine ist der typische Vertreter für oszillierende Verdrängermaschinen. Auch das Membranprinzip wirkt oszillierend (**Bild 11.4**) durch eine flexible Membran, die das Volumen in der Maschine zyklisch vergrößert und verkleinert im Zusammenspiel mit Ein- und Auslassventil wie bei der Kolbenmaschine. Die Membran kann wie der Kolben in der Kolbenmaschine mechanisch (typischerweise über Kurbelwelle und Pleuelstange) oder auch z.B. pneumatisch bewegt werden.

Daneben gibt es die Gruppe der rotierenden Verdrängermaschinen. Hier wird jeweils durch einen oder mehrere speziell geformte Rotoren zu Beginn des Umlaufs ein bestimmtes Fluidvolumen eingeschlossen und an anderer Stelle des Umfanges wieder ausgestoßen. **Bild 11.5** zeigt wichtige

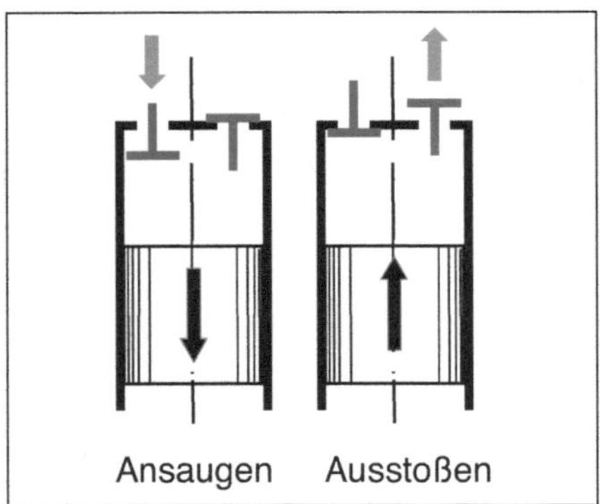

Bild 11.3: Funktionsprinzip einer Kolbenmaschine

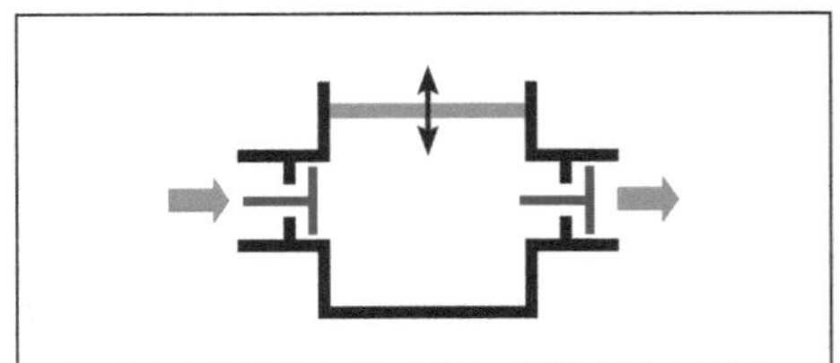

Bild 11.4: Funktionsprinzip einer Membranmaschine

2 [17], S.17

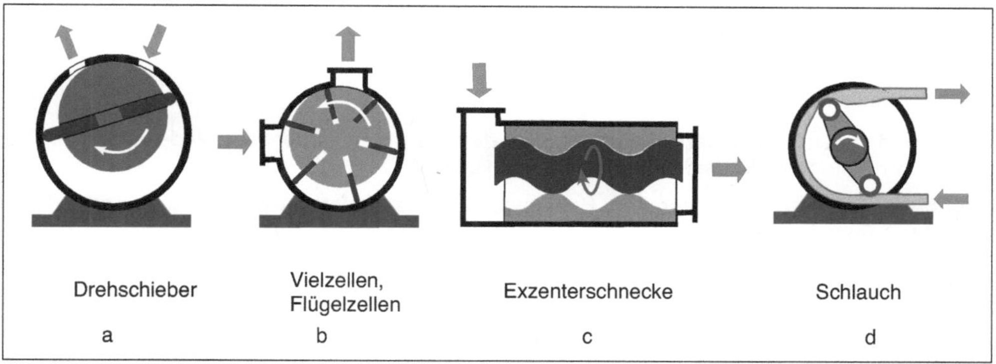

Bild 11.5: Beispiele für Funktionsprinzipien einwelliger Verdrängermaschinen

Vertreter rotierender Verdrängungsmaschinen mit jeweils einem Rotor („einwellig"). Drehschieber- und Flügelzellenmaschinen (Bild 11.5 a und b) schließen das Fluidvolumen zwischen ihrer kreisrunden Gehäusewand und den Flügeln (bzw. „Schiebern") in einem exzentrisch angeordneten Rotor ein. Die Exzenterschnecke (Bild 11.5 c) rotiert zwischen verformbaren wellig geformten Wänden und schiebt dazwischen das Fluid nach vorne. Beim Schlauchprinzip (Bild 11.5 d) klemmt ein Rolle am Rotor den Schlauch ab und schiebt das Fluid im Schlauch vor sich her.

Bild 11.6 zeigt wichtige Vertreter rotierender Verdrängungsmaschinen mit jeweils zwei Rotoren („zweiwellig"). Drehkolben und Zahnräder (Bild 11.6 a und b) schließen das Fluidvolumen wiederum jeweils zwischen den Rotoren und der Gehäusewand ein, die Schraubenspindeln zwischen den beiden Rotoren sowie zwischen Rotoren und Wand (Bild 11.6 c).

11.2 Betriebscharakteristika

Entscheidend für die Auswahl einer geeigneten Pumpe oder eines geeigneten Verdichters für einen bestimmten Anwendungsfall ist zunächst das zu fördernde Medium sowie dessen wesentliche Eigenschaften, z.B.:

- Aggregatzustand (flüssig, gasförmig, mehrere Phasen)
- Druckbereich (z.B. Druckluft, Lüftung oder Vakuum)
- Temperatur

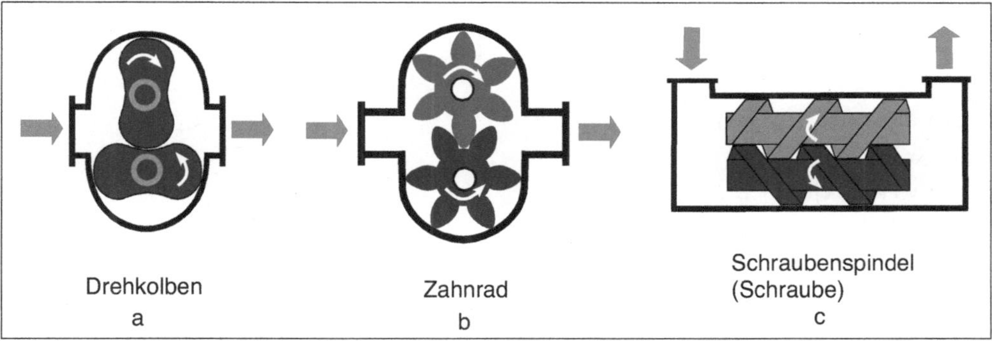

Bild 11.6: Beispiele für Funktionsprinzipien zweiwelliger Verdrängermaschinen

- Viskosität
- Dichte
- Korrosivität, Toxizität, etc.

Darauf wird in den *Abschnitten 11.3 bis 11.5* bei der Beschreibung der verschiedenen Anwendungen von Pumpen und Verdichtern näher eingegangen.

Liegt die Bauart, fest, wird anhand der Betriebsdaten die geeignete Größe der Pumpe oder des Verdichters festgelegt.

11.2.1 Betriebsgrößen

Zur Auswahl der geeigneten Pumpen- oder Verdichtergröße sind zunächst die geforderten Werte für Volumen- bzw. Massenstrom und Druckerhöhung entscheidend. Darüber hinaus ist es wichtig, dass diese Betriebsgrößen mit möglichst geringem energetischen Aufwand erzielt werden, d.h. mit geringer Leistungsaufnahme bzw. hohem Wirkungsgrad.

Volumen- bzw. Massenstrom liegen durch die Anwendung fest, sie sind eine Vorgabe für die Auswahl von Pumpen oder Verdichtern. Die notwendige Druckerhöhung wird einerseits ebenfalls durch die Anwendung bestimmt, andererseits jedoch auch durch Druckverluste in der Anlage. In *Kapitel 10 wurde* dazu folgende Gleichung der Anlagenkennlinie hergeleitet:

$$\Delta p_A = \rho_2 \cdot g \cdot z_2 - \rho_1 \cdot g \cdot z_1 + p_2 - p_1 + \frac{\rho_2}{2} \cdot \bar{w}_2^2 - \frac{\rho_1}{2} \cdot \bar{w}_1^2 + \Delta p_V \tag{10.50}$$

Diese Gleichung resultiert aus der Bernoulli-Gleichung in der Form von *Gleichung 10.8*, die auf der rechten Seite durch den Druckverlust in der Anlage Δp_V und auf der linken Seite durch die notwendige Druckerhöhung Δp_A erweitert ist. Die Indizes „1“ und „2“ in *Gleichung 10.50* beziehen sich auf zwei Punkte in der Anlage, sozusagen Anfangs- und Endpunkt, die die notwendige Druckerhöhung bestimmen. Beispiele dazu enthält Bild 10.17.

Zur Quantifizierung des Energieeintrages durch die Maschine in das Fluid ist die Größe der „spezifischen Stutzenarbeit“ (bzw. „spezifische Verdichtungsarbeit“) Y üblich. Sie ist die Erhöhung der in einer Masseneinheit des Fluides enthaltenen Energie zwischen Ein- und Austrittsstutzen und hat die Einheit J/kg. Etwas vereinfacht gesprochen erhält man den Energieinhalt pro Masseneinheit eines Fluides, indem man den Druck durch die Dichte teilt. Da laut Bernoulli-Gleichung ein strömendes Fluid drei verschiedene Drücke enthält (siehe *Abschnitt 10.2*), nämlich statischen Druck p, potenziellen Druck $\rho \cdot g \cdot z$ und dynamischen Druck $\frac{\rho}{2} \cdot \bar{w}^2$, ergibt sich bei konstanter Fluiddichte für die spezifische Stutzenarbeit Y:

$$Y = g \cdot \left(z_{aus} - z_{ein}\right) + \frac{1}{\rho} \cdot \left(p_{aus} - p_{ein}\right) + \frac{1}{2} \cdot \left(\bar{w}_{aus}^2 - \bar{w}_{ein}^2\right) \tag{11.1}$$

mit: g = Erdbeschleunigung
z = Höhe
ρ = Fluiddichte
$\bar{w}$ = mittlere Strömungsgeschwindigkeit
Index „ein“ = im Eintrittsstutzen (Saugstutzen)
Index „aus“ = im Austrittsstutzen (Druckstutzen)

Damit ist *Gleichung 11.1* für Flüssigkeitspumpen anwendbar, weil Flüssigkeiten so gut wie inkompressibel sind, und für Ventilatoren, bei denen aufgrund der geringen Verdichtung die Dichteerhöhung vernachlässigt wird. Der Höhenunterschied und der Unterschied im Durchmesser zwischen Ein- und Austrittsstutzen sind häufig klein oder gleich Null. Für diesen vereinfachten, aber praktisch wichtigen Fall ergibt sich dann die spezifische Stutzenarbeit Y nur aus der statischen Druckerhöhung:

$$Y = \frac{1}{\rho} \cdot \left(p_{aus} - p_{ein} \right) \tag{11.2}$$

Für Flüssigkeitspumpen wird die Druckerhöhung meist als Förderhöhe H in Meter angegeben. Entsprechend der Definition des potenziellen Druckes (auch „Schweredruck“ oder „geodätischer“ Druck) nach *Gleichung 10.6* besteht zwischen Druckerhöhung, spezifischer Stutzenarbeit und Förderhöhe einer Pumpe folgender Zusammenhang:

$$H = \frac{p_{aus} - p_{ein}}{\rho \cdot g} = \frac{Y}{g} \tag{11.3}$$

Sowohl spezifische Stutzenarbeit Y also auch Förderhöhe H einer Pumpe sind unabhängig von der Dichte des Fluids. Die Druckerhöhung $\Delta p = p_{aus} - p_{ein}$ ist dagegen von der Dichte abhängig.

In Verdichtern wird die spezifische Stutzenarbeit „spezifische Verdichtungsarbeit“ genannt[3]. Ihre Höhe hängt davon ab, wie stark das Gas bei der Verdichtung erwärmt wird. Die beiden theoretischen Extremfälle diesbezüglich sind isentrope (adiabate) und isotherme Verdichtung. Bei der isentropen Verdichtung wird während des gesamten Verdichtungsvorganges keinerlei Wärme mit der Umgebung ausgetauscht, die gesamte entstehende Wärme wird in das Gas eingetragen und beeinflusst dessen spezifisches Volumen. Bei isothermer Verdichtung wird die gesamte entstehende Wärme aus dem Verdichter abgeführt, das Gas behält seine Temperatur unverändert bei und sein spezifisches Volumen wird dadurch nicht beeinflusst.

Bild 11.7 zeigt diese beiden Zustandsänderungen des Gases qualitativ in einem pv-Diagramm. Die Kurve der isothermen Verdichtung verläuft flacher als die der isentropen. Die Flächen unter den Kurven repräsentieren direkt die Größe der Verdichtungsarbeit, die jeweils für die Erhöhung des Druckes von p_1 nach p_2 erforderlich ist. Es zeigt sich, dass bei isorthermer Verdichtung weniger Verdichtungsarbeit notwendig ist. In der praktischen Anwendung sind weder ideal isotherme noch ideal isentrope Verdichtung möglich, d.h. der tatsächliche Verdichtungsvorgang verläuft „polytrop“ zwischen der isentropen und der isothermen Kurve in Bild 11.7. Je besser der Verdichter von außen gekühlt wird, desto näher kommt man der isothermen Kurve. Mehrstufige Verdichtung mit Zwischenkühlung zwischen den einzelnen Verdichtungsstufen ist eine zusätzliche Möglichkeit, sich der isothermen Verdichtung anzunähern.

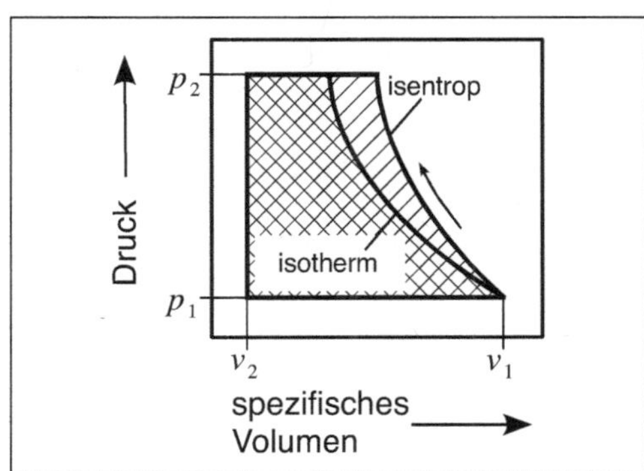

Bild 11.7: Verlauf isentroper und isothermer Verdichtung

[3] z.B. VDI 2045-2: 1993-08, S. 4

Die spezifische Verdichtungsarbeit berechnet sich für die verschiedenen Zustandsänderungen beispielsweise nach folgenden Gleichungen[4]:

- Isentrope Verdichtung

  - Ideales Gasverhalten: $$Y = h_{aus} - h_{ein} = \frac{\kappa}{\kappa - 1} \cdot R \cdot T_{ein} \cdot \left[\left(\frac{p_{aus}}{p_{ein}} \right)^{\frac{\kappa-1}{\kappa}} - 1 \right] \qquad (11.4)$$

  - Reales Gasverhalten: $$Y = h_{aus} - h_{ein} = f \cdot Z_{ein} \cdot \frac{k_v}{k_v - 1} \cdot R \cdot T_{ein} \cdot \left[\left(\frac{p_{aus}}{p_{ein}} \right)^{\frac{k_v-1}{k_v}} - 1 \right] \qquad (11.5)$$

mit: h = spezifische Enthalpie

p = Absolutdruck

T = Absoluttemperatur

κ = Isentropenexponent des idealen Gases

R = spezifische Gaskonstante

Z = Realgasfaktor

$$f = \frac{h_{aus,isentrop} - h_{ein}}{\frac{k_v}{k_v - 1} \cdot \left(p_{aus} \cdot v_{aus,isentrop} - p_{ein} \cdot v_{ein} \right)}$$ = Korrekturfaktor[5]

$$k_v = \frac{\ln\left(p_{aus} / p_{ein}\right)}{\ln\left(v_{ein} / v_{aus,isentrop}\right)}$$ = Isentropenexponent des realen Gases

v = spezifisches Volumen

Index „ein“ = im Eintrittsstutzen (Saugstutzen)

Index „aus“ = im Austrittsstutzen (Druckstutzen)

Index „isentrop“ = bei isentroper Verdichtung

- Isotherme Verdichtung:

  - Ideales Gasverhalten: $$Y = R \cdot T_{ein} \cdot \ln \frac{p_{aus}}{p_{ein}} \qquad (11.6)$$

  - Reales Gasverhalten: $$Y = \bar{Z} \cdot R \cdot T_{ein} \cdot \ln \frac{p_{aus}}{p_{ein}} \qquad (11.7)$$

mit: $$\bar{Z} = \frac{Z_{ein} + Z_{aus}}{2}$$

---

[4] Die Berechnung bei realem Gasverhalten basiert auf VDI 2045-2: 1993-08

[5] Der Korrekturfaktor f berücksichtigt die Änderung des Isentropenexponenten beim Verdichtungsvorgang

- Polytrope Verdichtung:

  - Ideales Gasverhalten: $Y = h_{aus} - h_{ein} = \frac{n}{n-1} \cdot R \cdot T_{ein} \cdot \left[\left(\frac{p_{aus}}{p_{ein}} \right)^{\frac{n-1}{n}} - 1 \right]$ (11.8)

mit dem Polytropenexponenten $n = \frac{\ln(p_{aus} / p_{ein})}{\ln(p_{aus} / p_{ein}) - \ln(T_{aus} / T_{ein})}$

  - Reales Gasverhalten: $Y = h_{aus} - h_{ein} = f \cdot Z_{ein} \cdot \frac{n}{n-1} \cdot R \cdot T_{ein} \cdot \left[\left(\frac{p_{aus}}{p_{ein}} \right)^{\frac{n-1}{n}} - 1 \right]$ (11.9)

mit dem Polytropenexponenten $n = \frac{\ln\left(\frac{p_{aus}}{p_{ein}} \right)}{\ln\left(\frac{p_{aus}}{p_{ein}} \right) - \ln\left(\frac{Z_{aus}}{Z_{ein}} \cdot \frac{T_{aus}}{T_{ein}} \right)}$

und Korrekturfaktor f wie in der Legende zu *Gleichung 11.5*

Genau genommen bestehen auch bei Verdichtern zusätzlich eine (spezifische) kinetische $\frac{1}{2} \cdot \left(\bar{w}_{aus}^2 - \bar{w}_{ein}^2 \right)$ und ein (spezifische) potenzielle Energiedifferenz $g \cdot (z_{aus} - z_{ein})$ zwischen dem Saug- und dem Druckstutzen (siehe auch *Gleichung 11.1* für Flüssigkeitspumpen). Diese sind jedoch verhältnismäßig klein und können meist vernachlässigt werden[6].

Die Nutzleistung P_{Nutz} einer Fluidenergiemaschine, d.h. einer Pumpe oder eines Verdichters lässt sich aus der spezifischen Stutzenarbeit Y und dem Massenstrom $\dot{m}$ berechnen:

$$P_{Nutz} = Y \cdot \dot{m} \qquad (11.10)$$

Für Flüssigkeitspumpen, die weitgehend inkompressible Medien fördern, oder für Ventilatoren, bei denen die Dichteänderung des Fluids vernachlässigt wird, wird diese Nutzleistung Förderleistung P_F genannt und berechnet nach:

$$P_F = Y \cdot \dot{m} = \Delta p \cdot \dot{V} \qquad (11.11)$$

Für Verdichter wird diese Nutzleistung entsprechend einer der beschriebenen idealen thermodynamischen Zustandsänderungen mit der spezifischen Verdichtungsarbeit nach den *Gleichungen 11.4 bis 11.9* berechnet. Nennt man diese Nutzleistung für Verdichter z.B. „Verdichtungsleistung" $P_{Verdichtung}$, so ergibt sich:

$$P_{Verdichtung} = Y_{ideal} \cdot \dot{m} \qquad (11.12)$$

mit: Y_{ideal} = Spezifische Stutzenarbeit bei idealer Zustandsänderung

6 z.B. [18], S. 26

Ungekühlten Verdichtern[7] wird dabei isentrope, gekühlten Verdichtern isotherme Verdichtung als ideale Zustandsänderung zu Grunde gelegt. Bei großen Druckverhältnissen und bei realem Gasverhalten[8] wird auch von polytroper Zustandsänderung ausgegangen.

Die Leistung P_{zu}, die der Pumpe oder dem Verdichter zugeführt werden muss, ist größer als die Nutzleistung. Sie hängt ab von der beschriebenen Nutzleistung und dem Wirkungsgrad der Maschine. Entsprechend der allgemeinen Definition des Wirkungsgrades η:

$$\eta = \frac{\text{Nutzen}}{\text{Aufwand}} \tag{11.13}$$

errechnet sich die Leistungsaufnahme der Maschine aus:

$$P_{zu} = \frac{P_{Nutz}}{\eta} \tag{11.14}$$

und der Wirkungsgrad der Maschine aus:

$$\eta = \frac{P_{Nutz}}{P_{zu}} \tag{11.15}$$

Je nachdem, ob der Wirkungsgrad von Pumpe oder Verdichter einschließlich Motor oder ohne Motor betrachtet wird, ist P_{zu} entweder die (z.B. elektrische) Leistung, die in den Motor gesteckt oder die mechanische Leistung, die der Maschine über die Antriebswelle bzw. die Kupplung (daher auch „Kupplungsleistung“) zugeführt wird. Den Wirkungsgrad-Kennlinien für Pumpen und Verdichter, die z.B. die Hersteller für ihre Produkte angeben, beziehen sich im Allgemeinen auf die zugeführte mechanische Leistung.

Eine weitere wichtige Betriebseigenschaft speziell von Flüssigkeitspumpen ist ihre Ansaugfähigkeit. Zur Vermeidung übermäßiger Kavitation ist beispielsweise ein von der Pumpenbauart abhängiger Mindestdruck am Saugstutzen notwendig. Dieser wird heute üblicherweise über den NPSH-Wert quantifiziert. Da dies ein spezielles Phänomen von Flüssigkeitspumpen ist, wird darauf in *Abschnitt 11.3* eingegangen.

11.2.2 Kennlinien und Betriebspunkt

Die im vorigen Abschnitt beschriebenen Betriebsgrößen werden vom Hersteller für die von ihm angebotenen Pumpen und Verdichter angegeben. Da sich diese Größen gegenseitig beeinflussen, ist es in vielen Fällen sinnvoll, sie in Form von „Kennlinien-Diagrammen“ darzustellen. Insbesondere bei Strömungsmaschinen hängen Druckerhöhung, Leistungsaufnahme und Wirkungsgrad jeweils sehr stark vom Volumenstrom ab.

Die Abhängigkeit der Druckerhöhung vom Volumenstrom wird anhand von „Drosselkurven“ dargestellt. **Bild 11.8** zeigt qualitativ solche Drosselkurven für Flüssigkeitspumpen. Dargestellt sind jeweils eine typische Kennlinie für eine Kreiselpumpe (hier mit Radialrad) und für eine Verdrängerpumpe. Der Unterschied der beiden Funktionsprinzipien ist deutlich zu erkennen. Während die Druckerhöhung der Kreiselpumpe deutlich vom Volumenstrom abhängt, ist dies bei der Verdrängerpumpe kaum der Fall.

In Bild 11.8 ist außerdem beispielhaft eine Anlagenkennlinie eingezeichnet. Der Betriebspunkt, der sich für die Pumpe einstellt, ergibt sich jeweils als Schnittpunkt der Drosselkurve der Pumpe mit der Anlagenkennlinie. Er ist ein Wertepaar aus Volumenstrom und Druckerhöhung, die an den

---

7 Nach VDI 2045-2:1993-08, S. 27 auch einstufigen Verdrängerverdichtern mit Mantelkühlung

8 z.B. VDI 2045-2:1993-08, S. 27 oder [18], S. 31

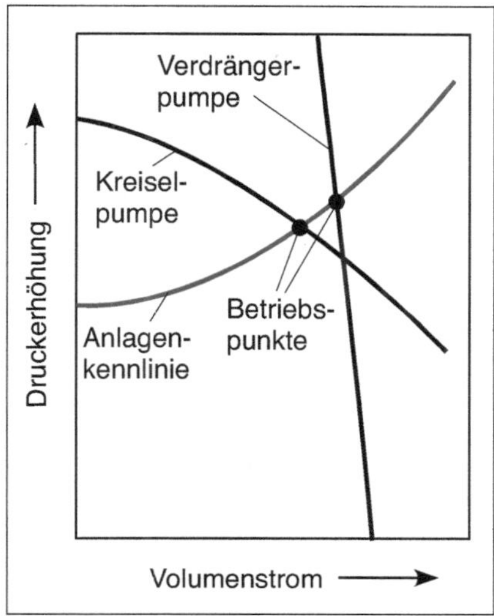

Bild 11.8: Typische Drosselkurven von Kreisel- und Verdrängerpumpen

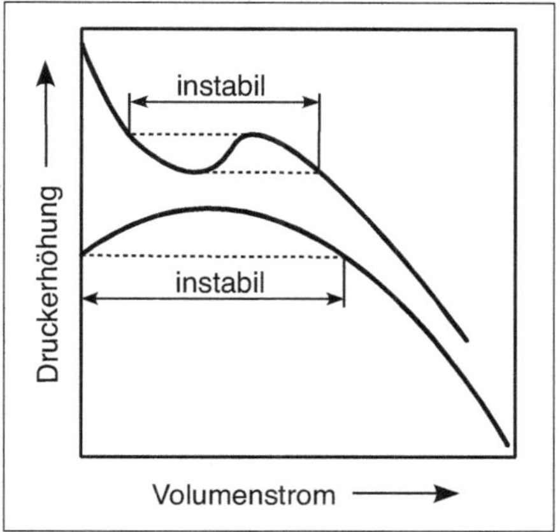

Bild 11.9: Beispiele instabiler Drosselkurven

Diagrammachsen abgelesen werden können. Es wird deutlich, dass diese grafische Ermittlung des Betriebspunktes nur für Strömungsmaschinen sinnvoll ist, da der Volumenstrom bei Verdrängermaschinen kaum Einfluss hat. Für diese kann die Druckerhöhung meist unabhängig vom Volumenstrom angegeben werden.

Mitunter werden Drosselkurven mit der spezifischen Stutzenarbeit Y (s.o.) anstatt mit der Druckerhöhung angegeben, da sie damit von der Fluiddichte unabhängig sind (*Gleichung 11.1*). Für Flüssigkeitspumpen wird meist die Förderhöhe H angegeben, die ebenfalls unabhängig von der Fluiddichte ist (*Gleichung 11.3*). Darüber hinaus sind verallgemeinerte dimensionslose Formen der Drosselkurve wie auch der Leistungs- und Wirkungsgradkennlinien üblich. Die dazu notwendigen dimensionslosen Kennzahlen werden in *Abschnitt 11.2.6* angesprochen.

In der Drosselkurve der Kreiselpumpe in Bild 11.8 ist jedem X-Wert (Volumenstrom) eindeutig ein Y-Wert (Druckerhöhung) zugeordnet. Eine solche Drosselkurve wird als „stabil" bezeichnet. Es kommt bei Strömungsmaschinen jedoch häufig vor, dass Drosselkurven in bestimmten Bereichen „instabil" sind, d.h., dass z.B. einer bestimmten Druckerhöhung mehrere Volumenstromwerte zugeordnet werden können. In **Bild 11.9** sind zwei Beispiele für instabile Drosselkurven qualitativ aufgetragen. Die Scheitelform der unteren Kurve kommt in der Praxis z.B. bei Strömungsmaschinen mit Radialrädern vor, die Sattelform der oberen Kurve z.B. bei solchen mit Axialrädern[9].

Bild 11.10 zeigt beispielhaft und qualitativ Leistungs- und Wirkungsgradkennlinien von Kreisel- und Verdrängerpumpen[10]. Die aufgetragenen Leistungen sind üblicherweise die mechanischen Leistungen (auch „Kupplungsleistungen"), die der Pumpe zugeführt werden. Da die Druckerhöhung bei Verdrängerpumpen kaum abhängig vom Volumenstrom ist (Bild 11.8), werden hier Leistung und Wirkungsgrad anders als bei Kreiselpumpen zweckmäßig über der Druckerhöhung aufgetragen[11]. Im Falle von Strömungsmaschinen kann mit dem aus der Drosselkurve bestimmten Betriebsvolumenstrom aus diesen Kennlinien die zugehörige Leistungsaufnahme und der zugehörige Wirkungsgrad abgelesen werden. Im Falle der Verdrängermaschinen erfolgt dies beispielswei-

9 [18], S. 347
10 [19], S. 235 und [17], S. 81
11 [17], S. 81

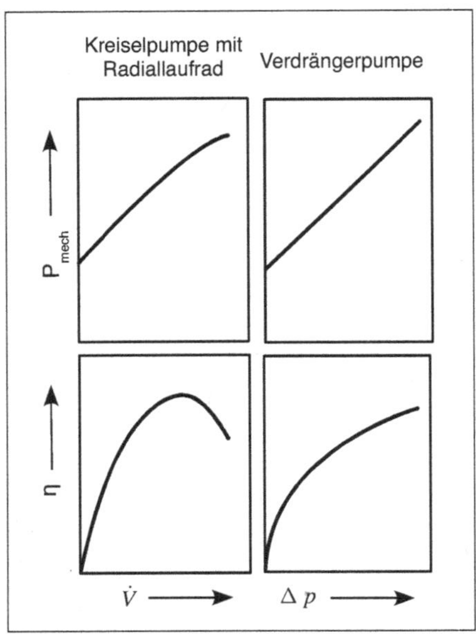

Bild 11.10: Beispiele für Leistungs- und Wirkungsgradkennlinien

se über die notwendige Druckerhöhung im Betrieb. Die Wirkungsgradkennlinien von Strömungsmaschinen zeigen ein Maximum bei einem bestimmten Volumenstrom und damit auch bei einer bestimmten Druckerhöhung. Außerdem hängt die Höhe des Wirkungsgrades von der Drehzahl ab. Den Betriebspunkt einer Strömungsmaschine mit dem absolut höchsten Wirkungsgrad nennt man den „Optimalpunkt".

Die Kupplungsleistung von Strömungsmaschinen steigt nicht immer mit dem Volumenstrom an wie in Bild 10.10 dargestellt. Beispielsweise fällt die Leistungsaufnahme von Kreiselpumpen mit Axialrädern mit steigendem Volumenstrom ab (siehe dazu auch *Abschnitt 11.3*).

Kennlinien von Pumpen und Verdichtern werden vom Hersteller in standardisierten Versuchsaufbauten ermittelt. In der Praxis gibt die Einbausituation häufig andere Randbedingungen vor, wodurch beispielsweise bei der Zuströmung höhere Druckverluste erzeugt werden. Daraus folgt, dass die Maschine im Einbauzustand häufig nicht die Betriebswerte erreichen kann, die der Hersteller in seiner „Katalogkennlinie" angibt. Dies ist bei der Auslegung zu berücksichtigen.

11.2.3 Beeinflussung des Betriebspunktes

Wie im vorigen Abschnitt gezeigt ergibt sich der Betriebspunkt von Pumpen und Verdichtern aus dem Zusammenwirken der Drosselkurve der Maschine mit der Kennlinie der Anlage, in die sie eingebaut ist. Es stellt sich ein bestimmter Volumenstrom und eine bestimmte Druckerhöhung ein (Bild 11.8). Ist für den Anlagenbetrieb ein anderer Volumenstrom und/oder ein anderer Druck erforderlich, muss der Betriebspunkt verändert werden. Dazu stehen insbesondere folgende Maßnahme zur Verfügung:

- Änderung der Pumpen- bzw. Verdichterdrehzahl
- Drosselung
- Bypass-Schaltung
- Schaufelverstellung (nur bei bestimmten Strömungsmaschinen)

Auf die Beeinflussung des Betriebspunktes durch Änderung der Drehzahl wird im folgenden Abschnitt 11.2.4 eingegangen.

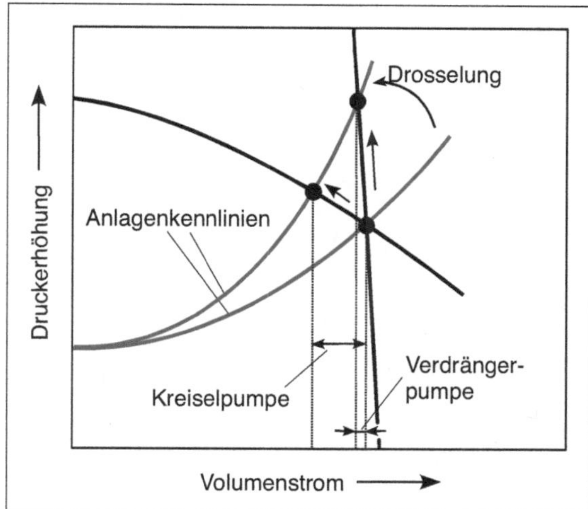

Bild 11.11: Veränderung des Betriebspunktes durch Drosselung

Bei der Drosselung wird z.B. durch teilweises Schließen eines Ventils der Druckverlust der Anlage erhöht. Damit wird die Anlagenkennlinie steiler. Wie in **Bild 11.11** zu sehen, sinkt damit bei Strömungsmaschinen der Volumenstrom. Allerdings wird dabei durch die bewusste Erhöhung des Anlagendruckverlustes Energie vernichtet. Da bei Verdrängermaschinen der Volumenstrom nicht oder kaum von der Druckerhöhung der Maschine abhängt, hat dort die Drosselung zwar direkt Einfluss auf die Druckerhöhung, jedoch kaum oder gar keinen Einfluss auf den Volumenstrom (Bild 11.11).

Bei der Bypass-Schaltung wird ebenfalls die Anlagenkennlinie verändert. Im Gegensatz zur Drosselung wird diese hier jedoch flacher, da ein zweiter paralleler Leitungsstrang aufgemacht wird (siehe dazu auch Abschnitt 10.4.2, „Parallele Rohrstränge"). **Bild 11.12** zeigt das anlagentech-

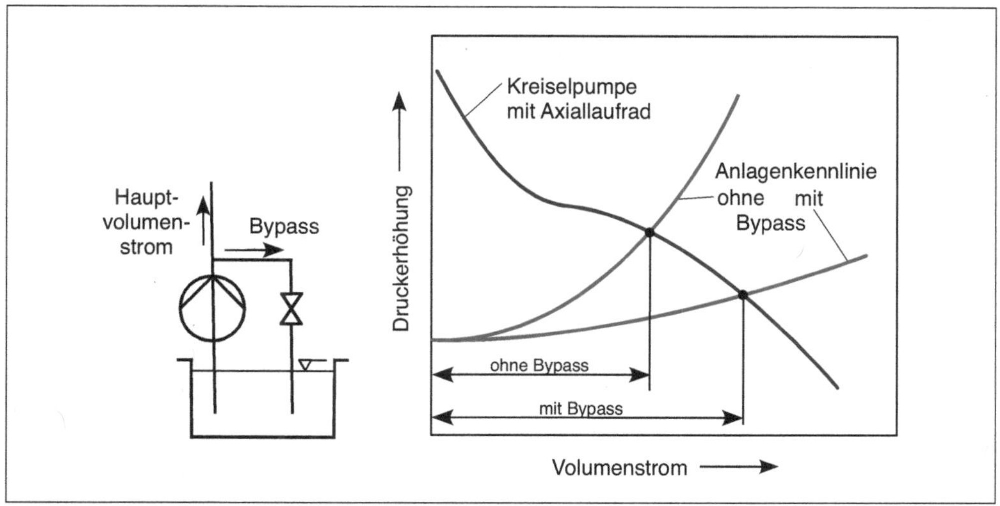

Bild 11.12: Veränderung des Betriebspunktes durch Bypass

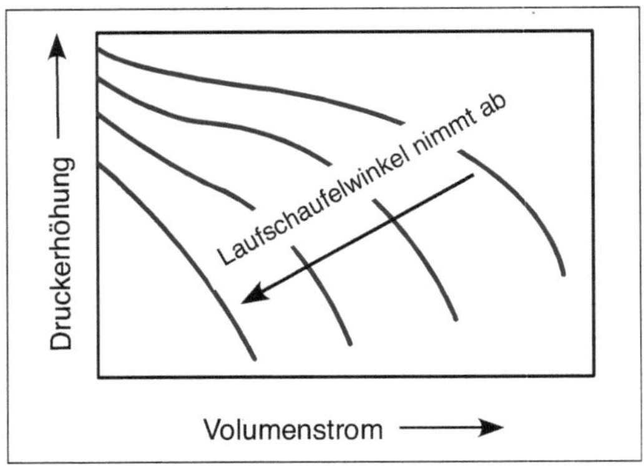

Bild 11.13: Veränderung der Drosselkurve einer Strömungsmaschine mit Axialrad durch Laufradverstellung

nische Prinzip der Bypass-Schaltung für eine Flüssigkeitspumpe und den Einfluss auf die Anlagenkennlinie. Diese Art der Betriebspunktbeeinflussung ist besonders wirtschaftlich bei solchen Pumpen, deren Leistungsaufnahme mit steigendem Volumenstrom sinkt. Dies ist z.B. bei Axialrädern der Fall wie es in Bild 11.12 dargestellt ist. Wie mit der Drosselung lässt sich auch mit der Bypass-Schaltung der Volumenstrom von Verdrängermaschinen kaum beeinflussen.

Bei Strömungsmaschinen mit Axial- und Diagonalrädern lässt sich die Pumpen- bzw. Verdichterkennlinie auch durch Verstellung von Leit- und/oder Laufradschaufeln beeinflussen. **Bild 11.13** zeigt diese Beeinflussung am Beispiel einer Axialpumpe.

11.2.4 Einfluss der Pumpen- bzw. Verdichterdrehzahl

Mit Änderung der Drehzahl wird die Drosselkurve von Pumpen und Verdichtern verschoben. **Bild 11.14** zeigt dies am Beispiel einer Kreisel- und einer Verdrängerpumpe.

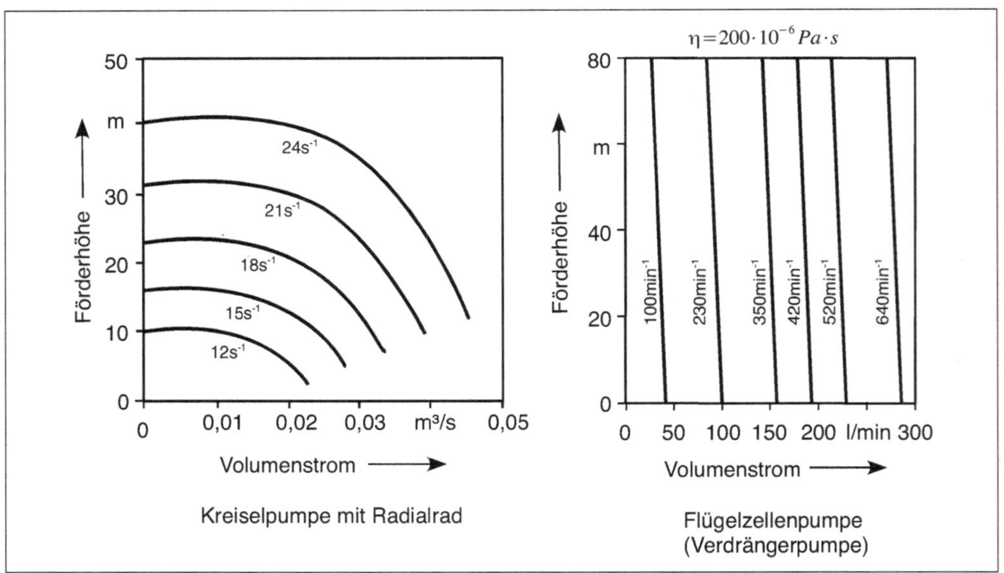

Bild 11.14: Einfluss der Drehzahl auf Drosselkurven[12]

[12] Werte aus [19], S. 236 (links) und [17], S. 94 (rechts)

Für Strömungsmaschinen kann der Einfluss der Drehzahl auf Volumenstrom, Druckerhöhung (bzw. spezifische Stutzenarbeit, bzw. Förderhöhe) und Leistungsaufnahme über Ähnlichkeitsbeziehungen hergeleitet werden[13]. Es ergeben sich beispielsweise folgende Beziehungen:

$$\frac{\dot{V}_2}{\dot{V}_1} = \frac{n_2}{n_1} \tag{11.16}$$

$$\frac{\Delta p_2}{\Delta p_1} = \left(\frac{n_2}{n_1}\right)^2 \text{ bzw. } \frac{Y_2}{Y_1} = \left(\frac{n_2}{n_1}\right)^2 \text{ bzw. } \frac{H_2}{H_1} = \left(\frac{n_2}{n_1}\right)^2 \tag{11.17}$$

$$\frac{P_2}{P_1} = \left(\frac{n_2}{n_1}\right)^3 \tag{11.18}$$

Aufgrund der Einflüsse von Verlusten und Leckströmen stimmen diese Beziehungen nicht genau, sondern geben nur grundsätzliche Abhängigkeiten wieder. Sie stimmen verhältnismäßig gut bei kleinen Drehzahländerungen („nicht mehr als verdoppeln, nicht weniger als halbieren"[14]). Bei größeren Drehzahländerungen ändert sich der Einfluss insbesondere auf Stutzenarbeit (Druckerhöhung) und Wirkungsgrad (Leistungsaufnahme)[15]. Diese Gleichungen beschreiben die Veränderung der Kennlinien mit der Drehzahländerung. Kennt man beispielsweise die Drosselkurve der Kreiselpumpe aus Bild 11.14 bei einer Drehzahl, so kann man mit den Ähnlichkeitsbeziehungen ihre Drosselkurven für andere Drehzahlen berechnen. Die tatsächliche Änderung des Betriebspunktes ergibt sich jedoch wiederum aus dem Zusammenwirken der Drosselkurven mit der Anlagenkennlinie (siehe weiter unten und Bild 11.15). Es sei hier noch angemerkt, dass in den oben gezeigten Ähnlichkeitsbeziehungen (*Gleichungen 11.16 bis 11.18*) normalerweise auch der Einfluss des Laufraddurchmessers berücksichtigt wird. Dieser wurde weggelassen, da es hier nur um den Einfluss der Drehzahl gehen soll.

---

13 Siehe z.B. [18], S. 63ff oder [19], S. 33f
14 [18], S. 357
15 ebenda; zur Korrektur der Abweichungen wurden „Aufwerteformeln entwickelt. Siehe dazu z.B. [18], S. 66ff

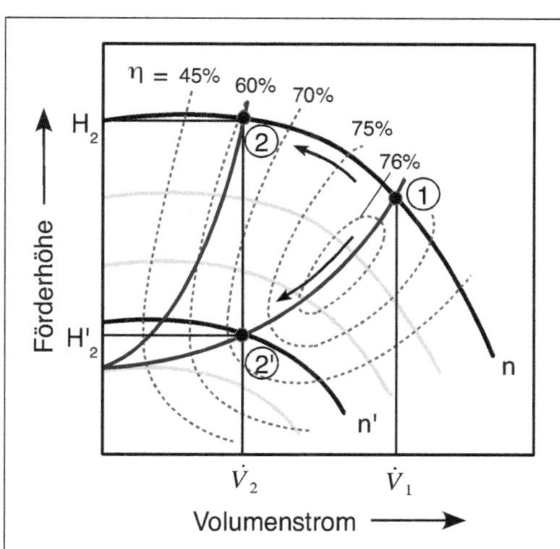

Bild 11.15: Vergleich von Drosselung und Drehzahländerung zur Betriebspunktbeeinflussung einer Kreiselpumpe

Verdrängermaschinen zeigen eine lineare Abhängigkeit des Volumenstromes von der Drehzahl. Die Druckerhöhung hängt dagegen nicht von der Drehzahl ab. „Verdrängerpumpen prägen ihren Förderstrom dem System ein, die Betriebspunktbestimmung ist daher für solche Maschinen durch ihre Auslegung weitgehend vorweggenommen“[16]. Die Druckerhöhung ergibt sich aus dem Gegendruck des Systems. Diese Eigenschaft des Verdrängerprinzips ist in Bild 11.14 deutlich an den fast senkrechten Drosselkurven zu erkennen. Erhöht sich der Gegendruck, so bringt ihn die Maschine (bis zu einer bestimmten Obergrenze, die durch ein Sicherheitsventil abgesichert sein muss) auf, ohne den Volumenstrom dabei wesentlich zu verändern.

In **Bild 11.15** ist die Betriebspunktveränderung einer Kreiselpumpe mit Radiallaufrad durch Drosselung mit der Betriebspunktveränderung durch Drehzahländerung verglichen. Im Punkt 1 läuft die Pumpe im Schnittpunkt der rechten, flacheren Anlagenkennlinie mit der Drosselkurve bei hoher Drehzahl n und fördert den Volumenstrom $\dot{V}_1$. Der Volumenstrom soll auf $\dot{V}_2$ reduziert werden. Geschieht dies durch Drosselung, so wird die Anlagenkennlinie geändert und es entsteht die linke, steilere Anlagenkennlinie. Der Betriebspunkt wandert entlang der Drosselkurve (n) zum Punkt 2, dem Schnittpunkt mit der neuen Anlagenkennlinie. Dieselbe Volumenstromänderung von $\dot{V}_1$ auf $\dot{V}_2$ kann auch durch Reduktion der Pumpendrehzahl auf n' erreicht werden. Dann bleibt die Anlagenkennlinie unverändert und der Betriebspunkt wandert vom Punkt 1 entlang dieser Anlagenkennlinie bis zu ihrem Schnittpunkt 2' mit der neuen Drosselkurve n'. Diese Reduktion des Volumenstromes durch Verringerung der Pumpendrehzahl ist energetisch wesentlich günstiger als durch Drosselung. Zum einen muss die Pumpe nach Drosselung im Punkt 2 die Förderleistung $P_2 = \rho \cdot g \cdot H_2 \cdot \dot{V}_2$ erbringen, die deutlich höher ist als die im Punkt 2' ($P_2' = \rho \cdot g \cdot H_2' \cdot \dot{V}_2$). Zum anderen ist bei dieser Pumpe im Punkt 2' auch der Pumpenwirkungsgrad höher als im Punkt 2, nämlich ca. 71 % gegenüber ca. 60 %. Damit liegt die Kupplungsleistung im Punkt 2' $\left(P_{K2}' = \frac{\rho \cdot g \cdot H_2' \cdot \dot{V}_2}{\eta_2'}\right)$ nochmals niedriger als die im Punkt 2 $\left(P_{K2} = \frac{\rho \cdot g \cdot H_2 \cdot \dot{V}_2}{\eta_2}\right)$.

11.2.5 Parallel- und Serienschaltung

Sowohl der möglichen Druckerhöhung als auch dem möglichen Förderstrom einzelner Laufräder in Strömungsmaschinen bzw. einzelner Verdrängereinheiten (z.B. Kolben) sind physikalische Grenzen gesetzt[17]. Daher werden bei Bedarf auch mehrere Laufräder oder Verdrängereinheiten in Kombination eingesetzt. Die geschieht entweder innerhalb einer Pumpe oder eines Verdichters oder durch Verbindung mehrerer Pumpen oder Verdichter. Grundsätzlich lässt sich durch Parallelschaltung von Laufrädern oder Verdrängereinheiten der Förderstrom bei gleichbleibender Druckerhöhung erhöhen und durch Serienschaltung die Druckerhöhung bei gleichbleibendem Förderstrom.

Werden mehrere Laufräder oder Verdrängereinheiten in einer Pumpe oder einem Verdichter in Serie angeordnet, so spricht man von einer „mehrstufigen“ Pumpe bzw. einem „mehrstufigen“ Verdichter. Mehrstufigkeit wird in zahlreichen Pumpen- und Verdichterbauarten angewendet. Bei Parallelanordnung spricht man von einer „mehrflutigen“ Pumpe oder einem „mehrflutigen“ Verdichter. Mehrflutigkeit ist bei Strömungsmaschinen nicht ungewöhnlich, wobei es sich häufig auf zwei parallele Laufräder beschränkt. **Bild 11.16** zeigt schematisch und beispielhaft mehrstufige und mehrflutige Anordnungen von Laufrädern in Strömungsmaschinen.

Die parallele Anordnung mehrerer Pumpen oder Verdichter kann zusätzliche Flexibilität und Sicherheit beim Betrieb von Anlagen bieten. So kann durch das Zu- und Abschalten paralleler Pumpen oder Verdichter ein großer Förderstrombereich mit gutem Wirkungsgrad abgedeckt werden. Häufig werden Parallelschaltungen redundant ausgelegt, d.h. es werden mehr Pumpen oder Verdichter parallel angeordnet als notwendig. Dadurch kann der Betrieb unterbrechungsfrei

16 [17], S. 20

17 Siehe [19], S. 39 oder [18], S. 83f

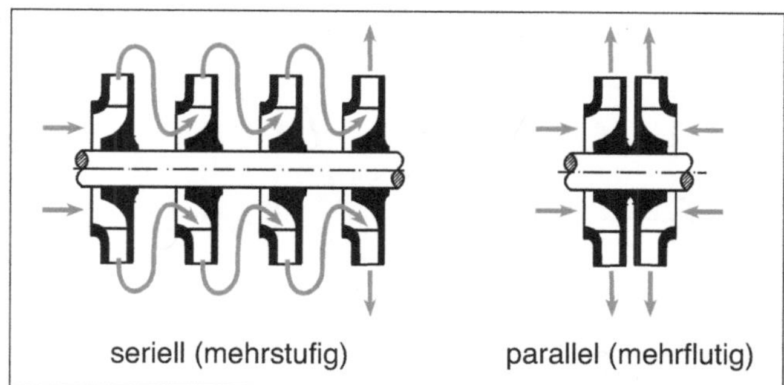

Bild 11.16: Beispiel für serielle und parallele Anordnung von Laufrädern

aufrecht erhalten werden, wenn eine Pumpe oder ein Verdichter ausfällt. In der Regel werden bei Parallelschaltung Pumpen oder Verdichter gleicher Bauart und Baugröße kombiniert. Dies bedeutet jedoch nicht in jedem Fall, dass sich dadurch der Förderstrom mit der Anzahl der parallel laufenden Maschinen vervielfacht, d.h. dass er sich beispielsweise bei Parallelschaltung von zwei identischen Pumpen verdoppelt. Das liegt wiederum am Zusammenwirken von Anlagen- und Pumpen- bzw. Verdichterkennlinien. **Bild 11.17** verdeutlicht dies am Beispiel zweier paralleler Kreiselpumpen. Dort verdoppelt sich der Volumenstrom $\dot{V}_1$ einer Pumpe bei Parallelschaltung von zwei Pumpen nur dann auf den Wert $\dot{V}_{2'}$, wenn die Anlagenkennlinie keine dynamischen Anteile enthält. Dies wäre nur dann der Fall, wenn weder dynamische Druckunterschiede noch Druckverluste durch Rohrreibung und Einzelwiderstände in der Anlage aufträten. Dann verliefe die Anlagenkennlinie waagerecht und der Betriebspunkt wanderte von Punkt 1 nach Punkt 2‘ (siehe dazu *Abschnitt 10.4.5*). Dieser Fall ist in der Praxis kaum realistisch. Enthält die Anlagenkennlinie dagegen dynamische Anteile, wandert der Betriebspunkt entlang der ansteigenden Anlagenkennlinie zum Punkt 2 und die Erhöhung des Volumenstroms fällt geringer aus (von $\dot{V}_1$ auf $\dot{V}_2$).

Das Zusammenwirken von Drosselkurve und Anlagenkennlinie hat zur Folge, dass auch bei Serienschaltung von Strömungsmaschinen der Gesamtvolumenstrom erhöht wird, wie in **Bild 11.18** am Beispiel von Kreiselpumpen gezeigt wird. Je nach Steilheit der Anlagenkennlinie kann der Volumenstrom durch Serienschaltung stärker erhöht werden als durch Parallelschaltung.

Bei der Serienschaltung von Pumpen oder Verdichtern zur Vergrößerung der Druckerhöhung bzw. der Druckerniedrigung (Vakuumpumpen) werden häufig auch unterschiedliche Bauarten kombi-

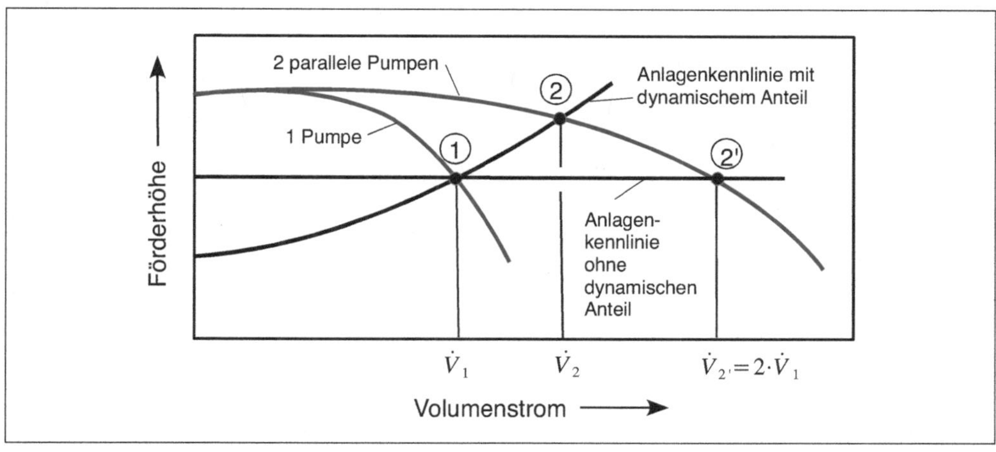

Bild 11.17: Auswirkung der Parallelschaltung zweier Kreiselpumpen auf den Betriebspunkt

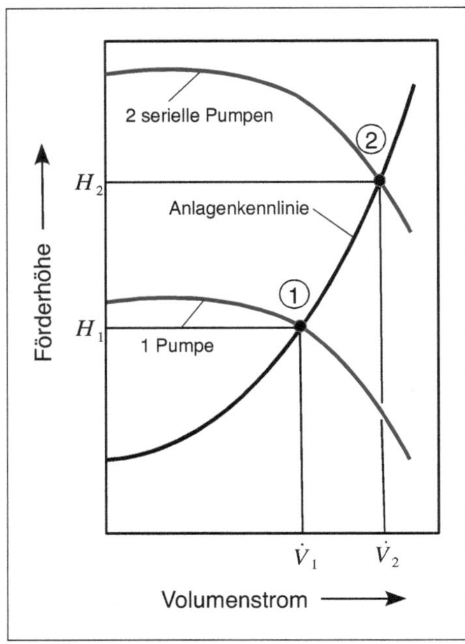

Bild 11.18: Auswirkung der Serienschaltung zweier Kreiselpumpen auf den Betriebspunkt

niert. Durch die hintereinander geschalteten Maschinen strömt jeweils derselbe Massenstrom. Bei Flüssigkeitspumpen bedeutet dies wegen der weitgehenden Inkompressibilität des Mediums, dass auch derselbe Volumenstrom strömt, bei Verdichtern oder Vakuumpumpen dagegen nicht. Durch die Druckerhöhung in einem vorgeschalteten Verdichter bzw. die Druckerniedrigung in einer vorgeschalteten Vakuumpumpe ändert sich die Dichte und damit der Volumenstrom.

11.2.6 Kennzahlen

Speziell für Auslegung, experimentelle Untersuchungen und Vergleich von Strömungsmaschinen wurde eine Reihe dimensionsloser Kennzahlen entwickelt. Diese lassen sich in zwei Gruppen einteilen, nämlich solche, die das Betriebsverhalten kennzeichnen und solche, die für die Bauart einer Maschine typisch sind[18].

Aus der Gruppe der dimensionslosen Kennzahlen, die das Betriebsverhalten kennzeichnen, sind die Durchflusszahl und die Druckzahl die wichtigsten. Sie beschreiben den Förderstrom bzw. die Druckerhöhung (bzw. die spezifische Stutzenarbeit). Damit lassen sich Drosselkurven dimensionslos und für eine bestimmte Strömungsmaschine allgemein darstellen. Laufzahl, Schluckzahl und Leistungszahl lassen sich jeweils aus Durchflusszahl und Druckzahl berechnen. In der Leistungszahl steckt außerdem der Wirkungsgrad[19]. Damit lassen sich z.B. auch Leistungs- und Wirkungsgradkennlinien dimensionslos darstellen. Diese Art der dimensionslosen Kennzahlen sind für den Anwender der Strömungsmaschinen in der Regel nicht von Interesse und sollen hier nicht weiter behandelt werden.

Die für die Bauart einer Strömungsmaschine typischen dimensionslosen Kennzahlen können dagegen für den Anwender von Bedeutung sein. Sie sind folgendermaßen definiert:

---

[18] [19], S. 37

[19] Zur Vertiefung der Thematik der Kennzahlen sei z.B. auf [19], S.35ff oder S. 74ff verwiesen

Laufzahl σ: $$\sigma = n \cdot \frac{2 \cdot \sqrt{\dot{V} \cdot \pi}}{(2 \cdot Y)^{3/4}} \qquad (11.19)$$

Durchmesserzahl δ: $$\delta = D \cdot \frac{\sqrt{\pi}}{2} \cdot \sqrt[4]{\frac{2 \cdot Y}{\dot{V}^2}} \qquad (11.20)$$

mit: n = Laufraddrehzahl

$\dot{V}$ = Volumenstrom

Y = spezifische Stutzenarbeit

D = Laufraddurchmesser

Die Laufzahl dient zur dimensionslosen Kennzeichnung der Drehzahl, die Durchmesserzahl zur dimensionslosen Kennzeichnung des Laufraddurchmessers. Insbesondere die Laufzahl wird als Kenngröße zur Typisierung von Strömungsmaschinen und von deren Laufrädern verwendet. So weist eine kleine Laufzahl auf einen Maschinen- oder Laufradtyp mit verhältnismäßig hoher Druckerhöhung (hohe spezifische Stutzenarbeit Y) bei verhältnismäßig kleinem Volumenstrom hin. Das ist beispielsweise typisch für radiale Kreiselpumpen oder radiale Turboverdichter mit langen dünnen Schaufelkanälen. Eine große Laufzahl weist auf das Gegenteil hin, nämlich verhältnismäßig kleine Druckerhöhung bei verhältnismäßig hohem Volumenstrom, typisch für kurze, breite Schaufelkanäle oder bei noch höheren Werten für halbaxiale oder axiale Schaufelräder.

Neben der Laufzahl σ ist speziell für Pumpen auch noch die früher übliche spezifische Drehzahl n_q mit folgender Definition im Gebrauch:

$$n_q = n \cdot \frac{\sqrt{\dot{V}}}{H^{3/4}} \qquad (11.21)$$

Dies ist eine dimensionsbehaftete Zahl mit der Einheit[20] min^{-1}. Der Volumenstrom $\dot{V}$ wird in m^3/s, die Förderhöhe H in m eingesetzt. Damit ist die spezifische Drehzahl n_q diejenige, bei der die Pumpe bei einem Volumenstrom von $\dot{V}$ = 1 m^3/s eine Förderhöhe von H = 1 m erzeugt. Laufzahl und spezifische Drehzahl lassen sich direkt ineinander umrechnen[21]:

$$\sigma = \frac{n_q}{157{,}8\ \text{min}^{-1}} \qquad (11.22)$$

wobei hier n_q in min^{-1} eingesetzt wird.

Je höher die Laufzahl bzw. die spezifische Drehzahl einer Strömungsmaschine ist, desto höher ist die Drehzahl, die sie benötigt, um eine bestimmte Förderleistung zu erreichen (z.B. $\dot{V}$ = 1 m^3/s bei H = 1 m). Deshalb wird in diesem Zusammenhang auch häufig von „Schnellläufigkeit" gesprochen.

Es hat sich gezeigt, dass Laufzahl und Durchmesserzahl auch zur Charakterisierung von Verdrängermaschinen verwendet werden können[22]. **Bild 11.19** gibt einen Überblick über die Laufzahlen verschiedener Pumpen- und Verdichterbauarten, sowohl nach dem Strömungsmaschinen- als

[20] Z.B. in DIN EN ISO 17769-1: 2012-11 wird als Dimension für die spezifische Drehzahl s^{-1} angegeben (Abschnitt 2.2.8.2, S. 112). In der sonstigen Literatur finde sich jedoch üblicherweise min^{-1}

[21] Zur Herleitung des Umrechnungsfaktors (157,8 min^{-1}) siehe Anmerkung 11.1 im Anhang

[22] [65] und [66]

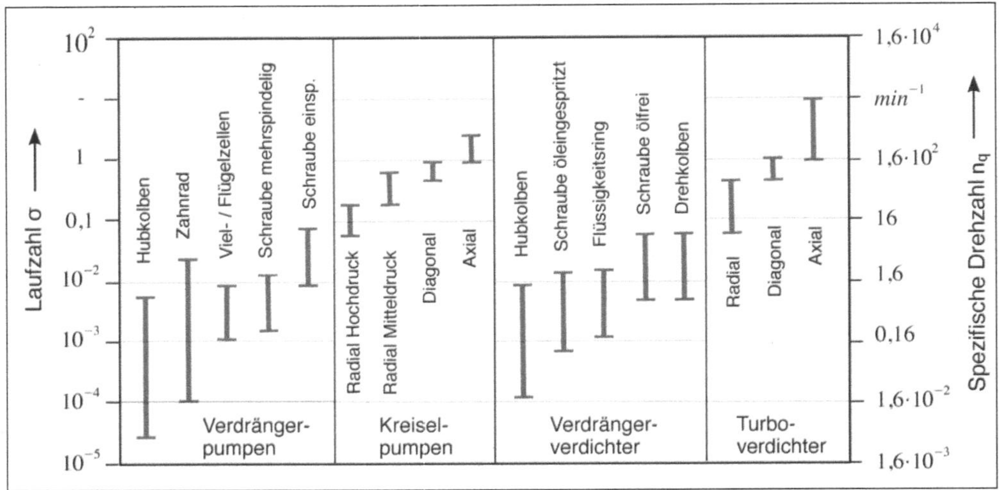

Bild 11.19: Laufzahlen und spezifische Drehzahlen von Pumpen und Verdichtern[23]

auch nach dem Verdrängermaschinenprinzip. Hier zeigt sich deutlich, wie Verdrängermaschinen das Spektrum der Strömungsmaschinen in Richtung kleinerer Laufzahlen über einen sehr großen Wertebereich fortsetzen.

In *Abschnitt 11.2.2* wurde der Optimalpunkt (= optimaler Betriebspunkt mit höchstem Wirkungsgrad) einer Strömungsmaschine definiert. Dieser gilt für einen bestimmten Laufraddurchmesser, eine bestimmte Drehzahl, einen bestimmten Volumenstrom und damit eine bestimmte Druckerhöhung bzw. spezifische Stutzenarbeit. Mit diesen vier Parametern lassen sich nach den *Gleichungen 11.19 und 11.20* jeweils eine Laufzahl und eine Durchmesserzahl berechnen. Trägt man diese Zahlen in den Optimalpunkten verschiedener Strömungsmaschinen in einem Diagramm gegeneinander auf, so erhält man eine Kurve mit verhältnismäßig geringer Streubreite (**Bild 11.20**). Ein solches Diagramm wird als „Cordier-Diagramm" bezeichnet und wurde ursprünglich für Strömungsmaschinen vorgeschlagen[24]. Mit der Anwendung von Lauf- und Durchmesserzahlen auch auf Verdrängermaschinen (s.o.) ergab sich die Möglichkeit, auch die Anwendung des Cordier-Diagramms auf die Charakterisierung von Verdrängermaschinen zu erweitern[25]. Daraus ergibt sich das in Bild 11.20 dargestellte „erweiterte Cordier-Diagramm" für Strömungs- und Verdrängermaschinen[26]. Mit diesem Diagramm lässt sich einerseits bei vorgegebener Drehzahl und vorgegebenem Betriebspunkt der geeignete Laufraddurchmesser vorauswählen und andererseits für eine bekannte Maschine überprüfen, ob sie annähernd am Optimalpunkt betrieben wird.

11.3 Flüssigkeitspumpen

Für Flüssigkeitspumpen kommen hauptsächlich das Kreisel- (= Strömungsmaschinen-) und das Verdrängerprinzip zum Einsatz. Auf andere Funktionsprinzipien wie Seitenkanal- oder Strahlpumpen, die in Spezialfällen eingesetzt werden, wird hier nicht eingegangen.

Kreiselpumpen für Flüssigkeiten werden mit Radial-, Diagonal- (Halbradial-), und Axialrädern eingesetzt, wie in *Abschnitt 11.1.1* beschrieben und in Bild 11.1 gezeigt. Für Verdrängerpumpen

---

23 Werte aus [66], [18] und [23]

24 [67]

25 [66]

26 Hier ist das in [66] vorgeschlagene Diagramm teilweise wiedergegeben

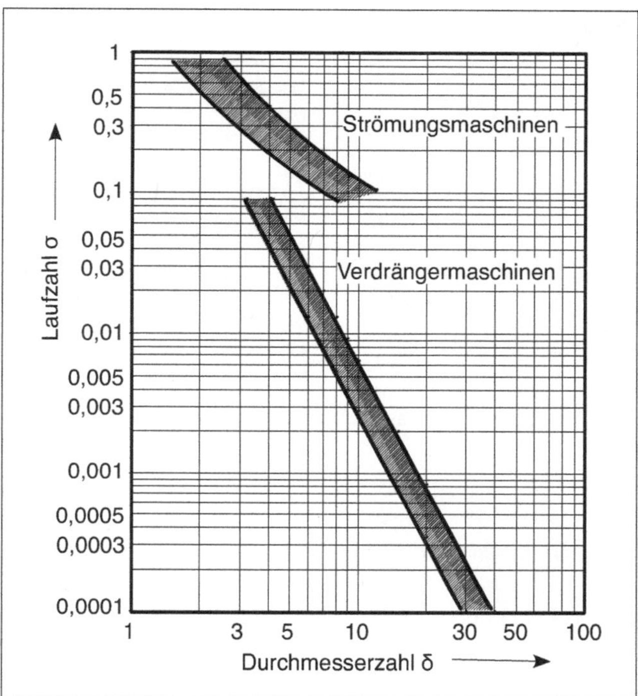

Bild 11.20: Erweitertes Cordier-Diagramm

kommen alle in den Bildern 11.5 und 11.6 gezeigten und in *Anschnitt 11.1.2* beschriebenen Bauarten zum Einsatz wie auch weitere, die hier nicht im Detail beschrieben wurden.

11.3.1 Auswahl des Funktionsprinzips

Als grundsätzliche Vorteile von Kreiselpumpen gegenüber Verdrängerpumpen werden z.B. häufig genannt:

- Pulsationsfreie Strömung
- Einfacherer Aufbau, weniger bewegte Teile, kein Sicherheitsventil nötig
- Einfache Förderstromregelung (z.B. durch Drosselung[27])

und im Gegenzug als Vorteile von Verdrängerpumpen z.B.:

- Lineare Stellkennlinien (Förderstrom linear abhängig von Pumpendrehzahl)
- Drucksteife Kennlinien (Drosselkurven, siehe Bild 11.8)

Wenn also für einen bestimmten Anwendungsfall sowohl eine Kreisel- als auch eine Verdrängerpumpe in Frage kommt, so erfolgt die Auswahl nach diesen Kriterien und natürlich auf Basis eines Kostenvergleichs.

Oft stellt sich diese Frage jedoch nicht, da Kreisel- und Verdrängerpumpen bezüglich Förderhöhe, Förderstrom und Flüssigkeitsviskosität unterschiedliche Betriebsbereiche abdecken, die sich nur

---

[27] Siehe *Abschnitt 11.2.3*

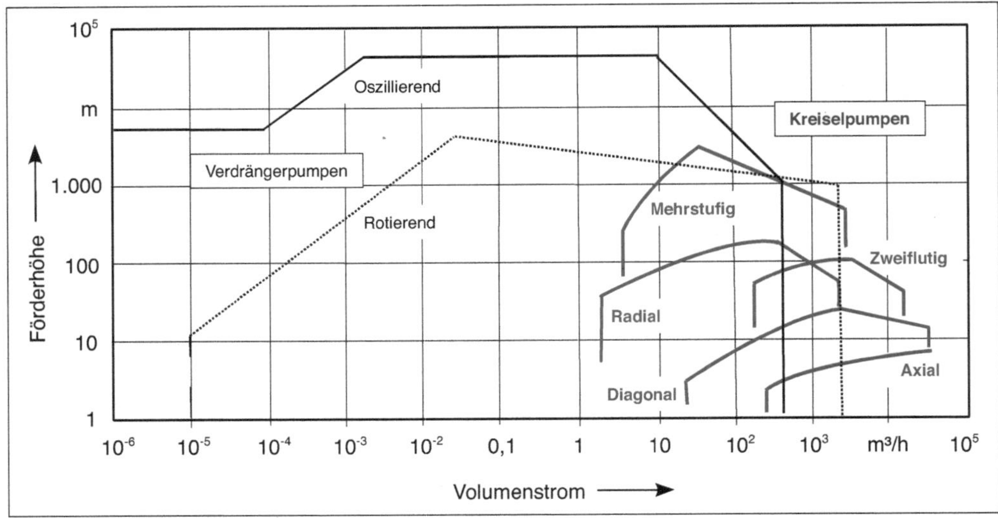

Bild 11.21: Einsatzbereiche von Flüssigkeitspumpen verschiedener Bauart[28]

teilweise überlappen. **Bild 11.21**[29] gibt einen Überblick über die Bereiche von Volumenströmen und Förderhöhen. Hier zeigt sich, dass im Bereich kleiner Volumenströme und sehr großer Förderhöhen Verdrängerpumpen, im Bereich sehr großer Volumenströme Kreiselpumpen konkurrenzlos sind.

Wie in *Abschnitt 11.2.6* erläutert, weist die Schnellläufigkeit einer Maschine darauf hin, ob sie eher für große Förderhöhen (kleine Laufzahl) oder eher für große Volumenströme (große Laufzahl) geeignet ist. In Bild 11.19 sind die Bereiche der Laufzahlen für verschiedene Kreisel- und Verdrängerpumpen-Bauarten aufgeführt. Die höchste Schnellläufigkeit weisen Kreiselpumpen mit Axialrädern mit Laufzahlen bis über 3 (bzw. spefiischen Drehzahlen bis 500 min^{-1}) auf. Sie nimmt über Diagonalräder zu Radialrädern mit Laufzahlen unter 0,1 (spezifischen Drehzahlen bis unter 10 min^{-1}) ab. Die Verdrängerpumpen setzen das Spektrum der Schnellläufigkeit hin zu kleineren Laufzahlen bis deutlich unter 10^{-4} (spezifische Drehzahl unter 0,02 min^{-1}) fort.

Bezüglich der Schnellläufigkeit ergänzen sich also die Einsatzbereiche von Kreisel- und Verdrängerpumpen. Gemeinsam decken sie einen Bereich von Lauf- bzw. spezifischen Drehzahlen von etwa fünf Größenordnungen ab. Die Grenze zwischen beiden liegt bei einer Laufzahl von etwa

28 Werte aus [19], S. 293 (Kreiselpumpen) und [17], S. 27 (Verdrängerpumpen)
29 Werte aus: [19], S. 193 und [17], S. 27
30 nach [66]

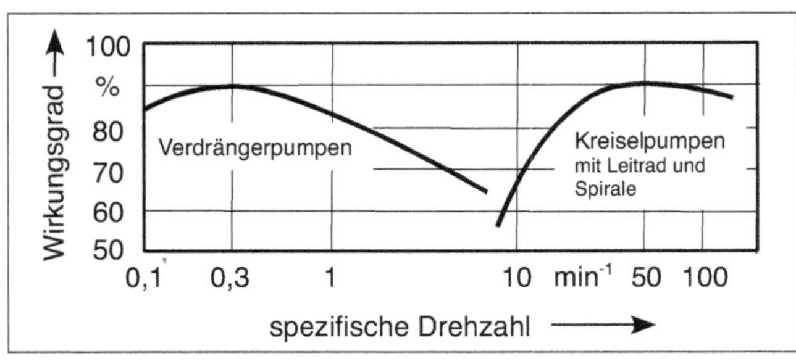

Bild 11.22: Mittlere Wirkungsgrade von Pumpen[30]

0,06 bzw. bei einer spezifischen Drehzahl von etwa 10 min^{-1}. Allerdings wird nicht der gesamte Bereich mit gleich hohen Wirkungsgraden abgedeckt. **Bild 11.22** zeigt vereinfacht den Verlauf von Mittelwerten der erreichbaren Wirkungsgrade von Verdränger- und Kreiselpumpen. Hier zeigt sich, dass Verdrängerpumpen ihre höchsten Wirkungsgrade bei spezifischen Drehzahlen um 0,3 min^{-1} aufweisen, Kreiselpumpen um 50 min^{-1}. Knapp unter 10 min^{-1}, wo sich Verdränger- und Kreiselpumpen treffen, liegen die erreichbaren Wirkungsgrade am niedrigsten. Der erreichbare Wirkungsgrad von Kreiselpumpen steigt mit deren Größe, d.h. mit dem Volumenstrom im Optimalpunkt. **Bild 11.23** zeigt dies anschaulich für Kreiselpumpen mit Radialrad.

Die Viskosität der zu fördernden Flüssigkeit beeinflusst das Betriebsverhalten von Kreisel- und Verdrängerpumpen sehr unterschiedlich. **Bild 11.24** zeigt, dass die Drosselkurve von Kreiselpumpen bei höherer Viskosität deutlich stärker abfallen, während die von Verdrängerpumpen nicht sehr stark beeinflusst werden und bei höherer Viskosität noch drucksteifer („vertikaler") werden, d.h. sich ihr Betriebsverhalten eher positiv ändert. Letzteres liegt daran, dass sich durch die höhere Fluidviskosität die Leckverluste in internen Spalten der Verdrängerpumpen verringern. Nach [21][31] ist der Einsatz von Kreiselpumpen bis zu einer kinematischen Viskosität der Flüssigkeit von etwa $\nu = 150 \cdot 10^{-6}$ m^2/s wirtschaftlich und bis $\nu = 500 \cdot 10^{-6}$ m^2/s (für bestimmte Bauarten bis $\nu = 10^{-3}$ m^2/s) möglich.

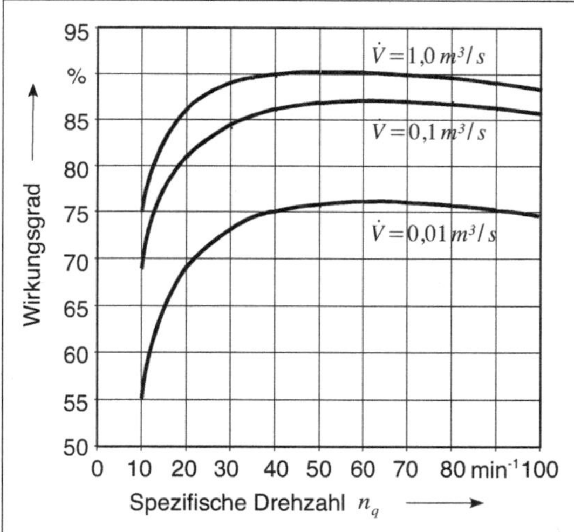

Bild 11.23: Einfluss des Auslegungsvolumenstromes auf den Wirkungsgrad einstufiger, einflutiger Radial-Kreiselpumpen[32]

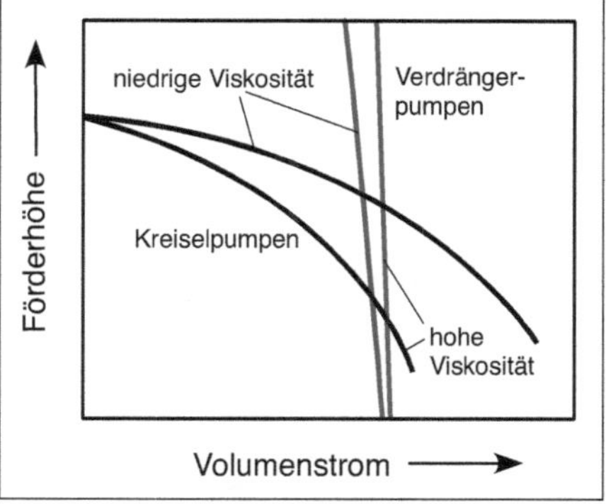

Bild 11.24: Einfluss der Viskosität auf Kennlinien von Kreisel- und Verdrängerpumpen[33]

11.3.2 Saugverhalten

11.3.2.1 Vermeidung von Kavitation

Kavitation (von lat. cavus = hohl) ist die Bildung von „Hohlräumen" im Flüssigkeitskontinuum durch örtliches Verdampfen der Flüssigkeit oder durch örtliches Ausfallen gelöster Gase aus der Flüssigkeit. Meist treten beide Effekte parallel auf. Besonders kritisch sind die Dampfblasen. Sie ent-

31 [21] S. 67
32 Werte aus [20], S. 92
33 Nach [21], S. 67

stehen, wenn der statische Druck den Dampfdruck der Flüssigkeit unterschreitet (siehe **Tabelle 11.1**) Sie sind sehr instabil und implodieren, sobald der statische Druck wieder ansteigt. Dabei wird lokal begrenzt sehr viel Energie frei, es kommt zu starker Geräuschentwicklung und Materialzerstörung z.B. von Pumpenlaufrädern. Für den sicheren Betrieb von Pumpen ist der Kavitationseffekt deshalb zu vermeiden bzw. zu minimieren.

Tabelle 11.1: Temperaturabhängigkeit des Dampfdruckes von Wasser

Temperatur [°C]	**Dampfdruck** von Wasser [mbar]
20	23,2
40	73,32
60	202,96
80	475,95

Durch die Absenkung des statischen Druckes auf der Saugseite von Pumpen besteht dort die Gefahr von Kavitation. Abhängig von der Flüssigkeitstemperatur und spezifischen Eigenschaften der Pumpe (z.B. Drehzahl) ist dort zur Vermeidung von Kavitation eine Mindestenergiehöhe bzw. ein Mindestdruck erforderlich. Dieser wird beispielsweise „Haltedruckhöhe" H_H genannt[34]. Diese Haltedruckhöhe ist die Druckdifferenz zwischen dem absoluten Gesamtdruck im Saugstutzen der Pumpe und dem Dampfdruck der Flüssigkeit. Wie bei Flüssigkeitspumpen üblich (vergleiche „Förderhöhe", *Gleichung 11.3*), wird sie in der Einheit der Höhe der Flüssigkeitssäule in Meter angegeben:

$$H_H = \frac{p_{ges,S} - p_D}{\rho \cdot g} \qquad (11.23)$$

mit: $p_{ges,S}$ = Gesamtabsolutdruck im Mittelpunkt des Saugstutzens
p_D = Dampfdruck der Flüssigkeit
ρ = Dichte der Flüssigkeit
g = Erdbeschleunigung

Für kavitationsfreien bzw. kavitationsarmen Betrieb (s.u.) der Pumpe muss dann folgende Bedingung eingehalten werden:

$$H_{HA} > H_{H,erf} \qquad (11.24)$$

mit: H_{HA} = Haltedruckhöhe der Anlage
$H_{H,erf.}$ = Erforderliche Haltedruckhöhe für kavitationsarmen Betrieb der Pumpe

Der Gesamtabsolutdruck im Mittelpunkt des Saugstutzens der Pumpe setzt sich zusammen aus dem absoluten statischen Druck und dem dynamischen Druck. Damit ergibt sich:

$$H_{HA} = \frac{p_{s,S} - p_D}{\rho \cdot g} + \frac{w_S^2}{2 \cdot g} \qquad (11.25)$$

mit: $p_{s,S}$ = Statischer Absolutdruck im Mittelpunkt des Saugstutzens
w_S = Strömungsgeschwindigkeit im Mittelpunkt des Saugstutzens

In der Praxis wird heute der aus den USA stammende „NPSH"-Wert (Net Positive Suction Head) verwendet. Das ist die Netto-Energiehöhe am Eintrittsquerschnitt des Pumpenlaufrades. Entsprechend Gleichung 11.24 gilt dann für kavitationsarmen Betrieb folgendes Kriterium:

$$NPSHA > NPSHR \qquad (11.26)$$

34 z.B. [19], S. 236

mit: $NPSHA$ = NPSH-Wert der Anlage (NPSH „available") = $NPSHA_{vorh.}$

$NPSHR$ = NPSH-Wert der Pumpe (NPSH „required") = $NPSHA_{erf.}$

Während die oben definierte Haltedruckhöhe auf den Mittelpunkt des Saugstutzens der Pumpe bezogen ist, ist der NPSH auf einen bestimmten Punkt am Laufradeintritt bezogen[35]. Wird dieser Punkt mit dem Index „1" gekennzeichnet, so ergibt sich für den NPSHA:

$$NPSHA = \frac{p_{s,S} - p_D}{\rho \cdot g} + \frac{w_S^2}{2 \cdot g} + (z_S - z_1) = H_{HA} + (z_S - z_1) \tag{11.27}$$

mit: z_S = Höhenlage des Mittelpunktes des Saugstutzens

z_1 = Höhenlage des NPSH-Bezugspunktes

Dieser Höhenunterschied ist $z_S - z_1$ in der Regel sehr klein und kann häufig vernachlässigt werden.

In der Praxis berechnet man den NPSHA mit Bezug auf die Oberfläche des Ansaugbehälters (**Bild 11.25**):

$$NPSHA = \frac{p_{s,A1} - p_D}{\rho \cdot g} + \frac{\bar{w}_{A1}^2}{2 \cdot g} + (z_{A1} - z_S) - H_{V,S} \tag{11.28}$$

mit: $p_{s,A1}$ = statischer Absolutdruck an der Oberfläche des Ansaugbehälters

z_{A1} = Höhenlage der Oberfläche des Ansaugbehälters

$\bar{w}_{A1}$ = mittlere Strömungsgeschwindigkeit an der Oberfläche des Ansaugbehälters

$H_{V,S}$ = Druckverlust in der Pumpensaugleitung, ausgedrückt als

Druckverlusthöhe $H_{V,S} = \frac{\Delta p_{V,S}}{\rho \cdot g}$

Wie in Bild 11.25 dargestellt, wird der NPSHA erhöht, wenn der Saugbehälter oberhalb der Pumpe angeordnet ist ($z_{A1} - z_S > 0$ → Zulaufhöhe) und verringert, wenn der Saugbehälter unterhalb der

[35] Z.B. in DIN EN ISO 17769-1: 2012-11 sind in Abschnitt 2.2.2.1 auf S. 100 die NPSH-Bezugsebenen für verschiedene Laufradformen und -positionen definiert

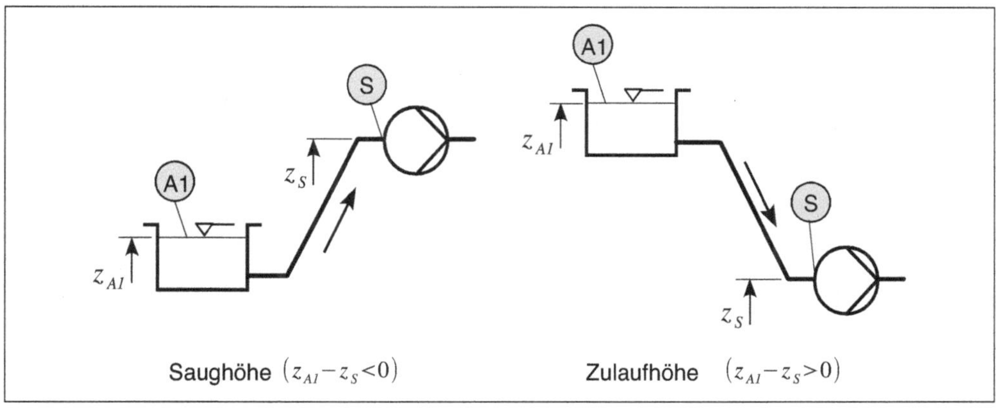

Bild 11.25: Bezugshöhen zur Berechnung des NPSHA

Pumpe liegt ($z_{A1} - z_S < 0 \rightarrow$ Saughöhe). Die Strömungsgeschwindigkeit im Ansaugbehälter $\bar{w}_{A1}$ ist in der Regel vernachlässigbar klein.

Der NPSHR-Wert hängt von der Pumpenbauart ab. Er kann rechnerisch abgeschätzt werden[36]. In der Praxis wird er jedoch vom Pumpenhersteller angegeben. Kavitation vollständig zu vermeiden ist nicht möglich. Die Hersteller geben deshalb häufig einen $NPSHR_{3\%}$-Wert an, bei dem die Förderleistung durch Kavitation um 3 % gegenüber kavitationsfreiem Betrieb vermindert ist.

Bei der Bestimmung der notwendigen NPSHA-Werte wird üblicherweise zusätzlich eine Sicherheit gegenüber dem NPSHR-Wert berücksichtigt. [21][37] schlägt z.B. vor:

$$\frac{NPSHA}{NPSHR_{3\%,opt}} \approx 1{,}5...2{,}0 \qquad (11.29)$$

mit: $NPSHR_{3\%,opt} = NPSHR_{3\%}$-Wert im Optimalpunkt der Pumpe

Dabei soll der Sicherheitsbeiwert mit steigendem $NPSHR_{3\%}$-Wert ansteigen.

Häufig wird jedoch einfach ein Zuschlag von z.B. 0,5 m zum NPSHR-Wert addiert:

$$NPSHA > NPSHR + 0{,}5\ \text{m} \qquad (11.30)$$

11.3.2.2 Selbst entlüftendes Ansaugen

Für den Fall, dass der saugseitige Behälter höher liegt als der Saugstutzen der Pumpe (Bild 11.25, rechts „Zulaufhöhe"), ist die Pumpe vor Inbetriebnahme bereits mit Flüssigkeit gefüllt und kann so ungestört anlaufen („geflutetes Ansaugen"[38]). Auch deshalb ist eine solche Anordnung insbesondere für Kreiselpumpen grundsätzlich von Vorteil. Häufig ist jedoch der gegenteilige Fall, dass der saugseitige Behälter tiefer liegt (Bild 11.25, links „Saughöhe") nicht zu vermeiden. Man spricht dann von „trockenem, selbst entlüftendem Ansaugen". Das bedeutet, dass die Pumpe zunächst Luft fördern muss bis die Flüssigkeit nach oben gesaugt wurde. Während sich Verdrängerpumpen dazu meist gut eignen, gilt dies für Kreiselpumpen nur in Ausnahmefällen mit speziell dafür gestalteten Bauteilen[39]. Durch konstruktive Maßnahmen z.B. in der Leitungsführung kann man auch im Fall der Saughöhe dafür sorgen, dass die Pumpe selbst immer mit Flüssigkeit gefüllt bleibt („nasses, selbst entlüftendes Ansaugen"). Herrscht beim selbst entlüftenden Ansaugen auch noch Gegendruck, muss die Pumpe die Luft nicht nur ansaugen, sondern auch noch komprimieren. In jedem Fall ist die Eignung der Pumpe für solche Anwendungen sicherzustellen.

11.3.3 Kennfelder und Kennlinien

In *Abschnitt 11.2.2* wurde bereits auf Kennlinien von Pumpen und Verdichtern eingegangen. Im Folgenden werden einige Beispiele speziell für Flüssigkeitspumpen gezeigt und beschrieben.

Die Kennfelder in **Bild 11.26** grenzen die wirtschaftlich sinnvollen Betriebsbereiche von Kreiselpumpen gleicher Bauart, aber unterschiedlicher Größe voneinander ab[40]. Jedes einzelne der sich überlappenden Felder repräsentiert eine Nenn-Pumpengröße, d.h. einen Nenn-Laufraddurchmesser und einen Nenndurchmesser des Druckstutzens. Diese Nenn-Laufraddurchmesser sind nach Normzahlenreihen[41] gestuft. Es können unterschiedliche Laufräder eingebaut werden, deren

---

36 [18], S. 111 ff
37 [21], S. 26
38 [17], S. 22
39 ebenda
40 Das Diagramm zeigt einen Ausschnitt aus einem Kennfelddiagramm, das typischerweise wesentlich mehr Kennfelder enthält
41 DIN 323-01: 1974-08

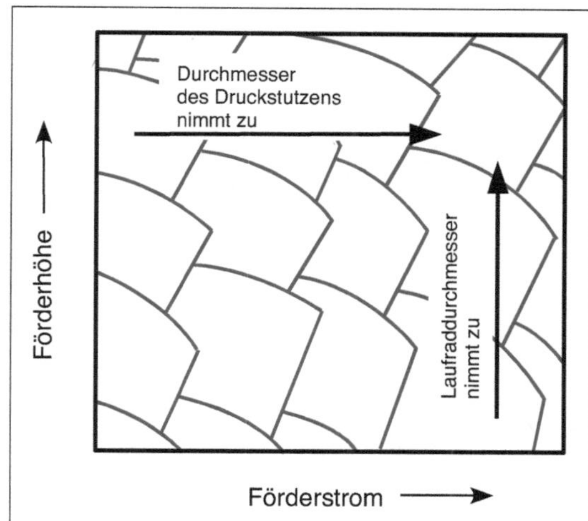

Bild 11.26: Kennfelder einer Kreiselpumpe

tatsächlicher Durchmesser von dem Nenndurchmesser abweichen, jedoch in dessen Nähe liegen. Die obere und untere Linie jedes Feldes markiert den größten bzw. kleinsten tatsächlichen Laufraddurchmesser, der in der jeweiligen Pumpengröße verwendet wird. Die linke und die rechte Linie begrenzen den Förderstrombereich, in dem diese Pumpengröße wirtschaftlich betrieben werden kann. Wie in Bild 11.26 durch Pfeile angezeigt, nimmt der Nenn-Laufraddurchmesser in den Feldern von unten nach oben zu. In den Feldern von links nach rechts nimmt der Nenndurchmesser des Pumpen-Druckstutzens (oder beider Stutzen) zu. Damit kann aus einem solchen Kennfelddiagramm die Nenngröße der Pumpe vorausgewählt werden. Der tatsächliche Laufraddurchmesser wird danach anhand deren Drosselkurven so bestimmt, dass der zu erwartende Betriebspunkt[42] mit einem möglichst hohen Wirkungsgrad erreicht wird.

Bild 11.27 zeigt qualitativ den Verlauf der wesentlichen Kennlinien von Kreiselpumpen mit verschiedenen Laufradformen. Hier sind deutliche Unterschiede im Verhalten erkennbar, insbesondere die Änderung der Leistungsaufnahme bei steigendem Volumenstrom. Während diese bei Radialrädern ansteigt, fällt sie bei Axialrädern ab.

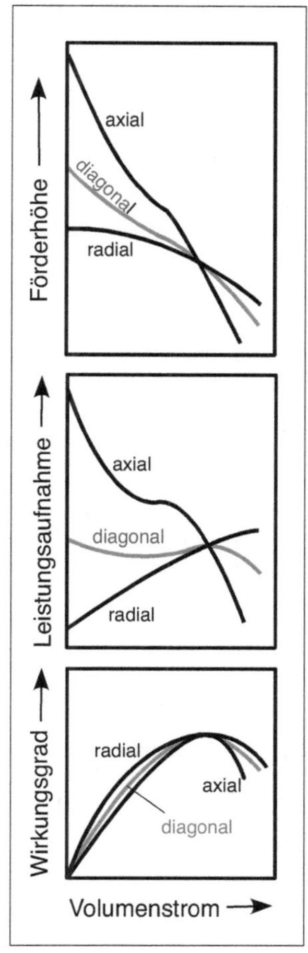

[42] Siehe Abschnitt 11.2.2
[43] Werte aus [19], S. 235

Bild 11.27: Einfluss der Laufradformen von Kreiselpumpen auf den Kennlinienverlauf - im Schnittpunkt der Linien liegt jeweils der Optimalpunkt[43]

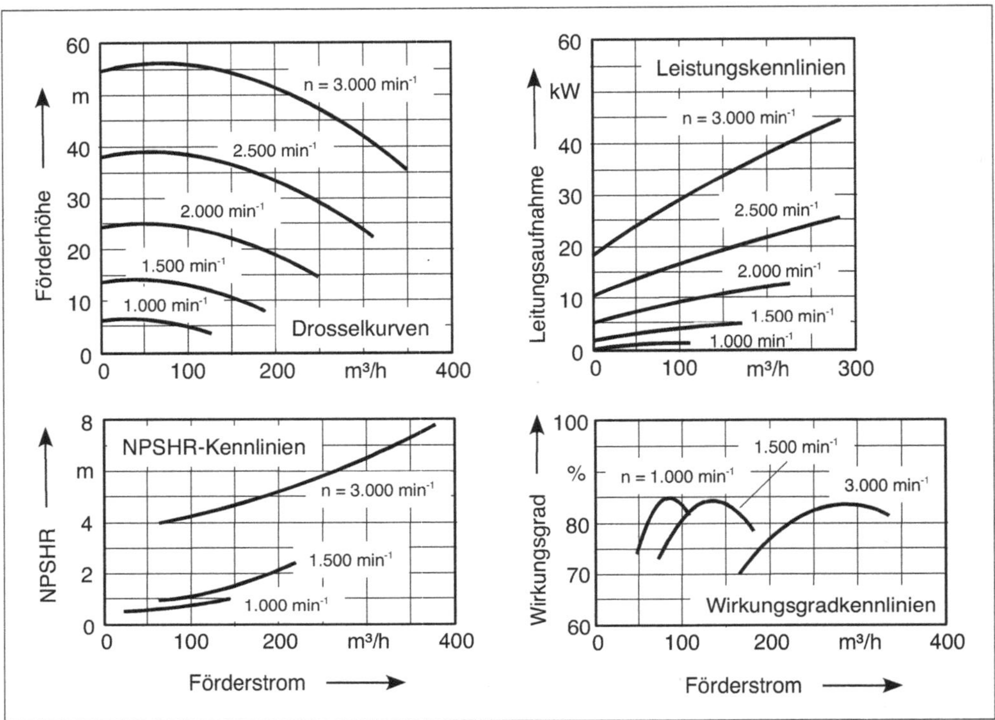

Bild 11.28: Beispiele für Kennlinien einer einstufigen Kreiselpumpe mit radialem Laufrad

Bild 11.28 zeigt quantitativ typische Beispiele für Kennlinien einer einstufigen Kreiselpumpe mit Radiallaufrad. Dort sind nicht Kennlinien für unterschiedliche Laufraddurchmesser dargestellt, wie das in Herstellerunterlagen üblich und zur Auswahl der Pumpengröße notwendig ist, sondern für verschiedene Drehzahlen, da dies für den Betrieb der Pumpen interessant ist (siehe z.B. *Beispiel 11.14* „Anwendung Kreiselpumpe").

Bild 11.29 zeigt Beispiele für Kennlinien einer Flügelzellenpumpe[44] als beispielhafte Vertreterin aus der großen Zahl der verschiedenen Verdrängerpumpenbauarten. Dort sind die Drossel- und Leistungskennlinien nicht wie bei der Kreiselpumpe in Bild 11.28 über dem Förderstrom aufgetragen, sondern über der Druckerhöhung der Pumpe. Bei Verdrängermaschinen ist es üblich, die Betriebscharakteristika über der Druckerhöhung (Förderhöhe) oder der Drehzahl aufzutragen. Zahlreiche weitere Kennlinien für Flügelzellenpumpen und andere Bauarten von Verdrängerpumpen finden sich z.B. in [17].

11.4 Verdichter

Wie für Flüssigkeitspumpen kommen auch für Verdichter hauptsächlich das Verdränger- und das Kreiselprinzip zum Einsatz. Auf das Strahlprinzip, das in Ausnahmefällen ebenfalls vorkommt, soll hier nicht näher eingegangen werden, wie auch z.B. auf Seitenkanalverdichter.

---

44 Werte aus [17], S. 94f

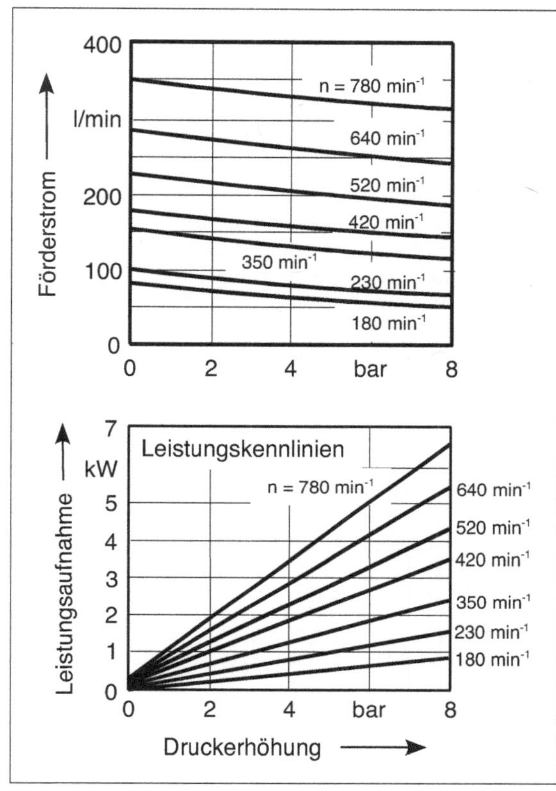

Bild 11.29: Beispiele für Kennlinien einer Flügelzellenpumpe ($\eta = 20 \cdot 10^{-6}$ Pa·s)[45]

Verdichter nach dem Kreiselprinzip (= Strömungsmaschinen) werden heute meist als „Turboverdichter“[46], manchmal jedoch auch als „Kreiselverdichter“ bezeichnet. Hier kommen radiale und axiale Laufräder meist mehrstufig zum Einsatz, auch radial und axial in Kombination in einer Maschine.

Von den in den Bildern 11.5 und 11.6 gezeigten Bauarten von Verdrängermaschinen eignen sich Exzenterschnecke, Schlauch und Zahnrad nicht für Verdichter. Stattdessen gibt es weitere Bauarten von Verdrängerverdichtern mit rotierenden Kolben. Außerdem kommt für Verdichter (wie auch für Vakuumpumpen) das Flüssigkeitsring-Prinzip zum Einsatz. Flüssigkeitsringverdichter sind ähnlich aufgebaut wie Vielzellenverdichter (Flügelzellenverdichter). Anders als bei diesen befindet sich im Inneren eines Flüssigkeitsringverdichters Flüssigkeit (meist Wasser), die bei Rotation des exzentrisch angeordneten Rotors durch die Fliegkraft nach außen gedrückt wird und so den Spalt zwischen Rotor und Gehäuse abdichtet. Da dieser Flüssigkeitsring die gesamte radiale Gehäusewand von innen bedeckt, sind Saug- und Druckstutzen hier, anders als bei den Flügelzellenverdichtern, axial angeordnet.

Verdichter nach dem Schraubenprinzip („Schraubenverdichter“) haben sich in den vergangenen Jahrzehnten stark durchgesetzt. Die beiden ineinander greifenden Schraubenprofile weisen hier unterschiedliche Geometrien auf. Durch solche optimierten Profilgeometrien haben sie sehr an

---

45 Werte aus [17], S. 94f

46 Lat. „turbo“ = Wirbel, Sturm, Kreisel (nach Kytzler, B. und Redemund, L.: Unser tägliches Latein, 6. Auflage, Verlag Philipp von Zabern, Mainz, 2002)

Bedeutung gewonnen und beispielsweise in der Drucklufttechnik die Kolbenverdichter aus vielen Anwendungen verdrängt.

11.4.1 Auswahl des Funktionsprinzips

Die in *Abschnitt 11.3.1* genannten jeweiligen grundsätzlichen Vorteile von Kreiselmaschinen (z.B. pulsationsfreie Strömung, einfacherer Aufbau, einfache Förderstromregelung) und Verdrängermaschinen (z.B. lineare Stellkennlinien, drucksteife Kennlinien) gelten grundsätzlich auch für die Auswahl des geeigneten Verdichterprinzips, wenn sich die Betriebsbereiche der verschiedenen Bauarten überschneiden. Zu diesen Betriebsbereichen, d.h. den Bereichen von Volumenstrom und Druckerhöhung, finden sich in der Literatur unterschiedliche Angaben. In **Bild 11.30** ist dazu ein Überblick aus verschiedenen Quellen zusammengestellt, der nur ein grobes Bild geben und keine allgemeingültigen Werte dokumentieren soll. Hier zeigt sich erwartungsgemäß wie bei den Flüssigkeitspumpen (Bild 11.21), dass im Bereich kleiner Volumenströme und sehr großer Druckerhöhung Hubkolbenverdichter, im Bereich sehr großer Volumenströme Kreiselverdichter, insbesondere mit Axialrädern, konkurrenzlos sind. Dazwischen überlappen sich die Betriebsbereiche stark.

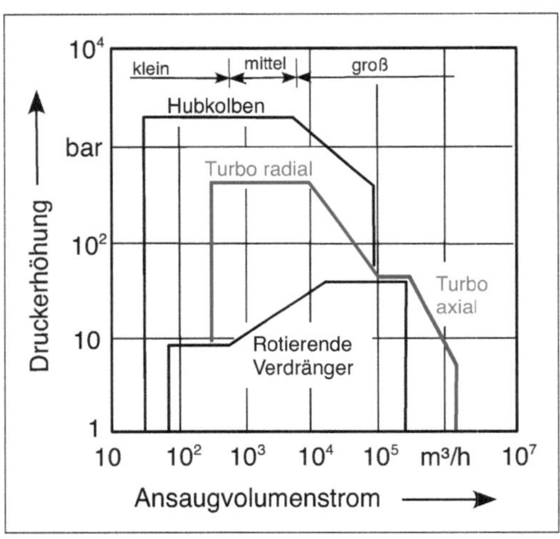

Bild 11.30: Einsatzbereiche von Verdichtern verschiedener Bauart[47]

Bezüglich der Schnellläufigkeit ergänzen sich die Einsatzbereiche von Kreisel- und Verdrängerverdichtern wie die von Kreisel- und Verdrängerpumpen, wobei der gesamte überdeckte Bereich gegenüber den Flüssigkeitspumpen weiter nach oben reicht (Bild 11.19). Die Grenze zwischen Verdränger- und Kreiselverdichtern liegt wie bei den Flüssigkeitspumpen bei einer Laufzahl von etwa 0,06 bzw. bei einer spezifischen Drehzahl von etwa 10 min^{-1}. **Bild 11.31**[48] zeigt den Verlauf optimaler Wirkungsgrade[49] für verschiedene Verdichterbauarten über der spezifischen Drehzahl. Wie bei den Flüssigkeitspumpen zeigen sich auch hier zwei Wirkungsgradmaxima, eines im Bereich der Verdrängermaschinen bei einer spezifischen Drehzahl von etwa 0,45 min^{-1} und eines im Bereich der Kreiselmaschinen bei etwa 45 min^{-1}.

Turboverdichter werden meist mehrstufig ausgeführt. Prinzipiell ergibt sich damit für Radial-Turboverdichter eine Anordnung der seriellen Laufräder wir in Bild 11.16 dargestellt mit entsprechender Umlenkung des Gasströmung nach jeder Stufe. Für große Volumenströme werden solche Maschi-

---

[47] Werte aus [22], S. 2; [18], S. 309; [23], S. 71

[48] Nach [66], S. 33

[49] Dieses Diagramm soll die Wirkungsgrade der verschiedenen Verdichterbauarten im Verhältnis zueinander zeigen, die gezeigten Absolutwerte sind in der Praxis nicht zu erreichen

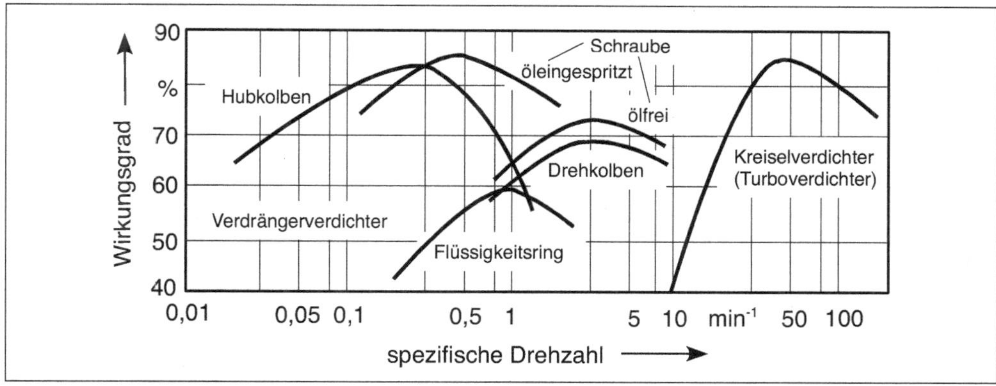

Bild 11.31: Optimale Wirkungsgrade verschiedener Verdichterbauarten[50]

nen sehr groß und schwer. Axial-Turboverdichter, in denen diese Stromumlenkungen nicht notwendig sind, bleiben dagegen auch bei sehr hohen Volumenströmen kompakt und erreichen dort höhere Wirkungsgrade als Radial-Turboverdichter. Dagegen sinkt ihr Wirkungsgrad für kleinere Volumenströme. Axial-Turboverdichter werden deshalb vorteilhaft ab einem Ansaugvolumenstrom von 60.000 m³/h eingesetzt[51].

11.4.2 Kennlinien und Kennfelder

Die Kennlinien von Turboverdichtern zeigen qualitativ den gleichen Verlauf wie die von Kreiselpumpen (s.o.). **Bild 11.32** zeigt den typischen Verlauf von Drosselkurven und Wirkungsgradkennlinien für Radial- und Axialverdichter. Die Kurven der Axialmaschinen verlaufen deutlich steiler als die der Radialmaschinen, eine Änderung des Volumenstromes zieht also größere Änderungen im erreichbaren Druckverhältnis und im Wirkungsgrad nach sich. Der Einfluss von Drehzahl und Schaufelverstellungen auf den Kennlinienverlauf entspricht dem, was in den *Abschnitten 11.2.3 und 11.2.4* gesagt wurde.

Wie im *Abschnitt 11.3.3* schon erwähnt, werden Kennlinien von Verdrängermaschinen üblicherweise nicht über dem Volumenstrom, sondern über dem Druckverhältnis aufgetragen, oder als „Stellkennlinien" über der Drehzahl. **Bild 11.33** zeigt beide Arten der Darstellung für einen einstufigen Hubkolbenverdichter. Die Informationen dieser Diagramme können auch in einem einzigen „Kennfeld" zusammengefasst werden, wie in **Bild 11.34** gezeigt, das einen praktischen Überblick über die gesamte Betriebscharakteristik des Kompressors gibt. In Bild 11.33 fällt auf, dass der Volumenstrom über dem Druckverhältnis („Drosselkurve")

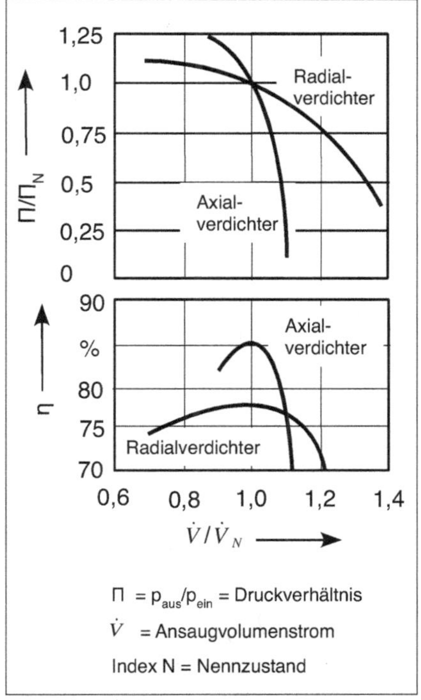

Bild 11.32: Drosselkurven und Wirkungsgradkennlinien von Turboverdichtern[52]

50 Werte aus [66], S. 33
51 [18], S. 307ff
52 nach [19], S. 277

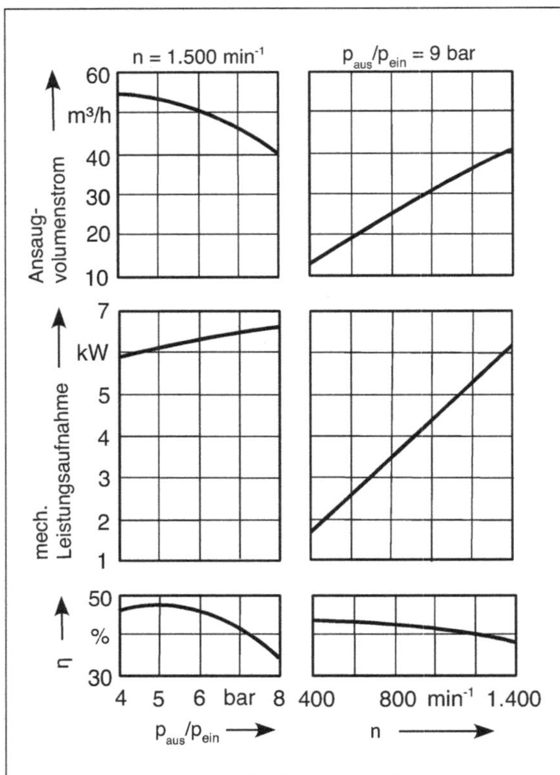

Bild 11.33: Kennlinien eines einstufigen Hubkolbenverdichters (Medium Luft)[53]

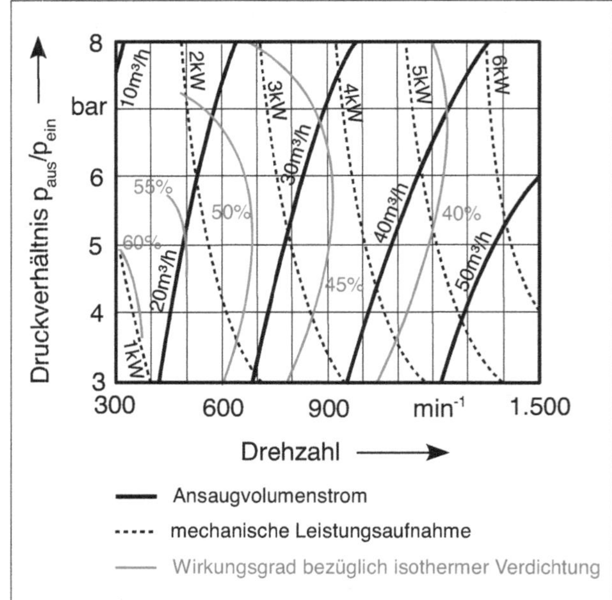

Bild 11.34: Kennfeld eines einstufigen Kolbenkompressors (Medium Luft)[54]

---

53 Werte [22], S. 180

54 nach [22], S. 181

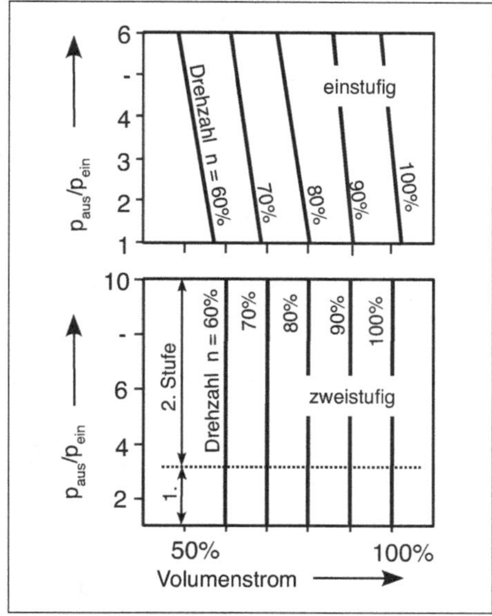

Bild 11.35: Beispiel für Kennlinien von Schraubenverdichtern[55]

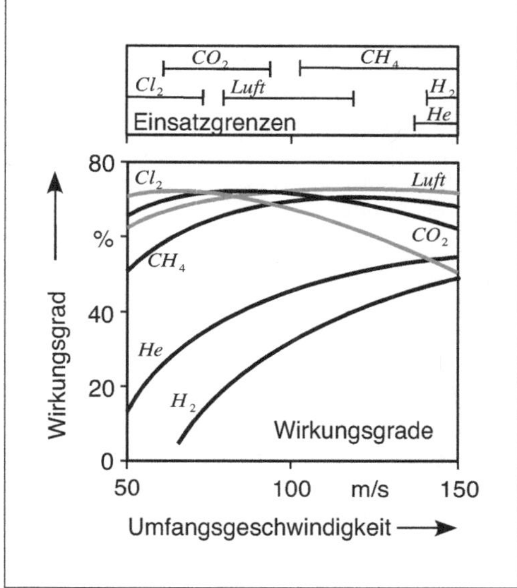

Bild 11.36: Verdichtung verschiedener Gase in einem Schraubenkompressor[56]

des Hubkolbenverdichters hier stark vom waagerechten Verlauf abweicht, d.h. ein „druckweiches" Verhalten zeigt. Dies ist bei höheren Drehzahlen der Fall (hier 1.500 min^{-1}). Mit abnehmender Drehzahl nimmt die Drucksteifigkeit auch bei diesen Verdichtern zu. **Bild 11.35** zeigt die Abhängigkeit des Druckverhältnisses über dem Volumenstrom („Drosselkurven") für einstufige und zweistufige Schraubenverdichter. Hier zeigt sich bei einstufigen Verdichtern ein leicht druckweiches Verhalten, während die zweistufige Anordnung vollkommen senkrechte, d.h. drucksteife Linien zeigt.

Das Betriebsverhalten von Verdichtern wird auch wesentlich von dem zu verdichtenden Gas beeinflusst. Dies zeigt beispielhaft **Bild 11.36**. Hier sind die Wirkungsgrade und Einsatzgrenzen eines Schraubenverdichters in Abhängigkeit von der Umfangsgeschwindigkeit seines Hauptrotors beispielhaft für einige Gase aufgetragen. Man sieht deutlich, wie für Gase mit geringerem Molekulargewicht höhere Rotationsgeschwindigkeiten notwendig und insgesamt die erreichbaren Wirkungsgrade für verschiedene Gase sehr unterschiedlich sind. Der dargestellte Bereich der Umfangsgeschwindigkeit bedeutet für einen großen Schraubenverdichter mit 643 mm Rotordurchmesser Drehzahlen zwischen 1.500 und 4.500 min^{-1}, für einen kleinen mit 102 mm Durchmesser Drehzahlen zwischen 9.000 und 27.000 min^{-1} [57].

11.5 Vakuumpumpen

Vakuumpumpen sind Verdichter, deren Saugseite genutzt wird. Verdichtet eine solche Maschine auf den Umgebungsdruck, so erzeugt sie auf der Saugseite Unterdruck. Dieser Unterdruck wird „Vakuum" genannt. Im Unterschied zu Verdichtern arbeiten Vakuumpumpen also im Druckbereich unterhalb des Atmosphärendrucks. Dort hat man es mit Fluiden sehr geringer Dichte zu tun. Um nennenswerte Massenströme zu erreichen, müssen die Volumenströme sehr hoch sein. Die Besonderheiten der Strömung im Vakuumbereich wurden in *Abschnitt 10.5* behandelt.

---

[55] Werte aus [24], S. 71
[56] nach [24], S. 69
[57] ebenda

Da sich der Bereich des Grobvakuums strömungstechnisch prinzipiell nicht vom Überdruckbereich unterscheidet, kommen für die Vakuumpumpen in diesem Bereich dieselben oder ähnliche Funktionsprinzipien zum Einsatz wie für Verdichter, allerdings fast ausschließlich Verdrängerprinzipien. Rein für das Grobvakuum sind das beispielsweise Membran, trocken laufender Drehschieber oder Flüssigkeitsring, für Grob- und Feinvakuum beispielsweise ölgedichteter Drehschieber, Schraube und Drehkolben (Wälzkolben)[58]. Daneben gibt es andere Verdränger-Funktionsprinzipien wie Klauen, Spirale, Scroll, aber auch Seitenkanalgebläse oder Dampfstrahlpumpen, die hier nicht weiter erläutert werden sollen[59].

Mehrstufige Wälzkolbenpumpen sind bis in den Hochvakuumbereich hinein geeignet. Es leuchtet jedoch ein, dass zur Erzeugung von Hoch- und Ultrahochvakuum, wo rein molekulare Strömung herrscht, andere Verdichter-Funktionsprinzipien nötig sind als für den viskosen Strömungsbereich. Dies sind insbesondere Turbomolekularpumpen und andere spezielle Prinzipien wie Diffusionspumpen, Kryopumpen etc., die hier ebenfalls nicht weiter behandelt werden sollen.

Tabelle 10.11 zeigt, dass der Druckbereich von Atmosphärendruck bis zum Ultahochvakuum ca. 15 Größenordnungen überdeckt. Im Gas-Druckbereich sind es zum Vergleich nur knapp vier Größenordnungen (Bild 11.30). Vakuum-Pumpenanlagen müssen also extrem hohe Druckverhältnisse erzeugen. Um Hoch- oder Ultrahochvakuum zu erzeugen, ist in der Regel eine Serienschaltung verschiedener Pumpen erforderlich, beispielsweise einer mechanischen Vorpumpe bis in den Feinvakuumbereich kombiniert mit Hoch- und Ultrahoch-Vakuumpumpen. Aber selbst die Verdrängerpumpen, auf die wir uns hier konzentrieren wollen, überdecken vom Atmosphärendruck bis in den Feinvakuum-Druckbereich vier bis fünf Druck-Größenordnungen.

Der Volumenstrom im Saugstutzen der Vakuumpumpe wird „Saugvermögen" S genannt. Dieses ist gleich dem Volumenstrom, der aus dem Vakuumsystem austritt:

$$S = \dot{V}_{\text{aus}} \tag{11.31}$$

Die pV-Stromstärk (siehe *Gleichung 10.56*) im Saugstutzen der Pumpe, wird als deren „Saugleistung" bezeichnet.

Die am häufigsten eingesetzte mechanische Vakuumpumpe ist die Drehschieberpumpe (zum Funktionsprinzip siehe Bild 11.5). **Bild 11.37** zeigt beispielhaft die Kennlinien einer ölgeschmierten und einer trocken laufenden Drehschieberpumpe. Die Ölschmierung erhöht die Abdichtung innerhalb der Pumpe, wodurch deutlich geringere Enddrücke bis in den Feinvakuumbereich erzielt werden als bei der trocken laufenden Pumpe. Die ölgeschmierte Pumpe zeigt auch den typischen

58 [39], S. 20
59 Zur weiteren Vertiefung: z.B. [39]
60 nach [39], S. 261

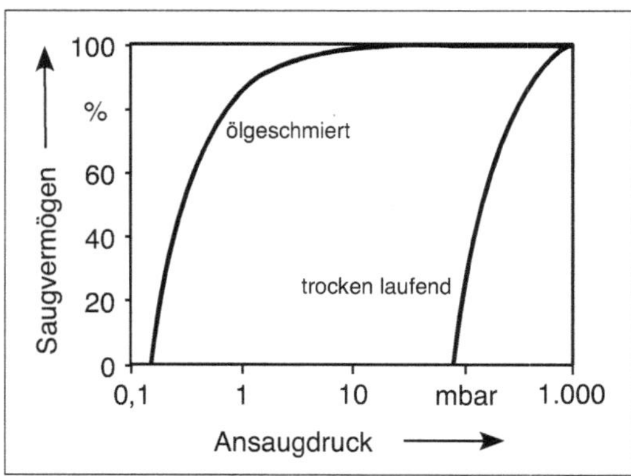

Bild 11.37: Kennlinien von Drehschieberpumpen[60]

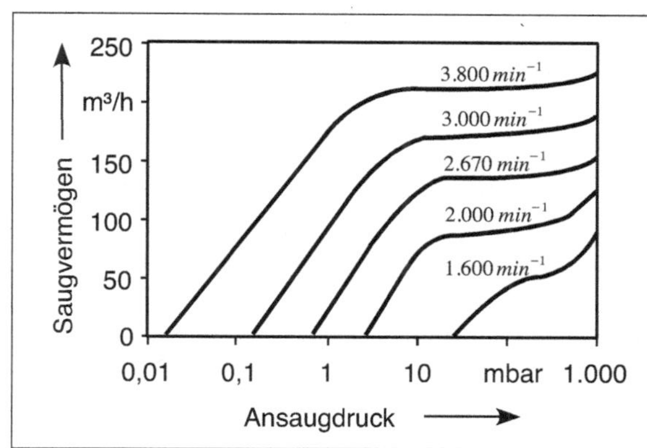

Bild 11.38: Kennlinien einer Schraubenvakuumpumpe[61]

drucksteifen Kennlinienverlauf bis zu einem bestimmten Druckverhältnis, ab dem die inneren Undichtigkeiten das Saugvermögen beeinflussen. Die trocken laufende Pumpe dichtet intern weniger gut und zeigt deshalb über den gesamten Druckbereich kein drucksteifes Saugvermögen. Außerdem nutzen sich die Schieber wegen der fehlenden Ölschmierung mit der Zeit ab, wodurch sich der erreichbare Enddruck erhöht.

Bild 11.38 zeigt den Einfluss der Pumpendrehzahl auf die Kennlinie einer Schraubenvakuumpumpe. Hier zeigt sich, dass bei dieser Pumpenbauart mit steigender Drehzahl nicht nur das Saugvermögen ansteigt. sondern auch das erreichbare Vakuum (Ansaugdruck) sinkt.

Bei der Anwendung von Vakuumpumpen ist nicht das Saugvermögen im Ansaugstutzen der Pumpe entscheidend, sondern das so genannte „effektive Saugvermögen" an dem Punkt, an dem das Vakuum benötigt wird (Einsatzpunkt), z.B. am Stutzen eines Vakuumbehälters. Zwischen diesen beiden Punkten befindet sich immer eine (wenn auch manchmal sehr kurze) Rohrleitung, deren Druckverlust bzw. Leitwert (siehe *Gleichung 10.57*) den Volumenstrom und den Druck am Einsatzpunkt beeinflusst.

Aus *Gleichung 10.70* ergibt sich das effektive Saugvermögen $S_{eff} = \dot{V}_{ein}$ am Einsatzpunkt abhängig vom Saugvermögen der Pumpe $S = \dot{V}_{aus}$ zu:

$$S_{eff} = S \cdot \frac{1}{\frac{S}{C} + 1} \tag{11.32}$$

Und aus *Gleichung 10.69* ergibt sich der Druck am Einsatzpunkt p_{ein} abhängig vom Druck im Saugstutzen der Pumpe p_{aus} und vom Saugvermögen der Pumpe $S = \dot{V}_{aus}$ zu:

$$p_{ein} = p_{aus} \cdot \left(\frac{S}{C} + 1 \right) \tag{11.33}$$

jeweils mit: C = Leitwert der Rohrleitung zwischen Pumpe und Einsatzpunkt

(siehe *Gleichungen 10.58 ff*)

Insbesondere im Hoch- und Ultrahochvakuum ist es sehr entscheidend, den Leitwert der Rohrleitung zwischen Vakuumpumpe und Vakuumbehälter groß zu halten, um das benötigte Vakuum überhaupt zu erreichen. Hier sind nur extrem kurze Rohrstücke mit großen Durchmessern sinnvoll.

61 nach [39], S. 278

12. Literatur

[1] Wossog, G.: Handbuch Rohrleitungsbau, Band 2, 3. Auflage, Vulkan-Verlag, Essen, 2013
[2] Ant, E. u.a.: Kunststoffrohr Handbuch, 4. Auflage, Vulkan-Verlag, Essen, 2000
[3] Sommer, B.: Stahlrohr Handbuch, Vulkan-Verlag, Essen, 1995
[4] Bundesverband Deutscher Stahlhandel: Rohre, 10. Auflage, Vulkan-Verlag, Essen, 1992
[5] Schwaigerer, S.: Rohrleitungen, Springer-Verlag, Berlin Heidelberg New York, 1986
[6] Smith, P.: Piping and Pipe Support Systems, Mc Graw Hill, New York u.a., 1987
[7] Sherwood, D. u.a...: Piping Guide; 2nd edition; Syentec, San Francisco, 1991
[8] Behrens, H. J. u.a. (Hrsg.): Rohrleitungstechnik, 7. Ausg., Vulkan-Verlag, Essen, 1998
[9] Schubert, J. (Hrsg.): Rohrleitungshalterungen, Vulkan-Verlag, Essen, 1999
[10] Hesse, T.: Grundlagen des Apparatebaus, Helen M. Brinkhaus Verlag, Rossdorf, 1984
[11] Hesse, T.: Konstruktionselemente im Apparatebau, Helen M. Brinkhaus Verlag, Rossdorf, 1984
[12] Klapp, Eberhard: Apparate- und Anlagentechnik, Springer-Verlag Berlin u.a., 1980
[13] Titze, Hubert und Wilke, Hans-Peter: Elemente des Apparatebaues, 3. Auflage, Springer-Verlag, Berlin u.a., 1992
[14] Thier, B.: Apparate Technik-Bau-Anwendung, Vulkan-Verlag, Essen, 1997
[15] Megyesy, E. F.: Pressure Vessel Handbook, 11th edition, Pressure Vessel Publishing, Inc., 1998
[16] Gleich, D. u.a.: Apparateelemente, Springer-Verlag, Berlin, 2006
[17] Vetter, G.: Rotierende Verdrängerpumpen für die Prozesstechnik, Vulkan-Verlag, Essen, 2006
[18] Bohl, W. u.a.: Strömungsmaschinen 1, 10. Auflage, Vogel Buchverlag, Würzburg, 2008
[19] Menny, K.: Strömungsmaschinen, 5. Auflage, B.G. Teubner Verlag, Wiesbaden, 2006
[20] Gülich, J. F.: Kreiselpumpen, 3. Auflage, Springer-Verlag, Berlin, 2010
[21] Sulzer-Pumpen (Hrsg.): Kreiselpumpen-Handbuch , 4. Auflage, Vulkan-Verlag, Essen, 1997
[22] Küttner, K. H.: Kolbenverdichter, Springer-Verlag, Berlin, Heidelberg, 1992
[23] VEB Kombinat Pumpen und Verdichter (Hrsg.): Technisches Handbuch Verdichter, 4. Auflage, VEB Verlag Technik, Berlin, 1986
[24] Konka, K.-H.: Schraubenkomrpessoren, VDI-Verlag Düsseldorf, 1988
[25] Seidel, W.: Werkstofftechnik, 9. Auflage, Hanser,München, 2012
[26] Verband der Technischen Überwachungs-Vereine e.V. (Hrsg.): AD 2000 Regelwerk, Carl Heymanns Verlag, Köln / Beuth Verlag, Berlin
[27] Wegst, C.W.: Stahlschlüssel, 22. Auflage, Verlag Stahlschlüssel Wegst GmbH, Marbach, 2010
[28] Roloff/Matek: Maschinenelemente; 19. Auflage, Vieweg+Teubner I GWV Fachverlage GmbH, Wiesbaden, 2009
[29] Fachgemeinschaft Gußeiserne Rohre: Das duktile Gußrohr-System für Abwasser
[30] Fachgemeinschaft Gußeiserne Rohre: Gußrohr Technik, Tabellen; Köln, 1987
[31] Halberg-Luitpoldhütte Vertriebs-GmbH: Duktile Gußrohre für Wasser und Gas, Saarbrücken, 1990
[32] Fachgemeinschaft Gußeiserne Rohre: Gußrohr Handbuch, Duktile Gußrohre und Formstücke, Vulkan-Verlag, Essen, 1969
[33] Witzenmann GmbH (Hrsg.): Kompensatoren, Das Handbuch der Kompensatortechnik, Labhard Verlag, Konstanz, 2012
[34] Burkhardt, W. und Kraus, R.: Projektierung von Warmwasserheizungen, 8. Auflage, Oldenbourg-Verlag, München, 2011
[35] Schwaigerer, S. und Mühlenbeck, G.: Festigkeitsberechnung im Dampfkessel-, Behälter- und Rohrleitungsbau, 5. Auflage, Springer-Verlag, Berlin, 1997
[36] Lorenz, R.: „Temperaturspannungen in Hohlzylindern" in: VDI-Z Band 51, Nr. 19 (1907), S.743 ...747
[37] Pich, R.: „Die Berechnung der elastischen, instationären Wärmespannungen in Platten, Hohlzylindern und Hohlkugeln mit quasistationären Temperaturfeldern" in: Mitteilungen der VGB, Heft 87 (S. 373 ... 383), Dezember 1963 und Heft 88 (S. 53...60), Februar 1964
[38] Höger, R.: „Wärmespannungen in zylindrischen Bauteilen und zulässige Temperatur-änderungsgeschwindigkeiten" in: Allg. Wärmetechnik, Band 12 F.1, 1963, S. 10...19
[39] Jousten, K. u.a.: Wutz Handbuch Vakuumtechnik, 10. Auflage, Vieweg+Teubner-Verlag, Wiesbaden, 2010
[40] Wagner, W.: Festigkeitsberechnungen im Apparate- und Rohrleitungsbau, 8. Auflage, Vogel Buchverlag, Würzburg, 2012

[41] The American Society of Mechanical Engineers: ASME Code for Pressure Piping (B31), B31.1 Power Piping, 1998

[42] Fachverband Dampfkessel-, Behälter und Rohrleitungsbau e.V. (Hrsg.): FDBR-Richtlinie „Berechnung von Kraftwerksrohrleitungen“, Vulkan-Verlag, Essen, 1987

[43] Wagner, W.: Rohrleitungstechnik, Vogel Buchverlag, 10. Auflage, Würzburg, 2008

[44] Meldt, R. u.a.: Das Kunststoffrohr im Trinkwasser- und Kanalsektor sowie in der Gasversorgung, Expert Verlag, Grafenau, 1978

[45] Verband der Technischen Überwachungs-Vereine e.V.: Technische Richtlinie zur statischen Berechnung eingeerdeter Rohrleitungen (VdTÜV-Richtlinie 1063), Ausgabe Mai 1978, Verlag TÜV Rheinland, Köln

[46] Richter, H.: Rohrhydraulik, Springer-Verlag, Berlin Göttingen Heidelberg, 1962

[47] Warneke, H. u.a.: Wirtschaftlichkeitsrechnung für Ingenieure, 3. Auflage, Hanser-Verlag, 1996

[48] Heald, C.C. (Hrsg.): Cameron Hydraulic Data, 18th Edition, Ingersoll-Dresser Pumps, Liberty Corner, NJ, USA, 1994

[49] Moody, L. F.: „Friction Factors for Pipe Flow“ in: Transactions of the American Society of Mechanical Engineers, Vol. 66, Nov. 1944

[50] Nikuradse, J.: „Strömungsgesetze in rauhen Rohren” in: VDI-Forschungsheft 361 (S. 1...22), Berlin 1933

[51] Fried, E. und Idelchik, I. E.: Flow Resistance – A Design Guide for Engineers, Taylor & Francis, 1989

[52] Mischner, J., Novgorodskij, J.: „Zur Ermittlung der Rohrreibungszahl“ in: 3R International, Heft 3, März 2000 (39)

[53] Idelchik, I. E.: Handbook of Hydraulic Resistance, 3rd ed., CRC Press, 1994

[54] Klingebiel, F. u.a.: „Berechnung kompressibler Strömungen in Rohrleitungen“ in: Rohrleitungstechnik, 6. Auflage, Vulkan-Verlag, 1994

[55] Swaffield, J.A. und Boldy, A.P.: Pressure Surge in Pipe and Duct Systems, Avebury Technical, Aldershot u.a., 1993

[56] Joukowsky, N.: „Über den hydraulischen Stoß in Wasserleitungsröhren“, Memoires de l’Academie Imperiale des Sciences de St. Petersburgh, 1900

[57] Mende, D. und Simon, G.: Physik - Gleichungen und Tabellen, 7. Auflage, VEB Fachbuchverlag, Leibzig, 1981

[58] Bohl, W.: Technische Strömungslehre, 14. Auflage, Vogel Buchverlag, Würzburg, 2008

[59] Crane, Co.: Technical Paper No. 410: Flow of fluids through valves, fittings, and pipe; 25th printing, Chicago, 1991

[60] Messer Griesheim GmbH: Gase-Handbuch, Broschüre 90.1001, 3. Auflage

[61] Stöcker, H: Taschenbuch der Physik, 2. Auflage, Verlag Harri Deutsch, Frankfurt, 1994

[62] Churchill, S.W.: Friction Factor Equation Spans all Fluid Flow Regimes, Chemical Engineering, Vol 84 (1977)

[63] VDI-Wärmeatlas, 10. Auflage, Springer-Verlag, Berlin, 2006

[64] Knudsen, M.: Die Gesetze der Molekularströmung und der inneren Reibungsströmung der Gase durch Röhren, Annalen der Physik, Leipzig, 28 (1909), S. 75...130

[65] Bláha, J.: „Klassifikation der Pumpenbauarten nach den spezifischen Drehzahlen“ in: Maschinenmarkt, Würzburg, Jahrgang 81 (1975), Heft 18, S. 299...302

[66] Grabow, G.: „Optimalbereiche von Pumpen und Verdichtern“ in: Industriepumpen + Kompressoren, Heft 1, S. 30...34, 2002

[67] Cordier. O.: „Ähnlichkeitsbedingungen für Strömungsmaschinen“ in: Zeitschrift BWK, Bd. 5, Nr. 10, Oktober 1953 S. 337...340

[68] Lechner, M.D.: D‘Ans-Lax Taschenbuch für Chemiker und Physiker, 4. Auflage, Springer-Verlag, Berlin, 1992

Anhang

Anhang

A Anmerkungen

Anmerkung 6.1: ***Druckkraft auf gewölbte Flächen***

Halber Querschnitt eines Zylinders
oder einer Kugel unter innerem Überdruck

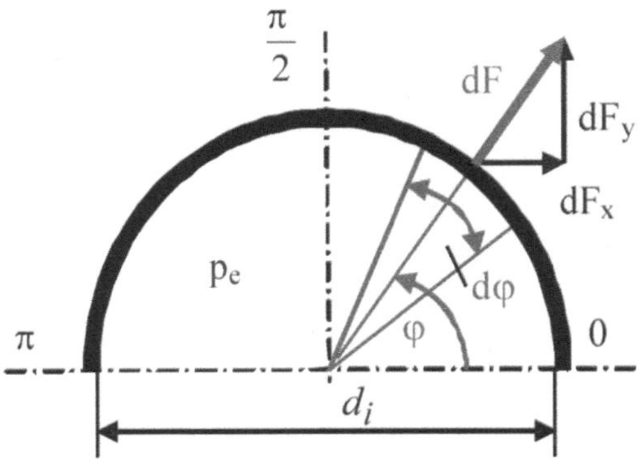

a) Druckkraft F_p auf eine halbe Zylinderfläche unter innerem Überdruck

p_e = innerer Überdruck

l = Zylinderlänge

dA = Zylinderlänge · Bogenlänge $= l \cdot \frac{d_i}{2} \cdot d\varphi$

$$dF = p_e \cdot dA = p_e \cdot l \cdot \frac{d_i}{2} \cdot d\varphi$$

$$dF_y = p_e \cdot l \cdot \frac{d_i}{2} \cdot \sin\varphi \cdot d\varphi$$

$$F_p = F_y = \int_{\varphi=0}^{\varphi=\pi} p_e \cdot l \cdot \frac{d_i}{2} \cdot \sin\varphi \cdot d\varphi = \left[p_e \cdot l \cdot \frac{d_i}{2} \cdot (-\cos\varphi) \right]_0^{\pi}$$

$$= p_e \cdot l \cdot \frac{d_i}{2} \cdot [-(-1)+1] = p_e \cdot l \cdot d_i$$

b) Druckkraft F_p auf eine Halbkugelfläche unter innerem Überdruck

p_e = innerer Überdruck

dA = Umfang · Bogenlänge $= \pi \cdot \frac{d_i}{2} \cdot \frac{d_i}{2} \cdot d\varphi = \pi \cdot \left(\frac{d_i}{2}\right)^2 \cdot d\varphi$

$$dF = p_e \cdot dA = p_e \cdot \pi \cdot \left(\frac{d_i}{2}\right)^2 \cdot d\varphi; \; dF_y = p_e \cdot \pi \cdot \left(\frac{d_i}{2}\right)^2 \cdot \sin\varphi \cdot d\varphi$$

$$F_p = F_y = \int_{\varphi=0}^{\varphi=\frac{\pi}{2}} p_e \cdot \pi \cdot \left(\frac{d_i}{2}\right)^2 \cdot \sin\varphi \cdot d\varphi = \left[p_e \cdot \pi \cdot \left(\frac{d_i}{2}\right)^2 \cdot (-\cos\varphi) \right]_0^{\frac{\pi}{2}}$$

$$= p_e \cdot \pi \cdot \left(\frac{d_i}{2}\right)^2 \cdot [0+1] = p_e \cdot \frac{\pi}{4} \cdot d_i^2$$

Anmerkung 6.2: **Herleitung von Gleichung 6.15 aus der Schubspannungshypothese mit Maximalspannungen**

Gleichungen 6.4 und 6.5 eingesetzt in *Gleichung 6.12*:

$$\hat{\sigma}_{V,Sch} = \hat{\sigma}_u - \hat{\sigma}_r = p_e \cdot \frac{\left(\frac{d_a}{d_i}\right)^2 + 1}{\left(\frac{d_a}{d_i}\right)^2 - 1} - (-p_e) = p_e \cdot \frac{2 \cdot \left(\frac{d_a}{d_i}\right)^2}{\left(\frac{d_a}{d_i}\right)^2 - 1}$$

$$= p_e \cdot \frac{2 \cdot \left(\frac{d_i + 2 \cdot s}{d_i}\right)^2}{\left(\frac{d_i + 2 \cdot s}{d_i}\right)^2 - 1} = \frac{p_e}{2} \cdot \frac{d_i^2 + 4 \cdot d_i \cdot s + 4 \cdot s^2}{d_i \cdot s + s^2}$$

$$\approx \frac{p_e}{2} \cdot \frac{d_i^2 + 4 \cdot d_i \cdot s + 3 \cdot s^2}{d_i \cdot s + s^2} = \frac{p_e}{2} \cdot \frac{(d_i + 3 \cdot s) \cdot (d_i + s)}{s \cdot (d_i + s)} = \frac{p_e}{s} \cdot \left(\frac{d_i}{s} + 3\right)$$

Anmerkung 6.3: **Ermittlung des Abminderungsfaktors k_A für Thermoschockspannungen** nach [35]:

- Wärmeübergangskoeffizient zwischen Sattdampf und Stahl

$$\alpha \approx 0{,}01 \frac{W}{mm^2 \cdot °C}$$

- für $T \approx 100 \ldots 300$ °C:
  - unlegierter Stahl:

    Wärmeleitfähigkeit $\lambda \approx 0{,}05 \frac{W}{mm \cdot °C} \Rightarrow \frac{\alpha}{\lambda} \approx \frac{0{,}01}{0{,}05} = 0{,}2\ mm^{-1}$

  - Austenit:

    Wärmeleitfähigkeit $\lambda \approx 0{,}02 \frac{W}{mm \cdot °C} \Rightarrow \frac{\alpha}{\lambda} \approx \frac{0{,}01}{0{,}02} = 0{,}5\ mm^{-1}$

- $k_A = B_{th}$ aus [35]:
  - für unlegierten Stahl: $x = 0{,}2 \cdot s$ mit der Wanddicke s in mm
  - für Austenit: $x = 0{,}5 \cdot s$ mit der Wanddicke s in mm

Anmerkung 10.1: ***Herleitung der Gleichungen 10.19 und 10.20***

Aus *Gleichung 10.18 mit 10.2:*

$$\Delta p = \Delta p_\zeta = \zeta \cdot \frac{\rho}{2} \cdot \bar{w}^2 = \zeta \cdot \frac{\rho}{2} \cdot \frac{\dot{V}^2}{A_i^2} \quad \Rightarrow \quad \zeta = 2 \cdot A_i^2 \cdot \frac{\Delta p}{\rho \cdot \dot{V}^2}$$

$$\Delta p_0 = \Delta p_\zeta = \zeta \cdot \frac{\rho_0}{2} \cdot \bar{w}_0^2 = \zeta \cdot \frac{\rho_0}{2} \cdot \frac{k_V^2}{A_i^2} \Rightarrow \quad \zeta = 2 \cdot A_i^2 \cdot \frac{\Delta p_0}{\rho_0 \cdot k_V^2}$$

$$\Rightarrow 2 \cdot A_i^2 \cdot \frac{\Delta p}{\rho \cdot \dot{V}^2} = 2 \cdot A_i^2 \cdot \frac{\Delta p_0}{\rho_0 \cdot k_V^2} \quad \Rightarrow \quad \frac{\Delta p}{\rho \cdot \dot{V}^2} = \frac{\Delta p_0}{\rho_0 \cdot k_V^2}$$

aufgelöst nach k_V: $k_V = \dot{V} \cdot \sqrt{\frac{\Delta p_0 \cdot \rho}{\Delta p \cdot \rho_0}}$ (10.19)

mit $\Delta p_0 = 1\,\text{bar}$ und $\rho_0 = 1000\,\text{kg/m}^3$: $k_V = \dot{V} \cdot \sqrt{\frac{1}{1000}} \cdot \sqrt{\frac{\rho}{\Delta p}} = \frac{\dot{V}}{31{,}6} \cdot \sqrt{\frac{\rho}{\Delta p}}$ (10.20)

Anmerkung 10.2: ***Herleitung von Gleichung 10.21:***

Aus *Gleichung 10.18 mit 10.2:*

$$\Delta p = \zeta \cdot \frac{\rho}{2} \cdot \bar{w}^2 = \zeta \cdot \frac{\rho}{2} \cdot \left(\frac{\dot{V}}{A_i}\right)^2 = \zeta \cdot \frac{\rho}{2} \cdot \left(\frac{\dot{V}}{\frac{\pi}{4} \cdot d_i^2}\right)^2 = \zeta \cdot \rho \cdot \frac{8}{\pi^2} \cdot \frac{\dot{V}^2}{d_i^4}$$

aufgelöst nach ζ: $\zeta = \frac{\Delta p}{\rho} \cdot \frac{\pi^2}{8} \cdot \frac{d_i^4}{\dot{V}^2} = \frac{\Delta p_0}{\rho_0} \cdot \frac{\pi^2}{8} \cdot \frac{d_i^4}{k_V^2}$

mit $k_V = \dot{V}$ in $\frac{\text{m}^3}{\text{h}}$, $\Delta p = 1\,\text{bar}$, $\rho = 1000\,\frac{\text{kg}}{\text{m}^3}$ und d_i in mm:

$$= \frac{1\,\text{bar}}{1000\,\frac{\text{kg}}{\text{m}^3}} \cdot \frac{\pi^2}{8} \cdot \frac{d_i^4\left[\text{mm}^4\right]}{k_V^2\left[\frac{\text{m}^6}{\text{h}^2}\right]} = \frac{\pi^2}{8000} \cdot \left(\frac{d_i^2}{k_V}\right)^2 \left[\frac{\text{bar} \cdot \text{mm}^4 \cdot \text{m}^3 \cdot \text{h}^2}{\text{kg} \cdot \text{m}^6}\right]$$

$$\zeta = \frac{\pi^2}{8000} \cdot \left(\frac{d_i^2}{k_V}\right)^2 \left[\frac{10^5 \cdot kg \cdot m}{s^2 \cdot m^2} \cdot \frac{m^3}{kg \cdot m^6} \cdot mm^4 \cdot h^2\right]$$

$$= \frac{\pi^2}{8000} \cdot \left(\frac{d_i^2}{k_V}\right)^2 \left[10^5 \cdot \frac{mm^4 \cdot h^2}{s^2 \cdot m^4}\right]$$

$$\zeta = \frac{\pi^2}{8000} \cdot \left(\frac{d_i^2}{k_V}\right)^2 \left[10^5 \cdot \frac{kg \cdot mm^4 \cdot (3600\ s)^2}{s^2 \cdot (1000\ mm)^4 \cdot kg}\right] = \frac{100000 \cdot \pi^2 \cdot 3600^2}{8000 \cdot 1000^4} \cdot \left(\frac{d_i^2}{k_V}\right)^2$$

$$\zeta = \frac{1}{625{,}4} \cdot \left(\frac{d_i^2}{k_V}\right)^2 \text{ mit } k_V = \dot{V} \text{ in } \frac{m^3}{h},\ d_i \text{ in mm und } \pi = 3{,}1415$$

Anmerkung 10.3: ***<u>Abhängigkeit des Druckverlustes Δp_λ vom Volumenstrom $\dot{V}$</u>***

Gleichung 10.16: $\Delta p_\lambda = \lambda \cdot \frac{L}{d_i} \cdot \frac{\rho}{2} \cdot \bar{w}^2$

- <u>z. B. im laminaren Bereich:</u>

  Hagen-Poisseuille (Tabelle 10.3): $\lambda = \frac{64}{Re}$

  Gleichung 10.1: $Re = \frac{\bar{w} \cdot d_i}{\nu}$

  Gleichung 10.1 in Hagen-Poisseuille: $\lambda = 64 \cdot \frac{\nu}{\bar{w} \cdot d_i}$

  eingesetzt in *10.16* (s .o.): $\Delta p_\lambda = 64 \cdot \frac{\nu}{\bar{w} \cdot d_i} \cdot \frac{L}{d_i} \cdot \frac{\rho}{2} \cdot \bar{w}^2 = 32 \cdot \frac{\nu \cdot L \cdot \rho}{d_i^2} \cdot \bar{w}$

  $\Rightarrow$ mit *Gleichung 10.2* $\left(\bar{w} = \frac{\dot{V}}{A_i}\right)$: $\Delta p_\lambda \sim \dot{V}$

- <u>z. B. im turbulenten Bereich bei hydraulisch glatter Rohrwand mit 3.000 < Re < 100.000</u>

  Blasius (Tabelle 10.3):

$$\lambda = \frac{0{,}3164}{\sqrt[4]{Re}} = 0{,}3164 \cdot Re^{-0{,}25} = 0{,}3164 \cdot \left(\frac{\nu}{d_i}\right)^{0{,}25} \cdot \bar{w}^{-0{,}25}$$

eingesetzt in *10.16* (s.o.):

$$p_\lambda = 0{,}3164 \cdot \left(\frac{\nu}{d_i}\right)^{0{,}25} \cdot \bar{w}^{0{,}25} \cdot \frac{L}{d_i} \cdot \frac{\rho}{2} \cdot \bar{w}^2 = \frac{0{,}3164}{2} \cdot \frac{\nu^{0{,}25} \cdot L \cdot \rho}{d_i^{1{,}25}} \cdot \bar{w}^{1{,}75}$$

$\Rightarrow$ mit *Gleichung 10.2* $\left(\bar{w} = \frac{\dot{V}}{A_i}\right)$: $\quad \Delta p_\lambda \sim \dot{V}^{1{,}75}$

Anmerkung 10.4: ***Herleitung von Gleichung 10.33***

Gleichung 10.32: $\frac{p_1^2 - p_2^2}{2 \cdot p_1} = \lambda \cdot \frac{L}{d_i} \cdot \frac{\rho_1}{2} \cdot \bar{w}_1^2 \cdot \frac{\bar{T}}{T_1}$

Gleichung 10.31: $\Delta p_\lambda = p_1 - p_2$

mit:

$$\begin{aligned} p_1^2 - p_2^2 &= (p_1 - p_2) \cdot (p_1 + p_2) = \Delta p_\lambda \cdot (p_1 + p_2) \\ &= \Delta p_\lambda \cdot (p_1 + p_1 - \Delta p_\lambda) = \Delta p_\lambda \cdot (2 \cdot p_1 - \Delta p_\lambda) \end{aligned}$$

folgt aus *Gleichung 10.32:* $2 \cdot \Delta p_\lambda \cdot p_1 - \Delta p_\lambda^2 = 2 \cdot p_1 \cdot \lambda \cdot \frac{L}{d_i} \cdot \frac{\rho_1}{2} \cdot \bar{w}_1^2 \cdot \frac{\bar{T}}{T_1}$

bzw. als Normalform der quadratischen Gleichung:

$$\Delta p_\lambda^2 - 2 \cdot \Delta p_\lambda \cdot p_1 + 2 \cdot p_1 \cdot \lambda \cdot \frac{L}{d_i} \cdot \frac{\rho_1}{2} \cdot \bar{w}_1^2 \cdot \frac{\bar{T}}{T_1} = 0$$

Lösung der quadratischen Gleichung:

$$\Delta p_\lambda = p_1 \pm \sqrt{p_1^2 - 2 \cdot p_1 \cdot \lambda \cdot \frac{L}{d_i} \cdot \frac{\rho_1}{2} \cdot \bar{w}_1^2 \cdot \frac{\bar{T}}{T_1}}$$

Weil $\Delta p_\lambda < p_1$, ist nur folgende Lösung möglich:

$$\Delta p_\lambda = p_1 \cdot \left(1 - \sqrt{1 - \frac{2}{p_1} \cdot \Delta p_{\lambda,i} \cdot \frac{\bar{T}}{T_1}}\right) \quad \text{(Gleichung 10.33)}$$

Anmerkung 11.1: **Herleitung des Umrechnungsfaktors zwischen Laufzahl σ und spezifischer Drehzahl n_q (Gleichung 11.16)**

Spezifische Drehzahl: $n_q = n \cdot \frac{\sqrt{\dot{V}}}{H^{3/4}} = n \cdot \frac{\dot{V}^{1/2}}{H^{3/4}}$ *(Gleichung 11.15)*

Die spezifische Drehzahl wird mit der Einheit min^{-1} oder s^{-1} für einen Förderstrom von $\dot{V} = 1\frac{m^3}{s}$ und eine Förderhöhe von *H* = 1 *m* angegeben. Setzt man *n* in s^{-1} ein, so ergibt

sich für n_q tatsächlich die Einheit: $s^{-1} \cdot \frac{m^{3/2}}{s^{1/2} \cdot m^{3/4}} = s^{-1} \cdot \frac{m^{3/4}}{s^{1/2}}$

Laufzahl: $\sigma = n \cdot \frac{2 \cdot \sqrt{\dot{V} \cdot \pi}}{(2 \cdot Y)^{3/4}} = n \cdot \frac{2 \cdot \pi^{1/2} \cdot \dot{V}^{1/2}}{2^{3/4} \cdot Y^{3/4}} = n \cdot \frac{2^{1/4} \cdot \pi^{1/2} \cdot \dot{V}^{1/2}}{Y^{3/4}}$ *(Gleichung 11.13)*

Die Laufzahl σ ist dimensionslos.

Mit *Y* = *H* · *g* (siehe *Gleichung 11.3*) in *Gleichung 11.13* folgt: $\sigma = n \cdot \frac{2^{1/4} \cdot \pi^{1/2} \cdot \dot{V}^{1/2}}{H^{3/4} \cdot g^{3/4}}$

n_q dividiert durch σ ergibt:

$$\frac{n_q}{\sigma} = n \cdot \frac{\dot{V}^{1/2}}{H^{3/4}} \cdot \frac{1}{n} \cdot \frac{H^{3/4} \cdot g^{3/4}}{2^{1/4} \cdot \pi^{1/2} \cdot \dot{V}^{1/2}} = \frac{g^{3/4}}{2^{1/4} \cdot \pi^{1/2}} = \frac{\left(9{,}81 m/s^2\right)^{3/4}}{2^{1/4} \cdot \pi^{1/2}} = 2{,}63 \frac{m^{3/4}}{s^{3/2}}$$

Wird n_q wie üblich als Zahlenwert aus *Gleichung 11.15*, jedoch mit der Einheit s^{-1} eingesetzt, so muss dieses Ergebnis durch $\frac{m^{3/4}}{s^{1/2}}$ (siehe tatsächliche Einheit von n_q oben) dividiert werden.

Daraus folgt: $\frac{n_q}{\sigma} = 2{,}63 \frac{m^{3/4}}{s^{3/2}} \cdot \frac{s^{1/2}}{m^{3/4}} = 2{,}63 s^{-1}$ und $\sigma = \frac{n_q}{2{,}63 s^{-1}}$

Wird n_q in min^{-1} eingesetzt, so ergibt sich $\sigma = \frac{n_q}{157{,}8\ min^{-1}}$

B Berechnungsbeispiele

Übersicht über die Berechnungsbeispiele

Zu Kapitel 6 Beanspruchungen von Druckbehälterwänden

Nr.	Titel	zu Abschnitt
6.1	Einzelspannungen in zylindrischer Druckbebehälterwand	6.1.1 + 6.1.2
6.2	Vergleichsspannungen in zylindrischer Druckbehälterwand	6.1.3
6.3	Wärmespannungen bei stationärem Wärmestrom	6.2.3
6.4	Thermoschock	6.2.3
6.5	Wärmespannungen beim Aufheizen mit konstanter Geschwindigkeit (quasistationärer Wärmestrom)	6.2.3
6.6	Gesamtbeanspruchungen aus innerem Überdruck und Wärmespannungen	6.1 + 6.2
6.7	Beulen unter äußerem Überdruck	6.3

Zu Kapitel 7 Wanddickenberechnung von Druckbehältern

Nr.	Titel	zu Abschnitt
7.1	Mindestwanddicke eines Druckbehälters nach der Kesselformel	7.2.1
7.2	Wanddicke eines Druckbehälters unter überwiegend statischer Beanspruchung bei Raumtemperatur	7.2.1
7.3	Wanddicke eines Druckbehälters unter überwiegend statischer Beanspruchung bei erhöhter Temperatur ohne Berücksichtigung von Wärmespannungen	7.2.1
7.4	Nachrechnung eines Druckbehälters gegen überwiegend statischen inneren Überdruck und Wärmespannungen	7.2.1 + 6.2.3
7.5	Nachrechnung eines Druckbehälters gegen dynamischen inneren Überdruck und Wärmespannungen	7.2.2
7.6	Zulässige Lastwechselzahl für Druckbehälter unter dynamisch auftretendem inneren Überdruck und Wärmespannungen	7.2.2
7.7	Zu erwartende Lebensdauer eines Druckbehälters unter dynamisch auftretendem inneren Überdruck mit unterschiedlichen Schwingbreiten (Lastkollektiv)	7.2.2
7.8	Beulen unter äußerem Überdruck	7.2.3
7.9	Abzweig	7.2.4
7.10	Abzweig mit Verstärkung	7.2.4
7.11	Stutzenreihe	7.2.4
7.12	Abzweig bei dynamischem innerem Überdruck	7.2.4
7.13	Kegelförmiger Mantel	7.3
7.14	Gewölbter Boden	7.4
7.15	Ebener Boden	7.5
7.16	Druckbehälter aus GFK	7.6

Zu Kapitel 8 Lagerung und Dehnungsausgleich von Rohrleitungen

Nr.	Titel	zu Abschnitt
8.1	Stützweiten	8.1
8.2	Wärmedehnung und Druckspannung	8.2.1
8.3	Knickung durch Wärmedehnung	8.2.1
8.4	Biegeschenkel eines L-Systems	8.3.2
8.5	U-Bogen-Dehnungsausgleicher	8.3.2
8.6	U-Bogen-Dehnungsausgleicher mit Vorspannung	8.3.2.3
8.7	Abschätzung der Elastizität	8.3.3
8.8	Axial-Wellrohrkompensator	8.4.3
8.9	Festpunktbelastung bei Axial-Wellrohrkompensator	8.5
8.10	Festpunktbelastung mit Biegeschenkel im L-System	8.5 + 8.2.3

Zu Kapitel 9 Festigkeitsberechnung von Rohrleitungen

Nr.	Titel	zu Abschnitt
9.1	Wanddicke Stahlrohr bei statischem innerem Überdruck und Raumtemperatur	9.1.1
9.2	Wanddicke Stahlrohr bei statischem innerem Überdruck und erhöhter Temperatur	9.1.1
9.3	Zulässiger Prüfdruck für Wasserdruckprobe	9.1.1
9.4	Wanddicke Stahlrohr bei schwellendem innerem Überdruck 1	9.1.1
9.5	Wanddicke Stahlrohr bei schwellendem innerem Überdruck 2	9.1.1
9.6	Wanddicke Stahlrohr bei schwellendem innerem Überdruck 3	9.1.1
9.7	Wanddicke Stahlrohr bei dynamischem innerem Überdruck mit Betriebslastkollektiv	9.1.1
9.8	Gussrohr	9.1.2
9.9	Duroplastisches Kunststoffrohr	9.1.3
9.10	Thermoplastisches Kunststoffrohr bei Raumtemperatur	9.1.3
9.11	Thermoplastisches Kunststoffrohr bei erhöhter Temperatur	9.1.3
9.12	Stahlrohrbogen	9.2
9.13	Gesamtbeanspruchung einer elastisch verlegten Rohrleitung	9.3.1
9.14	Gesamtbeanspruchung einer eingeerdeten Rohrleitung	9.3.2

Zu Kapitel 10 Strömungstechnische Auslegung von Rohrleitungen

Nr.	Titel	zu Abschnitt
10.1	Reibungsfreie Strömung durch Venturirohr	10.2
10.2	Druckverlust in einer Wasserrohrleitung	10.3.1
10.3	Dimensionierung einer Wasserleitung nach der Strömungsgeschwindigkeit	10.1

Zu Kapitel 11 <u>Pumpen und Verdichter</u>

Berechnungsbeispiele zu Kapitel 6 „Beanspruchungen in Druckbehälterwänden“

Beispiel 6.1: ***Einzelspannungen in zylindrischer Druckbehälterwand:***

Ein zylindrischer Druckbehälter mit Außendurchmesser d_a = 1000 mm und Wanddicke s = 35 mm steht unter einem inneren Überdruck von p_e = 100 bar. Gesucht sind die maximalen und mittleren Spannungen aus innerem Überdruck in der Druckbehälterwand.

$$d_i = d_a - 2 \cdot s = 1000\text{ mm} - 2 \cdot 35\text{ mm} = 930\text{ mm}$$

$$\frac{d_a}{d_i} = \frac{1000\text{ mm}}{930\text{ mm}} = 1{,}075$$

Maximale Spannungen:

Gleichung 6.4: $$\hat{\sigma}_U = p_e \cdot \frac{(d_a/d_i)^2+1}{(d_a/d_i)^2-1} = 10\frac{\text{N}}{\text{mm}^2} \cdot \frac{1{,}075^2+1}{1{,}075^2-1} = 138{,}5\frac{\text{N}}{\text{mm}^2}$$

Gleichung 6.2: $$\sigma_l = p_e \cdot \frac{1}{(d_a/d_i)^2-1} = 10\frac{\text{N}}{\text{mm}^2} \cdot \frac{1}{1{,}075^2-1} = 64{,}3\frac{\text{N}}{\text{mm}^2}$$

Gleichung 6.5: $$\hat{\sigma}_r = -p_e = -10\frac{\text{N}}{\text{mm}^2}$$

Gleichung 6.8: $$\bar{\sigma}_u = \frac{p_e \cdot d_i}{2 \cdot s} = 10\frac{\text{N}}{\text{mm}^2} \cdot \frac{930\text{ mm}}{2 \cdot 35\text{ mm}} = 132{,}9\frac{\text{N}}{\text{mm}^2}$$

Mittlere Spannungen:

Gleichung 6.9: $$\bar{\sigma}_l \approx \frac{p_e \cdot d_i}{4 \cdot s} = 10\frac{\text{N}}{\text{mm}^2} \cdot \frac{930\text{ mm}}{4 \cdot 35\text{ mm}} = 66{,}4\frac{\text{N}}{\text{mm}^2} \text{ (vergl. } \sigma_l \text{ oben)}$$

Gleichung 6.10: $$\bar{\sigma}_r = -\frac{p_e}{2} = -\frac{10\text{ N/mm}^2}{2} = -5\frac{\text{N}}{\text{mm}^2}$$

Beispiel 6.2: ***Vergleichsspannungen in zylindrischer Druckbehälterwand***

Für den Druckbehälter aus *Beispiel 6.1* (d_a = 1000 mm; s = 35 mm) ist zu berechnen:

- die mittlere Vergleichspannung nach der Schubspannungshypothese
- die maximale Vergleichspannung nach der Schubspannungshypothese
- die maximale Vergleichspannung nach der GE-Hypothese

- *Gleichung 6.14:*

$$\bar{\sigma}_{V,Sch} = \frac{p_e}{2} \cdot \left(\frac{d_a}{s} - 1 \right) = \frac{10\,N/mm^2}{2} \cdot \left(\frac{1000\,mm}{35\,mm} - 1 \right) = 137{,}9 \frac{N}{mm^2}$$

- *Gleichung 6.15:*

$$\hat{\sigma}_{V,Sch} = \frac{p_e}{2} \cdot \left(\frac{d_a}{s} + 1 \right) = \frac{10\,N/mm^2}{2} \cdot \left(\frac{1000\,mm}{35\,mm} + 1 \right) = 147{,}9 \frac{N}{mm^2}$$

- *Gleichung 6.17:*

$$\hat{\sigma}_{V,GE} = p_e \cdot \frac{\sqrt{3} \cdot (d_a / d_i)^2}{(d_a / d_i)^2 - 1} = 10 \frac{N}{mm^2} \cdot \frac{\sqrt{3} \cdot 1{,}075^2}{1{,}075^2 - 1} = 128{,}6 \frac{N}{mm^2}$$

Beispiel 6.3: ***Wärmespannungen bei stationärem Wärmestrom***

Der Druckbehälter aus *Beispiel 6.1* (d_a = 1000 mm; s = 35 mm) ist mit einem heißen Medium gefüllt, so dass sich in der Behälterwand eine mittlere Temperatur von 200 °C und zwischen den Wandoberflächen eine Temperaturdifferenz von $\vartheta_i - \vartheta_a$ = 30 K einstellt (siehe auch Bild 6.7). Gesucht sind die maximalen Wärmespannungen in der Behälterwand aus niedrig legiertem Stahl.

aus Tabelle 3.2: $\beta_{L,200\,°C} = 13{,}7 \cdot 10^{-6}\,K^{-1}$; $E_{200\,°C} = 1{,}99 \cdot 10^5\,N/mm^2$

aus Abschnitt 6.2.3 oder Abschnitt 3.1.1: $\nu = 0{,}3$

$$\frac{d_a}{d_i} = \frac{1000\,mm}{930\,mm} = 1{,}075 < 1{,}2 \Rightarrow$$ *Gleichungen 6.19a und 6.19b* verwendbar:

$$\sigma_{W,a} = -\frac{E}{1-\nu} \cdot \beta_L \cdot \frac{\vartheta_a - \vartheta_i}{2} = -\frac{1{,}99 \cdot 10^5\,N/mm^2}{1-0{,}3} \cdot 13{,}7 \cdot 10^{-6}\,K^{-1} \cdot \frac{-30\,K}{2}$$
$$= 58{,}4\,N/mm^2$$

$$\sigma_{W,i} = +\frac{E}{1-\nu} \cdot \beta_L \cdot \frac{\vartheta_a - \vartheta_i}{2} = +\frac{1{,}99 \cdot 10^5\,N/mm^2}{1-0{,}3} \cdot 13{,}7 \cdot 10^{-6}\,K^{-1} \cdot \frac{-30\,K}{2}$$
$$= -58{,}4\,N/mm^2$$

Zum Vergleich genaue Berechnung nach den *Gleichungen 6.20 und 6.21:*

$$\sigma_{W,a} = \frac{E}{1-\nu} \cdot \beta_L \cdot \frac{\vartheta_a - \vartheta_i}{2} \cdot \left(\frac{2}{(d_a / d_i)^2 - 1} - \frac{1}{\ln(d_a / d_i)} \right)$$

$$= -58{,}4 \frac{N}{mm^2} \cdot \left(\frac{2}{1{,}075^2 - 1} - \frac{1}{\ln 1{,}075} \right) = -58{,}4 \frac{N}{mm^2} \cdot (-0{,}976) = 57 \frac{N}{mm^2}$$

$$\sigma_{W,i} = \frac{E}{1-\nu} \cdot \beta_L \cdot \frac{\vartheta_a - \vartheta_i}{2} \cdot \left(\frac{2 \cdot (d_a / d_i)^2}{(d_a / d_i)^2 - 1} - \frac{1}{\ln(d_a / d_i)} \right)$$

$$= -58{,}4 \frac{N}{mm^2} \cdot \left(\frac{2 \cdot 1{,}075^2}{1{,}075^2 - 1} - \frac{1}{\ln 1{,}075} \right) = -58{,}4 \frac{N}{mm^2} \cdot 1{,}024 = -59{,}8 \frac{N}{mm^2}$$

Beispiel 6.4: ***Thermoschock***

Die Wand des Druckbehälters aus *Beispiel 6.1* (d_a = 1000 mm; s = 35 mm) besteht aus unlegiertem Stahl. Es ist die Thermoschockspannung abzuschätzen, die auftritt, wenn die Innenfläche der Behälterwand bei Raumtemperatur plötzlich mit Sattdampf von 200 °C in Berührung kommt.

aus Tabelle 3.2: $\beta_{L,200\,°C} = 13{,}7 \cdot 10^{-6}\ K^{-1}$; $E_{200\,°C} = 1{,}99 \cdot 10^5\ N/mm^2$

aus *Abschnitt 6.2.3 oder Abschnitt 3.1.1:* $\nu = 0{,}3$

aus Bild 6.9: $k_A \approx 0{,}56$

Gleichung 6.23:

$$\sigma_{W,Schock} = \frac{E}{1-\nu} \cdot \beta_L \cdot \Delta\vartheta_{max} \cdot k_A$$

$$= \frac{1{,}99 \cdot 10^5\ N/mm^2}{1-0{,}3} \cdot 13{,}7 \cdot 10^{-6} K^{-1} \cdot 180\ K \cdot 0{,}56 = 393 \frac{N}{mm^2}$$

Beispiel 6.5: ***Wärmespannungen beim Aufheizen mit konstanter Geschwindigkeit (quasistationärer Wärmestrom)***

Die Wand des Druckbehälters aus Beispiel 6.1 (d_a = 1000 mm; s = 35 mm) aus niedrig legiertem Stahl weise eine Temperaturleitfähigkeit von a = 12 mm²/s auf. Gesucht ist die maximale Aufheizgeschwindigkeit zwischen 20 °C und 200 °C, damit die Wärmespannung einen zulässigen Wert von z.B. $\sigma_{W,zul} = \pm 100 N/mm^2$ nicht überschreitet.

aus Gleichung 6.19: $\sigma_W = \pm \frac{E}{1-\nu} \cdot \beta_L \cdot \frac{\vartheta_a - \vartheta_i}{2} \le \sigma_{W,zul}$

mit Gleichung 6.24 ohne Berücksichtigung des Vorzeichens:

$$\sigma_W = \frac{E}{1-\nu} \cdot \beta_L \cdot \frac{1}{2} \cdot \frac{w_\vartheta \cdot s^2}{a} \cdot f_F \le \sigma_{W,zul} \Rightarrow w_\vartheta \le \frac{\sigma_{W,zul} \cdot (1-\nu) \cdot 2 \cdot a}{E \cdot \beta_L \cdot s^2 \cdot f_F}$$

aus Legende zu *Gleichung 6.24:* $f_F \approx \frac{2}{3} \cdot \left(0{,}43 \cdot \frac{d_a}{d_i} + 0{,}57\right)$

$$\frac{d_a}{d_i} = \frac{1000\text{ mm}}{930\text{ mm}} = 1{,}075 \text{ (Beispiel 6.1)} \Rightarrow f_F \approx \frac{2}{3} \cdot (0{,}43 \cdot 1{,}075 + 0{,}57) = 0{,}69$$

aus Tabelle 3.2 für 200 °C: $E = 1{,}99 \cdot 10^5 \frac{\text{N}}{\text{mm}^2}, \beta_L = 13{,}7 \cdot 10^{-6}\text{K}^{-1}$

aus *Abschnitt 6.2.3 oder Abschnitt 3.1.1:* $\nu = 0{,}3$

$$w_\vartheta \leq \frac{100\text{ N/mm}^2 \cdot (1-0{,}3) \cdot 2 \cdot 12\text{ mm}^2/\text{s}}{1{,}99 \cdot 10^5\text{ N/mm}^2 \cdot 13{,}7 \cdot 10^{-6}\text{K}^{-1} (35\text{ mm})^2 \cdot 0{,}69} = 0{,}73 \frac{\text{K}}{\text{s}}$$

Beispiel 6.6: ***Gesamtbeanspruchungen aus innerem Überdruck und Wärmespannungen***

Der Druckbehälter aus *Beispiel 6.1* (d_a =1000 mm; s = 35 mm) ist mit einem heißen Medium gefüllt, so dass sich in der Behälterwand eine mittlere Temperatur von 200 °C und zwischen den Wandoberflächen eine Temperaturdifferenz von $\vartheta_i - \vartheta_a$ = 30 K einstellt (siehe *Beispiel 6.3*). Außerdem steht er unter einem inneren Überdruck von p_e = 100 bar. Gesucht ist die Gesamtbeanspruchung jeweils an der Innenfläche und der Außenfläche der Behälterwand nach der GE-Hypothese.

- Wärmespannungen wie in *Beispiel 6.3:*

$$\sigma_{W,a} = -\frac{E}{1-\nu} \cdot \beta_L \cdot \frac{\vartheta_a - \vartheta_i}{2}$$
$$= -\frac{1{,}99 \cdot 10^5\text{ N/mm}^2}{1-0{,}3} \cdot 13{,}7 \cdot 10^{-6}\text{K}^{-1} \cdot \frac{-30\text{ K}}{2} = 58{,}4\text{ N/mm}^2$$

$$\sigma_{W,i} = +\frac{E}{1-\nu} \cdot \beta_L \cdot \frac{\vartheta_a - \vartheta_i}{2}$$
$$= \frac{1{,}99 \cdot 10^5\text{ N/mm}^2}{1-0{,}3} \cdot 13{,}7 \cdot 10^{-6}\text{K}^{-1} \cdot \frac{-30\text{ K}}{2} = -58{,}4\text{ N/mm}^2$$

Diese Wärmespannungen wirken in Umfangs- und Längsrichtung

- Einzelspannungen allgemein aus innerem Überdruck (*Gleichungen 6.1 bis 6.3*) und Wärmespannungen:

$$\sigma_u = \sigma_{u,p} + \sigma_W = p_e \cdot \frac{(d_a/x)^2 + 1}{(d_a/d_i)^2 - 1} + \sigma_W$$

$$\sigma_l = \sigma_{l,p} + \sigma_W = p_e \cdot \frac{1}{(d_a / d_i)^2 - 1} + \sigma_W$$

$$\sigma_r = -p_e \cdot \frac{(d_a / x)^2 - 1}{(d_a / d_i)^2 - 1}$$

mit Umfangsspannung $\sigma_{u,p}$ und Längsspannung $\sigma_{l,p}$ aus innerem Überdruck

- Spannungen an der Innenfläche der Behälterwand ($x = d_i$):

$$\sigma_u = \sigma_{u,p} + \sigma_{W,i} = p_e \cdot \frac{(d_a / d_i)^2 + 1}{(d_a / d_i)^2 - 1} + \sigma_{W,i}$$

$$= 10 \frac{N}{mm^2} \cdot \frac{1{,}075^2 + 1}{1{,}075^2 - 1} - 58{,}4 \frac{N}{mm^2} = 80 \frac{N}{mm^2}$$

$$\sigma_l = \sigma_{l,p} + \sigma_{W,i} = p_e \cdot \frac{1}{(d_a / d_i)^2 - 1} + \sigma_{W,i}$$

$$= 10 \frac{N}{mm^2} \cdot \frac{1}{1{,}075^2 - 1} - 58{,}4 \frac{N}{mm^2} = 5{,}9 \frac{N}{mm^2}$$

$$\sigma_r = -p_e = -10 \frac{N}{mm^2}$$

Gleichung 6.13:

$$\sigma_{V,GE} = \frac{1}{\sqrt{2}} \cdot \sqrt{(\sigma_u - \sigma_l)^2 + (\sigma_l - \sigma_r)^2 + (\sigma_r - \sigma_u)^2}$$

$$= \frac{1}{\sqrt{2}} \cdot \sqrt{(80 - 5{,}9)^2 + (5{,}9 + 10)^2 + (-10 - 80)^2} = 83{,}2\,N/mm^2$$

- Spannungen an der Außenfläche der Behälterwand ($x = d_a$):

$$\sigma_u = \sigma_{u,p} + \sigma_{W,a} = p_e \cdot \frac{(d_a / d_a)^2 + 1}{(d_a / d_i)^2 - 1} + \sigma_{W,a}$$

$$= 10 \frac{N}{mm^2} \cdot \frac{2}{1{,}075^2 - 1} + 58{,}4 \frac{N}{mm^2} = 186{,}9 \frac{N}{mm^2}$$

$$\sigma_l = \sigma_{l,p} + \sigma_{W,a} = p_e \cdot \frac{1}{(d_a / d_i)^2 - 1} + \sigma_{W,a}$$

$$= 10 \frac{N}{mm^2} \cdot \frac{1}{1{,}075^2 - 1} + 58{,}4 \frac{N}{mm^2} = 122{,}7 \frac{N}{mm^2}$$

$$\sigma_r = 0$$

Gleichung 6.13:

$$\sigma_{V,GE} = \frac{1}{\sqrt{2}} \cdot \sqrt{(\sigma_u - \sigma_l)^2 + (\sigma_l - \sigma_r)^2 + (\sigma_r - \sigma_u)^2}$$

$$= \frac{1}{\sqrt{2}} \cdot \sqrt{(186{,}9 - 122{,}7)^2 + (122{,}7 - 0)^2 + (0 - 186{,}9)^2} = 164{,}5\ N/mm^2$$

Beispiel 6.7: **Beulen unter äußerem Überdruck**

Für den Behälter aus *Beispiel 6.1* (d_a = 1000 mm; s = 35 mm) ist die kritische Spannung bezüglich elastischen Einbeulens bei Raumtemperatur gesucht. Der Behälter sei aus niedrig legiertem Stahl. Vereinfachend wird unendliche Behälterlänge angenommen.

Gleichung 6.31: $$\sigma_{B,krit} = \frac{E \cdot s^2}{(1 - \nu^2) \cdot d_i^2}$$

aus Tabelle 3.2 für 20 °C: $$E = 2{,}12 \cdot 10^5 \frac{N}{mm^2}$$

aus *Abschnitt 6.2.3 oder Abschnitt 3.1.1:* $\nu = 0{,}3$

$$\sigma_{B,krit} = \frac{E \cdot s^2}{(1 - \nu^2) \cdot d_i^2} = \frac{2{,}12 \cdot 10^5\ N/mm^2 \cdot (35\ mm)^2}{(1 - 0{,}3^2) \cdot (930\ mm)^2} = 330\ N/mm^2$$

Berechnungsbeispiele zu Kapitel 7 „Wanddickenberechnung von Druckbehältern"

Beispiel 7.1: ***Mindestwanddicke eines Druckbehälters nach der Kesselformel***

Gesucht ist die rechnerische Mindestwanddicke nach der „Kesselformel" für einen zylindrischen Druckbehälter mit d_a = 1000 mm und σ_{zul} = K/S = 100 N/mm² unter einem überwiegend statischen inneren Überdruck von p_e = 100 bar bei Raumtemperatur.

Gleichung 7.5: $$s_V \geq \frac{p_e \cdot d_a}{2 \cdot K/S + p_e} = \frac{10\,\text{N}/\text{mm}^2 \cdot 1000\,\text{mm}}{2 \cdot 100\,\text{N}/\text{mm}^2 + 10\,\text{N}/\text{mm}^2} = 47{,}6\,\text{mm}$$

Beispiel 7.2: ***Wanddicke eines Druckbehälters unter überwiegend statischer Beanspruchung bei Raumtemperatur***

Gesucht ist die auszuführende Wanddicke nach AD 2000-Merkblatt B1 für einen zylindrischen Druckbehälter aus S235JR (St 37) mit d_a = 1000 mm und υ_N = 1, hergestellt aus warmgewalztem Stahlblech nach DIN EN 10029 (Klasse A) unter einem überwiegend statischen inneren Überdruck von p_e = 100 bar bei Raumtemperatur. Zusätzliche Beanspruchungen sind in diesem Beispiel nicht zu berücksichtigen.

Gleichung 7.7: $$\sigma_{zul} = \frac{K}{S} = \min\left\{\frac{R_{m/20\,°C}}{S}; \frac{R_{p0,2/\vartheta}}{S}; \frac{R_{m/t/\vartheta}}{S}\right\}$$

Die Zeitstandfestigkeit $R_{m/t/\vartheta}$ ist hier nicht relevant (Raumtemperatur)

⇒ mit Werten aus *Tabellen 7.3 und 7.4:*

$$\sigma_{zul} = \frac{K}{S} = \min\left\{\frac{360\,\text{N/mm}^2}{2{,}4}; \frac{225\,\text{N/mm}^2}{1{,}5}\right\} = 150\,\frac{\text{N}}{\text{mm}^2}$$

Annahme : $\frac{d_a}{d_i} < 1{,}2$ ⇒ aus *Tabelle 7.2:*

$$s_V = \frac{d_a \cdot p_e}{2 \cdot \frac{K}{S} \cdot \upsilon_N + p_e} = \frac{1000\,\text{mm} \cdot 10\,\text{N}/\text{mm}^2}{2 \cdot 150\,\text{N}/\text{mm}^2 + 10\,\text{N}/\text{mm}^2} = 32{,}3\,\text{mm}$$

aus Tabelle 7.1: c_1 = 0,7 mm; aus *Abschnitt 7.1.2:* c_2 = 0 mm, weil s > 30 mm

Gleichung 7.3: $s = s_V + c_1 + c_2$ = 32,3 mm + 0,7 mm = 33 mm

Kontrolle des Geltungsbereiches:

$$\frac{d_a}{d_i} = \frac{d_a}{d_a - 2 \cdot s} = \frac{1000\,\text{mm}}{1000\,\text{mm} - 2 \cdot 33\,\text{mm}} = 1{,}07 < 1{,}2$$

Beispiel 7.3: ***Wanddicke eines Druckbehälters unter überwiegend statischer Beanspruchung bei erhöhter Temperatur ohne Berücksichtigung von Wärmespannungen***

Gesucht ist die auszuführende Wanddicke nach AD 2000-Merkblatt B1 für einen zylindrischen Druckbehälter aus 16Mo3 mit d_a = 1000 mm und υ_N = 1 unter einem überwiegend statischen inneren Überdruck von p_e = 100 bar bei ϑ = 500 °C. Zusätzliche Beanspruchungen sind in diesem Beispiel nicht zu berücksichtigen.

aus Tabelle 7.4: $R_{m/20\,°C} = 440$ N/mm²; $R_{p0,2/500\,°C} = 139$ N/mm²; $R_{m/200.000/500\,°C} = 84$ N/mm²

aus Tabelle 7.3: nach AD 2000 B0 für $R_{m/20\,°C}$: $S = 2{,}4$; für $R_{p0,2/500\,°C}$: $S = 1{,}5$; für $R_{m/200.000/500\,°C}$: $S = 1{,}25$

Gleichung 7.7:

$$\sigma_{zul} = \frac{K}{S} = \min\left\{\frac{R_{m/20\,°C}}{S}; \frac{R_{p0,2/\vartheta}}{S}; \frac{R_{m/t/\vartheta}}{S}\right\} = \min\left\{\frac{440}{2{,}4}; \frac{139}{1{,}5}; \frac{84}{1{,}25}\right\}$$

$$= 67{,}2\,\frac{\text{N}}{\text{mm}^2}$$

$$\text{Annahme:}\ \frac{d_a}{d_i} < 1{,}2 \Rightarrow \text{aus } \textit{Tabelle 7.2:}$$

$$s_V = \frac{d_a \cdot p_e}{2 \cdot \frac{K}{S} \cdot \upsilon_N + p_e} = \frac{1000\,\text{mm} \cdot 10\,\text{N/mm}^2}{2 \cdot 67{,}2\,\text{N/mm}^2 + 10\,\text{N/mm}^2} = 69{,}3\,\text{mm}$$

aus Tabelle 7.1: c_1 = 0,9 mm; aus *Abschnitt 7.1.2:* c_2 = 0 mm, weil s > 30 mm

Gleichung 7.3: $s = s_V + c_1 + c_2$ = 69,3 mm + 0,9 mm = 70,2 mm

$\Rightarrow$ gerundet z.B. s = 71 mm

Kontrolle des Geltungsbereiches: $$\frac{d_a}{d_i} = \frac{d_a}{d_a - 2 \cdot s} = \frac{1000\,\text{mm}}{1000\,\text{mm} - 2 \cdot 71\,\text{mm}} = 1{,}17 < 1{,}2$$

Beispiel 7.4: ***Nachrechnung eines Druckbehälters gegen überwiegend statischen inneren Überdruck und Wärmespannungen***

Ein zylindrischer Druckbehälter aus 16Mo3 mit d_a = 1000 mm und s = 100 mm weist im Betrieb eine mittlere Wandtemperatur von ϑ_m = 500 °C auf. Die Temperatur der Innenoberfläche der Wand liegt um $\Delta\vartheta$ = 20 K höher als die der Außenoberfläche. Vereinfachend ist davon auszugehen, dass die Wanddicke von s = 100 mm auch unter Berücksichtigung von Korrosion und

Abnutzung tatsächlich vorhanden ist ($s_v = s$). Der Druckbehälter ist gegen überwiegend statische Wärmespannungen und einen überwiegend statischen inneren Überdruck von $p_e = 100$ bar nachzurechnen.

aus Beispiel 7.3: $K_{min} = 84 \frac{N}{mm^2}$

aus Tabelle 3.2: $\beta_{L,500\,°C} = 16{,}7 \cdot 10^{-6}\ K^{-1}$; $E_{500\,°C} = 1{,}74 \cdot 10^5\ N/mm^2$

aus *Abschnitt 6.2.3 oder Abschnitt 3.1.1:* $\nu = 0{,}3$

$$\frac{d_a}{d_i} = \frac{1000\ mm}{800\ mm} = 1{,}25 \Rightarrow \text{aus Tabelle 7.2: AD 2000 B10}$$

- Wärmespannungen:

  Gleichung 6.20:

$$\sigma_{W,a} = \frac{E}{1-\nu} \cdot \beta_L \cdot \frac{\vartheta_a - \vartheta_i}{2} \cdot \left(\frac{2}{(d_a/d_i)^2 - 1} - \frac{1}{\ln(d_a/d_i)} \right)$$

$$= \frac{1{,}74 \cdot 10^5\ N/mm^2}{1-0{,}3} \cdot 16{,}7 \cdot 10^{-6} K^{-1} \cdot \frac{-20\ K}{2} \cdot \left(\frac{2}{1{,}25^2 - 1} - \frac{1}{\ln 1{,}25} \right)$$

$$= -41{,}5 \frac{N}{mm^2} \cdot (-0{,}93) = 38{,}6 \frac{N}{mm^2}$$

  Gleichung 6.21:

$$\sigma_{W,i} = \frac{E}{1-\nu} \cdot \beta_L \cdot \frac{\vartheta_a - \vartheta_i}{2} \cdot \left(\frac{2 \cdot (d_a/d_i)^2}{(d_a/d_i)^2 - 1} - \frac{1}{\ln(d_a/d_i)} \right)$$

$$= -41{,}5 \frac{N}{mm^2} \cdot \left(\frac{2 \cdot 1{,}25^2}{1{,}25^2 - 1} - \frac{1}{\ln 1{,}25} \right) = -41{,}5 \frac{N}{mm^2} \cdot 1{,}074 = -44{,}6 \frac{N}{mm^2}$$

- Nachrechnung nach AD 2000 B10:

  Gleichungen 7.9 bis 7.11:

$$\sigma_{max,i} = \sigma_{W,i} + \sigma_{V,i} = \sigma_{W,i} + p_e \cdot \frac{d_a + s}{2{,}3 \cdot s}$$

$$= -44{,}6 \frac{N}{mm^2} + 10 \frac{N}{mm^2} \cdot \frac{1000\ mm + 100\ mm}{2{,}3 \cdot 100\ mm} = 3{,}2 \frac{N}{mm^2} < K_{min} = 84 \frac{N}{mm^2}$$

$$\sigma_{max,a} = \sigma_{W,a} + \sigma_{V,a} = \sigma_{W,a} + p_e \cdot \frac{d_a - 3 \cdot s}{2{,}3 \cdot s}$$

$$= 38{,}6 \frac{N}{mm^2} + 10 \frac{N}{mm^2} \cdot \frac{1000\,mm - 3 \cdot 100\,mm}{2{,}3 \cdot 100\,mm} = 69 \frac{N}{mm^2} < K_{min} = 84 \frac{N}{mm^2}$$

Beispiel 7.5: ***Nachrechnung eines Druckbehälters gegen dynamischen inneren Überdruck und Wärmespannungen***

Der Druckbehälter aus *Beispiel 7.4* (16Mo3; d_a = 1000 mm; s = 100 mm tatsächlich vorhanden; υ_N = 1) ist aus gewalztem Blech mit R_z = 200 µm und Schweißnähten der Klasse K1 hergestellt. Er ist dynamischen Beanspruchungen aus innerem Überdruck und Wärmespannungen unterworfen. Die mittlere Wandtemperatur bewegt sich zwischen ϑ_m = 20 °C bei Stillstand der Anlage und der maximalen Betriebstemperatur von ϑ_m = 500 °C, der innere Überdruck zwischen p_e = 0 bar bei Stillstand und dem maximalen Betriebsdruck von p_e = 100 bar. Die zeitlichen Veränderungen von Temperatur und Überdruck verlaufen parallel, es herrschen jeweils gleichzeitig die Minimal- und Maximalwerte. Bei der maximalen Wandtemperatur stellt sich ein Temperaturgefälle von $\vartheta_i - \vartheta_a$ = 20 K über der Rohrwanddicke ein. Die Druckbehälterwand ist auf Dauerfestigkeit nachzurechnen. (Keine Kriechschädigung berücksichtigen)

Bei dynamischer Beanspruchung wird die GE-Hypothese angewandt (siehe *Abschnitt 6.1.3*).

Zur Definition der Ausschlagsspannung σ_a siehe Bild 7.1.

- Innenfaser:

$$\sigma_u = \sigma_{u,p} + \sigma_{W,i} = p_e \cdot \frac{(d_a / d_i)^2 + 1}{(d_a / d_i)^2 - 1} + \sigma_{W,i}$$

$$= 10 \frac{N}{mm^2} \cdot \frac{1{,}25^2 + 1}{1{,}25^2 - 1} - 44{,}6 \frac{N}{mm^2} = 1 \frac{N}{mm^2}$$

$$\sigma_l = \sigma_{l,p} + \sigma_{W,i} = p_e \cdot \frac{1}{(d_a / d_i)^2 - 1} + \sigma_{W,i}$$

$$= 10 \frac{N}{mm^2} \cdot \frac{1}{1{,}25^2 - 1} - 44{,}6 \frac{N}{mm^2} = -26{,}8 \frac{N}{mm^2}$$

$$\sigma_r = -p_e = -10 \frac{N}{mm^2}$$

$$\sigma_{V,GE} = \frac{1}{\sqrt{2}} \cdot \sqrt{(\sigma_u - \sigma_l)^2 + (\sigma_l - \sigma_r)^2 + (\sigma_r - \sigma_u)^2}$$

$$= \frac{1}{\sqrt{2}} \cdot \sqrt{(1+26,8)^2 + (-26,8+10)^2 + (-10-1)^2}\, \frac{N}{mm^2} = 24,2\,N/mm^2$$

$2 \cdot \sigma_{Va} = \sigma_{V,GE,max} - \sigma_{V,GE,min}$ = 24,2 N/mm² – 0 N/mm² = 24,2 N/mm²

- Außenfaser:

$$\sigma_u = \sigma_{u,p} + \sigma_{W,a} = p_e \cdot \frac{(d_a / d_a)^2 + 1}{(d_a / d_i)^2 - 1} + \sigma_{W,a}$$

$$= 10\frac{N}{mm^2} \cdot \frac{2}{1,25^2 - 1} + 38,6\frac{N}{mm^2} = 74,2\frac{N}{mm^2}$$

$$\sigma_l = \sigma_{l,p} + \sigma_{W,a} = p_e \cdot \frac{1}{(d_a / d_i)^2 - 1} + \sigma_{W,a}$$

$$= 10\frac{N}{mm^2} \cdot \frac{1}{1,25^2 - 1} + 38,6\frac{N}{mm^2} = 56,4\frac{N}{mm^2}$$

$$\sigma_r = 0$$

$$\sigma_{V,GE} = \frac{1}{\sqrt{2}} \cdot \sqrt{(\sigma_u - \sigma_l)^2 + (\sigma_l - \sigma_r)^2 + (\sigma_r - \sigma_u)^2}$$

$$= \frac{1}{\sqrt{2}} \cdot \sqrt{(74,2-56,4)^2 + (56,4-0)^2 + (0-74,2)^2} = 67,1\,N/mm^2$$

$2 \cdot \sigma_{Va} = \sigma_{V,GE,max} - \sigma_{V,GE,min}$ = 67,1 N/mm² – 0 N/mm² = 67,1 N/mm²

aus Tabelle 7.4: $R_m \geq 440$ N/mm²

Gleichungen 7.20 und 7.21:

$f_0 = F_0$ = 1 – 0,056 · $(\ln R_z)^{0,64} \cdot \ln R_m$ + 0,289 · $(\ln R_z)^{0,53}$

= 1 – 0,056 · $(\ln 200)^{0,64}$ · ln 440 + 0,289 · $(\ln 200)^{0,53}$ = 0,71

Gleichungen 7.23 und 7.24: ungeschweißt $f_d = F_d = \left(\frac{25}{s}\right)^{\frac{1}{10}} = \left(\frac{25}{100}\right)^{\frac{1}{10}} = 0{,}87$

Gleichung 7.23 und 7.24: geschweißt $f_d = F_d = \left(\frac{25}{s}\right)^{\frac{1}{4}} = \left(\frac{25}{100}\right)^{\frac{1}{4}} = 0{,}71$

Gleichung 7.27:

$M = 0{,}00035 \cdot R_m - 0{,}1\ \text{N/mm}^2 = 0{,}00035 \cdot 440\ \text{N/mm}^2 - 0{,}1\ \text{N/mm}^2 = 0{,}054\ \text{N/mm}^2$

aus Gleichungen 7.13 und 7.14: $\bar{\sigma}_V = \sigma_{Va} = \frac{67{,}1\ \text{N/mm}^2}{2} = 33{,}6\ \text{N/mm}^2$

Gleichung 7.30:

$\vartheta^* = 0{,}75 \cdot \vartheta_{max} + 0{,}25 \cdot \vartheta_{min} = 0{,}75 \cdot 500\ °\text{C} + 0{,}25 \cdot 20\ °\text{C} = 380\ °\text{C}$

⇒ aus Tabelle 7.4 (interpoliert): $R_{p0,2/\vartheta^*} = R_{p0,2/380\ °C} = 162{,}4\ \frac{\text{N}}{\text{mm}^2}$

Bedingungen für *Gleichungen 7.25 / 7.26* (ungeschweißte Bereiche):

aus *Abschnitt 7.2.2:* $2 \cdot \sigma_a = 240\ \text{N/mm}^2 \Rightarrow \sigma_a = 120\ \text{N/mm}^2$

$$\frac{\sigma_a}{1+M} = \frac{120\ \text{N/mm}^2}{1+0{,}054} = 113{,}9\ \text{N/mm}^2 > \bar{\sigma}_V > -R_{p0,2} < -162{,}4\ \frac{\text{N}}{\text{mm}^2}$$

⇒ *Gleichung 7.25:*

$$f_M = \sqrt{1-\frac{M(2+M)}{1+M}\cdot\frac{\bar{\sigma}_V}{\sigma_a}} = \sqrt{1-\frac{0{,}054\cdot(2+0{,}054)}{1+0{,}054}\cdot\frac{33{,}6}{120}} = 0{,}99$$

Gleichung 7.28:

$f_{\vartheta^*} = 1{,}03 - 1{,}5 \cdot 10^{-4} \cdot \vartheta^* - 1{,}5 \cdot 10^{-6} \cdot \vartheta^{*2}$

$= 1{,}03 - 1{,}5 \cdot 10^{-4} \cdot 380 - 1{,}5 \cdot 10^{-6} \cdot 380^2 = 0{,}76$

- ungeschweißte Bereiche *Gleichung 7.17:*

  aus *Abschnitt 7.22:* $2 \cdot \sigma_a = 240\ \text{N/mm}^2$ · für $R_m \approx 400\ \text{N/mm}^2$ und $N > 2 \cdot 10^6$

  $2 \cdot \sigma_{a,zul} = 2 \cdot \sigma_a \cdot f_0 \cdot f_d \cdot f_M \cdot f_{\vartheta^*} = 240\ \text{N/mm}^2 \cdot 0{,}71 \cdot 0{,}87 \cdot 0{,}99 \cdot 0{,}76 = 111{,}5\ \text{N/mm}^2$

  ⇒ Festigkeitsbedingung erfüllt, d.h. Dauerfestigkeit gegeben:

  $2 \cdot \sigma_{Va} = 67{,}1\ \text{N/mm}^2 < 2 \cdot \sigma_{a,zul} = 111{,}5\ \text{N/mm}^2$

- geschweißte Bereiche mit Schweißnahtklasse K1:

aus *Abschnitt 7.2.2:* $2 \cdot \sigma_a = 63$ N/mm² für N > $2 \cdot 10^6$

Gleichung 7.18: $2 \cdot \sigma_{a,zul} = 2 \cdot \sigma_a \cdot f_d \cdot f_{\vartheta^*} = 63\ \text{N/mm}^2 \cdot 0{,}71 \cdot 0{,}76 = 34\ \text{N/mm}^2$

⇒ Dauerfestigkeit nicht gegeben:

$2 \cdot \sigma_{Va} = 67{,}1\ \text{N/mm}^2 > 2 \cdot \sigma_{a,zul} = 34\ \text{N/mm}^2$

Beispiel 7.6: ***Zulässige Lastwechselzahl für Druckbehälter unter dynamisch auftretendem inneren Überdruck und Wärmespannungen***

Für den Druckbehälter und die Betriebsbedingungen aus *Beispiel 7.5* ist die zulässige Lastwechselzahl für geschweißte Bereiche an der Außenfaser mit der Schweißnahtklasse K1 gesucht.

aus Beispiel 7.5: $2 \cdot \sigma_{V,a} = 67{,}1\ \text{N/mm}^2$; $f_d = 0{,}71$ (Annahme); $f_{\vartheta^*} = 0{,}76$

Gleichung 7.36: $$2 \cdot \sigma_a = \frac{2 \cdot \sigma_{Va}}{f_d \cdot f_{\vartheta^*}} = \frac{67{,}1\,\text{N/mm}^2}{0{,}71 \cdot 0{,}76} = 124{,}4\,\text{N/mm}^2$$

Gleichung 7.35: $$N_{zul} = \frac{B1}{(2 \cdot \sigma_a)^3} = \frac{5 \cdot 10^{11}}{124{,}4^3} = 260.000$$

1. Iteration: $F_d = 0{,}71$ (siehe Beispiel 7.5)

Gleichung 7.22: $$f_d = F_d^{\frac{0{,}4343 \cdot \ln N - 2}{4{,}301}} = 0{,}71^{\frac{0{,}4343 \cdot \ln 260.000 - 2}{4{,}301}} = 0{,}76$$

$$2 \cdot \sigma_a = \frac{2 \cdot \sigma_{Va}}{f_d \cdot f_{\vartheta^*}} = \frac{67{,}1\,\text{N/mm}^2}{0{,}76 \cdot 0{,}76} = 116{,}2\,\text{N/mm}^2$$

$$N_{zul} = \frac{B1}{(2 \cdot \sigma_a)^3} = \frac{5 \cdot 10^{11}}{116{,}2^3} = 3{,}19 \cdot 10^5$$

2. Iteration: $$f_d = 0{,}71^{\frac{0{,}4343 \cdot \ln 319.000 - 2}{4{,}301}} = 0{,}76$$

⇒ $N_{zul} = 3{,}19 \cdot 10^5$

Beispiel 7.7: ***Zu erwartende Lebensdauer eines Druckbehälters unter dynamisch auftretendem inneren Überdruck mit unterschiedlichen Schwingbreiten (Lastkollektiv)***

Ein zylindrischer Druckbehälter aus S235JR (St 37) mit d_a = 1000 mm und s = 35 mm, hergestellt aus warmgewalztem Stahlblech nach DIN EN 10029 (Klasse A) und mit Schweißnähten der Schweißnahtklasse K1, wird auf einen inneren Überdruck von p_e = 100 bar bei Raumtemperatur ausgelegt (vergleiche *Beispiel 7.2*). Pro Jahr ist mit N_1 = 1.000 Abschaltungen und N_2 = 10.000

Druckschwankungen zwischen p_e = 40 bar und dem Höchstdruck p_e = 100 bar während des Betriebs zu rechnen. Gesucht ist die zu erwartende Lebensdauer des Druckbehälters.

aus Tabelle 7.1: c_1 = 0,7 mm; aus *Abschnitt 7.1.2:* c_2 = 0 mm, weil $s > 30$ mm

Gleichung 7.3: $s_V = s - c_1 - c_2$ = 35 mm – 0,7 mm = 34,3 mm

$$\frac{d_a}{d_i} = \frac{1000\,\text{mm}}{(1000\,\text{mm} - 2 \cdot 34{,}3\,\text{mm})} = 1{,}074$$

- Maximale Vergleichspannung nach GE-Hypothese an Innenfaser (*Gleichung 6.17*):

40 bar: $$\hat{\sigma}_{V,GE} = p_e \cdot \frac{\sqrt{3} \cdot (d_a / d_i)^2}{(d_a / d_i)^2 - 1} = 4\frac{\text{N}}{\text{mm}^2} \cdot \frac{\sqrt{3} \cdot 1{,}074^2}{1{,}074^2 - 1} = 52{,}1\frac{\text{N}}{\text{mm}^2}$$

100 bar: $$\hat{\sigma}_{V,GE} = p_e \cdot \frac{\sqrt{3} \cdot (d_a / d_i)^2}{(d_a / d_i)^2 - 1} = 10\frac{\text{N}}{\text{mm}^2} \cdot \frac{\sqrt{3} \cdot 1{,}074^2}{1{,}074^2 - 1} = 130{,}2\frac{\text{N}}{\text{mm}^2}$$

- Druckschwankungen durch Abschaltung

$2 \cdot \sigma_{Va}$ = 130,2 N/mm² – 0 N/mm² = 130,2 N/mm²

Gleichung 7.24: (geschweißt) $$F_d = \left(\frac{25}{s}\right)^{\frac{1}{4}} = \left(\frac{25}{34{,}3}\right)^{\frac{1}{4}} = 0{,}92$$

Iterative Berechnung von $N_{zul,1}$:

$f_{\vartheta^*} = 1$, weil $\vartheta^* < 100$ °C

Annahme: $N_{zul,1} \geq 2 \cdot 10^6$ (weil $N_{zul,1}$ noch nicht bekannt)

Gleichung 7.23: $f_d = F_d = 0{,}92$

Gleichung 7.36: $$2 \cdot \sigma_a = \frac{2 \cdot \sigma_{Va}}{f_d \cdot f_{\vartheta^*}} = \frac{130{,}2\,\text{N/mm}^2}{0{,}92} = 141{,}5\,\text{N/mm}^2$$

Gleichung 7.38 (weil bisherige Annahme: $N_{zul,1} \geq 2 \cdot 10^6$):

$$N_{zul,1} = \frac{B2}{(2 \cdot \sigma_a)^5} = \frac{1{,}98 \cdot 10^{15}}{141{,}5^5} = 34.905$$

1. Iteration:

Gleichung 7.22: $$f_d = F_d^{\frac{0{,}4343 \cdot \ln N - 2}{4{,}301}} = 0{,}92^{\frac{0{,}4343 \cdot \ln 34.905 - 2}{4{,}301}} = 0{,}952$$

Gleichung 7.36: $$2 \cdot \sigma_a = \frac{2 \cdot \sigma_{Va}}{f_d \cdot f_{\vartheta^*}} = \frac{130{,}2\,N/mm^2}{0{,}952} = 136{,}8\,N/mm^2$$

Gleichung 7.35 (weil jetzt $N_{zul,1} < 2 \cdot 10^6$):

$$N_{zul,1} = \frac{B1}{(2 \cdot \sigma_a)^3} = \frac{5 \cdot 10^{11}}{136{,}8^3} = 195.304$$

2. Iteration

Gleichung 7.22: $$f_d = F_d^{\frac{0{,}4343 \cdot \ln N - 2}{4{,}301}} = 0{,}92^{\frac{0{,}4343 \cdot \ln 195.304 - 2}{4{,}301}} = 0{,}903$$

Gleichung 7.36: $$2 \cdot \sigma_a = \frac{2 \cdot \sigma_{Va}}{f_d \cdot f_{\vartheta^*}} = \frac{130{,}2\,N/mm^2}{0{,}903} = 144{,}2\,N/mm^2$$

Gleichung 7.35: $$N_{zul,1} = \frac{B1}{(2 \cdot \sigma_a)^3} = \frac{5 \cdot 10^{11}}{144{,}2^3} = 166.753$$

3. Iteration

Gleichung 7.22: $$f_d = F_d^{\frac{0{,}4343 \cdot \ln N - 2}{4{,}301}} = 0{,}92^{\frac{0{,}4343 \cdot \ln 166.753 - 2}{4{,}301}} = 0{,}939$$

Gleichung 7.36: $$2 \cdot \sigma_a = \frac{2 \cdot \sigma_{Va}}{f_d \cdot f_{\vartheta^*}} = \frac{130{,}2\,N/mm^2}{0{,}939} = 138{,}7\,N/mm^2$$

Gleichung 7.35: $$N_{zul,1} = \frac{B1}{(2 \cdot \sigma_a)^3} = \frac{5 \cdot 10^{11}}{138{,}7^3} = 187.388$$

$\Rightarrow N_{zul,1} \approx 190.000$

- Druckschwankungen im Betrieb:

  $2 \cdot \sigma_{Va} = 130{,}2\ N/mm^2 - 52{,}1\ N/mm^2 = 78{,}1\ N/mm^2$

  $F_d = 0{,}92$ (s.o.)

  Iterative Berechnung von $N_{zul,2}$:

  $f_{\vartheta^*} = 1$ (s.o.)

  Annahme: $N_{zul,2} \geq 2 \cdot 10^6$

  Gleichung 7.23: $f_d = F_d$

Gleichung 7.36: $$2 \cdot \sigma_a = \frac{2 \cdot \sigma_{Va}}{f_d \cdot f_{\vartheta^*}} = \frac{78{,}1\ N/mm^2}{0{,}92} = 84{,}9\ N/mm^2$$

Gleichung 7.38: $$N_{zul,2} = \frac{B2}{(2 \cdot \sigma_a)^5} = \frac{1{,}98 \cdot 10^{15}}{84{,}9^5} = 448.876$$

1. Iteration:

Gleichung 7.22: $$f_d = F_d^{\frac{0{,}4343 \cdot \ln N - 2}{4{,}301}} = 0{,}92^{\frac{0{,}4343 \cdot \ln 448.876 - 2}{4{,}301}} = 0{,}932$$

Gleichung 7.36: $$2 \cdot \sigma_a = \frac{2 \cdot \sigma_{Va}}{f_d \cdot f_{\vartheta^*}} = \frac{78{,}1\ N/mm^2}{0{,}932} = 83{,}8\ N/mm^2$$

Gleichung 7.35: $$N_{zul,2} = \frac{B1}{(2 \cdot \sigma_a)^3} = \frac{5 \cdot 10^{11}}{83{,}8^3} = 849.646$$

2. Iteration:

$f_d = 0{,}927$; $2 \cdot \sigma_a = 84{,}3\ N/mm^2$; $N_{zul,2} = 834.617$

3. Iteration:

$f_d = 0{,}927$; $2 \cdot \sigma_a = 84{,}3\ N/mm^2$; $N_{zul,2} = 834.617$

$\Rightarrow N_{zul,2} \approx 835.000$

Gleichung 7.31: $$D = \sum_k \frac{N_k}{N_{zul,k}} = \frac{1.000}{190.000} + \frac{10.000}{835.000} = 0{,}0053 + 0{,}0120 = 0{,}0173$$

Dies bedeutet, dass der Druckbehälter in einem Jahr zu ca. 1,7 % geschädigt wird.

Schädigung zu 100 % tritt ein, wenn $D = \Sigma (N_k/N_{zul,k}) = 1$ (*Gleichung 7.32*)

$$\Rightarrow \text{zu erwartende Lebensdauer} = \frac{100\ \%}{1{,}7\ \%/\text{Jahr}} = 58{,}8\ \text{Jahre}$$

Beispiel 7.8: ***Beulen unter äußerem Überdruck***

Ein zylindrischer Druckbehälter mit Außendurchmesser d_a = 1000 mm, Länge l = 4 m und Wanddicke s = 20 mm, hergestellt aus warmgewalztem Stahlblech nach DIN EN 10029 (Klasse B; c_1 = 0,3 mm) aus S235JR (St 37) steht unter äußerem Überdruck (vergleiche auch *Beispiel 6.7*). Gesucht sind die kritischen Drücke bezüglich elastischen Einbeulens und plastischer Verformung bei Raumtemperatur ohne Berücksichtigung von Ovalität.

aus *Abschnitt 7.1.2:* c_2 = 1 mm

Gleichung 7.3: $s_V = s - c_1 - c_2$ = 20 mm – 0,3 mm – 1 mm = 18,7 mm

$$\frac{\pi \cdot d_a}{2 \cdot l} = \frac{\pi \cdot 1000}{2 \cdot 4000} = 0{,}39$$ (siehe Legende zu Gleichung 7.41)

Gleichung 7.41: $n \approx 1{,}63 \cdot \sqrt[4]{\frac{d_a^3}{l^2 \cdot s_V}} = 1{,}63 \cdot \sqrt[4]{\frac{1000^3}{4000^2 \cdot 18{,}7}} = 2{,}2 \Rightarrow n = 2$ gewählt

aus Tabelle 3.2 für 20 °C: $E = 2{,}12 \cdot 10^5 \frac{\text{N}}{\text{mm}^2}$

- Elastisches Beulen

  Gleichung 7.40:

$$p_{k,el} = \frac{2 \cdot E}{(n^2-1) \cdot \left[1 + \left(\frac{2 \cdot n \cdot l}{\pi \cdot d_a}\right)^2\right]^2} \cdot \frac{s_V}{d_a} + \frac{2 \cdot E}{3 \cdot (1 - \nu^2)} \cdot \left[n^2 - 1 + \frac{2 \cdot n^2 - 1 - \nu}{1 + \left(\frac{2 \cdot n \cdot l}{\pi \cdot d_a}\right)^2}\right] \cdot \left(\frac{s_V}{d_a}\right)^3$$

$$= \frac{2 \cdot 2{,}12 \cdot 10^5 \text{ N/mm}^2}{(2^2-1) \cdot \left[1 + \left(\frac{2 \cdot 2 \cdot 4000 \text{ mm}}{\pi \cdot 1000 \text{ mm}}\right)^2\right]^2} \cdot \frac{18{,}7 \text{ mm}}{1000 \text{ mm}}$$

$$+ \frac{2 \cdot 2{,}12 \cdot 10^5 \text{ N/mm}^2}{3 \cdot (1 - 0{,}3^2)} \cdot \left[2^2 - 1 + \frac{2 \cdot 2^2 - 1 - 0{,}3}{1 + \left(\frac{2 \cdot 2 \cdot 4000 \text{ mm}}{\pi \cdot 1000 \text{ mm}}\right)^2}\right] \cdot \left(\frac{18{,}7 \text{ mm}}{1000 \text{ mm}}\right)^3$$

$$= 3{,}64 \text{ N/mm}^2 + 3{,}3 \text{ N/mm}^2 = 6{,}94 \text{ N/mm}^2 = 69{,}4 \text{ bar}$$

aus *Abschnitt 7.2.3:* S = 3

Gleichung 7.39: $p_{e,zul} = \frac{p_k}{S} = \frac{69{,}4 \text{ bar}}{3} = 23{,}1 \text{ bar}$

Zum Vergleich $p_{k,el}$ für $l \rightarrow \infty$ (*Gleichung 7.42*):

$$p_{k,el} = \frac{2 \cdot E}{\left(1-\nu^2\right)} \cdot \left(\frac{s_V}{d_a}\right)^3 = \frac{2 \cdot 2{,}12 \cdot 10^5\ \text{N/mm}^2}{\left(1-0{,}3^2\right)} \cdot \left(\frac{18{,}7\ \text{mm}}{1000\ \text{mm}}\right)^3 = 3 \frac{\text{N}}{\text{mm}^2} = 30\ \text{bar}$$

- Plastische Verformung:

aus Tabelle 7.4: K = 225 N/mm²

$$\frac{d_a}{l} = \frac{1000\ \text{mm}}{4000\ \text{mm}} = 0{,}25 < 5 \Rightarrow \textit{Gleichung 7.43:}$$

$$u = 0$$

$$p_{k,pl} = 2 \cdot K \cdot \frac{s_V}{d_a} \cdot \left(1 + \frac{1{,}5 \cdot u \cdot \left(1 - 0{,}2 \cdot \frac{d_a}{l}\right) \cdot d_a}{100 \cdot s_V}\right)^{-1}$$

$$= 2 \cdot 225 \frac{\text{N}}{\text{mm}^2} \cdot \frac{18{,}7\ \text{mm}}{1000\ \text{mm}} = 8{,}4 \frac{\text{N}}{\text{mm}^2} = 84\ \text{bar}$$

aus *Abschnitt 7.2.3:* S = 1,6

Gleichung 7.39: $p_{e,zul} = \frac{p_k}{S} = \frac{84\ \text{bar}}{1{,}6} = 53\ \text{bar}$

Beispiel 7.9: ***Abzweig***

In einen Druckbehälter aus S235JR (St 37) mit $d_{a,0}$ = 1000 mm und s_0 = 48 mm, hergestellt aus warmgewalztem Stahlblech nach DIN EN 10029 (Klasse A), sind Stutzen aus längsnahtgeschweißtem Stahlrohr DN 200 mit $d_{a,1}$ = 219,1 mm und s_1 = 8,8 mm nach DIN EN 10217-1 aus demselben Werkstoff eingeschweißt. Gesucht ist der zulässige überwiegend statische innere Überdruck bei Raumtemperatur (vergleiche auch *Beispiel 7.2*). Es ist υ_N = 1 anzunehmen, zusätzliche Beanspruchungen sind nicht zu berücksichtigen. Zur Ermittlung der zulässigen Wanddickenunterschreitung für Stahlrohre c_1 siehe Tabelle 9.4.

Druckbehälter: aus Tabelle 7.1: c_1 = 0,9 mm; aus *Abschnitt 7.1.2:* c_2 = 0 mm

Stutzenrohr: aus Tabelle 9.4: c_1' = 8 % $\Rightarrow$ c_1 = 8,8 mm · 0,08 = 0,7 mm

Gleichung 7.3: $s_V = s - c_1 - c_2$

Druckbehälter: $s_{V,0}$ = 48 mm – 0,9 mm = 47,1 mm

$d_{i,0} = d_{a,0} - 2 \cdot s_{V,0}$ = 1000 mm – 2 · 47,1 mm = 905,8 mm

Stutzenrohr: $s_{V,1} = 8{,}8\ \text{mm} - 0{,}7\ \text{mm} - 1\ \text{mm} = 7{,}1\ \text{mm}$

$d_{i,1} = d_{a,1} - 2 \cdot s_{V,1} = 219{,}1\ \text{mm} - 2 \cdot 7{,}1\ \text{mm} = 204{,}9\ \text{mm}$

Gleichung 7.46:

$$a_0 = \sqrt{\left(d_{i,0} + s_{V,0}\right) \cdot s_{V,0}} = \sqrt{(905{,}8\ \text{mm} + 47{,}1\ \text{mm}) \cdot 47{,}1\ \text{mm}} = 211{,}9\ \text{mm}$$

Gleichung 7.47:

$$a_1 = 1{,}25 \cdot \sqrt{\left(d_{i,1} + s_{V,1}\right) \cdot s_{V,1}} = 1{,}25 \cdot \sqrt{(204{,}9\ \text{mm} + 7{,}1\ \text{mm}) \cdot 7{,}1\ \text{mm}} = 48{,}5\ \text{mm}$$

Gleichung 7.53:

$$\upsilon_A = \frac{a_0 + a_1 \cdot \dfrac{s_{V,1}}{s_{V,0}} + s_{V,1}}{a_0 + s_{V,1} + \dfrac{d_{i,1}}{2} + \dfrac{d_{i,1}}{d_{i,0}} \cdot \left(a_1 + s_{V,0}\right)} = \frac{211{,}9 + 48{,}5 \cdot \dfrac{7{,}1}{47{,}1} + 7{,}1}{211{,}9 + 7{,}1 + \dfrac{204{,}9}{2} + \dfrac{204{,}9}{905{,}8} \cdot (48{,}5 + 47{,}1)} = 0{,}66$$

zum Vergleich aus Bild 7.5: $\upsilon_A \approx 0{,}65$

$$\text{mit}: \frac{s_{V,0}}{d_{i,0}} = \frac{47{,}1\ \text{mm}}{905{,}8\ \text{mm}} \approx 0{,}05; \quad \frac{d_{i,1}}{d_{i,0}} = \frac{204{,}9\ \text{mm}}{905{,}8\ \text{mm}} = 0{,}23; \quad \frac{s_{V,1}}{s_{V,0}} = \frac{7{,}1\ \text{mm}}{47{,}1\ \text{mm}} = 0{,}15$$

Gleichung 7.49: $s_{V,0} = \dfrac{s_V}{\upsilon_A} \Rightarrow s_V = s_{V,0} \cdot \upsilon_A = 47{,}1\ \text{mm} \cdot 0{,}66 = 31{,}1\ \text{mm}$

s_V ist die fiktive Wanddicke eines Druckbehälters ohne Stutzen, der denselben inneren Überdruck aushält wie der gegebene Druckbehälter mit Wanddicke $s_{V,0}$ und Stutzen.

Aus *Beispiel 7.2:* $\sigma_{zul} = K/S = 150\ \text{N/mm}^2$

$$\frac{d_{a,0}}{d_{i,0}} = \frac{1000\ \text{mm}}{905{,}8\ \text{mm}} = 1{,}1 < 1{,}2$$

$\Rightarrow$ aus Tabelle 7.2 z.B. nach AD 2000 B1: $s_V = \dfrac{d_a \cdot p_e}{2 \cdot \dfrac{K}{S} \cdot \upsilon_N + p_e}$

$$\Rightarrow \text{mit } \upsilon_N = 1:\ p_{e,zul} = \frac{2 \cdot \dfrac{K}{S} \cdot s_V}{d_a - s_V} = \frac{2 \cdot 150 \dfrac{\text{N}}{\text{mm}^2} \cdot 31{,}1\ \text{mm}}{1000\ \text{mm} - 31{,}1\ \text{mm}} = 9{,}6\ \frac{\text{N}}{\text{mm}^2} = 96\ \text{bar}$$

Beispiel 7.10: ***Abzweig mit Verstärkung***

Der Ausschnitt um den Stutzen aus *Beispiel 7.9* werde mit einer Scheibe verstärkt, die einen Bewertungsfaktor von k_V = 0,8 aufweist (siehe Tabelle 7.5). Die Länge der Scheibe ist $l = a_0$ (a_0 nach *Gleichung 7.46*). Gesucht ist die notwendige Dicke der Verstärkungsscheibe, so dass der Druckbehälter denselben Druck aushält wie ein Druckbehälter ohne Stutzen (Druckbehälter wie in *Beispiel 7.9*).

Zulässiger innerer Überdruck für den Druckbehälter mit s = 48 mm ohne Stutzen mit $\upsilon_N = 1$ (siehe *Beispiel 7.9*):

$$p_{e,zul} = \frac{2 \cdot \frac{K}{S} \cdot s_V}{d_a - s_V} = \frac{2 \cdot 150 \frac{N}{mm^2} \cdot 47{,}1\,mm}{1000\,mm - 47{,}1\,mm} = 14{,}8\,\frac{N}{mm^2} = 148\,bar$$

Verstärkter Abzweig:

aus Bild 7.4:

$$A_p = \frac{d_{i,0}}{2} \cdot \left(a_0 + s_{V,1} + \frac{d_{i,1}}{2} \right) + \frac{d_{i,1}}{2} \cdot \left(a_1 + s_{V,0} \right)$$

$$= \frac{905{,}8}{2} \cdot \left(211{,}9 + 7{,}1 + \frac{204{,}9}{2} \right) + \frac{204{,}9}{2} \cdot (48{,}5 + 47{,}1) = 155.379\,mm^2$$

$$A_\sigma = s_{V,0} \cdot (a_0 + s_{V,1}) + a_1 \cdot s_{V,1} = 47{,}1 \cdot (211{,}9 + 7{,}1) + 48{,}5 \cdot 7{,}1 = 10.659\,mm^2$$

Aus Beispiel 7.9: $\sigma_{zul} = K/S$ = 150 N/mm

a_0 = 211,9 mm

Gleichung 7.62:

$$A_V = \left(\frac{A_p}{\frac{\sigma_{zul}}{p_e} - \frac{1}{2}} - A_\sigma \right) \cdot \frac{1}{k_V} = \left(\frac{155.379\,mm^2}{\frac{150\,N/mm^2}{14{,}8\,N/mm^2} - \frac{1}{2}} - 10.659\,mm^2 \right) \cdot \frac{1}{0{,}8} = 6.834\,mm^2$$

Dicke der Verstärkungsscheibe $t_V = \frac{A_V}{l_V} = \frac{A_V}{a_o} = \frac{6.834\,mm^2}{211{,}9\,mm} = 32{,}3\,mm$

Beispiel 7.11: ***Stutzenreihe***

Der Druckbehälter aus *Beispiel 7.9* weise eine Stutzenreihe in Zylinderlängsrichtung mit der Teilung t = 500 mm auf (siehe Bild 7.6). Maße und Werkstoffe von Druckbehälter und Stutzen seien dieselben wie in *Beispiel 7.9*. Gesucht ist der zulässige Betriebsüberdruck für den Druckbehälter.

aus Beispiel 7.9: a_0 = 211,9 mm; $\sigma_{zul} = K/S$ = 150 N/mm²

Gleichung 7.57: $t \geq \frac{d_{a,1}}{2} + \frac{d_{a,2}}{2} + 2 \cdot a_0 = 2 \cdot \frac{219{,}1}{2} + 2 \cdot 211{,}9 = 642{,}9 \text{ mm}$

Diese Bedingung ist mit t = 500 mm nicht erfüllt.

⇒ Lochreihe: *Gleichung 7.58:* $\upsilon_L = \frac{t_l - d_{a,1}}{t_l} = \frac{500 - 219{,}1}{500} = 0{,}56$

Entsprechend Beispiel 7.9:

aus *Gleichung 7.60:* $s_V = s_{V,0} \cdot \upsilon_L$ = 47,1 mm · 0,56 = 26,4 mm

aus Tabelle 7.2 z.B. nach AD-B1: $s_V = \frac{d_a \cdot p_e}{2 \cdot \frac{K}{S} \cdot \upsilon_N + p_e}$

$$\Rightarrow p_{e,zul} = \frac{2 \cdot \frac{K}{S} \cdot s_V}{d_a - s_V} = \frac{2 \cdot 150 \frac{\text{N}}{\text{mm}^2} \cdot 26{,}4 \text{ mm}}{1000 \text{ mm} - 26{,}4 \text{ mm}} = 8{,}1 \frac{\text{N}}{\text{mm}^2} = 81 \text{ bar}$$

Beispiel 7.12: ***Abzweig bei dynamischem innerem Überdruck***

Der Stutzen an dem Druckbehälter nach *Beispiel 7.9* sei ausgeführt wie in Bild 7.7 dargestellt. Maße und Werkstoffe von Druckbehälter und Stutzen seien dieselben wie in *Beispiel 7.9*. Gesucht ist die zu erwartende Lastwechselzahl eines dynamisch auftretenden inneren Überdruckes von p_e = 60 bar im Behälter bis zum Bruch.

Beschreibung von Bild 7.7 in *Abschnitt 7.2.4:* $\sigma_{N,Sch} = p_e \cdot \frac{(d_i + s)}{2 \cdot s}$

mit $s = s_{V,0}$ = 47,1 mm; $d_i = d_{i,0}$ = 905,8 mm aus Beispiel 7.9:

$$\sigma_{N,Sch} = 6 \frac{\text{N}}{\text{mm}^2} \cdot \frac{(905{,}8 \text{ mm} + 47{,}1 \text{ mm})}{2 \cdot 47{,}1 \text{ mm}} = 60{,}7 \frac{\text{N}}{\text{mm}^2}$$

aus Tabelle 7.4: $R_m = 360 \frac{\text{N}}{\text{mm}^2} \Rightarrow \frac{\sigma_{N,Sch}}{R_m} = \frac{60{,}7}{360} = 0{,}17$

aus Bild 7.7 mit $\frac{s_1/s}{d_1/d} = \frac{s_{V,1}/s_{V,0}}{d_{i,1}/d_{i,0}} = \frac{7{,}1/47{,}1}{204{,}9/905{,}8} = 0{,}67$: $n_B \approx 10^5$

Beispiel 7.13: ***Kegelförmiger Mantel***

An einen zylindrischen Druckbehälter mit d_a = 1000 mm und υ_N = 1, hergestellt aus warmgewalztem Stahlblech nach DIN EN 10029 (Klasse A) aus S235JR (St 37), ist entsprechend Bild 7.8 (rechte Zeichnung) über eine Krempe ein kegelförmiger Mantel mit einem Neigungswinkel von φ = 60° angeschweißt. Die Krempe hat eine Bestellwanddicke von s_{Kr} = 50 mm und einen Radius von r = 80 mm. Gesucht ist der zulässige Überdruck bei Raumtemperatur für die Krempenwand und die notwendige Mindestwanddicke $s_{V,K}$ des kegelförmigen Teils, so dass dieser denselben Druck wie die Krempe aushält.

aus Beispiel 7.2: $\sigma_{zul} = K/S = 150\ \text{N/mm}^2$

Zulässiger Überdruck für Krempe:

aus Tabelle 7.1: c_1 = 0,9 mm; aus *Abschnitt 7.1.2:* c_2 = 0 mm

aus Gleichung 7.3: $s_{V,Kr} = s_{Kr} - c_1 - c_2 = 50\ \text{mm} - 0{,}9\ \text{mm} = 49{,}1\ \text{mm}$

aus Bild 7.9 mit $r_K/d_a = r/d_a = 80\ \text{mm}/1000\ \text{mm} = 0{,}08$: $\beta_{KB} \approx 3$

Gleichung 7.66: $$s_{V,Kr} = \frac{p_e \cdot d_a \cdot \beta_{KB}}{4 \cdot \sigma_{zul} \cdot \upsilon_N}$$

$$\Rightarrow p_{e,zul} = \frac{4 \cdot \sigma_{zul} \cdot \upsilon_N \cdot s_{V,Kr}}{d_a \cdot \beta_{KB}} = \frac{4 \cdot 150\ \text{N/mm}^2 \cdot 49{,}1\ \text{mm}}{1000\ \text{mm} \cdot 3} = 9{,}82\ \text{N/mm}^2 = 98{,}2\ \text{bar}$$

Notwendige Wanddicke des kegelförmigen Mantels:

Gleichung 7.64: $$x_2 = 0{,}7 \cdot \sqrt{\frac{d_a \cdot s_{Kr}}{\cos\varphi}} = 0{,}7 \cdot \sqrt{\frac{1000\ \text{mm} \cdot 50\ \text{mm}}{\cos 60^\circ}} = 221{,}4\ \text{mm}$$

Gleichung 7.68:

$$d_K = d_a - 2 \cdot [s_{Kr} + r \cdot (1 - \cos\varphi) + x_2 \cdot \sin\varphi]$$
$$= 1000\ \text{mm} - 2 \cdot [50\ \text{mm} + 80\ \text{mm} \cdot (1 - \cos 60^\circ) + 221{,}4\ \text{mm} \cdot \sin 60^\circ] = 436{,}5\ \text{mm}$$

Gleichung 7.67:

$$s_{V,K} = \frac{d_K \cdot p_e}{2 \cdot \frac{K}{S} \cdot \upsilon_N - p_e} \cdot \frac{1}{\cos\varphi} = \frac{436{,}5\ \text{mm} \cdot 9{,}82\ \text{N/mm}^2}{2 \cdot 150\ \text{N/mm}^2 - 9{,}82\ \text{N/mm}^2} \cdot \frac{1}{\cos 60^\circ} = 29{,}5\ \text{mm}$$

Beispiel 7.14: ***Gewölbter Boden***

Gesucht ist der zulässige statische Überdruck bei Raumtemperatur für einen Klöpperboden aus warmgewalztem Stahlblech nach DIN EN 10029 (Klasse A) aus S235JR (St 37) mit $d_{a,0}$ = 1000 mm, s = 50 mm, υ_N = 1 und einem Stutzen mit $d_{i,1}$ = 200 mm im Krempenbereich.

aus Beispiel 7.2: $\sigma_{zul} = K/S = 150$ N/mm²

aus Tabelle 7.1: $c_1 = 0{,}9$ mm; aus *Abschnitt 7.1.2:* $c_2 = 0$ mm

aus *Gleichung 7.3:* $s_V = s - c_1 - c_2 = 50\text{ mm} - 0{,}9\text{ mm} = 49{,}1\text{ mm}$

aus Tabelle 7.6:

$$\beta = 1{,}9 + \frac{0{,}933 \cdot \dfrac{d_{i,1}}{d_{a,0}}}{\left(\dfrac{s_V}{d_{a,0}}\right)^{0{,}5}} = 1{,}9 + \frac{0{,}933 \cdot \dfrac{200}{1000}}{\left(\dfrac{49{,}1}{1000}\right)^{0{,}5}} = 2{,}74$$

Gleichung 7.70:

$$s_V = \frac{p_e \cdot d_a \cdot \beta}{4 \cdot K/S \cdot \upsilon_N}$$

$$\Rightarrow p_{e,zul} = \frac{4 \cdot K/S \cdot \upsilon_N \cdot s_V}{d_a \cdot \beta} = \frac{4 \cdot 150 \dfrac{\text{N}}{\text{mm}^2} \cdot 49{,}1\text{ mm}}{1000\text{ mm} \cdot 2{,}74} = 10{,}8\text{ N/mm}^2 = 108\text{ bar}$$

Beispiel 7.15: ***Ebener Boden***

Ein Druckbehälter aus S235JR (St 37) mit $d_a = 1000$ mm, $s = 35$ mm und $\upsilon_N = 1$ wird mit einem einseitig eingeschweißten ebenen Boden verschlossen (siehe Tabelle 7.7). Gesucht ist die notwendige Mindestwanddicke des Bodens für einen statischen Überdruck von $p_e = 100$ bar bei Raumtemperatur.

aus Beispiel 7.2: $\sigma_{zul} = K/S = 150$ N/mm²

Annahme: $s > 3 \cdot 35$ mm $\Rightarrow$ aus Tabelle 7.7: $C = 0{,}5$

nach Tabelle 7.7 und *Abschnitt 7.5:* $d = d_a - 2 \cdot s_1 = 1000\text{ mm} - 2 \cdot 35\text{ mm} = 930\text{ mm}$

Gleichung 7.77:

$$s_V = C \cdot d \cdot \sqrt{\frac{p_e}{K/S}} = 0{,}5 \cdot 930\text{ mm} \cdot \sqrt{\frac{10\text{ N/mm}^2}{150 \dfrac{\text{N}}{\text{mm}^2}}} = 120\text{ mm}$$

$s > 120$ mm $> 3 \cdot 35$ mm $\Rightarrow$ obige Annahme korrekt

Beispiel 7.16 ***Druckbehälter aus GFK***

Ein Druckbehälter aus glasfaserverstärktem Epoxidharz (EP-GF) wird mit einem statischen inneren Überdruck beaufschlagt. Die Zugfestigkeit des Werkstoffes beträgt in alle Richtungen $K_Z = 160$ N/mm², die Biegefestigkeit in alle Richtungen $K_B = 180$ N/mm². Als Werkstoffabminderungsfaktor soll insgesamt der Standardwert $A = 4$ angenommen werden. Gesucht ist jeweils der zulässige Überdruck für folgende Elemente:

a) zylindrischer Mantel ohne Ausschnitte mit einem Außendurchmesser von $d_a = 600$ mm und einer Wanddicke von $s = 15$ mm

b) zylindrischer Mantel ($d_{a,0}$ = 600 mm und s_0 = 15 mm) mit einem rechtwinkeligen Stutzen mit Außendurchmesser $d_{a,1}$ = 273 mm (siehe Bilder 4.31 und 7.4) ohne Verstärkung um den Ausschnitt

c) Kegelmantel mit Krempe (φ = 60°, r = 60 mm; siehe Bild 7.8) mit dem Außendurchmesser am weiten Ende d_a = 600 mm und Wanddicke s = 15 mm von Kegelmantel und Krempe

d) Kalotte und Krempe eines Korbbogenbodens mit Außendurchmesser d_a = 600 mm (siehe Bild 4.30) und Wanddicke von Kalotte und Krempe s = 15 mm

Da die gegebenen Festigkeitswerte in alle Richtungen gleich sind, wird im folgenden jeweils nur in Umfangsrichtung gerechnet, für die geringere Überdrücke zulässig sind als für die Längsrichtung.

Abschnitt 7.6: S = 2,0

a) *Gleichung 7.80:* $s = \dfrac{d_a \cdot p_e}{2 \cdot \dfrac{K_Z}{A \cdot S}}$

$$\Rightarrow p_e = \frac{s \cdot 2 \cdot \dfrac{K_Z}{A \cdot S}}{d_a} = \frac{15\,\text{mm} \cdot 2 \cdot \dfrac{160\,\text{N/mm}^2}{4 \cdot 2}}{600\,\text{mm}} = 1\frac{\text{N}}{\text{mm}^2} = 10\,\text{bar}$$

b) $\dfrac{d_{a,1}}{\sqrt{d_{a,0} \cdot s_0}} = \dfrac{273}{\sqrt{600 \cdot 15}} = 2{,}9 \approx 3$

$\Rightarrow$ aus Tabelle 7.10: $\upsilon_A \approx 0{,}27$

Gleichung 7.94: $s = \dfrac{d_a \cdot p_e}{2 \cdot \upsilon_A \cdot \dfrac{K_Z}{A \cdot S}}$

$$\Rightarrow p_e = \frac{s \cdot \upsilon_A \cdot 2 \cdot \dfrac{K_Z}{A \cdot S}}{d_a} = \frac{15\,\text{mm} \cdot 0{,}27 \cdot 2 \cdot \dfrac{160\,\text{N/mm}^2}{4 \cdot 2}}{600\,\text{mm}} = 0{,}27\frac{\text{N}}{\text{mm}^2} = 2{,}7\,\text{bar}$$

c) Legende unter *Gleichung 7.90:* $x_2 = \sqrt{d_a \cdot s_K} = \sqrt{600 \cdot 15} = 95\,\text{mm}$

Gleichung 7.68: $d_K = da - 2 \cdot [s_{Kr} + r \cdot (1 - \cos\varphi) + x_2 \cdot \sin\varphi]$
$= 600 - 2 \cdot [15 + 60 \cdot (1 - \cos 60°) + 95 \cdot \sin 60°] = 345$ mm

Kegelmantel nach *Gleichung 7.87:* $s_K = \dfrac{d_K \cdot p_e}{2 \cdot \dfrac{K_Z}{A \cdot S}} \cdot \dfrac{1}{\cos\varphi}$

$$\Rightarrow p_e = \frac{s_K \cdot 2 \cdot \dfrac{K_Z}{A \cdot S} \cdot \cos\varphi}{d_K} = \frac{15\,\text{mm} \cdot 2 \cdot \dfrac{160\,\text{N/mm}^2}{4 \cdot 2} \cdot \cos 60°}{345\,\text{mm}} = 0{,}87\frac{\text{N}}{\text{mm}^2} = 8{,}7\,\text{bar}$$

$$\frac{r}{d_a} = \frac{60}{600} = 0,1 \Rightarrow \text{aus Tabelle 7.8}: C_1 = 5,4$$

Krempe nach *Gleichung 7.89:* $s_{Kr} = \dfrac{d_K \cdot p_e \cdot C_1}{2 \cdot \dfrac{K_B}{A \cdot S}}$

$$\Rightarrow p_e = \frac{s_{Kr} \cdot 2 \cdot \dfrac{K_B}{A \cdot S}}{d_K \cdot C_1} = \frac{15\,\text{mm} \cdot 2 \cdot \dfrac{180\,\text{N/mm}^2}{4 \cdot 2}}{345\,\text{mm} \cdot 5,4} = 0,36\frac{\text{N}}{\text{mm}^2} = 3,6\,\text{bar}$$

d) aus Tabelle 7.9: Kalotte $C_2 = 1,8$; Krempe $C_2 = 3,5$

Kalotte nach *Gleichung 7.93:* $s = \dfrac{d_a \cdot p_e \cdot C_2}{4 \cdot \dfrac{K_Z}{A \cdot S}}$

$$\Rightarrow p_e = \frac{s \cdot 4 \cdot \dfrac{K_Z}{A \cdot S}}{d_a \cdot C_2} = \frac{15\,\text{mm} \cdot 4 \cdot \dfrac{160\,\text{N/mm}^2}{4 \cdot 2}}{600\,\text{mm} \cdot 1,8} = 1,1\frac{\text{N}}{\text{mm}^2} = 11\,\text{bar}$$

Krempe nach *Gleichung 7.92:* $s_{Kr} = \dfrac{d_a \cdot p_e \cdot C_2}{4 \cdot \dfrac{K_B}{A \cdot S}}$

$$\Rightarrow p_e = \frac{s_{Kr} \cdot 4 \cdot \dfrac{K_B}{A \cdot S}}{d_a \cdot C_2} = \frac{15\,\text{mm} \cdot 4 \cdot \dfrac{180\,\text{N/mm}^2}{4 \cdot 2}}{600\,\text{mm} \cdot 3,5} = 0,64\frac{\text{N}}{\text{mm}^2} = 6,4\,\text{bar}$$

Berechnungsbeispiele zu Kapitel 8 „Lagerung und Dehnungsausgleich von Rohrleitungen“

Beispiel 8.1: ***Stützweiten***

In DIN EN 13480-3 wird für wassergefüllte Stahlrohre DN 200 (219,1 x 7,1) ohne Dämmung z.B. zur Begrenzung der Durchbiegung eine Stützweite von 7,4 m zugelassen. Dem liegen eine Dichte des Wassers von ρ_W = 1000 kg/m³ und eine Dichte des Rohrleitungswerkstoffes (Stahl) von ρ_R = 7900 kg/m² zu Grunde. Gesucht ist die Durchbiegung der und die maximale Biegespannung in der Rohrleitung bei Betrachtung eines Trägers auf zwei Stützen.

$$d_i = d_a - 2 \cdot s = 219{,}1 - 2 \cdot 7{,}1 = 204{,}9 \text{ mm}$$

$$A_i = \frac{\pi}{4} \cdot d_i^2 = \frac{\pi}{4} \cdot 204{,}9^2 = 3{,}3 \cdot 10^4 \text{ mm}^2 = 0{,}033 \text{ m}^2$$

$$A_R = \frac{\pi}{4} \cdot \left(d_a^2 - d_i^2\right) = \frac{\pi}{4} \cdot \left(219{,}1^2 - 204{,}9^2\right) = 4729 \text{ mm}^2 = 4{,}73 \cdot 10^{-3} \text{ m}^2$$

$$m' = \rho_R \cdot A_R + \rho_W \cdot A_i$$
$$= 7900 \text{ kg/m}^3 \cdot 4{,}73 \cdot 10^{-3} \text{ m}^2 + 1000 \text{ kg/m}^3 \cdot 0{,}033 \text{ m}^2 = 70{,}4 \text{ kg/m}$$

$$F' = m' \cdot g = 70{,}4 \text{ kg/m} \cdot 9{,}81 \text{ m/s}^2 = 691 \text{ N/m}$$

$F = 0$ (keine zusätzliche Einzellast)

Durchbiegung:

aus Tabelle 3.2: $E \approx 2{,}1 \cdot 10^5 \text{ N/mm}^2 = 2{,}1 \cdot 10^{11} \text{ N/m}^2$

$$I = \frac{\pi}{64} \cdot \left(d_a^4 - d_i^4\right) = \frac{\pi}{64} \cdot \left(219{,}1^4 - 204{,}9^4\right) = 2{,}66 \cdot 10^7 \text{ mm}^4 = 2{,}66 \cdot 10^{-5} \text{ m}^4$$

aus Tabelle 8.1: $k_{f,1} = \dfrac{5}{384}$

Gleichung 8.1: $f = k_{f,1} \cdot \dfrac{F' \cdot L^4}{E \cdot I} + k_{f,2} \cdot \dfrac{F \cdot L^3}{E \cdot I}$

$$= \frac{5}{384} \cdot \frac{691 \text{ N/m} \cdot (7{,}4 \text{ m})^4}{2{,}1 \cdot 10^{11} \text{ N/m}^2 \cdot 2{,}66 \cdot 10^{-5} \text{ m}^4} = 4{,}8 \cdot 10^{-3} \text{ m} = 4{,}8 \text{ mm}$$

Vergleiche: $f_{zul} \leq 5$ mm nach DIN EN 13480-3 (*Abschnitt 8.1*)

Maximale Biegespannung:

$$W = \frac{\pi}{32} \cdot \frac{d_a^4 - d_i^4}{d_a} = \frac{\pi}{32} \cdot \frac{219{,}1^4 - 204{,}9^4}{219{,}1} = 2{,}43 \cdot 10^5\ \text{mm}^3 = 2{,}43 \cdot 10^{-4}\ \text{m}^3$$

i = 1 (kein Formstück zu berücksichtigen); aus Tabelle 8.1: $k_{S,1} = \frac{1}{8}$

Gleichung 8.2: $\sigma_{b,max} = k_{S,1} \cdot \frac{F' \cdot i \cdot L^2}{W} + k_{S,2} \cdot \frac{F \cdot i \cdot L}{W}$

$$= \frac{1}{8} \cdot \frac{691\ \text{N/m} \cdot (7{,}4\ \text{m})^2}{2{,}43 \cdot 10^{-4}\ \text{m}^3} = 1{,}95 \cdot 10^7\ \text{N/m}^2 = 19{,}5\ \text{N/mm}^2$$

Beispiel 8.2: ***Wärmedehnung und Druckspannung***

Eine Rohrleitung aus niedrig legiertem Stahl ist zwischen zwei Festlagern eingespannt. Gesucht ist die Zunahme der Druckspannung bei Erhöhung der Rohrwandtemperatur im Bereich bis 100 °C.

aus Tabelle 3.2 (auch 8.2) für $\vartheta < 100$ °C: $\bar{\beta}_L \approx 12 \cdot 10^{-6}\ \text{K}^{-1}$; $E \approx 2{,}1 \cdot 10^5\ \text{N/mm}^2$

Gleichung 8.5: $\sigma_d = E \cdot \bar{\beta}_L \cdot \Delta\vartheta$

$$\Rightarrow \frac{\sigma_d}{\Delta\vartheta} = E \cdot \bar{\beta}_L = 2{,}1 \cdot 10^5\ \text{N/mm}^2 \cdot 12 \cdot 10^{-6}\text{K}^{-1} = 2{,}52 \frac{\text{N}}{\text{mm}^2 \cdot \text{K}}$$

Beispiel 8.3: ***Knickung durch Wärmedehnung***

Die Stahlrohrleitung aus *Beispiel 8.1* (219,1 x 7,1) ist zwischen zwei Festlagern eingespannt und wird vom Montagezustand bei 20 °C auf 70 °C erwärmt. Gesucht ist der maximale Festpunktabstand L_F, bei dem eine Sicherheit von S_K = 2,5 gegen elastisches Knicken noch gewährleistet ist.

aus Tabelle 3.2 (auch 8.2) für $\vartheta < 100$ °C: $\bar{\beta}_L \approx 12 \cdot 10^{-6}\ \text{K}^{-1}$; $E \approx 2{,}1 \cdot 10^5\ \text{N/mm}^2$

Gleichung 8.7: $\sigma_d = \bar{\beta}_L \cdot \Delta\vartheta \cdot E \le \frac{\sigma_K}{S_K}$

$$\Rightarrow \sigma_K \ge \bar{\beta}_L \cdot \Delta\vartheta \cdot E \cdot S_K = 12 \cdot 10^{-6}\text{K}^{-1} \cdot 50\ \text{K} \cdot 2{,}1 \cdot 10^5\ \text{N/mm}^2 \cdot 2{,}5 = 315\ \text{N/mm}^2$$

Gleichung 8.8: $\sigma_K = \frac{\pi^2 \cdot E}{\lambda^2} \Rightarrow \lambda = \sqrt{\frac{\pi^2 \cdot E}{\sigma_K}} \le \sqrt{\frac{\pi^2 \cdot 2{,}1 \cdot 10^5\ \text{N/mm}^2}{315\ \text{N/mm}^2}} = 81$

aus Beispiel 8.1:

$$A_R = \frac{\pi}{4} \cdot \left(d_a^2 - d_i^2\right) = \frac{\pi}{4} \cdot \left(219{,}1^2 - 204{,}9^2\right) = 4729\,\text{mm}^2 = 4{,}73 \cdot 10^{-3}\,\text{m}^2$$

$$I = \frac{\pi}{64} \cdot \left(d_a^4 - d_i^4\right) = \frac{\pi}{64} \cdot \left(219{,}1^4 - 204{,}9^4\right) = 2{,}66 \cdot 10^7\,\text{mm}^4 = 2{,}66 \cdot 10^{-5}\,\text{m}^4$$

aus Legende zu *Gleichung 8.8:*

$$\lambda = \frac{L}{\sqrt{\frac{I}{A}}} \Rightarrow L = \lambda \cdot \sqrt{\frac{I}{A_R}} \leq 81 \cdot \sqrt{\frac{2{,}66 \cdot 10^{-5}\,\text{m}^4}{4{,}73 \cdot 10^{-3}\,\text{m}^2}} = 6{,}1\,\text{m}$$

L ist die freie Knicklänge. Da das Rohr in diesem Beispiel in Festlagern eingespannt ist, kann der Abstand der Festpunkte auch größer sein als L_F = 6,1 m (siehe Abschnittt 8.2.2)

Beispiel 8.4: ***Biegeschenkel eines L-Systems***

Ein Stahlrohr aus P 235 GH (z.B. DIN EN 10217-2, siehe Tabelle 9.3) DN 200 (d_a = 219,1 mm) wird bei 20 °C montiert und im Betrieb auf 200 °C aufgeheizt. Gesucht ist die notwendige Ausladelänge L_A des Biegeschenkels eines L-Systems (Bild 8.6) mit einer schiebenden Länge von L_S = 40 m und einem Rohrbogen nach DIN EN 10253-2, Typ A (verminderter Ausnutzungsgrad, siehe Bild 4.13), Wanddickenreihe 1, Bauart 3D. Als Sicherheit gegen die Streckgrenze soll S = 3 berücksichtigt werden.

Rohrbogen aus Tabelle 4.15: s = 4,5 mm; r = 305 mm

$d_m = d_a - s$ = 219,1 – 4,5 = 214,6 mm

aus Tabelle 9.3: $R_{p0,2/200\,°C}$ = 170 N/mm²

$$\sigma_{zul} = \frac{R_{p0,2/200°C}}{S} = \frac{170\,\text{N/mm}^2}{3} = 56{,}7\,\text{N/mm}^2$$

aus Tabelle 3.2: $E_{200\,°C} = 1{,}99 \cdot 10^5$ N/mm²

aus Tabelle 8.2: $\overline{\beta}_L = 12{,}8 \cdot 10^{-6}\,\text{K}^{-1}$

Gleichung 8.4: $\Delta L = L_s \cdot \overline{\beta}_L \cdot \Delta\vartheta = 40\,\text{m} \cdot 12{,}8 \cdot 10^{-6}\,\text{K}^{-1} \cdot (200\,°\text{C} - 20\,°\text{C}) = 0{,}092\,\text{m}$

aus Tabelle 8.3: $$h = \frac{4 \cdot r \cdot s}{d_m^2} = \frac{4 \cdot 305 \cdot 4{,}5}{214{,}6^2} = 0{,}12$$

$$k_B = \frac{1,65}{h} = \frac{1,65}{0,12} = 13,75$$

$$i = \frac{0,9}{h^{2/3}} = \frac{0,9}{0,12^{2/3}} = 3,7$$

$\frac{i}{k_B} = \frac{3,7}{13,75} = 0,27 < \frac{1}{2}$ $\Rightarrow$ Berechnung der Ausladelänge nach Gleichung 8.17:

$$L_A \geq \sqrt{\frac{3}{2} \cdot \frac{E}{\sigma_{zul}} \cdot \Delta L \cdot d_a} = \sqrt{\frac{3}{2} \cdot \frac{1,99 \cdot 10^5\ N/mm^2}{56,7\ N/mm^2} \cdot 0,092\ m \cdot 0,2191\ m} = 10,3\ m$$

Beispiel 8.5: ***U-Bogen-Dehnungsausgleicher***

In die Rohrleitung aus *Beispiel 8.4* wird zwischen zwei Festpunkten mit Abstand L_F = 80 m zum Ausgleich der Wärmedehnung ein U-Bogen mit Rohrbogen nach DIN EN 10253-2, Typ A, Wanddickenreihe 1, Bauart 3D eingebaut (siehe Bild 8.4). Gesucht ist die notwendige Ausladelänge L_A des U-Bogens mit einer Sicherheit von S = 3 gegen die Streckgrenze.

aus *Beispiel 8.4:*

$$\sigma_{zul} = 56,7\,N/mm^2; E_{200°C} = 1,99 \cdot 10^5\ N/mm^2; \bar{\beta}_L = 12,8 \cdot 10^{-6}\ K^{-1}; \frac{i}{k_B} = 0,27$$

Da sich die Wärmedehnung zwischen den Festlagern auf zwei Biegeschenkel im U-Bogen aufteilt, ist die schiebende Länge für einen Biegeschenkel L_s = (80 m)/2 = 40 m (vergleiche auch *Beispiel 8.4*).

aus *Beispiel 8.4:* ΔL = 0,092 m

Im U-System treten keine Biegespannungen aus Wärmedehnung in Festeinspannungen auf. Die höchsten Biegespannungen beanspruchen die Rohrbögen.

$\Rightarrow$ Berechnung der Ausladelänge nach *Gleichung 8.19:*

$$L_A \geq \sqrt{3 \cdot \frac{i}{k_B} \cdot \frac{E}{\sigma_{zul}} \cdot \Delta L \cdot d_a}$$

$$= \sqrt{3 \cdot 0,27 \cdot \frac{1,99 \cdot 10^5\ N/mm^2}{56,7\ N/mm^2} \cdot 0,092\ m \cdot 0,2191\ m} = 7,6\ m$$

Beispiel 8.6: ***U-Bogen-Dehnungsausgleicher mit Vorspannung***

Gesucht ist die notwendige Ausladelänge L_A des U-Bogen-Dehnungsausgleichers aus *Beispiel 8.5* bei 50 % Vorspannung (Vordehnung).

aus Beispiel 8.5: $L_A \geq 7{,}6$ m

Gleichung 8.25: $L_{A,V} = L_A \cdot \sqrt{1-0{,}5} = 0{,}71 \cdot L_A \geq 0{,}71 \cdot 7{,}6\ \text{m} = 5{,}4\ \text{m}$

Beispiel 8.7: ***Abschätzung der Elastizität***

Es soll die Elastizität des L-Systems aus *Beispiel 8.4* nach *Abschnitt 8.3.3* abgeschätzt werden.

Geometrie aus *Beispiel 8.4:* $L_s = 40$ m; $L_A = 10{,}3$ m

Festpunktabstand im L-System (siehe z.B. Bild 8.6):

$$L_F = \sqrt{L_s^2 + L_A^2} = \sqrt{40^2 + 10{,}3^2} = 41{,}3\ \text{m}$$

Gesamtlänge des L-Systems: $L = L_s + L_A = 40\ \text{m} + 10{,}3\ \text{m} = 50{,}3\ \text{m}$

aus *Beispiel 8.4:*

$$\sigma_{zul} = 56{,}7\ \text{N/mm}^2;\ E_{200°C} = 1{,}99 \cdot 10^5\ \text{N/mm}^2;\ \bar{\beta}_L = 12{,}8 \cdot 10^{-6}\ \text{K}^{-1};\ \frac{i}{k_B} = 0{,}27$$

$$\frac{L}{L_F} = \frac{50{,}3}{41{,}3} = 1{,}22$$

Gleichung 8.28:

$$\frac{L}{L_F} \geq 1 + S \cdot \sqrt{\frac{3}{2} \cdot \frac{E}{\sigma_{zul}}} \cdot \sqrt{\bar{\beta}_L \cdot \Delta\vartheta} \cdot \sqrt{\frac{d_a}{L_F}}$$

$$1{,}22 \geq 1 + 2 \cdot \sqrt{\frac{3}{2} \cdot \frac{1{,}99 \cdot 10^5\ \text{N/mm}^2}{56{,}7\ \text{N/mm}^2}} \cdot \sqrt{12{,}8 \cdot 10^{-6}\ \text{K}^{-1} \cdot 180\ \text{K}} \cdot \sqrt{\frac{0{,}2191\ \text{m}}{41{,}3\ \text{m}}} = 1{,}51$$

⇒ Das Elastizitätskriterium mit $S = 2$ (siehe Legende zu *Gleichung 8.28*) ist nicht erfüllt, obwohl die genauere Berechnung der Ausladelänge in *Beispiel 8.4* die Elastizität gewährleistet. Daran zeigt sich der konservative Charakter dieses Elastizitätskriteriums.

Beispiel 8.8: ***Axial-Wellrohrkompensator***

In die Rohrleitung aus *Beispiel 8.4* soll zwischen zwei Festpunkten mit Abstand $L_F = 20$ m zum Ausgleich der Wärmedehnung ein Axial-Wellrohrkompesator eingebaut werden (siehe Bilder 4.24 und 8.10). Der maximale Betriebsüberdruck in der Leitung beträgt $p_{e,max} = 14$ bar. Der Kompensator soll auf $n = 7.000$ Lastwechsel ausgelegt sein. Gesucht ist die erforderliche nominale Bewegungsaufnahme des Kompensators.

Gleichung 8.4 mit $\bar{\beta}_L$:

$$\Delta L = L_s \cdot \bar{\beta}_L \cdot \Delta\vartheta = 20\ \text{m} \cdot 12{,}8 \cdot 10^{-6}\ \text{K}^{-1} \cdot (200\ °\text{C} - 20\ °\text{C}) = 0{,}0461\ \text{m} = 46{,}1\ \text{mm}$$

aus Tabelle 8.5 für ϑ = 200 °C: $k_{p,\vartheta(200\,°C)} = 0{,}74$

Gleichung 8.33: $p_{RT} = \frac{p_B}{k_{p,\vartheta}} = \frac{14\,\text{bar}}{0{,}74} = 18{,}9\,\text{bar}$

⇒ nächsthöhere PN-Stufe ist PN 25 (siehe Tabelle 4.1)

$\frac{p_{RT}}{PN} = \frac{18{,}9}{25} = 0{,}76$ ⇒ aus Tabelle 8.6: $k_{p,RT} \approx 1{,}04$

aus Tabelle 8.7 für n = 7.000: $k_n = 0{,}58$

aus Legende zu *Gleichung 8.32:* $k = k_{p,RT} \cdot k_n = 1{,}04 \cdot 0{,}58 = 0{,}6$

Gleichung 8.32: $\Delta L_{erf.} = \frac{\Delta L}{k} = \frac{46{,}1\,\text{mm}}{0{,}6} = 76{,}8\,\text{mm}$

Beispiel 8.9: ***Festpunktbelastung bei Axial-Wellrohrkompensator***

Für den Anwendungsfall aus *Beispiel 8.8* wird ein Kompensator mit einer nominalen Bewegungsaufnahme von ±45 mm ausgewählt. Der Hersteller gibt dafür eine Federkonstante c_F = 384 N/mm und einen „wirksamen Balgquerschnitt" von A_p = 449 cm^2 an. Der Kompensator wird beim Einbau um 50 % vorgespannt. Das Stahlrohr hat die Abmessungen 219,1 x 7,1 und ist wassergefüllt (vergleiche *Beispiel 8.1*). Gesucht ist die Festpunktbelastung bei einem Reibkoeffizienten in den Gleitlagern von $\mu \approx 0{,}5$.

50 % Vorspannung

⇒ aus *Gleichung 8.22:* Vordehnung $\Delta L_V = \frac{\Delta L}{2} = \frac{46{,}1\,\text{mm}}{2} = 23{,}1\,\text{mm}$

ΔL_V = 23,1 mm ist die verbleibende Dehnung, die den Kompensator zusammendrückt.

Gleichung 8.34: $F_F = c_F \cdot \Delta L$ = 384 N/mm · 23,1 mm = 8,87 kN

aus *Beispiel 8.1:* $F_G = F' \cdot L$ = 691 N/m · 20 m = 13,82 kN

Gleichung 8.35: $F_R = \mu \cdot F_G \approx$ 0,5 · 13,82 kN = 6,91 kN

Gleichung 8.36: $F_p = p_e \cdot A_p$ = 1,4 N/mm^2 · 44.900 mm^2 = 62,86 kN

Gleichung 8.39: $F_{FP} = F_F + F_R + F_p$ = 8,87 + 6,91 + 62,86 = 78,64 kN

Beispiel 8.10: ***Festpunktbelastung mit Biegeschenkel im L-System***

Das L-System aus Beispiel 8.4 sei so angeordnet, dass die schiebende Länge waagerecht und der Biegeschenkel senkrecht nach oben verläuft. Gesucht ist die Belastung des Festpunktes, der den schiebenden Schenkel aus *Beispiel 8.4* begrenzt (siehe Bild 8.6). Die Leitung ist aus Rohren 219,1 x 7,1 aufgebaut und wassergefüllt (vergleiche *Beispiele 8.1* und *8.9*). Der Reibkoeffizient in den Gleitlagern beträgt $\mu \approx 0{,}5$ (schiebender Schenkel verlaufe waagerecht).

aus *Beispiel 8.4:* $\Delta L = 92$ mm; $L_A = 10{,}3$ m

aus Tabelle 3.2: $E_{200\,°C} = 1{,}99 \cdot 10^5$ N/mm²

aus *Beispiel 8.1:*

$$I = \frac{\pi}{64} \cdot \left(d_a^4 - d_i^4\right) = \frac{\pi}{64} \cdot \left(219{,}1^4 - 204{,}9^4\right) = 2{,}66 \cdot 10^7 \text{ mm}^4 = 2{,}66 \cdot 10^{-5} \text{ m}^4$$

Gleichung 8.9:

$$F_F = F = 3 \cdot E \cdot I \cdot \frac{\Delta L}{L_A^3} = 3 \cdot 1{,}99 \cdot 10^{11} \text{ N/m}^2 \cdot 2{,}66 \cdot 10^{-5} \text{ m}^4 \cdot \frac{0{,}092 \text{ m}}{(10{,}3 \text{ m})^3} = 1.337 \text{ N} = 1{,}34 \text{ kN}$$

aus *Beispiel 8.1:* $F_G = F' \cdot L = 691$ N/m $\cdot$ 40 m = 27,64 kN

Gleichung 8.35: $F_R = \mu \cdot F_G \approx 0{,}5 \cdot 27{,}64$ kN = 13,82 kN

$F_p = 0$

Gleichung 8.39: $F_{FP} = F_F + F_R + F_p = 1{,}34 + 13{,}82$ kN = 15,16 kN

Berechnungsbeispiele zu Kapitel 9 „Festigkeitsberechnung von Rohrleitungen“

Beispiel 9.1: ***Wanddicke Stahlrohr bei statischem innerem Überdruck und Raumtemperatur***

Gesucht ist die Bestellwanddicke nach DIN EN 13480-3 eines längsnahtgeschweißten Stahlrohres DN 150 nach DIN EN 10217-1, Durchmesserreihe 1 aus P 235 mit $\upsilon_N = 1$ für einen statischen inneren Überdruck von $p_e = 100$ bar bei Raumtemperatur.

aus Tabelle 4.4: $d_a = 168{,}3$ mm

aus Tabelle 9.2 und 9.3:

$$\sigma_{zul} = \min\left\{\frac{R_{p0,2/\vartheta}}{1{,}5}; \frac{R_m}{2{,}4}\right\} = \min\left\{\frac{235\frac{N}{mm^2}}{1{,}5}; \frac{360\frac{N}{mm^2}}{2{,}4}\right\} = 150\frac{N}{mm^2}$$

aus Tabelle 9.1 (Annahme: $\frac{d_a}{d_i} \leq 1{,}7$):

$$s_V = \frac{d_a \cdot p_e}{2 \cdot \sigma_{zul} \cdot \upsilon_N + p_e} = \frac{168{,}3\,mm \cdot 10\,N/mm^2}{2 \cdot 150\,N/mm^2 + 10\frac{N}{mm^2}} = 5{,}43\,mm$$

aus Tabelle 9.4: $c_1' = 8$ % (s > 5 mm); aus Legende zu *Gleichung 9.6:* $c_2 = 1$ mm

nach Gleichung 9.7: $c_1 = (s_v + c_2) \cdot \frac{c_1'}{100 - c_1'} = (5{,}43\,mm + 1\,mm) \cdot \frac{8}{100 - 8} = 0{,}56\,mm$

Gleichung 9.6: $s = s_V + c_1 + c_2 = 5{,}43 + 0{,}56 + 1 = 7$ mm

Auswahl nach DIN EN 10217-2 (Tabelle 4.5): $s = 7{,}1$ mm

Nachprüfung Geltungsbereich (Tabelle 9.1): $\frac{d_a}{d_i} = \frac{168{,}3}{168{,}3 - 2 \cdot 7{,}1} = 1{,}09 < 1{,}7$

Beispiel 9.2: ***Wanddicke Stahlrohr bei statischem Überdruck und erhöhter Temperatur***

Gesucht ist die Bestellwanddicke nach DIN EN 13480-3 eines nahtlosen Stahlrohres DN 300 nach DIN EN 10216-2, Durchmesserreihe 1 aus 16Mo3 für einen statischen inneren Überdruck von $p_e = 100$ bar bei $\vartheta = 450$ °C.

aus Tabelle 4.4: $d_a = 323{,}9$ mm

nach *Abschnitt 9.1.1*, aus Tabelle 9.2:

- zeitunabhängige zulässige Spannung

$$\sigma_{zul} = \min\left\{\frac{R_{p0,2/450\,°C}}{1{,}5};\frac{R_m}{2{,}4}\right\}$$

$$= \min\left\{\frac{150\ \text{N/mm}^2}{1{,}5};\frac{450\ \text{N/mm}^2}{2{,}4}\right\} = 100\ \text{N/mm}^2$$

- zeitabhängige zulässige Spannung

$$\sigma_{zul,CR} = \frac{R_{m,200.000,450\,°C}}{1{,}25} = \frac{218\frac{\text{N}}{\text{mm}^2}}{1{,}25} = 174{,}4\frac{\text{N}}{\text{mm}^2}$$

$\upsilon_N = 1$ (nahtlos)

Annahme: $\frac{d_a}{d_i} \leq 1{,}7 \Rightarrow$ aus Tabelle 9.1:

$$s_V = \frac{d_a \cdot p_e}{2 \cdot \sigma_{zul} \cdot \upsilon_N + p_e} = \frac{323{,}9\ \text{mm} \cdot 10\frac{\text{N}}{\text{mm}^2}}{2 \cdot 100\ \text{N/mm}^2 + 10\frac{\text{N}}{\text{mm}^2}} = 15{,}42\ \text{mm}$$

$$\frac{s}{d_a} \approx \frac{17\ \text{mm}}{323{,}9\ \text{mm}} = 0{,}052 \Rightarrow \text{aus Tabelle 9.4: } c_1' = 12{,}5\ \%$$

aus Legende zu *Gleichung 9.6:* $c_2 = 1$ mm

Gleichung 9.7: $c_1 = (s_V + c_2)\cdot\frac{c_1'}{100 - c_1'} = (15{,}42\ \text{mm} + 1\ \text{mm})\cdot\frac{12{,}5}{100 - 12{,}5} = 2{,}35\ \text{mm}$

Gleichung 9.6: $s = s_V + c_1 + c_2 = 15{,}42 + 2{,}35 + 1 = 18{,}77$ mm

Auswahl nach DIN EN 10216-2 (Tabelle 4.4): $s = 20$ mm

Nachprüfung Geltungsbereich (Tabelle 9.1): $\frac{d_a}{d_i} = \frac{323{,}9}{323{,}9 - 2 \cdot 20} = 1{,}14 < 1{,}7$

Beispiel 9.3: ***Zulässiger Prüfdruck für Wasserdruckprobe***

Das Stahlrohr aus Beispiel 9.2 werde einer Wasserdruckprobe bei Raumtemperatur unterzogen. Gesucht ist der zulässige Prüfdruck nach DIN EN 13480-3 unter der Annahme, dass während der Prüfung keine weitere Lasten auf das Rohr wirken.

aus *Beispiel 9.2:* $s = 20$ mm; $c_1' = 12{,}5$ %

$c_1 = s \cdot c_1' = 20 \text{ mm} \cdot 0{,}125 = 2{,}5 \text{ mm}$

Da das Rohr neu ist, kann der Zuschlag c_2 unberücksichtigt bleiben.

$\Rightarrow s_V = s - c_1 = 20 \text{ mm} - 2{,}5 \text{ mm} = 17{,}5 \text{ mm}$

$d_i = d_a - 2 \cdot s_V = 323{,}9 \text{ mm} - 2 \cdot 17{,}5 \text{ mm} = 288{,}9 \text{ mm}$

$$\frac{d_a}{d_i} = \frac{323{,}9}{288{,}9} = 1{,}12 < 1{,}7$$

aus Tabelle 9.1: $$s_V = \frac{d_a \cdot p_e}{2 \cdot \sigma_{zul} \cdot \upsilon_N + p_e}$$

$\Rightarrow$ mit $\upsilon_N = 1$ und $\sigma_{prüf,zul}$: $$p_{e,zul} = \frac{2 \cdot \sigma_{prüf,zul} \cdot s_V}{d_a - s_V}$$

aus Tabelle 9.3: $R_{eH} = 280 \text{ N/mm}^2$

Gleichung 9.9: $\sigma_{prüf} \leq \sigma_{prüf,zul} \leq 0{,}95 \cdot R_{eH} = 0{,}95 \cdot 280 \text{ N/mm}^2 = 266 \text{ N/mm}^2$

$$p_{e,zul} = \frac{2 \cdot 266 \text{ N/mm}^2 \cdot 17{,}5 \text{ mm}}{323{,}9 \text{ mm} - 17{,}5 \text{ mm}} = 30{,}4 \frac{\text{N}}{\text{mm}^2} = 304 \text{ bar}$$

Beispiel 9.4: ***Wanddicke Stahlrohr bei schwellendem innerem Überdruck 1***

Das Rohr aus Beispiel 9.1 werde mit einem inneren Überdruck von $p_e = 30$ bar bei Raumtemperatur schwellend beaufschlagt. Insgesamt ist mit 5000 Lastzyklen zu rechnen. Es ist zu prüfen, ob die in Beispiel 9.1 für statische Beanspruchung ermittelte Wanddicke auch für dynamische Beanspruchung nach DIN 13480-3 ausreicht. (Hinweis: Ermittlung der Hauptspannungsschwingbreite nach der GE-Hypothese)

Gleichung 6.17: $$\hat{\sigma}_{V,GE} = p_e \cdot \frac{\sqrt{3} \cdot (d_a / d_i)^2}{(d_a / d_i)^2 - 1}$$

aus *Beispiel 9.1:* $s = 7{,}1$ mm, $c_1' = 8$ %; $c_2 = 1$ mm

$s_V = s - c_1 - c_2 = 7{,}1 \text{ mm} - 0{,}08 \cdot 7{,}1 \text{ mm} - 1 \text{ mm} = 5{,}53 \text{ mm}$

$d_i = d_a - 2 \cdot s_V = 168{,}3 \text{ mm} - 2 \cdot 5{,}53 \text{ mm} = 157{,}24 \text{ mm}$

$$\frac{d_a}{d_i} = \frac{168{,}3}{157{,}24} = 1{,}07$$

$$\hat{\sigma}_{V,GE} = 3{,}0 \frac{\text{N}}{\text{mm}^2} \cdot \frac{\sqrt{3} \cdot 1{,}07^2}{1{,}07^2 - 1} = 41 \frac{\text{N}}{\text{mm}^2}$$

⇒ keine Ermüdungsanalyse notwendig, da $\hat{\sigma}_{V,GE} < 47$ N/mm² (siehe Abschnitt 9.1.1).

Die Bestellwanddicke von s = 7,1 mm reicht für die gegebene dynamische Beanspruchung aus.

Beispiel 9.5: ***Wanddicke Stahlrohr bei schwellendem innerem Überdruck 2***

Gesucht ist die zulässige Lastspielzahl nach der vereinfachten Auslegung für Wechselbeanspruchung nach DIN EN 13480-3 für das Rohr aus Beispiel 9.1 mit s = 7,1 mm, wenn der innere Überdruck von p_e = 100 bar schwellend auftritt. (Es sind Rundschweißnähte mit gleicher Wanddicke zu berücksichtigen.)

Gleichung 9.2: $$2 \cdot \sigma_a^* = \frac{\eta}{F_d \cdot F_t^*} \cdot \frac{\hat{p} - \check{p}}{p_r} \cdot \sigma_{zul,20}$$

aus Legende zu *Gleichung 9.2:* $\eta = 1{,}3$

aus Beispiel 9.1: $\sigma_{zul,20} = 150$ N/mm²

$F_d = 1$ ($s < 25$ mm)

$F_t^* = 1$ ($\vartheta = 20$ °C)

aus Beispiel 9.4: $s_V = 5{,}53$ mm

aus Tabelle 9.1: $$s_V = \frac{d_a \cdot p_e}{2 \cdot \sigma_{zul} \cdot \upsilon_N + p_e}$$

$$\Rightarrow \text{mit } \upsilon_N = 1\text{: } p_r = \frac{2 \cdot \sigma_{zul} \cdot s_V}{d_a - s_V} = \frac{2 \cdot 150\,\text{N/mm}^2 \cdot 5{,}53\,\text{mm}}{168{,}3\,\text{mm} - 5{,}53\,\text{mm}} = 10{,}2\frac{\text{N}}{\text{mm}^2} = 102\,\text{bar}$$

$$2 \cdot \sigma_a^* = 1{,}3 \cdot \frac{100\,\text{bar}}{102\,\text{bar}} \cdot 150\frac{\text{N}}{\text{mm}^2} = 191\frac{\text{N}}{\text{mm}^2}$$

Gleichung 9.1: $$N_{zul} = \left(\frac{B}{2 \cdot \sigma_a^*}\right)^m = \left(\frac{7940\,\text{N/mm}^2}{191\,\text{N/mm}^2}\right)^3 = 71.839$$

Beispiel 9.6: ***Wanddicke Stahlrohr bei schwellendem innerem Überdruck 3***

Gesucht ist die Bestellwanddicke für das Rohr aus *Beispiel 9.1*, so dass es nach der vereinfachten Auslegung für Wechselbeanspruchung nach DIN EN 13480-3 gegen den schwellenden inneren Überdruck von p_e = 100 bar dauerfest ist. (Es sind Rundschweißnähte mit gleicher Wanddicke zu berücksichtigen; $\upsilon_N = 1$)

aus Tabelle 4.4: d_a = 168,3 mm

Bedingung für Dauerfestigkeit (Abschnitt 9.1.1): $2 \cdot \sigma_a^* \leq 2 \cdot \sigma_{a,D} = 63$ N/mm²

mit *Gleichung 9.2:* $$2 \cdot \sigma_a^* = \frac{\eta}{F_d \cdot F_t^*} \cdot \frac{\hat{p} - \check{p}}{p_r} \cdot \sigma_{zul,20} \leq 2 \cdot \sigma_{a,D}$$

$$\Rightarrow p_r \geq \frac{\eta}{F_d \cdot F_t^*} \cdot \frac{\hat{p} - \check{p}}{2 \cdot \sigma_{a,D}} \cdot \sigma_{zul,20}$$

aus *Beispiel 9.1:* $\sigma_{zul,20} = 150\ N/mm^2$

aus *Beispiel 9.5:* $F_d = F_t^* = 1$; $\eta = 1{,}3$

$$p_r \geq 1{,}3 \cdot \frac{10\,N/mm^2}{63\,N/mm^2} \cdot 150 \frac{N}{mm^2} = 31 \frac{N}{mm^2} = 310\,bar$$

$p_r = 310$ bar ist der „Ersatzdruck", den die Rohrleitung statisch aushalten muss, damit sie gegen $\hat{p} - \check{p} = 100$ bar dauerfest ist.

aus Tabelle 9.2 (Annahme: $d_a/d_i < 1{,}7$): $s_V = \dfrac{d_a \cdot p_e}{2 \cdot \sigma_{zul} \cdot \upsilon_N + p_e}$

mit $p_e = p_r$: $\quad s_V = \dfrac{168{,}3\,mm \cdot 31\,N/mm^2}{2 \cdot 150\,N/mm^2 + 31\,N/mm^2} = 15{,}76\,mm$

aus Tabelle 9.4: $c_1' = 8$ %

aus Abschnitt 9.1.1: $c_2 = 1$ mm

Gleichung 9.8: $s = (s_V + c_2) \cdot \dfrac{100}{100 - c_1'} = (15{,}76\,mm + 1\,mm) \cdot \dfrac{100}{100 - 8} = 18{,}22\,mm$

⇒ aus Tabelle 4.4 z.B.: $s = 20$ mm (nach DIN EN 10217-2 keine Vorzugswanddicke, jedoch nach DIN EN 10220 genormt)

Überprüfung der Annahme zum Durchmesserverhältnis: $\dfrac{d_a}{d_i} = \dfrac{168{,}3}{168{,}3 - 2 \cdot 20} = 1{,}3 < 1{,}7$

Beispiel 9.7: ***Wanddicke Stahlrohr bei dynamischem innerem Überdruck mit Betriebslastkollektiv***

Druckstufe	$\hat{p} - \check{p}$	Häufigkeit H_i
	bar	pro Jahr
1	90	500
2	60	2.000
3	40	5.000
4	20	20.000
5	10	100.000

Ein längsnahtgeschweißtes Stahlrohr DN 150 (168,3 x 7,1) nach DIN EN 10217-2 aus P 235 GH wird mit den tabellierten Druckschwankungen bei Raumtemperatur belastet. Gesucht ist die zu erwartende Lebensdauer nach der Regel der linearen Schadensakkumulation nach DIN 13480-3 (vereinfachte Auslegung für Wechselbeanspruchung).

Mit der pseudoelastischen Spannungsschwingbreite

$$2 \cdot \sigma_a^* = \frac{\eta}{F_d \cdot F_t^*} \cdot \frac{\hat{p} - \check{p}}{p_r} \cdot \sigma_{zul,20}$$

nach *Gleichung 9.2* wird für jede einzelne Druckstufe die zulässige Lastspielzahl

$$N_{zul} = \left[\frac{B}{2 \cdot \sigma_a^*}\right]^m$$ nach *Gleichung 9.1* berechnet.

Folgende Werte werden verwendet: $F_d = F_t^* = 1$; $\eta = 1{,}3$; $p_r = 102$ bar (aus *Beispiel 9.5*)
$\sigma_{zul,20} = 150$ N/mm² (aus *Beispiel 9.1*)

Damit ergibt sich:

Druck-stufe	$\hat{p} - \check{p}$	$2 \cdot \sigma_a^*$	N_{zul}
	bar	N/mm²	pro Jahr
1	90	172	98.400
2	60	115	330.000
3	40	77	1.100.000
4	20	38	∞
5	10	19	∞

und mit *Gleichung 9.5:*

$$D = \sum_{i=1}^{m} \frac{N_i}{N_{i,zul}} = \frac{500}{98.400} + \frac{2.000}{330.000} + \frac{5.000}{1.100.000} + \frac{20.000}{\infty} + \frac{100.000}{\infty} =$$

$$= 0{,}0051 + 0{,}0061 + 0{,}0045 + 0 + 0 = 0{,}016 = 1{,}6\ \%$$

Dies bedeutet, dass das Rohr in einem Jahr zu 1,6 % geschädigt wird. Schädigung zu 100 % tritt ein, wenn $D = \Sigma\ (N_i/N_{i,zul}) = 1$ (siehe auch *Gleichung 7.32* und *Beispiel 7.7*)

$$\Rightarrow \text{zu erwartende Lebensdauer} = \frac{100\ \%}{1{,}6\ \%\ /\ \text{Jahr}} = 62{,}5\ \text{Jahre}$$

Beispiel 9.8: ***Gussrohr***

Gesucht ist der zulässige Betriebsüberdruck einer Wasserrohrleitung aus Schleudergussrohr DN 1200 mit Mindestwanddicke s_{min} für Standardprodukte nach DIN EN 545 für Dauerbetrieb einschließlich Druckstoß.

aus Tabelle 4.8: $d_{a,N} = 1.255$ mm; $s_{min} = 11{,}1$ mm

$d_{a,max} = 1.255\ \text{mm} + 1\ \text{mm} = 1.256\ \text{mm}$

$d_m = d_{a,max} - s_{min} = 1.256 - 11{,}1 = 1.244{,}9\ \text{mm}$

aus Legende zu *Gleichung 9.10:* $R_m = 420 \dfrac{\text{N}}{\text{mm}^2}$; $S = 2{,}5$

Gleichung 9.10:

$$p_{e,zul} = \frac{2 \cdot s_{min} \cdot R_m}{d_m \cdot S} = \frac{2 \cdot 11{,}1\ \text{mm} \cdot 420\ \text{N/mm}^2}{1.244{,}9\ \text{mm} \cdot 2{,}5} = 3{,}0\ \frac{\text{N}}{\text{mm}^2} = 30\ \text{bar}$$

Zum Vergleich DIN EN 545: 2011-09 (Tabelle 4.8): Druckklasse 25 ($p_{e,zul}$ = 25 bar)

Beispiel 9.9: ***Duroplastisches Kunststoffrohr***

Eine gerade, unverzweigte Rohrleitung aus EP-GF (geschleudert) DN 200 und PN 16 nach DIN 16871 wird mit einem statischen inneren Überdruck von p_e = 16 bar bei Raumtemperatur beaufschlagt. Gesucht ist die Mindestzugfestigkeit K_Z in Umfangs- und Längsrichtung des Rohres bei einem Werkstoffabminderungsfaktor von A = 4, damit der nach AD-Merkblatt N1 geforderte Sicherheitsbeiwert gewährleistet ist (siehe *Abschnitt 7.6*).

aus Tabelle 4.14: d_a = 219,1 mm; s = 7 mm

aus *Abschnitt 7.6:* S = 2

- Beanspruchung in Umfangsrichtung (*Gleichung 7.80*): $s = \dfrac{d_a \cdot p_e}{2 \cdot \dfrac{K_Z}{A \cdot S}}$

$$\Rightarrow K_Z \geq \frac{d_a \cdot p_e \cdot A \cdot S}{2 \cdot s} = \frac{219{,}1\ \text{mm} \cdot 1{,}6\ \text{N/mm}^2 \cdot 4 \cdot 2}{2 \cdot 7\ \text{mm}} = 200\ \text{N/mm}^2$$

- Beanspruchung in Längsrichtung (*Gleichung 7.81*): $s = \dfrac{d_a \cdot p_e}{4 \cdot \dfrac{K_Z}{A \cdot S}}$

$$\Rightarrow K_Z \geq \frac{d_a \cdot p_e \cdot A \cdot S}{4 \cdot s} = \frac{219{,}1\ \text{mm} \cdot 1{,}6\ \text{N/mm}^2 \cdot 4 \cdot 2}{4 \cdot 7\ \text{mm}} = 100\ \text{N/mm}^2$$

Beispiel 9.10: ***Thermoplastisches Kunststoffrohr bei Raumtemperatur***

Ein Rohr aus Polypropylen (PP-H) nach DIN EN ISO 15494 mit Außendurchmesser d_a = 200 mm und Rohrserienzahl S 2,5 soll auf 50 Jahre Betriebsdauer mit Wasser bei Raumtemperatur ausgelegt werden. Gesucht ist der zulässige innere Überdruck mit MRS-Wert und Mindestsicherheitsbeiwert nach DIN EN ISO 12162.

aus Tabelle 9.5: MRS = 10 N/mm² (vergleiche auch *Bild 9.1*)

aus Tabelle 9.6: S = 1,6

aus *Abschnitt 9.1.3:* $\sigma_{zul} = \dfrac{MRS}{S} = \dfrac{10\ \text{N/mm}^2}{1{,}6} = 6{,}25 \dfrac{\text{N}}{\text{mm}^2}$

aus Tabelle 4.13: s = 33,2 mm

Gleichung 7.5: $s_V = \dfrac{p_e \cdot d_a}{2 \cdot K/S + p_e}$

$\Rightarrow$ mit $s_V = s$ und $\dfrac{K}{S} = \sigma_{zul}$

$$p_{e,zul} = \frac{2 \cdot \sigma_{zul} \cdot s}{d_a - s} = \frac{2 \cdot 6{,}25\,\mathrm{N/mm^2} \cdot 33{,}2\,\mathrm{mm}}{200\,\mathrm{mm} - 33{,}2\,\mathrm{mm}} = 2{,}49\,\frac{\mathrm{N}}{\mathrm{mm^2}} = 24{,}9\,\mathrm{bar}$$

Zur Erläuterung der Rohrserienzahl:

Gleichung 4.3: $S = \dfrac{1}{2} \cdot \left(\dfrac{d_a}{s} - 1 \right) = \dfrac{1}{2} \cdot \left(\dfrac{200}{33{,}2} - 1 \right) \approx 2{,}5$

Gleichung 4.5: $S \approx \dfrac{\sigma_{V,zul}}{p_{e,zul}} = \dfrac{6{,}25}{2{,}49} = 2{,}5$

Beispiel 9.11: ***Thermoplastisches Kunststoffrohr bei erhöhter Temperatur***

Das PP-Rohr aus *Beispiel 9.10* wird mit Wasser bei einem inneren Überdruck von p_e = 20 bar und einer Temperatur von ϑ = 50 °C betrieben. Gesucht ist die maximale Betriebsdauer, für die ein Sicherheitsbeiwert von S = 1,6 gegen die Zeitstandsfestigkeit gewährleistet ist.

Gleichung 7.5: $s_V = \dfrac{p_e \cdot d_a}{2 \cdot K/S + p_e}$

$\Rightarrow$ mit $s_V = s$ und $K = \sigma$:

$$\sigma = S \cdot \frac{p_e}{2} \cdot \left(\frac{d_a}{s} - 1 \right) = 1{,}6 \cdot \frac{2\,\mathrm{N/mm^2}}{2} \cdot \left(\frac{200\,\mathrm{mm}}{33{,}2\,\mathrm{mm}} - 1 \right) = 8\,\frac{\mathrm{N}}{\mathrm{mm^2}}$$

T = 273 K + 50 K = 323 K

Gleichung 9.15:

$$\lg t = -46{,}364 - \frac{9601{,}1 \cdot \lg \sigma}{T} + \frac{20381{,}5}{T} + 15{,}24 \cdot \lg \sigma$$

$$= -46{,}364 - \frac{9601{,}1 \cdot \lg 8}{323} + \frac{20381{,}5}{323} + 15{,}24 \cdot \lg 8 = 3{,}7$$

$\Rightarrow t = 10^{3,7}$ = 5012 h (vergleiche auch Bild 9.1)

Beispiel 9.12: ***Stahlrohrbogen***

In *Beispiel 9.1* wurde die Bestellwanddicke eines geraden Stahlrohres DN 150 nach DIN EN 10217-2 (d_a = 168,3 mm, υ_N = 1) aus P 235 für einen statischen inneren Überdruck von p_e = 100 bar bei Raumtemperatur zu s = 7,1 mm berechnet. Zum Vergleich sind folgende Größen gesucht:

a) der zulässige innere Überdruck nach DIN EN 13480-3 (genaue Rechnung) in einem Bogen (Typ A) DN 150 nach DIN EN 10253-2, Wanddickenreihe 4, Bauart 3D mit einem unteren Grenzabmaß der Wanddicke von c_1' = 12,5 %

b) die notwendigen Mindestwanddicken $s_{V,i}$ und $s_{V,a}$ eines Bogens DN 150 (r = 229 mm) mit vollem Ausnutzungsgrad für p_e = 100 bar nach DIN EN 13480-3 (Standardverfahren mit $r = R$ und genaue Rechnung)

a) aus Tabelle 4.15: $s_i = s_a$ = 7,1 mm und $r = R$ = 229 mm

$c_1 = s \cdot c_1' = 7{,}1\ \text{mm} \cdot 0{,}125 = 0{,}89\ \text{mm}$

Gleichung 9.6:

$s_i = s_{V,i} + c_1 + c_2 \Rightarrow s_{V,i} = s_i - c_1 - c_2 = 7{,}1 - 0{,}89 - 1 = 5{,}2\ \text{mm}$

$s_{V,a} = s_{V,i}$

aus Tabelle 9.7:

$$B = \frac{d_a}{2 \cdot s_V} - \frac{R}{s_V} + \sqrt{\left(\frac{d_a}{2 \cdot s_V} - \frac{R}{s_V}\right)^2 + 2 \cdot \frac{R}{s_V} - \frac{d_a}{2 \cdot s_V}}$$

$$= \frac{168{,}3}{2 \cdot 5{,}2} - \frac{229}{5{,}2} + \sqrt{\left(\frac{168{,}3}{2 \cdot 5{,}2} - \frac{229}{5{,}2}\right)^2 + 2 \cdot \frac{229}{5{,}2} - \frac{168{,}3}{2 \cdot 5{,}2}} = 1{,}26$$

Gleichung 9.27: $s_{V,i} = s_{V,a} = s_V \cdot B$

⇒ Fiktive Mindestwandstärke eines geraden Rohres, das denselben inneren Überdruck wie der Bogen aushält:

$$s_V = \frac{s_{V,i}}{B} = \frac{s_{V,a}}{B} = \frac{5{,}2\ \text{mm}}{1{,}26} = 4{,}1\ \text{mm}$$

aus *Beispiel 9.1:* σ_{zul} = 150 N/mm²

aus Tabelle 9.1 $\left(\frac{d_a}{d_i} \le 1{,}7\right)$: $s_V = \dfrac{d_a \cdot p_e}{2 \cdot \sigma_{zul} \cdot \upsilon_N + p_e}$

$$\Rightarrow \text{mit } \upsilon_N = 1\text{: } p_{e,zul} = \frac{2 \cdot \sigma_{zul} \cdot s_V}{d_a - s_V} = \frac{2 \cdot 150\ \text{N/mm}^2 \cdot 4{,}1\ \text{mm}}{168{,}3\ \text{mm} - 4{,}1\ \text{mm}}$$

$$= 7{,}49 \frac{\text{N}}{\text{mm}^2} = 74{,}9\ \text{bar}$$

b) Standardverfahren:

$$\frac{R}{d_a} = \frac{229\,\text{mm}}{168{,}3\,\text{mm}} = 1{,}36$$

aus Tabelle 9.7:

$$B_i = \frac{\frac{R}{d_a} - 0{,}25}{\frac{R}{d_a} - 0{,}5} = \frac{1{,}36 - 0{,}25}{1{,}36 - 0{,}5} = 1{,}29$$

$$B_a = \frac{\frac{R}{d_a} + 0{,}25}{\frac{R}{d_a} + 0{,}5} = \frac{1{,}36 + 0{,}25}{1{,}36 + 0{,}5} = 0{,}87$$

Mindestwanddicke des geraden Rohres ($c_1' = 8\ \%$, siehe Beispiel 9.1):
$s_V = s - c_1 - c_2 = s \cdot (1 - c_1') - c_2 = 7{,}1\ \text{mm} \cdot (1 - 0{,}08) - 1\ \text{mm} = 5{,}53\ \text{mm}$

Gleichung 9.25: $s_{V,i} = s_V \cdot B_i = 5{,}53\ \text{mm} \cdot 1{,}29 = 7{,}14\ \text{mm}$

Gleichung 9.26: $s_{V,a} = s_V \cdot B_a = 5{,}53\ \text{mm} \cdot 0{,}87 = 4{,}81\ \text{mm}$

Genaue Rechnung:

$$\frac{d_a}{2 \cdot s_V} = \frac{168{,}3}{2 \cdot 5{,}53} = 15{,}2; \quad \frac{r}{s_V} = \frac{229}{5{,}53} = 41{,}4$$

aus Tabelle 9.7:

$$B_i = \frac{d_a}{2 \cdot s_V} + \frac{r}{s_V} - \left(\frac{d_a}{2 \cdot s_V} + \frac{r}{s_V} - 1\right) \cdot \sqrt{\frac{\left(\frac{r}{s_V}\right)^2 - \left(\frac{d_a}{2 \cdot s_V}\right)^2}{\left(\frac{r}{s_V}\right)^2 - \frac{d_a}{2 \cdot s_V} \cdot \left(\frac{d_a}{2 \cdot s_V} - 1\right)}}$$

$$= 15{,}2 + 41{,}4 - (15{,}2 + 41{,}4 - 1) \cdot \sqrt{\frac{41{,}4^2 - 15{,}2^2}{41{,}4^2 - 15{,}2 \cdot (15{,}2 - 1)}}$$

$$= 15{,}2 + 41{,}4 - 55{,}6 \cdot 0{,}995 = 1{,}278$$

$$B_a = \frac{d_a}{2 \cdot s_V} - \frac{r}{s_V} - \left(\frac{d_a}{2 \cdot s_V} - \frac{r}{s_V} - 1 \right) \cdot \sqrt{\frac{\left(\frac{r}{s_V} \right)^2 - \left(\frac{d_a}{2 \cdot s_V} \right)^2}{\left(\frac{r}{s_V} \right)^2 - \frac{d_a}{2 \cdot s_V} \cdot \left(\frac{d_a}{2 \cdot s_V} - 1 \right)}}$$

$$= 15{,}2 - 41{,}4 - (15{,}2 - 41{,}4 - 1) \cdot 0{,}995 = 0{,}864$$

Gleichung 9.25: $s_{V,i} = s_V \cdot B_i = 5{,}53\ \text{mm} \cdot 1{,}278 = 7{,}07\ \text{mm}$

Gleichung 9.26: $s_{V,a} = s_V \cdot B_a = 5{,}53\ \text{mm} \cdot 0{,}864 = 4{,}78\ \text{mm}$

Beispiel 9.13: ***Gesamtbeanspruchung einer elastisch verlegten Rohrleitung***

Der skizzierte Rohrleitungsabschnitt besteht aus Stahlrohr DN 200 (219,1 x 4,5), P 235 GH (ρ_R = 7.900 kg/m³) mit einem Rohrbogen nach DIN EN 10253-2, Typ A, Wanddickenreihe 1, Bauart D3. Die Leitung wird bei 20 °C montiert und im Betrieb auf 200 °C aufgeheizt. Es ist mit ca. 14.000 Aufheizvorgängen zu rechnen. Der maximale innere Überdruck beträgt p_e = 26 bar. Der Biegeschenkel wird um 50 % vorgespannt, wodurch bei Aufheizen und Abkühlen wechselnde Biegebeanspruchung entsteht. Für die Rohrleitung ist eine Elastizitätsanalyse nach DIN EN 13480-3, Abschnitt 12 durchzuführen.

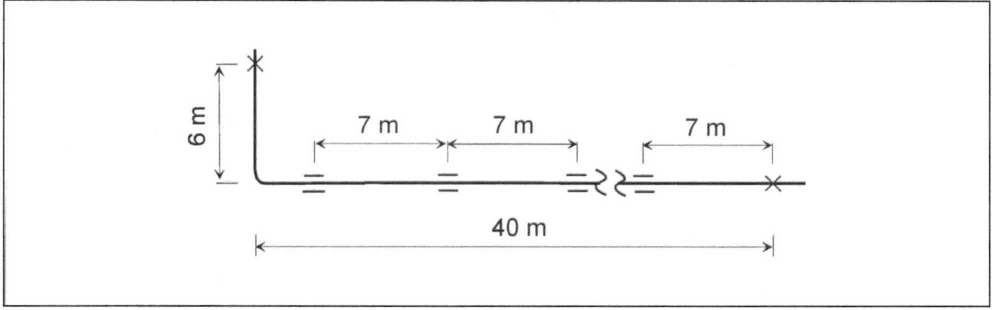

a) zwischen den Gleitlagern auf Gewichtskraft und auf inneren Überdruck (Gewicht von Füllung und Dämmung vernachlässigen)

b) im Biegeschenkel auf Biegung aus Wärmedehnung und auf inneren Überdruck.

aus Tabelle 9.3: $R_{m,20\,°C} = 360\ \text{N/mm}^2$; $R_{p0,2,20\,°C} = 235\ \text{N/mm}^2$; $R_{p0,2,200\,°C} = 170\ \text{N/mm}^2$

nach Tabelle 9.2:

$$\sigma_{zul,20\,°C} = \min\left\{ \frac{R_{p0,2/20\,°C}}{1{,}5}; \frac{R_m}{2{,}4} \right\} = \min\left\{ \frac{235 \frac{N}{mm^2}}{1{,}5}; \frac{360 \frac{N}{mm^2}}{2{,}4} \right\} = 150 \frac{N}{mm^2}$$

Gleichung 9.39:

$$\sigma_{zul,c} = \min\left\{\frac{R_m}{3};\ \sigma_{zul,20\,°C}\right\} = \min\left\{\frac{360\dfrac{N}{mm^2}}{3};\ 150\frac{N}{mm^2}\right\} = 120\frac{N}{mm^2}$$

nach Tabelle 9.2:

$$\sigma_{zul,200\,°C} = \min\left\{\frac{R_{p0,2/200\,°C}}{1{,}5};\ \frac{R_m}{2{,}4}\right\} = \min\left\{\frac{170}{1{,}5};\ \frac{360}{2{,}4}\right\} = 113\frac{N}{mm^2}$$

Gleichung 9.40:

$$\sigma_{zul,h} = \min\left\{\sigma_{zul,c};\ \sigma_{zul,\vartheta};\ \sigma_{zul,CR,\vartheta}\right\} = \min\left\{120\frac{N}{mm^2};113\frac{N}{mm^2}\right\} = 113\frac{N}{mm^2}$$

($R_{m/t/\vartheta}$ hier nicht relevant)

aus Tabelle 9.8 mit $7.000 < N \leq 14.000$: $U = 0{,}9$

aus Tabelle 3.2: $E_{20\,°C} = 2{,}12 \cdot 10^5$ N/mm²; $E_{200\,°C} = 1{,}99 \cdot 10^5$ N/mm²

Gleichung 9.41:

$$2 \cdot \sigma_{zul,a} = U \cdot \left(1{,}25 \cdot \sigma_{zul,c} + 0{,}25 \cdot \sigma_{zul,h}\right) \cdot \frac{E_\vartheta}{E_{20}}$$

$$= 0{,}9 \cdot \left(1{,}25 \cdot 120\frac{N}{mm^2} + 0{,}25 \cdot 113\frac{N}{mm^2}\right) \cdot \frac{1{,}99 \cdot 10^5\ N/mm^2}{2{,}12 \cdot 10^5\ N/mm^2} = 151\frac{N}{mm^2}$$

a) Zwischen Gleitlagern:

$d_i = d_a - 2 \cdot s = 219{,}1\ mm - 2 \cdot 4{,}5\ mm = 210{,}1\ mm$

$$A_R = \frac{\pi}{4}\left(d_a^2 - d_i^2\right) = \frac{\pi}{4} \cdot \left(0{,}2191^2 - 0{,}2101^2\right) = 0{,}003\ m^2$$

$$F' = \rho_R \cdot A_R \cdot g = 7.900\frac{kg}{m^3} \cdot 0{,}003\ m^2 \cdot 9{,}81\frac{m}{s^2} = 232\frac{N}{m}$$

$$W = \frac{\pi}{32}\left(\frac{d_a^4 - d_i^4}{d_a}\right) = \frac{\pi}{32} \cdot \left(\frac{0{,}2191^4 - 0{,}2101^4}{0{,}2191}\right) = 1{,}59 \cdot 10^{-4}\ m^3$$

aus Tabelle 8.1 unter konservativer Annahme eines Trägers auf zwei Stützen: $k_{S,1} = 1/8$

Gleichung 8.2: $\sigma_{b,max} = k_{S,1} \cdot \frac{F' \cdot i \cdot L^2}{W} + k_{S,2} \cdot \frac{F \cdot i \cdot L}{W}$

$$\text{mit } F = 0: \ \sigma_{b,max} = \frac{1}{8} \cdot \frac{232\,\text{N/m} \cdot (7\,\text{m})^2}{1{,}59 \cdot 10^{-4}\,\text{m}^3} = 8{,}9 \cdot 10^6\,\frac{\text{N}}{\text{m}^2} = 8{,}9\,\frac{\text{N}}{\text{mm}^2}$$

Gleichung 9.33: $\sigma_1 = \frac{p_e \cdot d_a}{4 \cdot s} + \frac{0{,}75 \cdot i \cdot M_A}{W} \leq \sigma_{zul,h}$

i = 1, da kein Formstück zwischen Auflagern; Abschnitt 9.3.1: 0,75 · i ≥ 1

$$\Rightarrow \sigma_1 = \frac{p_e \cdot d_a}{4 \cdot s} + \frac{M_A}{W} \leq \sigma_{zul,h}$$

mit $M_A/W = \sigma_{b,max}$ (s.o.):

$$\sigma_1 = \frac{2{,}6\,\text{N/mm}^2 \cdot 219{,}1\,\text{mm}}{4 \cdot 4{,}5\,\text{mm}} + 8{,}9\,\frac{\text{N}}{\text{mm}^2}$$

$$= 31{,}6\,\frac{\text{N}}{\text{mm}^2} + 8{,}9\,\frac{\text{N}}{\text{mm}^2} = 40{,}5\,\frac{\text{N}}{\text{mm}^2} < \sigma_{zul,h} = 113\,\frac{\text{N}}{\text{mm}^2}$$ ⇒ Bedingung erfüllt

b) Im Biegeschenkel

$M_A = 0$, weil keine Hauptprimärlasten vorhanden sind, die ein Moment erzeugen

$$\sigma_1 = \frac{p_e \cdot d_a}{4 \cdot s} = \frac{2{,}6\,\text{N/mm}^2 \cdot 219{,}1\,\text{mm}}{4 \cdot 4{,}5\,\text{mm}} = 31{,}6\,\frac{\text{N}}{\text{mm}^2} < \sigma_{zul,h} = 113\,\frac{\text{N}}{\text{mm}^2}$$

aus Tabelle 8.2: $\bar{\beta}_L = 12{,}8 \cdot 10^{-6}\,\text{K}^{-1}$

Gleichung 8.4:

$$\Delta L = L_s \cdot \bar{\beta}_L \cdot \Delta\vartheta = 40\,\text{m} \cdot 12{,}8 \cdot 10^{-6}\,\text{K}^{-1} \cdot \big(200\,°\text{C} - 20\,°\text{C})\big) = 0{,}092\,\text{m}$$

50 % Vorspannung ⇒ $\Delta L = \pm \frac{92\,\text{mm}}{2} = \pm 46\,\text{mm}$

aus Tabelle 4.15: $r = 305$ mm

aus Tabelle 8.3: $h = \dfrac{4 \cdot r \cdot s}{d_m^2} = \dfrac{4 \cdot 305\,\text{mm} \cdot 4{,}5\,\text{mm}}{(214{,}6\,\text{mm})^2} = 0{,}12$

$$k_B = \frac{1{,}65}{h} = \frac{1{,}65}{0{,}12} = 13{,}75;\ i = \frac{0{,}9}{h^{2/3}} = \frac{0{,}9}{0{,}12^{2/3}} = 3{,}7$$

$\dfrac{i}{k_B} = \dfrac{3{,}7}{13{,}75} = 0{,}27 < \dfrac{1}{2} \Rightarrow$ maximale Biegespannung am Festlager

Gleichung 8.11:

$$\sigma_{b,max} = \frac{3}{2} \cdot E \cdot \frac{\Delta L \cdot d_a}{L_A^2} = \frac{3}{2} \cdot 1{,}99 \cdot 10^5 \frac{\text{N}}{\text{mm}^2} \cdot \frac{\pm 0{,}046\,\text{m} \cdot 0{,}2191\,\text{m}}{(6\,\text{m})^2}$$

$$= \pm 83{,}5 \frac{\text{N}}{\text{m}^2} \Rightarrow 2 \cdot \sigma_a = 2 \cdot 83{,}5 = 167 \frac{\text{N}}{\text{m}^2}$$

Gleichung 9.35: $\sigma_3 = \dfrac{i \cdot M_C}{W} \leq 2 \cdot \sigma_{a,zul}$

$$\sigma_3 = \frac{M_C}{W} = 167 \frac{\text{N}}{\text{mm}^2} > 2 \cdot \sigma_{a,zul} = 151 \frac{\text{N}}{\text{mm}^2}$$ $\Rightarrow$ Bedingung nicht erfüllt

Gleichung 9.36: $\sigma_4 = \sigma_1 + \sigma_3 \leq \sigma_{zul,h} + 2 \cdot \sigma_{a,zul}$

$$= 31{,}6 \frac{\text{N}}{\text{mm}^2} + 167 \frac{\text{N}}{\text{mm}^2} = 198{,}6 \frac{\text{N}}{\text{mm}^2} \leq 113 \frac{\text{N}}{\text{mm}^2} + 151 \frac{\text{N}}{\text{mm}^2} = 264 \frac{\text{N}}{\text{mm}^2}$$

$\Rightarrow$ Bedingung erfüllt

Beispiel 9.14: ***Gesamtbeanspruchung einer eingeerdeten Rohrleitung***

Eine längsnahtgeschweißte Stahlrohrleitung DN 500 (508 x 4,5) ($\upsilon_N = 1$) wird in einem geböschten Rohrgraben verlegt. Die Verfüllung des Grabens besteht aus Kiessand (Dichte des Bodens $\rho_B = 2000$ kg/m³; Reibungswinkel $\rho = 33°$) und ist unverdichtet. Die Überdeckungshöhe beträgt $h = 1{,}1$ m. Eine eventuelle Verminderung des Erddrucks durch Erdreibung an den Grabenwänden soll vernachlässigt werden. Wegen entsprechender Korrosionsschutzmaßnahmen ist kein Korrosionszuschlag zu berücksichtigen. Der maximale innere Überdruck in der Rohrleitung beträgt $p_e = 29$ bar, die Verkehrslast $q_V = 60$ kN/m². Die Rohrleitung ist nach VdTÜV 1063 auf folgende Lastfälle nachzurechnen:

a) Innendruck

b) Erdlast und Verkehrslast

c) Erdlast, Verkehrslast und Innendruck

d) Rohrbeulen

Als ungünstigster Fall ist mit einer minimalen Wanddicke s_V = 4,15 mm zu rechnen. Als Festigkeitskennwert ist $K = R_{eH}$ = 355 N/mm² anzunehmen.

a) aus *Abschnitt 9.3.2:* $S = 1{,}6 \Rightarrow \sigma_{zul} = \frac{R_{eH}}{1{,}6} = \frac{355}{1{,}6} = 221 \frac{N}{mm^2}$

aus Tabelle 9.1 mit Geltungsbereich $\frac{d_a}{d_i} = \frac{508}{508 - 2 \cdot 4{,}5} = 1{,}02 < 1{,}7$:

$$s_V = \frac{d_a \cdot p_e}{2 \cdot \sigma_{zul} \cdot \upsilon_N + p_e} = \frac{508\,mm \cdot 2{,}9\,N/mm^2}{2 \cdot 221\,N/mm^2 + 2{,}9\,N/mm^2} = 3{,}3\,mm < s_{v,vorh} = 4{,}15\,mm$$

b) *Gleichung 9.55:*

$p_e = \rho_B \cdot g \cdot h$ = 2000 kg/m³ · 9,81 m/s² · 1,1 m = 21,6 kN/m²

Gleichung 9.54:

$q = p_e + p_V$ = 21,6 + 60 = 81,6 kN/m² = 0,082 N/mm²

aus *Abschnitt 9.3.2:* $\lambda = 0{,}5$

$$r_m = \frac{d_a + d_i}{4} = \frac{508 + 508 - 2 \cdot 4{,}15}{4} = 252\,mm$$

Gleichung 9.43:

$$\sigma_{max,d} = -\frac{r_m}{s} \cdot q - 3 \cdot \frac{1-\lambda}{2+\lambda} \cdot \left(\frac{r_m}{s}\right)^2 \cdot q$$

$$= -\frac{252\,mm}{4{,}15\,mm} \cdot 0{,}082 \frac{N}{mm^2} - 3 \cdot \frac{1-0{,}5}{2+0{,}5} \cdot \left(\frac{252\,mm}{4{,}15\,mm}\right)^2 \cdot 0{,}082 \frac{N}{mm^2} = -186 \frac{N}{mm^2}$$

Gleichung 9.44:

$$\sigma_{max,z} = -\frac{1+2 \cdot \lambda}{2+\lambda} \cdot \frac{r_m}{s} \cdot q + 3 \cdot \frac{1-\lambda}{2+\lambda} \cdot \left(\frac{r_m}{s}\right)^2 \cdot q$$

$$= -\frac{1+2\cdot 0{,}5}{2+0{,}5}\cdot\frac{252\,\text{mm}}{4{,}15\,\text{mm}}\cdot 0{,}082\frac{\text{N}}{\text{mm}^2}+3\cdot\frac{1-0{,}5}{2+0{,}5}\cdot\left(\frac{252\,\text{mm}}{4{,}15\,\text{mm}}\right)^2\cdot 0{,}082\frac{\text{N}}{\text{mm}^2}=175\frac{\text{N}}{\text{mm}^2}$$

Gleichung 9.45: $\left|\sigma_{max}\right| = 186\frac{\text{N}}{\text{mm}^2} < \frac{R_e}{1{,}1} = \frac{355}{1{,}1} = 323\frac{\text{N}}{\text{mm}^2}$

c) *Gleichung 9.58:* $\lambda_a = \tan^2\left(45° - \frac{\rho}{2}\right) = \tan^2\left(45° - \frac{33°}{2}\right) = 0{,}295$

Gleichung 9.57: $f_\lambda = \frac{1-\lambda_a}{1-\lambda}\cdot\frac{2+\lambda}{2+\lambda_a} = \frac{1-0{,}295}{1-0{,}5}\cdot\frac{2+0{,}5}{2+0{,}295} = 1{,}54$

Gleichung 9.53:

$$p_1 = p_i - \frac{3}{2}\cdot\frac{1+\lambda}{2+\lambda}\cdot q = 2{,}9\frac{\text{N}}{\text{mm}^2} - \frac{3}{2}\cdot\frac{1+0{,}5}{2+0{,}5}\cdot 0{,}082\frac{\text{N}}{\text{mm}^2} = 2{,}83\frac{\text{N}}{\text{mm}^2}$$

aus Tabelle 3.2: $E = 2{,}12 \cdot 10^5$ N/mm²

aus *Abschnitt 3.1.1:* $\nu = 0{,}3$

Gleichung 9.51:

$$p_k = \frac{E}{4\cdot\left(1-\nu^2\right)}\cdot\left(\frac{s}{r_m}\right)^3 = \frac{2{,}12\cdot 10^5\,\text{N}/\text{mm}^2}{4\cdot\left(1-0{,}3^2\right)}\cdot\left(\frac{4{,}15\,\text{mm}}{252\,\text{mm}}\right)^3 = 0{,}26\frac{\text{N}}{\text{mm}^2}$$

Gleichung 9.56: $\alpha = \frac{0{,}712}{f_\lambda}\cdot\frac{p_l}{p_k} = \frac{0{,}712}{1{,}54}\cdot\frac{2{,}83\,\text{N}/\text{mm}^2}{0{,}26\,\text{N}/\text{mm}^2} = 5$

$$r_i = \frac{d_i}{2} = \frac{508-2\cdot 4{,}15}{2} = 250\,\text{mm}$$

Gleichung 9.49:

$$\sigma_n = \frac{p_i\cdot r_i}{s} - \frac{1+2\cdot\lambda}{2+\lambda}\cdot\frac{r_m}{s}\cdot q$$

$$= \frac{2{,}9\,\text{N}/\text{mm}^2\cdot 250\,\text{mm}}{4{,}15\,\text{mm}} - \frac{1+2\cdot 0{,}5}{2+0{,}5}\cdot\frac{252\,\text{mm}}{4{,}15\,\text{mm}}\cdot 0{,}082\frac{\text{N}}{\text{mm}^2} = 171\frac{\text{N}}{\text{mm}^2}$$

Gleichung 9.50:

$$\sigma_b = \frac{3}{1+\alpha} \cdot \frac{1-\lambda}{2+\lambda} \cdot \left(\frac{r_m}{s}\right)^2 \cdot q = \frac{3}{1+5} \cdot \frac{1-0{,}5}{2+0{,}5} \cdot \left(\frac{252}{4{,}15}\right)^2 \cdot 0{,}082 \frac{N}{mm^2} = 30 \frac{N}{mm^2}$$

Gleichung 9.48:

$$\sigma_n \cdot 1{,}5 + \sigma_b \cdot 1{,}1 = 171\ N/mm^2 \cdot 1{,}5 + 30\ N/mm^2 \cdot 1{,}1 = 289{,}5\ N/mm^2 < 355\ N/mm^2 = R_e$$

d) Beulgefahr besteht nur, wenn kein innerer Überdruck in der Rohrleitung vorliegt. Der äußere Überdruck beträgt dann nach *Gleichung 9.53:*

$$p_1 = p_i - \frac{3}{2} \cdot \frac{1+\lambda}{2+\lambda} \cdot q = 0 - \frac{3}{2} \cdot \frac{1+0{,}5}{2+0{,}5} \cdot 0{,}082 \frac{N}{mm^2} = -0{,}074 \frac{N}{mm^2}$$

Gleichung 9.52: $S_k = \frac{p_k}{|p_l|} = \frac{0{,}26}{|-0{,}074|} = 3{,}5 > 2{,}5$

Berechnungsbeispiele zu Kapitel 10 „Strömungstechnische Auslegung von Rohrleitungen"

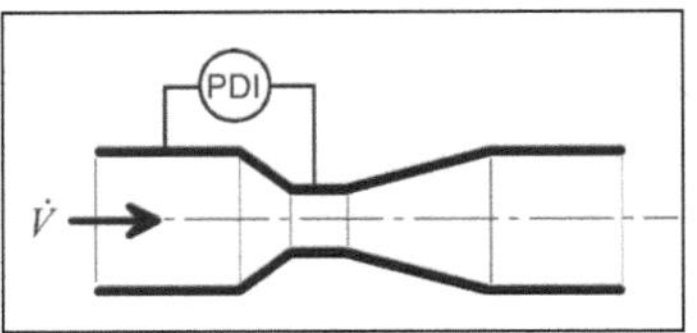

Beispiel 10.1: ***Reibungsfreie Strömung durch Venturirohr***

Das skizzierte Venturirohr weist im dickeren Querschnitt einen Innendurchmesser $d_{i,1}$ = 25 mm, im dünneren $d_{i,2}$ = 12,5 mm auf. Es wird mit einem Volumenstrom $\dot{V}$ von Wasser bei Raumtemperatur durchströmt. Die Differenzdruckmessung zeigt einen statischen Druckunterschied von Δp = 150 mbar an. Gesucht ist unter Annahme reibungsfreier Strömung (Vernachlässigung des Druckverlustes) der Volumenstrom $\dot{V}$.

Gleichung 10.9: $\Delta p = p_1 - p_2 = \frac{1}{2}\cdot\left(\rho_2\cdot\bar{w}_2^2 - \rho_1\cdot\bar{w}_1^2\right) + g\cdot\left(\rho_2\cdot z_2 - \rho_1\cdot z_1\right)$

Rohrleitung waagerecht $\Rightarrow\ z_1 = z_2 \Rightarrow \Delta p = p_1 - p_2 = \frac{1}{2}\cdot\left(\rho_2\cdot\bar{w}_2^2 - \rho_1\cdot\bar{w}_1^2\right)$

$$\rho_1 = \rho_2 = \rho;\quad \frac{A_{i,1}}{A_{i,2}} = \left(\frac{d_{i,1}}{d_{i,2}}\right)^2 = \left(\frac{25\,\text{mm}}{12{,}5\,\text{mm}}\right)^2 = 2^2 = 4$$

Gleichung 10.2: $\bar{w} = \frac{\dot{V}}{A_i}$

$$\Delta p = p_1 - p_2 = \frac{\rho}{2}\cdot\dot{V}^2\cdot\left(\frac{1}{A_{i,2}^2} - \frac{1}{A_{i,1}^2}\right) = \frac{\rho}{2}\cdot\dot{V}^2\cdot\frac{1}{A_{i,1}^2}\cdot\left[\left(\frac{A_{i,1}}{A_{i,2}}\right)^2 - 1\right]$$

$$\dot{V}^2 = \frac{2\cdot\Delta p}{\rho}\cdot\frac{A_{i,1}^2}{\left(\frac{A_{i,1}}{A_{1,2}}\right)^2 - 1}$$

$$\dot{V} = A_{i,1}\cdot\sqrt{\frac{2\cdot\Delta p}{\rho\cdot\left[\left(\frac{A_{i,1}}{A_{i,2}}\right)^2 - 1\right]}} = \frac{\pi}{4}\cdot(0{,}025\,\text{m})^2\cdot\sqrt{\frac{2\cdot 15000\,\text{Pa}}{1000\frac{\text{kg}}{\text{m}^3}\cdot\left[4^2 - 1\right]}} = 6{,}94\cdot 10^{-4}\,\frac{\text{m}^3}{\text{s}} = 2{,}5\,\frac{\text{m}^3}{\text{h}}$$

In Wirklichkeit ist die Strömung nicht reibungsfrei. Damit wird Δp größer bzw. dasselbe Δp bei einem kleineren Volumenstrom gemessen. Das hier gezeigte Verfahren ist ein Beispiel für die Volumenstrommessung nach dem Wirkdruckverfahren, das z.B. in DIN EN ISO 5167[1] beschrieben ist. Dort wird der Reibungseinfluss über Korrekturfaktoren berücksichtigt.

---

1 DIN EN ISO 5167, Teil 1...4, jeweils 2004-10

Beispiel 10.2: ***Druckverlust in einer Wasserrohrleitung***

In einer geraden und unverzweigten Rohrleitung mit einem Innendurchmesser von d_i = 200 mm und einer Länge von L = 1000 m fließt ein Wasservolumenstrom von $\dot{V}$ = 600 m³/h bei Raumtemperatur. Gesucht ist der Druckverlust

a) durch Rohrreibung für eine hydraulisch glatte Rohrwand

b) durch Rohrreibung für eine Rohrwandrauigkeit von k = 0,4 mm

c) wie in b), jedoch zusätzlich mit 5 Bögen (r/d_i = 1,5) und 2 Ventilen (k_V = 500 m³/h)

$\dot{V} = 600\ \text{m}^3/\text{h} = 0{,}17\text{m}^3/\text{s}$

$$A_i = \frac{\pi}{4} \cdot d_i^2 = \frac{\pi}{4} \cdot (0{,}2\ \text{m})^2 = 0{,}0314\ \text{m}^2$$

Gleichung 10.2: $\bar{w} = \frac{\dot{V}}{A_i} = \frac{0{,}17\ \text{m}^3/\text{s}}{0{,}0314\ \text{m}^2} = 5{,}4\ \frac{\text{m}}{\text{s}}$

aus Tabelle 10.1: $\nu = 10^{-6}\ \text{m}^2/\text{s}$

Gleichung 10.1: $\text{Re} = \frac{\bar{w} \cdot d_i}{\nu} = \frac{5{,}4\ \text{m/s} \cdot 0{,}2\ \text{m}}{10^{-6}\ \text{m}^2/\text{s}} = 1{,}08 \cdot 10^6$

a) mit Re = $1{,}1 \cdot 10^6$ aus Bild 10.8 hydraulisch glatt: $\lambda \approx 0{,}0115$ (zwischen 0,011 und 0,012) oder z.B. nach Hermann aus Tabelle 10.4:

$$\lambda = 0{,}0054 + \frac{0{,}3964}{\text{Re}^{0{,}3}} = 0{,}0054 + \frac{0{,}3964}{(1{,}1 \cdot 10^6)^{0{,}3}} = 0{,}0115$$

aus Tabelle 10.1: $\rho \approx 1000$ kg/m³

Gleichung 10.16:

$$\Delta p_\lambda = \lambda \cdot \frac{L}{d_i} \cdot \frac{\rho}{2} \cdot \bar{w}^2 = 0{,}0115 \cdot \frac{1000\ \text{m}}{0{,}2\ \text{m}} \cdot \frac{1000\ \text{kg/m}^3}{2} \cdot \left(5{,}4\ \frac{\text{m}}{\text{s}}\right)^2 = 8{,}4 \cdot 10^5\ \text{Pa} = 8{,}4\ \text{bar}$$

b) $\frac{d_i}{k} = \frac{200\ \text{mm}}{0{,}4\ \text{mm}} = 500$

⇒ mit Re = $1{,}08 \cdot 10^6$ aus Bild 10.8: $\lambda \approx 0{,}0235$ (zwischen *0,023* und *0,024*) oder z.B. nach Prandtl und v. Kármán aus Tabelle 10.4:

$$\lambda = \frac{1}{\left[2 \cdot \log\left(3{,}72 \cdot \frac{d_i}{k}\right)\right]^2} = \frac{1}{\left[2 \cdot \log(3{,}72 \cdot 500)\right]^2} = 0{,}0234$$

Gleichung 10.16:

$$\Delta p_\lambda = \lambda \cdot \frac{L}{d_i} \cdot \frac{\rho}{2} \cdot \bar{w}^2 = 0{,}0235 \cdot \frac{1000\,\text{m}}{0{,}2\,\text{m}} \cdot \frac{1000\,\text{kg/m}^3}{2} \cdot \left(5{,}4\frac{\text{m}}{\text{s}}\right)^2 = 1{,}71 \cdot 10^6\,\text{Pa} = 17{,}1\,\text{bar}$$

c) aus Tabelle 10.5: Bogen: $\zeta = 0{,}24$

Ventile *Gleichung 10.21:* $\zeta = \frac{1}{625{,}4} \cdot \left(\frac{d_i^2}{k_V}\right)^2 = \frac{1}{625{,}4} \cdot \left(\frac{200^2}{500}\right)^2 = 10{,}2$

$\zeta_{ges} = 5 \cdot 0{,}24 + 2 \cdot 10{,}2 = 21{,}6$

Gleichung 10.18:

$$\Delta p_\zeta = \zeta \cdot \frac{\rho}{2} \cdot \bar{w}^2 = 21{,}6 \cdot \frac{1000\,\text{kg/m}^3}{2} \cdot \left(5{,}4\frac{\text{m}}{\text{s}}\right)^2 = 3{,}15 \cdot 10^5\,\text{Pa} = 3{,}2\,\text{bar}$$

Gleichung 10.24: $\Delta p_{ges} = \Delta p_\lambda + \Sigma\, \Delta p_\zeta = 17{,}1 + 3{,}2 = 20{,}3$ bar

Beispiel 10.3: ***Dimensionierung einer Wasserleitung nach der Strömungsgeschwindigkeit***

Das in **Bild B 10.1** skizzierte Kühlwasser-Rohrleitungssystem soll aus längsnahtgeschweißtem Stahlrohr nach DIN EN 10217-1 mit Vorzugswanddicke Reihe D nach ISO 4200 (siehe **Tabelle B 10.1**) aufgebaut werden. Die Strömungsgeschwindigkeit soll überall etwa 3 m/s betragen. Gesucht sind die Rohrleitungsdimensionen in den verschiedenen Leitungsabschnitten, deren Grenzen mit den eingekreisten Nummern bezeichnet sind.

Die Volumenströme in den Leitungsabschnitten ergeben sich aus der Bilanzierung der zu- und abfließenden Ströme.

z.B. Dimensionierung von Leitungsabschnitt 2-3:

Volumenstrom-Bilanzierung: $\dot{V} = 2 \cdot 8$ l/s = 16 l/s = 0,016 m³/s

Tabelle B 10.1: Vorzungswanddicken Reihe D nach ISO 4200

DN	d_a [mm]	s [mm]
32	42,4	2,3
40	48,3	2,3
50	60,3	2,3
65	76,1	2,6
80	88,9	2,9
100	114,3	3,2
125	139,7	3,6

Gleichung 10.2: $\bar{w} = \frac{\dot{V}}{A_i} \Rightarrow A_i = \frac{\pi}{4} \cdot d_i^2 = \frac{\dot{V}}{\bar{w}} = \frac{0{,}016\,\text{m}^3/\text{s}}{3\,\text{m/s}} = 0{,}0053\,\text{m}^2$

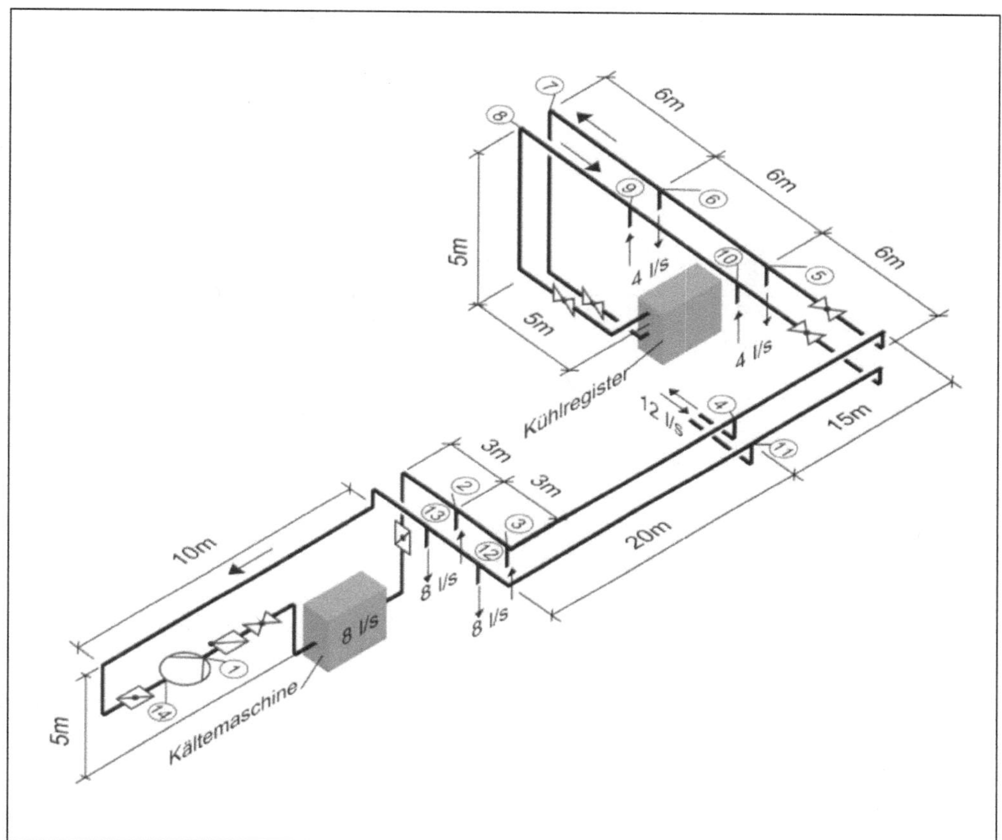

Bild B 10.1: Kühlwasser-Rohrleitungssystem

idealer Rohrdurchmesser (für $\bar{w}$ = 3 m/s):

$$d_i = \sqrt{\frac{4}{\pi} \cdot A_i} = \sqrt{\frac{4}{\pi} \cdot 0{,}0053\,\text{m}^2} = 0{,}082\,\text{m} = 82\,\text{mm}$$

aus Tabelle B 10.1: reale Rohrdimension DN 80 (88,9 x 2,9)

⇒ realer Rohr-Innendurchmesser d_i = 88,9 – 2 · 2,9 = 83,1 mm

⇒ reale Strömungsgeschwindigkeit: $\bar{w} = \frac{\dot{V}}{A_i} = \frac{0{,}016\,\text{m}^3/\text{s}}{\frac{\pi}{4} \cdot (0{,}0831\,\text{m})^2} = 2{,}95\,\frac{\text{m}}{\text{s}}$

Die Ergebnisse für die weiteren Rohrleitungsabschnitte enthält **Tabelle B 10.2**.

Tabelle B 10.2: Ergebnisse zu Beispiel 10.3

Abschnitt	$\dot{V}$	d_i (ideal)	DN (real)	d_i (real)	$\bar{w}$
	l/s	mm		mm	m/s
1-2	8,00	58	50	55,7	3,28
2-3	16,00	82	80	83,1	2,95
3-4	24,00	100	100	107,9	2,62
4-5	12,00	71	65	70,9	3,04
5-6	8,00	58	50	55,7	3,28
6-7	4,00	41	40	43,7	2,67
7-8	4,00	41	40	43,7	2,67
8-9	4,00	41	40	43,7	2,67
9-10	8,00	8	50	55,7	3,28
10-11	12,00	71	65	70,9	3,04
11-12	24,00	100	100	107,9	2,62
12-13	16,00	82	80	83,1	2,95
13-14	8,00	58	50	55,7	3,28

Beispiel 10.4: ***Dimensionierung einer Wasserleitung nach dem Druckgefälle***

Die Rohrleitung aus *Beispiel 10.3* soll für eine Rohrwandrauhigkeit von k = 0,02 mm mit Hilfe von Bild 10.13 überschlägig auf ein Druckgefälle von $R \approx$ 1000 Pa/m bei 20 °C dimensioniert und das Ergebnis beispielhaft nachgerechnet werden.

Mit den Volumenströmen aus *Beispiel 10.3* ergeben sich aus Bild 10.13 überschlägig die Rohr-Innendurchmesser der **Tabelle B 10.3** (vergleiche auch ideale Durchmesser aus *Beispiel 10.3*).

Tabelle B 10.3: Ergebnisse zu Beispiel 10.4

$\dot{V}$	d_i
l/s	mm
4,00	50
8,00	60
12,00	70
16,00	80
24,00	100

Beispielhaft Nachrechnung für $\dot{V}$ = 24 l/s und d_i = 100 mm:

$$A_i = \frac{\pi}{4} \cdot d_i^2 = \frac{\pi}{4} \cdot \left(0{,}1\,\text{m}\right)^2 = 0{,}0079\,\text{m}^2$$

Gleichung 10.2: $$\bar{w} = \frac{\dot{V}}{A_i} = \frac{0{,}024\,\text{m}^3/\text{s}}{0{,}0079\,\text{m}^2} = 3\,\frac{\text{m}}{\text{s}}$$

aus Tabelle 10.1: $\nu \approx 10^{-6}$ m²/s

Gleichung 10.1: $$\text{Re} = \frac{\bar{w} \cdot d_i}{\nu} = \frac{3\,\text{m/s} \cdot 0{,}1\,\text{m}}{10^{-6}\,\text{m}^2/\text{s}} = 3 \cdot 10^5$$

$$\frac{d_i}{k} = \frac{100}{0{,}02} = 5000 \Rightarrow \text{mit Re} = 3 \cdot 10^5 \text{ aus Bild 10.8: } \lambda \approx 0{,}016$$

aus Tabelle 10.1: $\rho \approx$ 1000 kg/m³

aus *Gleichung 10.16:*

$$\frac{\Delta p_\lambda}{L} = \frac{\lambda}{d_i} \cdot \frac{\rho}{2} \cdot \overline{w}^2 = \frac{0{,}016}{0{,}1\,\text{m}} \cdot \frac{1000\,\text{kg}/\text{m}^3}{2} \cdot \left(3\frac{\text{m}}{\text{s}}\right)^2 = 720\frac{\text{Pa}}{\text{m}}$$

Beispiel 10.5: ***Druckverlust in einer Kühlwasserleitung***

Gesucht ist der Druckverlust in dem Rohrleitungssystem aus *Beispiel 10.3* mit den dort berechneten Rohrdurchmessern

a) allein durch Rohrreibung (ohne Einzelwiderstände)

b) durch Einzelwiderstände (für Bögen r/d_i = 1,5; Armatur in Abschnitt 1-2 ist ein Durchgangsventil, alle anderen Armaturen sind Kugelhähne bzw. Klappen; für Kältemaschinen und Kühlregister (Apparate): ζ = 0,2)

c) gesamt

a) Die Berechnung erfolgt analog zu *Beispiel 10.2* bzw. der Rechnung in *Beispiel 10.4*. Die Ergebnisse sind in **Tabelle B 10.4** zusammengestellt. Für die Dichte des Wassers wurde überall ρ = 1000 kg/m³, für die kinematische Viskosität überall $\nu = 1{,}5 \cdot 10^{-6}$ m²/s eingesetzt. Der Gesamtdruckverlust durch Rohrreibung beträgt 2,8 bar.

b) Gesucht ist der Druckverlust allein durch Einzelwiderstände (Formstücke und Armaturen) in dem Rohrleitungssystem aus *Beispiel 10.3* mit den dort berechneten Rohrdurchmessern. Ein notwendiges Volumenstrom-Regelventil vor dem Kühlregister ist im Schema nicht eingezeichnet und hier nicht berücksichtigt.

Tabelle B 10.4: Ergebnisse zu Beispiel 10.5 a

Abschnitt	L	d_i	$\overline{w}$	p_{dyn}	Re	d_i/k	λ	Δp_λ	R (informativ)
	m	mm	m/s	Pa				Pa	Pa/m
1-2	20	55,7	3,28	5.390	121.918	557	0,022	42.577	2.129
2-3	3	83,1	2,95	4.352	163.437	831	0,021	3.299	1.100
3-4	20	107,9	2,63	3.445	188.808	1.079	0,021	13.409	670
4-5	25	70,9	3,04	4.619	143.670	709	0,021	34.206	1.368
5-6	6	55,7	3,28	5.390	121.918	557	0,022	12.773	2.129
6-7	6	43,7	2,67	3.556	77.698	437	0,026	12.696	2.116
7-8	20	43,7	2,67	3.556	77.698	437	0,026	42.319	2.116
8-9	6	43,7	2,67	3.556	77.698	437	0,026	12.696	2.116
9-10	6	55,7	3,28	5.390	121.918	557	0,022	12.773	2.129
10-11	25	70,9	3,04	4.619	143.670	709	0,021	34.206	1.368
11-12	20	107,9	2,63	3.445	188.808	1.079	0,021	13.409	670
12-13	3	83,1	2,95	4.352	163.437	831	0,021	3.299	1.100
13-14	20	55,7	3,28	5.390	121.918	557	0,022	42.577	2.129
							Summe	280.239	

Anhaltswerte für die Widerstandszahlen (ζ-Werte) der Formstücke und Armaturen aus den Tabellen 10.5 bis 10.8 sind in den **Tabellen B 10.5** bis **B 10.7** zusammengestellt.

Berechnung des Druckverlustes durch Einzelwiderstände beispielhaft für Abschnitt 1-2:

aus Tabelle B 10.2 in *Beispiel 10.3:* $\bar{w}$ = 3,28 m/s

mit den Widerstandszahlen aus den Tabellen unten:

$\Sigma\,\zeta = 12{,}46 + 0{,}35 + 0{,}12 = 12{,}93$

aus *Gleichung 10.18* mit: $\zeta = \Sigma\,\zeta = 12{,}93$:

$$\Delta p_\zeta = \zeta \cdot \frac{\rho}{2} \cdot \bar{w}^2 = 12{,}93 \cdot \frac{1000\,\text{kg/m}^3}{2} \cdot \left(3{,}28\,\text{m/s}\right)^2 = 69.553\,\text{Pa} \approx 0{,}7\,\text{bar}$$

Die Ergebnisse für die anderen Abschnitte sind in der **Tabelle B 10.8** zusammengestellt.

c) *Gleichung 10.24:* $\Delta p_{ges} = \Delta p_\lambda + \Sigma\,\Delta p_\zeta$

z.B. Abschnitt 1-2: = 42.577 Pa + 69.553 Pa

= 112.130 Pa = 1,12 bar

Die Ergebnisse für alle Abschnitte sind in **Tabelle B 10.9** zusammengefasst.

Der Gesamtdruckverlust in dem Rohrleitungssystem beträgt 3,92 bar.

Beispiel 10.6 ***Äquivalente Rohrlänge***

Gesucht ist die äquivalente Rohrlänge für das Durchgangsventil im Abschnitt 1-2 der Kühlwasserleitung mit d_i = 50 mm und k = 0,02 mm aus *Beispiel 10.3*. Die kinematische Viskosität des Kühlwassers kann mit $\nu = 1{,}5 \cdot 10^{-6}$ m²/s angenommen werden.

Tabelle B 10.5: Widerstandszahlen ζ für Armaturen, Bögen und Apparate in Beispiel 10.5 b

Abschnitt	d_i	**Armaturen** (Tabelle 10.6)			**Bögen** (Tabelle 10.5) r/d_i = 1,5			**Apparate**	**gesamt**
	mm	Anzahl und Art	ζ	$\Sigma\zeta$	Anz.	ζ	$\Sigma\zeta$	$\Sigma\zeta$	$\Sigma\zeta$
1-2	55,7	1 RS-Klappe 1 Ventil 1 Klappe	1,3 8,3 1,3	10,9	4	0,34	1,36	0,2	12,46
2-3	83,1								
3-4	107,9				1	0,29	0,29		0,29
4-5	70,9	1 Hahn	0,07	0,07	2	0,34	0,68		0,75
5-6	55,7								
6-7	43,7								
7-8	43,7	2 Hähne	0,07	0,14	6	0,4	2,4	0,2	2,74
8-9	43,7								
9-10	55,7								
10-11	70,9	1 Hahn	0,07	0,07	2	0,34	0,68		0,75
11-12	107,9				1	0,29	0,29		0,29
12-13	83,1								
13-14	55,7	1 Klappe	1,3	1,3	4	0,34	1,36		2,66

Tabelle B 10.6: Widerstandszahlen ζ für Verzweigungen und Vereinigungen in Beispiel 10.5 b

Abschnitt	d_i	Verzweigungen (Tabelle 10.7)				Vereinigungen (Tab. 10.7)				ζ gesamt
		$\dot{V}$	$\dot{V}_a$	$\frac{\dot{V}_a}{\dot{V}}$	ζ	$\dot{V}$	$\dot{V}_a$	$\frac{\dot{V}_a}{\dot{V}}$	ζ	
	mm	l/s	l/s			l/s	l/s			
1-2	55,7					16	8	0,5	0,35	0,35
2-4	83,1					24	8	0,33	0,3	0,3
3-4	107,9	24	12	0,50	0,05					0,05
4-5	70,9	12	4	0,33	0					
5-6	55,7	8	4	0,50	0,05					0,05
6-7	43,7									
7-8	43,7									
8-9	43,7					8	4	0,5	0,35	0,35
9-10	55,7					12	4	0,33	0,3	0,3
10-11	70,9					24	12	0,5	0,35	0,35
11-12	107,9	24	8	0,33	0					
12-13	83,1	16	8	0,50	0,05					0,05
13-14	55,7									

Tabelle B 10.7: Widerstandszahlen ζ für für Reduktionen und Erweiterungen in Beispiel 10.5 b

Reduktionen und Erweiterungen (Tabelle 10.8) Annahme: φ ≈ 20°							
Abschnitt	d_i	d_{ein}	d_{aus}	d_1/d_2	ζ		
	mm	mm	mm		Red.	Erw.	gesamt
1-2	55,7	55,7	83,1	1,5		0,12	0,12
2-4	83,1	83,1	107,9	1,3		0,12	0,12
3-4	107,9						
4-5	70,9	107,9	70,9	1,5	0,04		0,04
5-6	55,7	70,9	55,7	1,3	0,04		0,04
6-7	43,7	55,7	43,7	1,3	0,04		0,04
7-8	43,7						
8-9	43,7	43,7	55,7	1,3		0,12	0,12
9-10	55,7	55,7	70,9	1,3		0,12	0,12
10-11	70,9	70,9	107,9	1,3		0,12	0,12
11-12	107,9						
12-13	83,1	107,9	83,1	1,3	0,04		0,04
13-14	55,7	83,1	55,7	1,5	0,04		0,04

Tabelle B 10.8: Ergebnisse zu Beispiel 10.5 b

Druckverluste durch Einzelwiderstände				
Abschnitt	d_i	$\overline{w}$	$\Sigma\zeta$	Δp_ζ
	mm	m/s		Pa
1-2	55,7	3,28	12,93	69.553
2-4	83,1	2,95	0,42	1.828
3-4	107,9	2,62	0,34	1.167
4-5	70,9	3,04	0,79	3.650
5-6	55,7	3,28	0,09	484
6-7	43,7	2,67	0,04	143
7-8	43,7	2,67	2,74	9.767
8-9	43,7	2,67	0,47	1.675
9-10	55,7	3,28	0,42	2.259
10-11	70,9	3,04	1,22	5.637
11-12	107,9	2,62	0,29	995
12-13	83,1	2,95	0,09	392
13-14	55,7	3,28	2,70	14.524
		Summe	22,54	112.074

Tabelle B 10.9: Ergebnisse zu Beispiel 10.5 c

Abschnitt	d_i	$\overline{w}$	Δp_λ	Δp_ζ	Δp_{ges}
	mm	m/s	Pa	Pa	Pa
1-2	55,7	3,28	42.577	69.553	112.130
2-4	83,1	2,95	3.399	1.828	5.127
3-4	107,9	2,62	13.409	1.167	14.576
4-5	70,9	3,04	34.206	3.650	37.856
5-6	55,7	3,28	12.773	484	13.257
6-7	43,7	2,67	12.696	143	12.839
7-8	43,7	2,67	42.319	9.767	52.086
8-9	43,7	2,67	12.696	1.675	14.371
9-10	55,7	3,28	12.773	2.259	15.032
10-11	70,9	3,04	34.206	5.637	39.843
11-12	107,9	2,62	13.409	995	14.404
12-13	83,1	2,95	3.299	392	3.691
13-14	55,7	3,28	42.577	14.524	57.101
		Summe	280.239	112.074	392.313

- aus Tabelle 10.9 für d_i = 50 mm: $L_{äq}$ = 26,1 m:
- berechnet aus Widerstandsbeiwert für $\dot{V}$ = 8 l/s:

  aus Tabelle 10.6: ζ = 8,3

Gleichung 10.2: $\bar{w} = \frac{\dot{V}}{A_i} = \frac{8 \cdot 10^{-3}\,\text{m}^3/\text{s}}{\frac{\pi}{4} \cdot (0{,}05)^2} = 4{,}1\frac{\text{m}}{\text{s}}$

Gleichung 10.1: $\text{Re} = \frac{\bar{w} \cdot d_i}{\nu} = \frac{4{,}1\,\text{m/s} \cdot 0{,}05\,\text{m}}{1{,}5 \cdot 10^{-6}\,\text{m}^2/\text{s}} = 1{,}36 \cdot 10^5$

$\frac{d_i}{k} = \frac{50\,\text{mm}}{0{,}02\,\text{mm}} = 2.500 \Rightarrow$ aus Bild 10.8: $\lambda \approx 0{,}019$

Gleichung 10.23: $L_{äq} = \frac{\zeta \cdot d_i}{\lambda} = \frac{8{,}3 \cdot 0{,}05\,\text{m}}{0{,}019} = 21{,}8\,\text{m}$

Der Unterschied zwischen dem Wert aus Tabelle 10.9 und der Berechnung aus dem Widerstandsbeiwert aus Tabelle 10.6 rührt daher, dass die äquivalenten Längen in Tabelle 10.9 für voll turbulente Strömung gelten, während hier tatsächlich eine Strömung im Übergangsbereich vorliegt. Es ist ersichtlich, dass die Werte in Tabelle 10.9 konservativ sind, d. h. auf der sicheren Seite liegen.

Beispiel 10.7: ***Druckverlust in einer Druckluftleitung (isotherme Strömung)***

Die Hauptleitung eines Druckluftversorgungssystems besteht aus PP-Rohr 110 x 10 mm. Sie ist 100 m lang und gerade. Am Anfang, in der Mitte und am Ende der Leitung ist je ein Ventil (ζ = 2) eingebaut. In die Leitung wird ein Normvolumenstrom von $\dot{V}_N$ = 5.000 m³/h (p_N = 1.013 mbar;

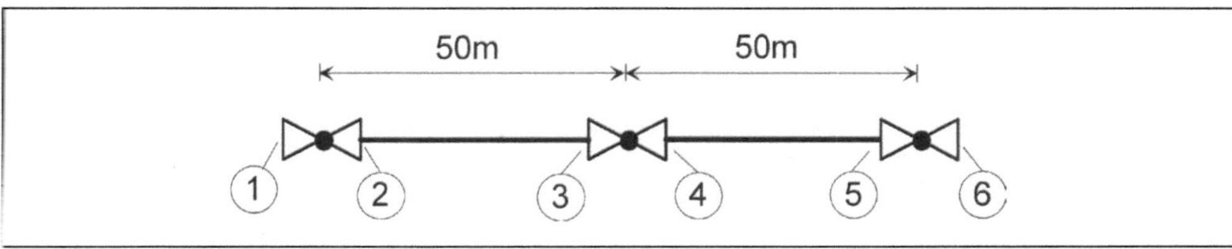

ϑ_N = 0 °C) mit einem Absolutdruck von p = 8 bar und einer Temperatur von ϑ = 20 °C eingespeist. Es soll von isothermer Strömung ausgegangen werden. Gesucht ist der Druckverlust über die gesamte Länge der Hauptleitung

a) bei Berechnung in einem Stück einschließlich aller drei Ventile
b) bei Berechnung in zwei Abschnitten jeweils zwischen zwei Ventilen und Berechnung des Druckverlustes der Ventile bei der jeweiligen Strömungsgeschwindigkeit

a) Ideale *Gasgleichung 10.26:* $p \cdot \dot{V} = \dot{m} \cdot R \cdot T$

   $\Rightarrow$ Verhältnis zweier Druckluftvolumenströme bei gleichem Massenstrom, aber unterschiedlichen Temperaturen und Drücken, z.B.:

$$\frac{\dot{V}_1}{\dot{V}_N} = \frac{p_N \cdot T_1}{p_1 \cdot T_N}$$

⇒ Betriebsvolumenstrom am Leitungsanfang:

$$\dot{V}_1 = \dot{V}_N \cdot \frac{p_N \cdot T_1}{p_1 \cdot T_N} = 5.000 \frac{m^3}{h} \cdot \frac{1{,}013\,bar \cdot 293\,K}{8\,bar \cdot 273\,K} = 680 \frac{m^3}{h} = 0{,}189 \frac{m^3}{s}$$

$$d_i = 110 - 2 \cdot 10 = 90\,mm$$

Gleichung 10.2: $\bar{w}_1 = \frac{\dot{V}_1}{A_i} = \frac{0{,}189\,m^3/s}{\frac{\pi}{4} \cdot (0{,}09\,m)^2} = 29{,}7 \frac{m}{s}$

aus Tabelle 10.1: $\rho_N = 1{,}293\ kg/m^3$

aus idealer *Gasgleichung 10.26:* $\rho = \frac{m}{V} = \frac{p}{R \cdot T}$

$$\Rightarrow \rho_1 = \rho_N \cdot \frac{p_1 \cdot T_N}{p_N \cdot T_1} = 1{,}293 \frac{kg}{m^3} \cdot \frac{8\,bar \cdot 273\,K}{1{,}013\,bar \cdot 293\,K} = 9{,}5 \frac{kg}{m^3}$$

aus Tabelle 10.1: $\eta_{20\,°C} = 18 \cdot 10^{-6}\ Pa \cdot s$

aus Legende zu *Gleichung 10.1:* $\nu_1 = \frac{\eta}{\rho_1} = \frac{18 \cdot 10^{-6}\,Pa \cdot s}{9{,}5\,kg/m^3} = 1{,}89 \cdot 10^{-6} \frac{m^2}{s}$

Gleichung 10.1: $Re_1 = \frac{\bar{w}_1 \cdot d_i}{\nu_1} = \frac{29{,}7\,m/s \cdot 0{,}09\,m}{1{,}89 \cdot 10^{-6}\,m^2/s} = 1{,}4 \cdot 10^6$

aus Tabelle 10.3: $k \leq 0{,}007$ mm ⇒ nach *Abschnitt 10.3.1.1:* hydraulisch glatt

z.B. nach Hermann (Tabelle 10.4):

$$\lambda = 0{,}0054 + \frac{0{,}3964}{Re^{0,3}} = 0{,}0054 + \frac{0{,}3964}{(1{,}4 \cdot 10^6)^{0,3}} = 0{,}011$$

Gleichung 10.24:

$$\Delta p_i = \left(\lambda \cdot \frac{L}{d_i} + \sum \zeta \right) \cdot \frac{\rho}{2} \cdot \bar{w}^2$$

$$= \left(0{,}011 \cdot \frac{100\,m}{0{,}09\,m} + 3 \cdot 2 \right) \cdot \frac{9{,}5\,kg/m^3}{2} \cdot \left(29{,}7 \frac{m}{s} \right)^2 = 76.350\,Pa$$

Gleichung 10.34 mit $\bar{T}/T_1 = 1$:

$$\Delta p_k = p_1 \cdot \left(1 - \sqrt{1 - \frac{2}{p_1} \cdot \Delta p_i \cdot \frac{\bar{T}}{T_1}}\right)$$

$$= 8 \cdot 10^5\ \text{Pa} \cdot \left(1 - \sqrt{1 - \frac{2}{8 \cdot 10^5\ \text{Pa}} \cdot 76.350\ \text{Pa}}\right) = 80.389\ \text{Pa}$$

Der Druck am Leitungsende beträgt:

$p_{aus} = p_I - \Delta p_k = 800.000\ \text{Pa} - 80.389\ \text{Pa} = 719.611\ \text{Pa}$

b) aus a): $\dot{V}_1 = 0{,}189 \frac{m^3}{s}$; $\bar{w}_1 = 29{,}7 \frac{m}{s}$; $\rho_1 = 9{,}5 \frac{kg}{m^3}$

Druckverlust im ersten Ventil:

Gleichung 10.18:

$$\Delta p_{i1/2} = \Delta p_{\zeta 1/2} = \zeta_{1/2} \cdot \frac{\rho}{2} \cdot \bar{w}^2 = 2 \cdot \frac{9{,}5\ \text{kg/m}^3}{2} \cdot \left(29{,}7 \frac{m}{s}\right)^2 = 8.380\ \text{Pa}$$

Gleichung 10.34 mit $\bar{T}/T_1 = 1$:

$$\Delta p_{k1/2} = p_1 \cdot \left(1 - \sqrt{1 - \frac{2}{p_1} \cdot \Delta p_{i1/2} \cdot \frac{\bar{T}}{T_1}}\right)$$

$$= 8 \cdot 10^5\ \text{Pa} \cdot \left(1 - \sqrt{1 - \frac{2}{8 \cdot 10^5\ \text{Pa}} \cdot 8.380\ \text{Pa}}\right) = 8.424\ \text{Pa}$$

$p_2 = p_1 - \Delta p_{k1/2} = 8 \cdot 10^5\ \text{Pa} - 8.424\ \text{Pa} = 791.576\ \text{Pa}$

aus *Gleichung 10.26* (s.o.):

$$\dot{V}_2 = \dot{V}_N \cdot \frac{p_N \cdot T_2}{p_2 \cdot T_N} = 5.000 \frac{m^3}{h} \cdot \frac{101.300\ \text{Pa} \cdot 293\ \text{K}}{791.576\ \text{Pa} \cdot 273\ \text{K}} = 687 \frac{m^3}{h} = 0{,}191 \frac{m^3}{s}$$

Gleichung 10.2: $\bar{w}_2 = \frac{\dot{V}_2}{A_i} = \frac{0{,}191\ \text{m}^3/\text{s}}{\frac{\pi}{4} \cdot \left(0{,}09\right)^2} = 30 \frac{m}{s}$

aus idealer *Gasgleichung 10.26:*

$$\rho_2 = \rho_N \cdot \frac{p_2 \cdot T_N}{p_N \cdot T_2} = 1{,}293 \frac{kg}{m^3} \cdot \frac{791.576\ \text{Pa} \cdot 273\ \text{K}}{101.300\ \text{Pa} \cdot 293\ \text{K}} = 9{,}4 \frac{kg}{m^3}$$

aus Tabelle 10.1: $\eta_{20\,°C} = 18 \cdot 10^{-6}$ Pa · s

$$\nu_2 = \frac{\eta}{\rho_2} = \frac{18 \cdot 10^{-6}\,\text{Pa} \cdot \text{s}}{9{,}4\,\text{kg/m}^3} = 1{,}91 \cdot 10^{-6}\,\frac{\text{m}^2}{\text{s}}$$

Gleichung 10.1: $\text{Re}_2 = \frac{\bar{w}_2 \cdot d_i}{\nu_2} = \frac{30\,\text{m/s} \cdot 0{,}09\,\text{m}}{1{,}91 \cdot 10^{-6}\,\text{m}^2/\text{s}} = 1{,}41 \cdot 10^6$

z.B. nach Hermann (Tabelle 10.4):

$$\lambda_2 = 0{,}0054 + \frac{0{,}3964}{\text{Re}^{0{,}3}} = 0{,}0054 + \frac{0{,}3964}{\left(1{,}41 \cdot 10^6\right)^{0{,}3}} = 0{,}011$$

Gleichung 10.16 (bzw. *Gleichung 10.24* ohne Einzelwiderstände):

$$\Delta p_{i2/3} = \Delta p_{\lambda 2/3} = \lambda_2 \cdot \frac{L_{2/3}}{d_i} \cdot \frac{\rho_2}{2} \cdot \bar{w}_2^2$$

$$= 0{,}011 \cdot \frac{50\,\text{m}}{0{,}09\,\text{m}} \cdot \frac{9{,}4\,\text{kg/m}^3}{2} \cdot \left(30\,\frac{\text{m}}{\text{s}}\right)^2 = 25.850\,\text{Pa}$$

Gleichung 10.34 mit: $\bar{T}/T_1 = 1$:

$$\Delta p_{k2/3} = p_1 \cdot \left(1 - \sqrt{1 - \frac{2}{p_1} \cdot \Delta p_i \cdot \frac{\bar{T}}{T_1}}\right)$$

$$= 791.576\,\text{Pa} \cdot \left(1 - \sqrt{1 - \frac{2}{791.576\,\text{Pa}} \cdot 25.850\,\text{Pa}}\right) = 26.286\,\text{Pa}$$

$$p_3 = p_2 - \Delta p_{k2/3} = 791.576\,\text{Pa} - 26.286\,\text{Pa} = 765.290\,\text{Pa}$$

Die Berechnung der weiteren Druckverluste bis zum Punkt 6 erfolgt entsprechend. Die Ergebnisse sind in **Tabelle B 10.10** zusammengefasst. Die Werte dort wurden mit einem Tabellenkalkulationsprogramm berechnet. Die Abweichungen zu den oben berechneten Werten resultieren aus unterschiedlicher Rundung.

Der Druck am Leitungsende beträgt p_{aus} = 719.317 Pa. Vergleiche damit das Ergebnis von Teilaufgabe a) (p_{aus} = 719.611 Pa)

Beispiel 10.8: ***Druckverlust in einer Dampfrohrleitung (adiabate Strömung)***

In eine Rohrleitung mit L = 300 m, d_i = 500 mm und k = 0,02 mm strömt ein Massenstrom von $\dot{m}$ = 175 t/h überhitzter Dampf mit ϑ_1 = 240 °C und p_1 = 20 bar ein (Dichte ρ_1 = 9,2 kg/m³, kinematische Viskosität $\nu_1 = 1{,}85 \cdot 10^{-6}$ m²/s). Der Isentropenexponent beträgt κ = 1,29. Die Rohrleitung ist gut wärmegedämmt, es kann von adiabater Strömung ausgegangen werden. Gesucht ist der Druckverlust unter der Annahme annähernd idealen Gasverhaltens.

Tabelle B 10.10: Ergebnisse zu Beispiel 10.7

Größe	Einheit	Abschnitt				
		1-2	2-3	3-4	4-5	5-6
L	m	0	50	0	50	0
p_{ein}	Pa	800.000	791.580	765.120	756.212	728.573
$\dot{V}_{ein}$	m³/s	0,189	0,191	0,197	0,200	0,207
$\bar{w}_{ein}$	m/s	29,7	30,0	31,0	31,4	32,6
ρ_{ein}	kg/m³	9,5	9,4	9,1	9,0	8,7
ν_{ein}	m²/s	1,9E-06	1,9E-06	2,0E-06	2,0E-06	2,1E-06
Re_{ein}		1,4E+06	1,4E+06	1,4E+0,6	1,4E+06	1,4E+06
λ_{ein}		0,011	0,011	0,011	0,011	0,011
ς bzw. $\lambda \cdot \frac{L}{d_i}$		2,0	6,1	2,0	6,1	2,0
Δp_i	Pa	8.375	26.018	8.757	27.231	9.197
Δp_k	Pa	8.420	26.460	8.808	27.740	9.255
p_{aus}	Pa	791.580	765120	756.312	728.573	719.317

Gleichung 10.2: $$\bar{w}_1 = \frac{\dot{V}_1}{A_i} = \frac{\dot{m}_1}{\rho_1 \cdot \frac{\pi}{4} \cdot d_i^2} = \frac{175 \cdot 10^3 \frac{\text{kg}}{\text{h}}}{3600 \frac{\text{s}}{\text{h}} \cdot 9{,}2 \frac{\text{kg}}{\text{m}^3} \cdot \frac{\pi}{4} \cdot (0{,}5\,\text{m})^2} = 27 \frac{\text{m}}{\text{s}}$$

Gleichung 10.1: $$\text{Re}_1 = \frac{\bar{w}_1 \cdot d_i}{\nu_1} = \frac{27 \frac{\text{m}}{\text{s}} \cdot 0{,}5\,\text{m}}{1{,}85 \cdot 10^{-6} \frac{\text{m}^2}{\text{s}}} = 7{,}3 \cdot 10^6$$

$$\frac{d_i}{k} = \frac{500\,\text{mm}}{0{,}02\,\text{mm}} = 25.000 \Rightarrow \text{aus Bild 10.8: } \lambda \approx 0{,}011$$

Gleichung 10.16:

$$\Delta p_i = \lambda \cdot \frac{L}{d_i} \cdot \frac{\rho_1}{2} \cdot \bar{w}^2 = 0{,}011 \cdot \frac{300\,\text{m}}{0{,}5\,\text{m}} \cdot \frac{9{,}2 \frac{\text{kg}}{\text{m}^3}}{2} \cdot \left(27 \frac{\text{m}}{\text{s}}\right)^2 = 0{,}22 \cdot 10^5\,\text{Pa} = 0{,}22\,\text{bar}$$

Annahme: $p_2 = p_1 - \Delta p_i$ = 20 bar – 0,22 bar = 19,78 bar adiabatische Zustandsänderung:

$$T_2 = T_1 \cdot \left(\frac{p_2}{p_1}\right)^{\frac{\kappa-1}{\kappa}} = 513\,\text{K} \cdot \left(\frac{19{,}78\,\text{bar}}{20\,\text{bar}}\right)^{\frac{0{,}29}{1{,}29}} = 511{,}7\,\text{K}$$

$$\bar{T} = \frac{T_1 + T_2}{2} = \frac{513\,\text{K} + 511{,}7\,\text{K}}{2} = 512{,}4\,\text{K}$$

Gleichung 10.34:

$$\Delta p_\text{k} = p_1 \cdot \left(1 - \sqrt{1 - 2 \cdot \frac{\Delta p_\text{i}}{p_1} \cdot \frac{\bar{T}}{T_1}}\right) = 20\,\text{bar} \cdot \left(1 - \sqrt{1 - 2 \cdot \frac{0{,}22\,\text{bar}}{20\,\text{bar}} \cdot \frac{512{,}4\,\text{K}}{513\,\text{K}}}\right) = 0{,}22\,\text{bar}$$

Daraus wird deutlich, dass die Abkühlung des Dampfes durch Entspannung in den Rohrleitungen kaum Einfluss auf den Druckverlust hat.

Beispiel 10.9: ***Volumenströme in parallel geschalteten Rohrleitungen***

Das in **Bild B 10.2** skizzierte System zweier paralleler Rohrleitungen wird von Wasser bei 20 °C mit einem Gesamtvolumenstrom von $\dot{V}_\text{ges}$ = 250 m³/h durchströmt. Der Rohr-Innendurchmesser ist im linken Ast $d_{\text{i},1}$ = 100 mm, im rechten Ast $d_{\text{i},2}$ = 150 mm. Folgende Vereinfachungen sollen angenommen werden: $\lambda_1 \approx \lambda_2 \approx 0{,}02$: $\zeta_\text{T-Stück} \approx \zeta_\text{Bogen} \approx 0{,}3$; $\zeta_\text{Ventil} \approx 10$. Gesucht sind die Volumenströme $\dot{V}_1$ und $\dot{V}_2$.

Gleichung 10.43: $\dot{V}_\text{ges} = \dot{V}_1 + \dot{V}_2$

Gleichung 10.41: $\Delta p_1 = \Delta p_2 = \Delta p$

$\Rightarrow$ mit *Gleichung 10.45:* $R_{\text{S},1} \cdot \dot{V}_1^2 + \rho \cdot g \cdot \Delta z_1 = R_{\text{S},2} \cdot \dot{V}_2^2 + \rho \cdot g \cdot \Delta z_2$

$$\Delta z_1 = \Delta z_2 \;\Rightarrow\; R_{\text{S},1} \cdot \dot{V}_1^2 = R_{\text{S},2} \cdot \dot{V}_2^2$$

entsprechend *Gleichung 10.48:* $\dfrac{\dot{V}_2}{\dot{V}_1} = \sqrt{\dfrac{R_{\text{S},1}}{R_{\text{S},2}}}$

Gleichung 10.46: $R_\text{S} = \left(\lambda \cdot \dfrac{L}{d_\text{i}} + \sum \zeta\right) \cdot \dfrac{\rho}{2} \cdot \dfrac{1}{A_\text{i}^2} = \left(\lambda \cdot \dfrac{L}{d_\text{i}} + \sum \zeta\right) \cdot \dfrac{8}{\pi^2} \cdot \rho \cdot \dfrac{1}{d_\text{i}^4}$

linker Ast (1):

$$L_1 = 90\,\text{m} + 2 \cdot 10\,\text{m} + \sqrt{200\,\text{m}^2} = 124\,\text{m};\quad \sum \zeta_1 = 6 \cdot 0{,}3 + 2 \cdot 10 = 21{,}8$$

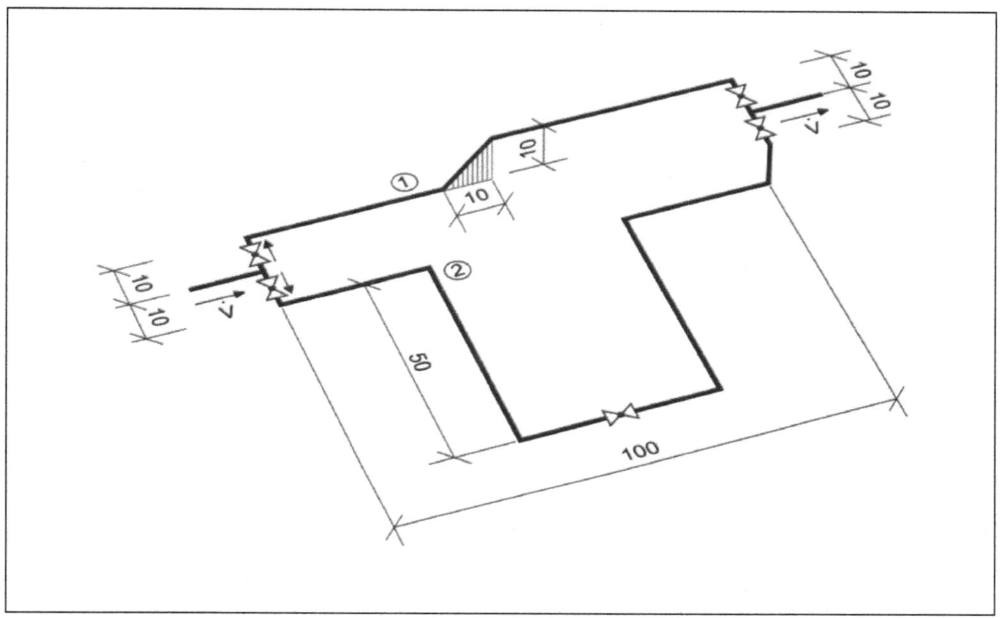

Bild B 10.2: Parallele Rohrleitungsstränge (alle Maße in m)

rechter Ast (2):

$$L_2 = 100\text{ m} + 2 \cdot 50\text{ m} + 2 \cdot 10\text{ m} + 10\text{ m} = 230\text{ m};\ \sum \zeta_2 = 9 \cdot 0{,}3 + 3 \cdot 10 = 32{,}7$$

$$\frac{R_{S,1}}{R_{S,2}} = \frac{\left(\lambda_1 \cdot \frac{L_1}{d_{i,1}} + \sum \zeta_1\right) \cdot \frac{8}{\pi^2} \cdot \rho \cdot \frac{1}{d_{i,1}^4}}{\left(\lambda_2 \cdot \frac{L_2}{d_{i,2}} + \sum \zeta_2\right) \cdot \frac{8}{\pi^2} \cdot \rho \cdot \frac{1}{d_{i,2}^4}} = \frac{\left(0{,}02 \cdot \frac{124\text{ m}}{0{,}1\text{ m}} + 21{,}8\right) \cdot (0{,}15\text{ m})^4}{\left(0{,}02 \cdot \frac{230\text{ m}}{0{,}15\text{ m}} + 32{,}7\right) \cdot (0{,}1\text{ m})^4} = 3{,}72$$

$$\frac{\dot{V}_2}{\dot{V}_1} = \sqrt{\frac{R_{S,1}}{R_{S,2}}} = \sqrt{3{,}72} = 1{,}93 \Rightarrow \dot{V}_2 = 1{,}93 \cdot \dot{V}_1$$

$$\dot{V}_{ges} = \dot{V}_1 + \dot{V}_2 = \dot{V}_1 + 1{,}93 \cdot \dot{V}_1 = 2{,}93 \cdot \dot{V}_1 \Rightarrow \dot{V}_1 = \frac{\dot{V}_{ges}}{2{,}93} = \frac{250\frac{\text{m}^3}{\text{h}}}{2{,}93} = 85{,}3\frac{\text{m}^3}{\text{h}}$$

$$\dot{V}_2 = \dot{V}_{ges} - \dot{V}_1 = 250 - 85{,}3 = 164{,}7\frac{\text{m}^3}{\text{h}}$$

Beispiel 10.10: ***Treibendes Druckgefälle 1***

Aus dem skizzierten Behälter strömt Wasser durch die angeschlossene Rohrleitung mit einem Innendurchmesser von d_i = 100 mm und einer Länge einschließlich aller äquivalenten Längen von L = 500 m aus. Die Rohrreibungszahl wird mit λ = 0,02 angenommen. Berechnen Sie den Höhenunterschied $z_1 - z_2$ so, dass die Ausströmgeschwindigkeit $\bar{w}_2$ = 5 m/s beträgt.

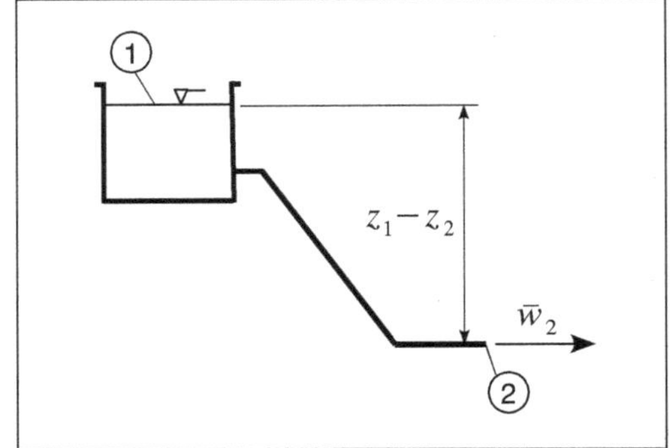

Erweiterte *Bernoulli-Gleichung (10.49):* $\rho_1 \cdot g \cdot z_1 - \rho_2 \cdot g \cdot z_2 + p_1 - p_2 = \frac{\rho_2}{2} \cdot \bar{w}_2^2 - \frac{\rho_1}{2} \cdot \bar{w}_1^2 + \Delta p_V$

Mit $\rho_1 = \rho_2$; $\bar{w}_1 \approx 0$; $p_1 = p_2 = p_{Umgebung}$ und $\Delta p_\lambda = \lambda \cdot \frac{L}{d_i} \cdot \frac{\rho}{2} \cdot \bar{w}_2^2$ *(Gleichung 10.16):*

$$z_1 - z_2 = \left(1 + \lambda \cdot \frac{L}{d_i}\right) \cdot \frac{\bar{w}_2^2}{2 \cdot g} = \left(1 + 0{,}02 \cdot \frac{500\,\text{m}}{0{,}1\,\text{m}}\right) \cdot \frac{\left(5\,\frac{\text{m}}{\text{s}}\right)^2}{2 \cdot 9{,}81\,\frac{\text{m}}{\text{s}^2}} = 128{,}7\,\text{m}$$

Beispiel 10.11: ***Treibendes Druckgefälle 2***

Der skizzierte Druckbehälter steht unter Überdruck. Dadurch wird Wasser aus diesem Behälter in den um $z_2 - z_1$ = 20 m höher liegenden offenen Behälter gedrückt. Die verbindende Rohrleitung hat einen Innendurchmesser von d_i = 100 mm und eine Länge einschließlich aller äquivalenten Längen von L = 50 m. Die Rohrreibungszahl wird mit λ = 0,02 angenommen. Berechnen Sie den Überdruck $p_{e1} = p_1 - p_2$, der im Druckbehälter notwendig ist, damit das Wasser mit einer Strömungsgeschwindigkeit von $\bar{w}_R$ = 5 m/s durch die Rohrleitung nach oben strömt.

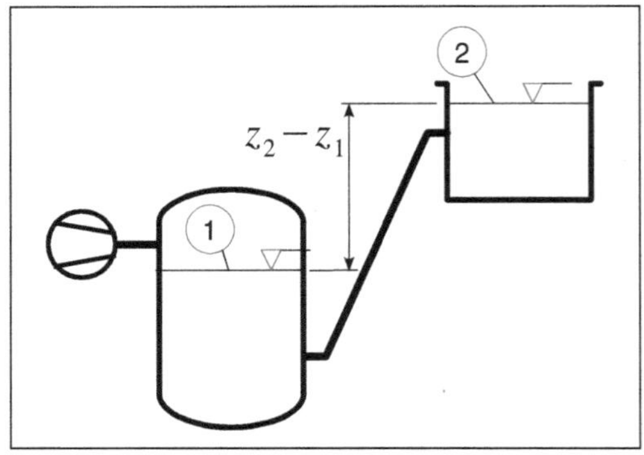

Erweiterte *Bernoulli-Gleichung (10.49):* $\rho_1 \cdot g \cdot z_1 - \rho_2 \cdot g \cdot z_2 + p_1 - p_2 = \frac{\rho_2}{2} \cdot \bar{w}_2^2 - \frac{\rho_1}{2} \cdot \bar{w}_1^2 + \Delta p_V$

Mit $\rho_1 = \rho_2$ und $\bar{w}_1 = \bar{w}_2 \approx 0$: $p_1 - p_2 = \rho \cdot g \cdot (z_2 - z_1) + \Delta p_V$

(Gleichung 10.16):

$$\Delta p_\lambda = \lambda \cdot \frac{L}{d_i} \cdot \frac{\rho}{2} \cdot \bar{w}_R^2 = 0{,}02 \cdot \frac{50\,\text{m}}{0{,}1\,\text{m}} \cdot \frac{1.000\,\text{kg}/\text{m}^3}{2} \cdot \left(5\,\frac{\text{m}}{\text{s}}\right)^2 = 1{,}25 \cdot 10^5\,\text{Pa} = 1{,}25\,\text{bar}$$

$$p_1 - p_2 = 1.000\frac{\text{kg}}{\text{m}^3}\cdot 9{,}81\frac{\text{m}}{\text{s}^2}\cdot 20\text{ m} + 1{,}25\cdot 10^5\text{ Pa} = 1{,}96\cdot 10^5\text{ Pa} + 1{,}25\cdot 10^5\text{ Pa} = 3{,}21\cdot 10^5\text{ Pa} = 3{,}21\text{ bar}$$

Beispiel 10.12: ***Anlagenkennlinie***

In der skizzierten Anlage wird Wasser (ρ = 1.000 kg/m³) aus einem offenen Behälter in einen um 20 m höher liegenden, ebenfalls offenen Behälter gepumpt. Saug- und Druckleitung sind jeweils aus Stahl (k = 0,1 mm). Die Saugleitung hat die Dimension 139,7 x 3,6 und ist insgesamt 20 m lang. Die Druckleitung hat die Dimension 114,3 x 3,2 und ist insgesamt 75 m lang. Die beiden Kugelhähne an der Pumpe haben jeweils eine äquivalente Länge von $L_{äq}$ = 0,5 m . Berechnen Sie die Gleichung der Anlagenkennlinie unter der Annahme voll turbulenter Strömung.

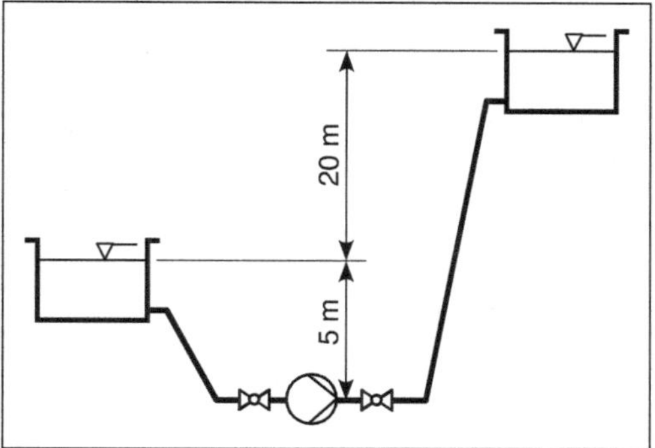

Gleichung 10.50: $\Delta p_A = \rho_2 \cdot g \cdot z_2 - \rho_1 \cdot g \cdot z_1 + p_2 - p_1 + \frac{\rho_2}{2}\cdot \bar{w}_2^2 - \frac{\rho_1}{2}\cdot \bar{w}_1^2 + \Delta p_V$

Punkt „1" liegt an der Oberfläche des saugseitigen Behälters, Punkt „2" an der Oberfläche des druckseitigen Behälters. $\Rightarrow p_1 = p_2$ und $\bar{w}_1 \approx \bar{w}_2 \approx 0$

Der Gesamtdruckverlust Δp_V besteht aus den Druckverlusten in der Saugleitung $\Delta p_{V,S}$ und in der Druckleitung $\Delta p_{V,D}$: $\Delta p_V = \Delta p_{V,S} + \Delta p_{V,D}$

Die Dichte des Wassers ist konstant: $\rho_1 = \rho_2 = \rho$

Damit wird aus *Gleichung 10.50:* $\Delta p_A = \rho \cdot g \cdot (z_2 - z_1) + \Delta p_{V,S} + \Delta p_{V,D}$

Druckverlust allgemein (*Darcy-Gleichung 11.16):* $\Delta p_\lambda = \lambda \cdot \frac{L}{d_i}\cdot\frac{\rho}{2}\cdot \bar{w}^2 = \lambda\cdot\frac{L}{d_i}\cdot\frac{\rho}{2}\cdot\left(\frac{\dot{V}}{A_i}\right)^2$

Saugleitung: $d_i = d_a - 2 \cdot s$ = 139,7 mm − 2 · 3,6 mm = 132,5 mm und $\frac{d_i}{k} = \frac{132{,}5\text{ mm}}{0{,}1\text{ mm}} = 1.325$

$\Rightarrow$ aus Moody-Diagramm (Bild 10.8) für voll turbulente Strömung: $\lambda \approx 0{,}019$

$$\Delta p_{V,S} = 0{,}019\cdot\frac{20{,}5\text{ m}}{0{,}1325\text{ m}}\cdot\frac{1.000\text{ kg/m}^3}{2}\cdot\frac{\dot{V}^2}{\left(\frac{\pi}{4}\cdot(0{,}1325\text{ m})^2\right)^2} = 7{,}73\cdot 10^6\,\frac{\text{Pa}}{\left(\text{m}^3/\text{s}\right)^2}\cdot\dot{V}^2$$

Druckleitung: $d_i = d_a - 2 \cdot s$ = 114,3 mm − 2 · 3,2 mm = 107,9 mm und $\frac{d_i}{k} = \frac{107{,}9\text{ mm}}{0{,}1\text{ mm}} = 1.079$

$\Rightarrow$ aus Moody-Diagramm (Bild 10.8) für voll turbulente Strömung: $\lambda \approx 0{,}02$

$$\Delta p_{V,D} = 0{,}02\cdot\frac{75{,}5\text{ m}}{0{,}1079\text{ m}}\cdot\frac{1.000\text{ kg/m}^3}{2}\cdot\frac{\dot{V}^2}{\left(\frac{\pi}{4}\cdot(0{,}1079\text{ m})^2\right)^2} = 8{,}37\cdot 10^7\,\frac{\text{Pa}}{\left(\text{m}^3/\text{s}\right)^2}\cdot\dot{V}^2$$

Anlagenkennlinie:

$$\Delta p_A = 1.000\,\frac{kg}{m^3}\cdot 9{,}81\,\frac{m}{s^2}\cdot 20\text{ m} + (0{,}77+8{,}37)\cdot 10^7\,\frac{Pa}{\left(m^3/s\right)^2}\cdot \dot{V}^2 = 1{,}96\cdot 10^5\text{ Pa} + 9{,}14\cdot 10^7\,\frac{Pa}{\left(m^3/s\right)^2}\cdot \dot{V}^2$$

Beispiel 10.13: ***Druckverlustcharakteristik***

Die „Druckverlustcharakteristik" von Komponenten in Rohrleitungsanlagen kann allgemein beschrieben werden mit $\Delta p_V = \zeta'\cdot\frac{\rho}{2}\cdot\bar{w}^n$.

a) Zeigen Sie, dass bei laminarer Rohrströmung der Exponent $n = 1$ ist.

b) In Rohren mit hydraulisch glatter Wand kann bei turbulenter Strömung im Bereich 3.000 < Re < 100.000 die Rohrreibungszahl mit der Blasius-Gleichung $\lambda = \frac{0{,}3164}{\sqrt[4]{Re}}$ (siehe Tabelle 10.4) berechnet werden. Bestimmen Sie den Exponenten n für diesen Fall.

c) Bei voll turbulenter Strömung in Rohren mit rauer Rohrwand lässt sich die Rohrreibungszahl z.B. nach Moody mit $\lambda = 0{,}0055 + 0{,}15\cdot\left(\frac{k}{d_i}\right)^{\frac{1}{3}}$ berechnen. Bestimmen Sie den Exponenten n für diesen Fall.

a) Für laminare Strömung (Tabelle 10.4): $\lambda = \frac{64}{Re} \Rightarrow$ mit *Gleichung (10.1):* $\lambda = \frac{64\cdot\nu}{\bar{w}\cdot d_i}$

$\Rightarrow$ *Darcy-Gleichung (10.16)* für laminare Strömung:

$$\Delta p_\lambda = \lambda\cdot\frac{L}{d_i}\cdot\frac{\rho}{2}\cdot\bar{w}^2 = \frac{64\cdot\nu}{\bar{w}\cdot d_i}\cdot\frac{L}{d_i}\cdot\frac{\rho}{2}\cdot\bar{w}^2 = \frac{64\cdot\nu}{d_i}\cdot\frac{L}{d_i}\cdot\frac{\rho}{2}\cdot\bar{w}$$

Mit $\zeta' = \frac{64\cdot\nu\cdot L}{d_i^2}$: $\qquad \Delta p_V = \zeta'\cdot\frac{\rho}{2}\cdot\bar{w} \quad \Rightarrow n = 1$

b) Blasius: $\lambda = \frac{0{,}3164}{\sqrt[4]{Re}} \Rightarrow$ mit *Gleichung (10.1):* $\lambda = \frac{0{,}3164\cdot\nu^{0,25}}{\bar{w}^{0,25}\cdot d_i^{0,25}}$

$\Rightarrow$ *Darcy-Gleichung (10.16)* mit Blasius:

$$\Delta p_\lambda = \lambda\cdot\frac{L}{d_i}\cdot\frac{\rho}{2}\cdot\bar{w}^2 = \frac{0{,}3164\cdot\nu^{0,25}}{\bar{w}^{0,25}\cdot d_i^{0,25}}\cdot\frac{L}{d_i}\cdot\frac{\rho}{2}\cdot\bar{w}^2 = \frac{0{,}3164\cdot\nu^{0,25}}{d_i^{0,25}}\cdot\frac{L}{d_i}\cdot\frac{\rho}{2}\cdot\bar{w}^{1,75}$$

Mit $\zeta' = \frac{0{,}3164\cdot\nu^{0,25}}{d_i^{0,25}}\cdot\frac{L}{d_i}$: $\qquad \Delta p_V = \zeta'\cdot\frac{\rho}{2}\cdot\bar{w}^{1,75} \quad \Rightarrow n = 1{,}75$

c) *Darcy-Gleichung (10.16)* für vollturbulente Strömung mit rauer Rohrwand:

$$\Delta p_\lambda = \lambda\cdot\frac{L}{d_i}\cdot\frac{\rho}{2}\cdot\bar{w}^2 = \left[0{,}0055 + 0{,}15\cdot\left(\frac{k}{d_i}\right)^{\frac{1}{3}}\right]\cdot\frac{L}{d_i}\cdot\frac{\rho}{2}\cdot\bar{w}^2$$

$$\text{Mit } \zeta' = \left[0{,}0055 + 0{,}15 \cdot \left(\frac{k}{d_i}\right)^{\frac{1}{3}}\right] \cdot \frac{L}{d_i}; \qquad \Delta p_V = \zeta' \cdot \frac{\rho}{2} \cdot \bar{w}^2 \quad \Rightarrow n = 2$$

Beispiel 10.14: ***Vakuumbereiche***

In Tabelle 10.11 sind Anhaltswerte für die Grenzdrücke des Feinvakuumbereiches angegeben.

a) Berechnen Sie mit Hilfe der Knudsen-Zahl, für welche Rohrleitungsinnendurchmesser diese Werte in einem Luftvakuum gelten.

b) Berechnen Sie die genauen Grenzdrücke für einen Rohrleitungsinnendurchmesser von d_i = 100 mm.

a) Aus Tabelle 10.11: p_{max} = 1 mbar bei $K_n = 10^{-2}$;

$p_{min} = 10^{-3}$ mbar bei K_n = 0,5

Aus Tabelle 10.10 für Luft: $p \cdot \bar{l} = 6{,}65 \cdot 10^{-5}$ m · mbar

Gleichung 10.54: $$Kn = \frac{\bar{l}}{d_i} => d_i = \frac{\bar{l}}{Kn} = \frac{p \cdot \bar{l}}{p \cdot Kn}$$

p_{max} = 1 mbar: $$d_i = \frac{6{,}65 \cdot 10^{-5}\ \text{m} \cdot \text{mbar}}{1\ \text{mbar} \cdot 10^{-2}} = 6{,}65 \cdot 10^{-3}\ \text{m} = 6{,}65\ \text{mm}$$

$p_{min} = 10^{-3}$ mbar: $$d_i = \frac{6{,}65 \cdot 10^{-5}\ \text{m} \cdot \text{mbar}}{10^{-3}\ \text{mbar} \cdot 0{,}5} = 0{,}133\ \text{m} = 133\ \text{mm}$$

b) $$d_i = \frac{p \cdot \bar{l}}{p \cdot Kn} \quad \Rightarrow \quad p = \frac{p \cdot \bar{l}}{d_i \cdot Kn}$$

$$p_{max} = \frac{6{,}65 \cdot 10^{-5}\ \text{m} \cdot \text{mbar}}{0{,}1\ \text{m} \cdot 10^{-2}} = 0{,}07\ \text{mbar}; \quad p_{min} = \frac{6{,}65 \cdot 10^{-5}\ \text{m} \cdot \text{mbar}}{0{,}1\ \text{m} \cdot 0{,}5} = 1{,}3 \cdot 10^{-3}\ \text{mbar}$$

Dies bedeutet, dass nach der Definition von Knudsen bei p = 1 mbar und d_i = 100 mm noch Grobvakuum und damit viskose Strömung, und dass bei $p = 10^{-3}$ mbar und d_i = 100 mm bereits Hochvakuum und damit Molekularströmung vorliegt.

Beispiel 10.15: ***Strömung im Grobvakuum***

Eine Rohrleitung mit Innendurchmesser d_i = 100 wird bei 20 °C evakuiert (Luftvakuum). Der Enddruck am Rohrende beträgt p_{aus} = 1 mbar. Der Volumenstrom am Rohrende beträgt $\dot{V}_{aus} = 100\ \text{m}^3/\text{h}$.

a) Berechnen Sie unter Annahme idealen Gasverhaltens, ab welchem Druck am Rohrende laminare Strömung vorliegt $\left(\eta = 18 \cdot 10^{-6}\ \text{Pa} \cdot \text{s};\ R = 287 \frac{\text{J}}{\text{kg} \cdot \text{K}}\right)$.

b) Prüfen Sie, ob der Innendurchmesser des Rohres groß genug ist, damit nach Abschluss der Evakuierung bei einer Rohrlänge von L = 5 m am Rohreingang ein Druck von maximal p_{ein} = 1,05 mbar erreicht wird.

c) Berechnen Sie den Druck p_{ein}, der sich am Rohreintritt tatsächlich einstellt.

a) *Ideale Gasgleichung (10.26):* $p \cdot V = m \cdot R \cdot T \;\Rightarrow\; \rho = \frac{m}{V} = \frac{p}{R \cdot T}$

Eingesetzt in die Gleichung für die *Reynolds-Zahl (10.1):*

$$Re = \frac{\bar{w} \cdot d_i \cdot \rho}{\eta} = \frac{\bar{w} \cdot d_i}{\eta} \cdot \frac{p}{R \cdot T} \;\Rightarrow\; p = \frac{Re \cdot \eta \cdot R \cdot T}{\bar{w} \cdot d_i}$$

$$\dot{V} = 100\,\frac{m^3}{h} = 0{,}0278\,\frac{m^3}{s}$$

Kontinuitätsgleichung (10.2): $$\bar{w} = \frac{\dot{V}}{A_i} = \frac{0{,}0278\,\frac{m^3}{s}}{\frac{\pi}{4} \cdot (0{,}1\ m)^2} = 3{,}5\,\frac{m}{s}$$

Umschlagpunkt von turbulenter zu laminarer Strömung: Re = 2.320 *(Abschnitt 10.1)*:

$$p \le \frac{Re \cdot \eta \cdot R \cdot T}{\bar{w} \cdot d_i} = \frac{2.320 \cdot 18 \cdot 10^{-6}\,Pa \cdot s \cdot 287\,\frac{J}{kg \cdot K} \cdot 293\,K}{3{,}5\,\frac{m}{s} \cdot 0{,}1\,m} = 10.033\,Pa = 100\,mbar$$

b) Aus Legende zu *Gleichung (10.58)*:

$$\bar{p} = \frac{p_{ein} + p_{aus}}{2} = \frac{1{,}05\ mbar + 1\ mbar}{2} = 1{,}025\ mbar = 102{,}5\ Pa$$

Gleichung (10.58): $$C_V = \frac{\pi \cdot d_i^4}{128 \cdot \eta \cdot L} \cdot \bar{p} = \frac{\pi \cdot (0{,}1\ m)^4}{128 \cdot 18 \cdot 10^{-6}\,Pa \cdot s \cdot 5\,m} \cdot 102{,}5\ Pa = 2{,}80\,\frac{m^3}{s}$$

Gleichung (10.57): $q_{pV} = C \cdot \Delta_p$

$$\Rightarrow\; \Delta p = \frac{q_{pV}}{C} = \frac{p_{aus} \cdot \dot{V}_{aus}}{C} = \frac{1\ mbar \cdot 0{,}0278\,\frac{m^3}{s}}{2{,}8\,\frac{m^3}{s}} = 10^{-2}\ mbar$$

$p_{ein} = p_{aus} + \Delta p$ = 1 mbar + 0,01 mbar = 1,01 mbar < 1,05 mbar

⇒ Rohrinnendurchmesser von d_i = 100 mm reicht aus.

c) Der Eingangsdruck p_{ein} lässt sich nur iterativ berechnen:
Annahme: p_{ein} = 1,01 mbar (aus Teilaufgabe b)

$$\bar{p} = \frac{p_{ein} + p_{aus}}{2} = \frac{1{,}01\ mbar + 1\ mbar}{2} = 1{,}005\ mbar = 100{,}5\ Pa$$

$$C_V = \frac{\pi \cdot d_i^4}{128 \cdot \eta \cdot L} \cdot \bar{p} = \frac{\pi \cdot (0{,}1\ m)^4}{128 \cdot 18 \cdot 10^{-6}\,Pa \cdot s \cdot 5\,m} \cdot 100{,}5\ Pa = 2{,}74\,\frac{m^3}{s}$$

Gleichung (10.69): $\frac{p_{ein}}{p_{aus}} = \frac{\dot{V}_{aus}}{C} + 1 \Rightarrow p_{ein} = p_{aus} \cdot \left(\frac{\dot{V}_{aus}}{C} + 1\right)$

$$p_{ein} = 1\,\text{mbar} \cdot \left(\frac{0{,}0278\,\frac{\text{m}^3}{\text{s}}}{2{,}74\,\frac{\text{m}^3}{\text{s}}} + 1\right) = 1{,}01\,\text{mbar}$$

Ergebnis stimmt mit Annahme überein. Daher hier keine weitere Iteration nötig.

Beispiel 10.16: ***Strömung im Hoch- und Feinvakuum***

Berechnen Sie den Druck am Eingang der Rohrleitung aus *Beispiel 10.15*, wenn am Rohrausgang ein Druck anliegt von

a) $p_{aus} = 10^{-4}$ mbar

b) $p_{aus} = 10^{-2}$ mbar

a) *Gleichung (10.54):*

$$Kn = \frac{\bar{l}}{d_i} = \frac{p \cdot \bar{l}}{p \cdot d_i} = \frac{6{,}65 \cdot 10^{-5}\,\text{m} \cdot \text{mbar}}{10^{-4}\,\text{mbar} \cdot 0{,}1\,\text{m}} = 6{,}65 > 0{,}5 \Rightarrow \text{molekulare Strömung}$$

Gleichung (10.60): $\bar{c} = \sqrt{\frac{8 \cdot R \cdot T}{\pi}} = \sqrt{\frac{8 \cdot 287\,\frac{\text{J}}{\text{kg} \cdot \text{K}} \cdot 293\,\text{K}}{\pi}} = 463\,\frac{\text{m}}{\text{s}}$

$L = 5$ m $= 50 \cdot d_i \Rightarrow$ *Gleichung (10.62):* $P = \frac{4}{3} \cdot \frac{d_i}{L} = \frac{4}{3} \cdot \frac{0{,}1\,\text{m}}{5\,\text{m}} = 0{,}0267$

Gleichung (10.59): $C_M = A_i \cdot \frac{\bar{c}}{4} \cdot P = \frac{\pi}{4} \cdot (0{,}1\,\text{m})^2 \cdot \frac{463\,\text{m/s}}{4} \cdot 0{,}0267 = 0{,}0243\,\frac{\text{m}^3}{\text{s}}$

Gleichung (10.69): $\frac{p_{ein}}{p_{aus}} = \frac{\dot{V}_{aus}}{C} + 1 \Rightarrow p_{ein} = p_{aus} \cdot \left(\frac{\dot{V}_{aus}}{C} + 1\right)$

$$p_{ein} = 10^{-4}\,\text{mbar} \cdot \left(\frac{0{,}0278\,\text{m}^3/\text{s}}{0{,}0243\,\text{m}^3/\text{s}} + 1\right) = 2{,}14 \cdot 10^{-4}\,\text{mbar}$$

b) $Kn = \frac{6{,}65 \cdot 10^{-5}\,\text{m} \cdot \text{mbar}}{10^{-2}\,\text{mbar} \cdot 0{,}1\,\text{m}} = 6{,}65 \cdot 10^{-2}$

$10^{-2} < 6{,}65 \cdot 10^{-2} < 0{,}5 \Rightarrow$ > Feinvakuum

Gleichung (10.64): $C_F \approx C_V + C_M$

C_M ist druckunabhängig und behält denselben Wert wie bei molekularer Strömung

$C_M = 0{,}0243\,\frac{\text{m}^3}{\text{s}}$ (s.o.)

Iterative Berechnung von p_{ein}:

Annahme: $\bar{p} \approx 10^{-2}$ mbar = 1 *Pa*:

Gleichung (10.58): $$C_V = \frac{\pi \cdot d_i^4}{128 \cdot \eta \cdot L} \cdot \bar{p} = \frac{\pi \cdot (0{,}1\,\text{m})^4}{128 \cdot 18 \cdot 10^{-6}\,\text{Pa} \cdot \text{s} \cdot 5\,\text{m}} \cdot 1\,\text{Pa} = 0{,}0273\,\frac{\text{m}^3}{\text{s}}$$

$C_F \approx C_V + C_M = 0{,}0273 + 0{,}0243 = 0{,}0516\ \text{m}^3/\text{s}$

$$p_{ein} = 10^{-2}\,\text{mbar} \cdot \left(\frac{0{,}0278\,\frac{\text{m}^3}{\text{s}}}{0{,}0516\,\frac{\text{m}^3}{\text{s}}} + 1 \right) = 1{,}538 \cdot 10^{-2}\,\text{mbar}$$

Iteration 1: $$\bar{p} = \frac{p_{ein} + p_{aus}}{2} = \frac{1{,}538\,\text{Pa} + 1\,\text{Pa}}{2} = 1{,}269\,\text{Pa}$$

$$C_V = \frac{\pi \cdot (0{,}1\,\text{m})^4}{128 \cdot 18 \cdot 10^{-6}\,\text{Pa} \cdot \text{s} \cdot 5\,\text{m}} \cdot 1{,}269\,\text{Pa} = 0{,}0346\,\frac{\text{m}^3}{\text{s}}$$

$C_F \approx C_V + C_M = 0{,}0346 + 0{,}0243 = 0{,}0589\ \text{m}^3/\text{s}$

$$p_{ein} = 10^{-2}\,\text{mbar} \cdot \left(\frac{0{,}0278\,\frac{\text{m}^3}{\text{s}}}{0{,}0589\,\frac{\text{m}^3}{\text{s}}} + 1 \right) = 1{,}472 \cdot 10^{-2}\,\text{mbar}$$

Iteration 2: $$\bar{p} = \frac{p_{ein} + p_{aus}}{2} = \frac{1{,}472\,\text{Pa} + 1\,\text{Pa}}{2} = 1{,}236\,\text{Pa}$$

$$C_V = \frac{\pi \cdot (0{,}1\,\text{m})^4}{128 \cdot 18 \cdot 10^{-6}\,\text{Pa} \cdot \text{s} \cdot 5\,\text{m}} \cdot 1{,}236\,\text{Pa} = 0{,}0337\,\frac{\text{m}^3}{\text{s}}$$

$C_F \approx C_V + C_M = 0{,}0337 + 0{,}0243 = 0{,}0580\ \text{m}^3/\text{s}$

$$p_{ein} = 10^{-2}\,\text{mbar} \cdot \left(\frac{0{,}0278\,\frac{\text{m}^3}{\text{s}}}{0{,}0580\,\frac{\text{m}^3}{\text{s}}} + 1 \right) = 1{,}479 \cdot 10^{-2}\,\text{mbar}$$

$\Rightarrow p_{ein} = 1{,}48 \cdot 10^{-2}$ mbar.

Beispiel 10.17: ***Druckstoß***

In einer Wasserleitung aus niedrig legiertem Stahlrohr DN 25 (33,7 x 3,2) liegt eine Rohrlänge von L = 10 m zwischen einem Speichertank (Totalreflexionspunkt) und einem schnellschließenden Ventil. Die Leitung wird von Wasser bei 20 °C (Kompressionsmodul $E_F \approx 2000$ N/mm²) mit einer Strömungsgeschwindigkeit von $\bar{w} = 3$ m/s bei geöffnetem Ventil durchströmt. Gesucht sind

a) die Höhe des Druckstoßes, wenn das Ventil innerhalb von $t_S = 0{,}05$ s vollständig schließt,

b) der Mindestabstand zwischen Ventil und Speichertank, bei dem der Joukowski-Druckstoß entsteht.

a) aus Tabelle 10.1: $\rho \approx 1.000$ kg/m³

Gleichung 10.76:

$$\Delta p = z \cdot \rho \cdot a \cdot \Delta w = \frac{t_R}{t_S} \cdot \rho \cdot a \cdot \Delta w = \frac{2 \cdot L}{a \cdot t_S} \cdot \rho \cdot a \cdot \Delta w = \frac{2 \cdot L}{t_S} \cdot \rho \cdot \Delta w$$

$$= \frac{2 \cdot 10\,\text{m}}{0{,}05\,\text{s}} \cdot 1000 \frac{\text{kg}}{\text{m}^3} \cdot 3 \frac{\text{m}}{\text{s}} = 12\,\text{bar}$$

b) Bedingung: $z = 1$

$d_i = 33{,}7 - 2 \cdot 3{,}2 = 27{,}3$ mm

aus Tabelle 3.2: $E_R = 2{,}12 \cdot 10^5$ N/mm²

Gleichung 10.73:

$$a = \frac{1}{\sqrt{\rho \cdot \left(\frac{1}{E_F} + \frac{1}{E_R} \cdot \frac{d_i}{s} \right)}}$$

$$= \frac{1}{\sqrt{1000 \frac{\text{kg}}{\text{m}^3} \cdot \left(\frac{1}{2 \cdot 10^9\,\text{N/m}^2} + \frac{1}{2{,}12 \cdot 10^{11}\,\text{N/m}^2} \cdot \frac{27{,}3\,\text{mm}}{3{,}2\,\text{mm}} \right)}} = 1.361 \frac{\text{m}}{\text{s}}$$

Gleichung 10.75:

$$z = \frac{t_R}{t_S} = \frac{2 \cdot L}{a \cdot t_S} = 1 \Rightarrow L = \frac{a \cdot t_S}{2} = \frac{1.361\,\text{m/s} \cdot 0{,}05\,\text{s}}{2} = 34\,\text{m}$$

Berechnungsbeispiele zu Kapitel 11

Beispiel 11.1: ***Spezifische Stutzenarbeit einer Flüssigkeitspumpe***

Berechnen Sie die spezifische Stutzenarbeit der Pumpe in der Anlage von *Beispiel 10.12* für einen Volumenstrom von $\dot{V}$ = 200 m³/h. Der Innendurchmesser des Saugstutzens beträgt $d_{i,ein}$ = 132,5 mm, der des Druckstutzens $d_{i,aus}$ = 107,9 mm. Der Höhenunterschied zwischen Saug- und Druckstutzen der Pumpe sei vernachlässigbar klein.

Gleichung 11.1: $Y = g\cdot\left(z_{aus} - z_{ein}\right) + \frac{1}{\rho}\cdot\left(p_{aus} - p_{ein}\right) + \frac{1}{2}\cdot\left(\bar{w}_{aus}^2 - \bar{w}_{ein}^2\right)$

$$z_{aus} - z_{ein} \approx 0 \Rightarrow Y = \frac{1}{\rho}\cdot\left(p_{aus} - p_{ein}\right) + \frac{1}{2}\cdot\left(\bar{w}_{aus}^2 - \bar{w}_{ein}^2\right)$$

Anlagenkennlinie aus *Beispiel 10.12:* $\Delta p_A = 1{,}96\cdot10^5\ \text{Pa} + 9{,}14\cdot10^7\ \frac{\text{Pa}}{\left(\text{m}^3/\text{s}\right)^2}\cdot\dot{V}^2$

$\Rightarrow$ mit $\dot{V}$ = 200 m³/h = 0,056 m³/s:

$$p_{aus} - p_{ein} = \Delta p_A = 1{,}96\cdot10^5\ \text{Pa} + 9{,}14\cdot10^7\ \frac{\text{Pa}}{\left(\text{m}^3/\text{s}\right)^2}\cdot\left(0{,}056\ \frac{\text{m}^3}{\text{s}}\right)^2 = 4{,}83\cdot10^5\ \text{Pa} = 4{,}83\ \text{bar}$$

$$\bar{w}_{ein} = \frac{\dot{V}}{A_{i,ein}} = \frac{0{,}056\ \frac{\text{m}^3}{\text{s}}}{\frac{\pi}{4}\cdot\left(0{,}1325\ \text{m}\right)^2} = 4{,}1\ \frac{\text{m}}{\text{s}}$$

$$\bar{w}_{aus} = \frac{\dot{V}}{A_{i,ein}} = \frac{0{,}056\ \frac{\text{m}^3}{\text{s}}}{\frac{\pi}{4}\cdot\left(0{,}1079\ \text{m}\right)^2} = 6{,}1\ \frac{\text{m}}{\text{s}}$$

$$Y = \frac{1}{1000\ \text{kg}/\text{m}^3}\cdot4{,}83\cdot10^5\ \text{Pa} + \frac{1}{2}\cdot\left[\left(6{,}1\ \frac{\text{m}}{\text{s}}\right)^2 - \left(4{,}1\ \frac{\text{m}}{\text{s}}\right)^2\right] = 483\ \frac{\text{J}}{\text{kg}} + 10{,}2\ \frac{\text{J}}{\text{kg}} = 493{,}2\ \frac{\text{J}}{\text{kg}}$$

Beispiel 11.2: ***Förderhöhe einer Flüssigkeitspumpe***

Geben Sie die Anlagenkennlinie der Anlage aus *Beispiel 10.12* in der Form $H_A = A + B\cdot\dot{V}^2$ an und berechnen Sie die Förderhöhe für den Fall aus *Beispiel 11.1* ($\dot{V}$ = 200 m³/h).

Gleichung 11.3: $H = \frac{p_{aus} - p_{ein}}{\rho\cdot g} = \frac{Y}{g}$

Anlagenkennlinie aus *Beispiel 10.12:* $\Delta p_A = 1{,}96\cdot10^5\ \text{Pa} + 9{,}14\cdot10^7\ \frac{\text{Pa}}{\left(\text{m}^3/\text{s}\right)^2}\cdot\dot{V}^2$

$$H_A = \frac{\Delta p_A}{\rho \cdot g} = \frac{1}{1.000 \frac{kg}{m^3} \cdot 9{,}81 \frac{m}{s^2}} \cdot \left(1{,}96 \cdot 10^5\, Pa + 9{,}14 \cdot 10^7 \frac{Pa}{\left(m^3/s\right)^2} \cdot \dot{V}^2 \right) = 20\, m + 9.317 \frac{m}{\left(m^3/s\right)^2} \cdot \dot{V}^2$$

Für $\dot{V} = 200\, m^3/h = 0{,}056\, m^3/s$: $H_A = 20\, m + 9.317 \frac{m}{\left(m^3/s\right)^2} \cdot \left(0{,}056 \frac{m^3}{s}\right)^2 = 20\, m + 29{,}2\, m = 49{,}2\, m$

Diese Förderhöhe entspricht wiederum der statischen Druckerhöhung der Pumpe aus *Beispiel 11.1:*

$$H_A = \frac{p_{aus} - p_{ein}}{\rho \cdot g} = \frac{4{,}83 \cdot 10^5\, Pa}{1.000 \frac{kg}{m^3} \cdot 9{,}81 \frac{m}{s^2}} = 49{,}2\, m$$

Beispiel 11.3: ***Spezifische Verdichtungsarbeit***

Ein Kompressor saugt Luft $\left(\kappa = 1{,}4;\ R = 287 \frac{J}{kg \cdot K}\right)$ bei einem Umgebungsdruck von p_U = 1 bar an und verdichtet auf einen Absolutdruck (Betriebsdruck) von p_B = 16 bar. Die Umgebungstemperatur beträgt 20 °C. Saug- und Druckstutzen haben jeweils einen Innendurchmesser von d_i = 50 mm.

Berechnen Sie für einen Ansaugvolumenstrom von $\dot{V}_A$ = 25 m³/h unter der Annahme idealen Gasverhaltens jeweils die spezifische Verdichtungsarbeit Y:

a) bei isentroper Verdichtung

b) bei isothermer Verdichtung

c) bei polytroper Verdichtung, wenn die Austrittstemperatur der Luft aus dem Kompressor ϑ = 200 °C beträgt.

a) *Gleichung 11.4:*

$$Y = \frac{\kappa}{\kappa - 1} \cdot R \cdot T_{ein} \cdot \left[\left(\frac{p_{aus}}{p_{ein}} \right)^{\frac{\kappa - 1}{\kappa}} - 1 \right]$$

$$= \frac{1{,}4}{1{,}4 - 1} \cdot 287 \frac{J}{kg \cdot K} \cdot 293\, K \cdot \left[\left(\frac{16\, bar}{1\, bar} \right)^{\frac{1{,}4 - 1}{1{,}4}} - 1 \right] = 3{,}56 \cdot 10^5 \frac{J}{kg} = 356 \frac{kJ}{kg}$$

Zusatz: Berechnung des spezifischen kinetischen Energieunterschiedes zwischen Saug- und Druckstutzen:

$\dot{V}_{ein} = \dot{V}_A$ = 25 m³/h = 6,94 · 10⁻³ m³/s

$$\bar{w}_{ein} = \frac{\dot{V}_A}{A_{i,ein}} = \frac{6{,}94 \cdot 10^{-3}\, m^3/s}{\frac{\pi}{4} \cdot \left(0{,}05\, m\right)^2} = 3{,}5 \frac{m}{s}$$

Isentrope Zustandsänderung:

$$T_{aus} = T_{ein} \cdot \left(\frac{p_{aus}}{p_{ein}}\right)^{\frac{\kappa-1}{\kappa}} = 293\ \mathrm{K} \cdot 16^{\frac{1{,}4-1}{1{,}4}} = 647\ \mathrm{K}$$

$$\dot{V}_{aus} = \dot{V}_{ein} \cdot \frac{p_{ein} \cdot T_{aus}}{p_{aus} \cdot T_{ein}} = 6{,}94 \cdot 10^{-3}\ \frac{\mathrm{m}^3}{\mathrm{s}} \cdot \frac{1\ \mathrm{bar} \cdot 647\ \mathrm{K}}{16\ \mathrm{bar} \cdot 293\ \mathrm{K}} = 9{,}58 \cdot 10^{-4}\ \frac{\mathrm{m}^3}{\mathrm{s}}$$

$$\bar{w}_{aus} = \frac{\dot{V}_{aus}}{A_{i,aus}} = \frac{9{,}58 \cdot 10^{-4}\ \mathrm{m}^3/\mathrm{s}}{\frac{\pi}{4} \cdot (0{,}05\ \mathrm{m})^2} = 0{,}5\ \frac{\mathrm{m}}{\mathrm{s}}$$

$$\frac{1}{2} \cdot \left(\bar{w}_{aus}^2 - \bar{w}_{ein}^2\right) = \frac{1}{2} \cdot \left[\left(0{,}5\ \frac{\mathrm{m}}{\mathrm{s}}\right)^2 - \left(3{,}5\ \frac{\mathrm{m}}{\mathrm{s}}\right)^2\right] = -6\ \frac{\mathrm{J}}{\mathrm{kg}}$$

b) *Gleichung 11.6:*

$$Y = R \cdot T_{ein} \cdot \ln \frac{p_{aus}}{p_{ein}} = 287\ \frac{\mathrm{J}}{\mathrm{kg} \cdot \mathrm{K}} \cdot 293\ \mathrm{K} \cdot \ln 16 = 233{,}2\ \frac{\mathrm{kJ}}{\mathrm{kg}}$$

Zusatz: Berechnung des spezifischen kinetischen Energieunterschiedes zwischen Saug- und Druckstutzen:

isotherm: $T_{aus} = T_{ein}$

$$\dot{V}_{aus} = \dot{V}_{ein} \cdot \frac{p_{ein} \cdot T_{aus}}{p_{aus} \cdot T_{ein}} = 6{,}94 \cdot 10^{-3}\ \frac{\mathrm{m}^3}{\mathrm{s}} \cdot \frac{1\ \mathrm{bar}}{16\ \mathrm{bar}} \cdot 1 = 4{,}34 \cdot 10^{-4}\ \frac{\mathrm{m}^3}{\mathrm{s}}$$

$$\bar{w}_{aus} = \frac{\dot{V}_{aus}}{A_{i,aus}} = \frac{4{,}34 \cdot 10^{-4}\ \mathrm{m}^3/\mathrm{s}}{\frac{\pi}{4} \cdot (0{,}05\ \mathrm{m})^2} = 0{,}22\ \frac{\mathrm{m}}{\mathrm{s}}$$

$$\frac{1}{2} \cdot \left(\bar{w}_{aus}^2 - \bar{w}_{ein}^2\right) = \frac{1}{2} \cdot \left[\left(0{,}22\ \frac{\mathrm{m}}{\mathrm{s}}\right)^2 - \left(3{,}5\ \frac{\mathrm{m}}{\mathrm{s}}\right)^2\right] = -6{,}1\ \frac{\mathrm{J}}{\mathrm{kg}}$$

c) Legende zu *Gleichung 11.8:*

$$n = \frac{\ln\left(p_{aus} / p_{ein}\right)}{\ln\left(p_{aus} / p_{ein}\right) - \ln\left(T_{aus} / T_{ein}\right)} = \frac{\ln \frac{16}{1}}{\ln \frac{16}{1} - \ln \frac{473}{293}} = 1{,}2$$

Gleichung 11.8:

$$Y = \frac{n}{n-1} \cdot R \cdot T_{ein} \cdot \left[\left(\frac{p_{aus}}{p_{ein}}\right)^{\frac{n-1}{n}} - 1\right] = \frac{1{,}2}{1{,}2-1} \cdot 287\ \frac{\mathrm{J}}{\mathrm{kg} \cdot \mathrm{K}} \cdot 293\ \mathrm{K} \cdot \left[\left(\frac{16}{1}\right)^{\frac{1{,}2-1}{1{,}2}} - 1\right] = 296{,}4\ \frac{\mathrm{kJ}}{\mathrm{kg}}$$

Zusatz: Berechnung des spezifischen kinetischen Energieunterschiedes zwischen Saug- und Druckstutzen:

$$\dot{V}_{aus} = \dot{V}_{ein} \cdot \frac{p_{ein} \cdot T_{aus}}{p_{aus} \cdot T_{ein}} = 6{,}94 \cdot 10^{-3}\ \frac{m^3}{s} \cdot \frac{1\ bar \cdot 473\ K}{16\ bar \cdot 293\ K} = 7{,}0 \cdot 10^{-4}\ \frac{m^3}{s}$$

$$\bar{w}_{aus} = \frac{\dot{V}_{aus}}{A_{i,aus}} = \frac{7{,}0 \cdot 10^{-4}\ m^3/s}{\frac{\pi}{4} \cdot (0{,}05\ m)^2} = 0{,}36\ \frac{m}{s}$$

$$\frac{1}{2} \cdot \left(\bar{w}_{aus}^2 - \bar{w}_{ein}^2\right) = \frac{1}{2} \cdot \left[\left(0{,}36\ \frac{m}{s}\right)^2 - \left(3{,}5\ \frac{m}{s}\right)^2\right] = -6{,}1\ \frac{J}{kg}$$

Beispiel 11.4: ***Förderleistung einer Flüssigkeitspumpe***

Berechnen Sie für die Pumpe aus *Beispiel 11.1:*

a) die Förderleistung

b) den Wirkungsgrad der Pumpe, wenn sie eine Kupplungsleitung von P_K = 35 kW aufnimmt.

a) *Gleichung 11.11:* $P_F = Y \cdot \dot{m} = \Delta p \cdot \dot{V}$

aus *Beispiel 11.1:* $\dot{V}$ = 200 m³/h = 0,056 m³/s; Y = 493,2 J/kg

$$\dot{m} = \dot{V} \cdot \rho = 0{,}056\ \frac{m^3}{s} \cdot 1.000\ \frac{kg}{m^3} = 56\ \frac{kg}{s}$$

$$P_F = Y \cdot \dot{m} = 493{,}2\ \frac{J}{kg} \cdot 56\ \frac{kg}{s} = 27{,}6 \cdot 10^3\ W = 27{,}6\ kW$$

oder:

aus *Gleichung 11.3:*

$$\Delta p = Y \cdot \rho = 493{,}2\ \frac{J}{kg} \cdot 1.000\ \frac{kg}{m^3} = 4{,}93 \cdot 10^5\ Pa$$

$$P_F = \Delta p \cdot \dot{V} = 4{,}93 \cdot 10^5\ Pa \cdot 0{,}056\ \frac{m^3}{s} = 27{,}6\ kW$$

b) *Gleichung 11.15:*

$$\eta = \frac{P_{Nutz}}{P_{zu}} = \frac{27{,}6\ kW}{35\ kW} = 0{,}789 = 78{,}9\ \%$$

Beispiel 11.5: ***Verdichtungsleistung***

Berechnen Sie für den Verdichter aus *Beispiel 11.3:*

a) Die Verdichtungsleistung bei isentroper, isothermer und polytroper Verdichtung

b) Den Wirkungsgrad des Verdichters gegenüber isentroper, isothermer und polytroper Verdichtung, wenn er eine Kupplungsleistung von P_K = 5 kW aufnimmt.

a) *Gleichung 11.12:* $P_{Verdichtung} = Y_{ideal} \cdot \dot{m}$

aus *Beispiel 11.3:* $\dot{V}_{ein} = \dot{V}_A$ = 25 m³/h = 6,94 · 10⁻³ m³/s

$$\rho_A = \frac{p_A}{R \cdot T_A} = \frac{10^5\ \text{Pa}}{287\ \frac{\text{J}}{\text{kg}\cdot\text{K}} \cdot 293\ \text{K}} = 1{,}19\ \frac{\text{kg}}{\text{m}^3}$$

$$\dot{m} = \dot{V}_A \cdot \rho_A = 6{,}94 \cdot 10^{-3}\ \frac{\text{m}^3}{\text{s}} \cdot 1{,}19\ \frac{\text{kg}}{\text{m}^3} = 8{,}26 \cdot 10^{-3}\ \frac{\text{kg}}{\text{s}}$$

isentrop: $$P_{\text{Verdichtung}} = 356 \cdot 10^3\ \frac{\text{J}}{\text{kg}} \cdot 8{,}26 \cdot 10^{-3}\ \frac{\text{kg}}{\text{s}} = 2{,}94\ \text{kW}$$

isotherm: $$P_{\text{Verdichtung}} = 233{,}2 \cdot 10^3\ \frac{\text{J}}{\text{kg}} \cdot 8{,}26 \cdot 10^{-3}\ \frac{\text{kg}}{\text{s}} = 1{,}93\ \text{kW}$$

polytrop: $$P_{\text{Verdichtung}} = 296{,}4 \cdot 10^3\ \frac{\text{J}}{\text{kg}} \cdot 8{,}26 \cdot 10^{-3}\ \frac{\text{kg}}{\text{s}} = 2{,}45\ \text{kW}$$

b) Mit *Gleichung 11.15:* gegenüber isentrop: $$\eta = \frac{P_{\text{Nutz}}}{P_{\text{zu}}} = \frac{2{,}94\ \text{kW}}{5\ \text{kW}} = 0{,}588 = 58{,}8\ \%$$

gegenüber isotherm: $$\eta = \frac{P_{\text{Nutz}}}{P_{\text{zu}}} = \frac{1{,}93\ \text{kW}}{5\ \text{kW}} = 0{,}386 = 38{,}6\ \%$$

gegenüber polytrop: $$\eta = \frac{P_{\text{Nutz}}}{P_{\text{zu}}} = \frac{2{,}45\ \text{kW}}{5\ \text{kW}} = 0{,}490 = 49\ \%$$

Beispiel 11.6: ***Kennlinien und Betriebspunkte einer Kreiselpumpe***

In eine Anlage mit der Anlagenkennlinie AK1: $H = A_1 + B_1 \cdot \dot{V}^2 = 12\ \text{m} + 22.500 \frac{\text{m}}{\left(\text{m}^3/\text{s}\right)^2} \cdot \dot{V}^2$ wird die Kreiselpumpe eingebaut, deren Drosselkurven in Bild 11.14 links dargestellt sind. Das Medium ist Wasser (ρ = 1.000 kg/m³)

a) Zeichnen Sie die Anlagenkennlinie AK1 in das Kennliniendiagramm (Bild 11.14 links) ein.

b) Bestimmen Sie grafisch den Betriebspunkt BP 1 ($\dot{V}_1$; H_1) bei einer Drehzahl von n = 24 s⁻¹ und berechnen Sie die Förderleistung $P_{F,1}$ der Pumpe in diesem Betriebspunkt.

c) Berechnen Sie die Gleichung einer neuen Anlagenkennlinie (AK2), für die sich bei derselben Drehzahl ein Volumenstrom von $\dot{V}_2$ = 0,02 m³/s einstellt. Dabei bleibt der statische Anteil der Kennlinien von $A_1 = A_2$ = 12 m unverändert.

d) Zeichnen Sie die neue Kennlinie (AK2) in das Diagramm ein.

e) Berechnen Sie die Förderleistung $P_{F,2}$ der Pumpe in dem neuen Betriebspunkt BP2.

f) Bestimmen Sie grafisch, auf welchen Wert die Drehzahl der Pumpe reduziert werden müsste, damit sich mit der Anlagenkennlinie AK1 der Volumenstrom von $\dot{V}_2$ = 0,02 m³/s einstellt (Betriebspunkt BP2‘).

g) Berechnen Sie die Förderleistung $P'_{F,2}$ der Pumpe in dem neuen Betriebspunkt BP2‘ .

a) Wertetabelle für Anlagenkennlinie AK1:

$\dot{V}$ [m³/h]	0	0,01	0,02	0,03	0,04
H [m]	12	14,25	21	32,25	48

b) Aus **Diagramm 1**: Betriebspunkt BP1: $\dot{V}_2 \approx 0{,}032$ m³/s; $H_1 \approx 33$ m

$$P_{F,1} = \dot{V}_1 \cdot \Delta p_1 = \dot{V}_1 \cdot \rho \cdot g \cdot H_1 = 0{,}032\,\frac{m^3}{s} \cdot 1.000\,\frac{kg}{m^3} \cdot 9{,}81\,\frac{m}{s^2} \cdot 33\,m = 10.359{,}4\,W = 10{,}36\,kW$$

c) Aus Diagramm 1 mit $n = 24\ s^{-1}$ und $\dot{V}_2 = 0{,}02$ m³/s; $H_2 \approx 40$ m

$$H_2 = A_2 + B_2 \cdot \dot{V}_2^2 \;=>\; B_2 = \frac{H_2 - A_2}{\dot{V}_2^2} = \frac{40\,m - 12\,m}{\left(0{,}02\,m^3/s\right)^2} = 70.000\,\frac{m}{\left(m^3/s\right)^2}$$

Anlagenkennlinie AK2: $H = 12\,m + 70.000\,\frac{m}{\left(m^3/s\right)^2} \cdot \dot{V}^2$

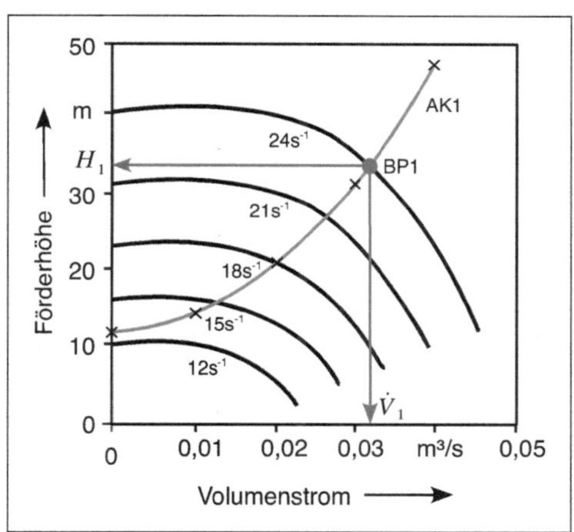

Diagramm 1: zu Beispiel 11.6

d) Wertetabelle für Anlagenkennlinie AK2:

$\dot{V}$ [m³/h]	0	0,01	0,02	0,03
H [m]	12	19	40	75

e) $P_{F,2} = \dot{V}_2 \cdot \Delta p_2 = \dot{V}_2 \cdot \rho \cdot g \cdot H_2 = 0{,}02\,\frac{m^3}{s} \cdot 1.000\,\frac{kg}{m^3} \cdot 9{,}81\,\frac{m}{s^2} \cdot 40\,m = 7.848\,W = 7{,}84\,kW$

f) Aus **Diagramm 2:** $n'_2 = 18\ s^{-1}$

Betriebspunkt BP2‘; $\dot{V}'_2 = \dot{V}_2 = 0{,}02$ m³/s; $H'_2 \approx 21$ m

g) $P'_{F,2} = \dot{V}'_2 \cdot \Delta p_2 = \dot{V}'_2 \cdot \rho \cdot g \cdot H'_2 = 0{,}02\,\frac{m^3}{s} \cdot 1.000\,\frac{kg}{m^3} \cdot 9{,}81\,\frac{m}{s^2} \cdot 21\,m = 4.120{,}2\,W = 4{,}12\,kW$

$$=> P'_{F,2} = \frac{4{,}12}{7{,}84} \cdot P_{F,2} = 0{,}53 \cdot P_{F,2}$$

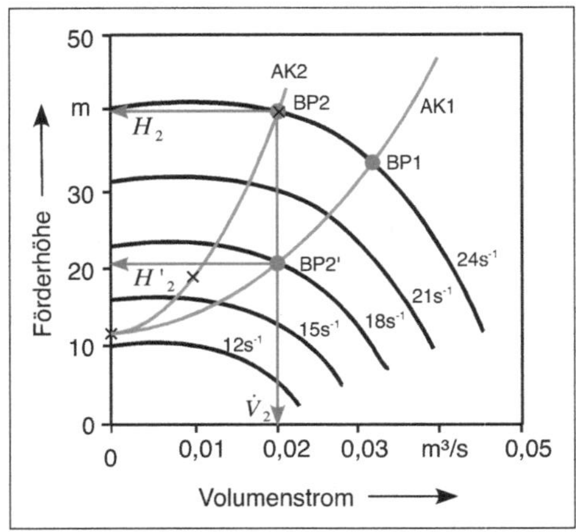

Diagramm 2: zu Beispiel 11.6

Beispiel 11.7: ***Kennlinien und Betriebspunkte einer Verdrängerpumpe***

In eine Anlage mit der Anlagenkennlinie AK1 $H = A_1 + B_1 \cdot \dot{V}^2 = 20\,\text{m} + 4{,}8 \cdot 10^{-4} \dfrac{\text{m}}{(\text{l/min})^2} \cdot \dot{V}^2$ wird die Flügelzellenpumpe eingebaut, deren Drosselkurven in Bild 11.14 rechts dargestellt sind. Das flüssige Medium hat eine dynamische Viskosität von $\eta = 200 \cdot 10^{-6}\,Pa \cdot s$.

a) Zeichnen Sie die Anlagenkennlinie AK1 in das Kennliniendiagramm (Bild 11.14 rechts) ein.

b) Bestimmen Sie grafisch den Betriebspunkt BP1 ($\dot{V}_1$; H_1) bei einer Drehzahl von n = 420 min^{-1}.

c) Der Druckverlust in der Anlage sinkt deutlich und es ergibt sich die neue Anlagenkennlinie AK2 mit der Gleichung $H = A_2 + B_2 \cdot \dot{V}^2 = 20\,\text{m} + 1{,}0 \cdot 10^{-4} \dfrac{\text{m}}{(\text{l/min})^2} \cdot \dot{V}^2$. Zeichnen Sie die neue Kennlinie AK2 in das Kennliniendiagramm ein und bestimmen Sie den neuen Betriebspunkt BP2 ($\dot{V}_2$; H_2) bei unveränderter Drehzahl. Vergleichen Sie die Volumenströme $\dot{V}_1$ und $\dot{V}_2$.

d) Bestimmen Sie grafisch, um welchen Faktor die Drehzahl in etwa verringert werden muss, um den Volumenstrom zu halbieren?

a) Wertetabelle für Anlagenkennlinie AK1:

$\dot{V}$ [l/min]	0	50	100	150	200	250	300
H [m]	20	21,2	24,8	30,8	39,2	50	63,2

b) Aus **Diagramm 1**: Betriebspunkt BP1: $\dot{V}_1 \approx 190$ l/min; $H_1 \approx 36$ m

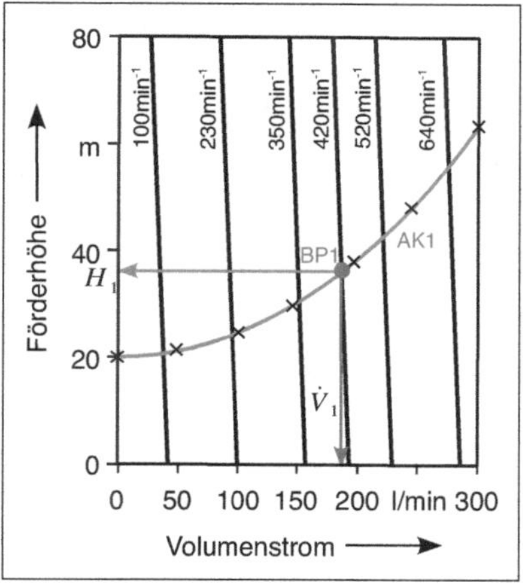

Diagramm 1: zu Beispiel 11.7

c) Wertetabelle für Anlagenkennlinie AK2:

$\dot{V}$ [l/min]	0	50	100	150	200	250	300
H [m]	20	20,3	21	22,3	24	26,3	29

Aus **Diagramm 2**: Betriebspunkt BP1: $\dot{V}_2 \approx 195$ l/min; $H_2 \approx 24$ m

Trotzdem sich der Druckverlust in der Anlage stark verändert, verändert sich der Volumenstrom, den die Pumpe aufbringt, nur unwesentlich wegen des drucksteifen Verlaufes der Kennlinie einer solchen Verdrängerpumpe.

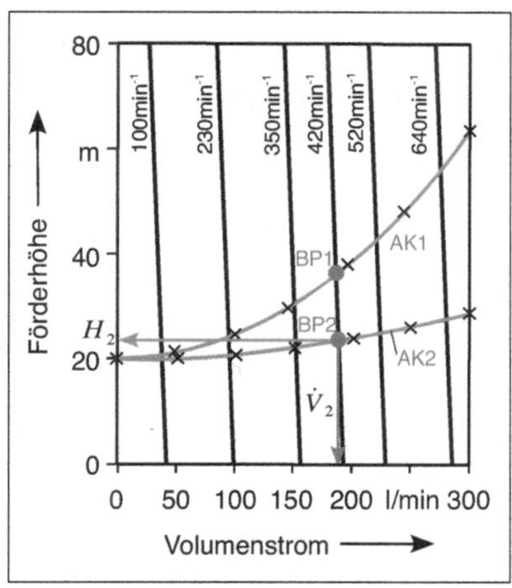

Diagramm 2: zu Beispiel 11.7

d) Für $\frac{\dot{V}_1}{2} \approx 95$ l/min landet man im Diagramm bei einer Drehzahl knapp unterhalb der Linie von $n = 230$ min^{-1}, also etwa bei $n = 210$ min^{-1}, was dem linearen Verlauf der Stellkennlinien solcher Verdrängerpumpen entspricht.

Beispiel 11.8: ***Berechnung von Drosselkurven über Ähnlichkeitsbeziehungen***

a) Lesen Sie in Bild 11.14 die Förderhöhen der Kreiselpumpe bei einer Drehzahl von n_1 = 18 s^{-1} für die Volumenströme 0,01 m^3/s, 0,02 m^3/s und 0,03 m^3/s ab.

b) Berechnen Sie mit Hilfe der Ähnlichkeitsbeziehungen den Volumenströme und die Förderhöhen, wenn die Pumpendrehzahl auf n_2 = 24 s^{-1} erhöht wird.

c) Zeichnen Sie die in b) berechneten Punkte für n_2 = 24 s^{-1} in Bild 11.14 ein.

a) Aus Bild 11.14 n_1 = 18 s^{-1}:

Punkt 1: $\dot{V} = 0{,}01\ m^3/s$: $H \approx 23\ m$

Punkt 2: $\dot{V} = 0{,}02\ m^3/s$: $H \approx 21\ m$

Punkt 3: $\dot{V} = 0{,}03\ m^3/s$: $H \approx 13\ m$

b) *Gleichung 11.16:* $\frac{\dot{V}_2}{\dot{V}_1} = \frac{n_2}{n_1}$ $\qquad \dot{V}_2 = \frac{n_2}{n_1} \cdot \dot{V}_1 = \frac{24\ s^{-1}}{18\ s^{-1}} \cdot \dot{V}_1 = \frac{4}{3} \cdot \dot{V}_1$

Gleichung 11.17: $\frac{H_2}{H_1} = \left(\frac{n_2}{n_1}\right)^2$ $\qquad H_2 = \left(\frac{n_2}{n_1}\right)^2 \cdot H_1 = \left(\frac{4}{3}\right)^2 \cdot H_1$

⇒ für n_2 = 24 s^{-1}:

Punkt 1: $\dot{V} = 0{,}013\ m^3/s$: $H \approx 41\ m$

Punkt 2: $\dot{V} = 0{,}027\ m^3/s$: $H \approx 37\ m$

Punkt 3: $\dot{V} = 0{,}040\ m^3/s$: $H \approx 23\ m$

c) Die Punkte liegen auf der Drosselkurve der Kreiselpumpe für n_2 = 24 s^{-1}.

Beispiel 11.9: ***Parallel- und Serienschaltung von Kreiselpumpen***

Gegeben ist die Drosselkurve einer Kreiselpumpe und die Kennlinie der Anlage, in die die Pumpe eingebaut ist. Es ergibt sich der Betriebspunkt BP1 (**Diagramm 1**) .

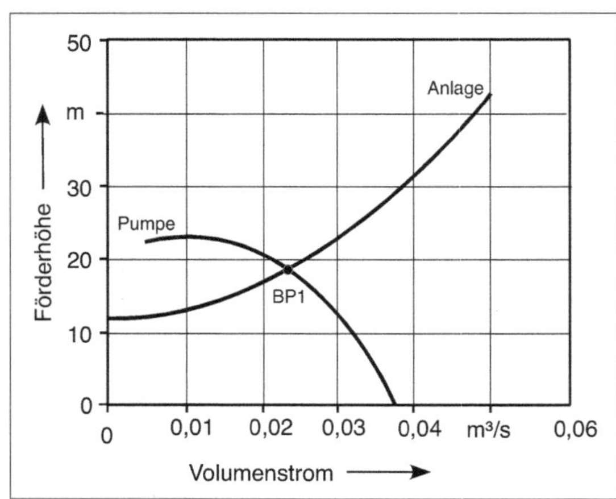

Diagramm 1: zu Beispiel 11.9

Um den Volumenstrom zu erhöhen, sollen zwei Kreiselpumpen mit der gegebenen Kennlinie parallel oder seriell geschaltet werden.

a) Zeichnen Sie in Diagramm 1 jeweils die Drosselkurve für zwei parallel und zwei seriell angeordnete Pumpen ein und bestimmen Sie jeweils den Betriebspunkt BP2, der sich jetzt einstellt.

b) Bei welcher Schaltung ergibt sich in dem gezeichneten Fall der höhere Volumenstrom?

c) Bei welcher Schaltung ergibt sich der höhere Volumenstrom, wenn die Anlagenkennlinie steiler verläuft als gezeichnet?

d) Für welchen Fall ergibt sich der höhere Volumenstrom, wenn die Anlagenkennlinie flacher verläuft als gezeichnet?

Lösung (siehe Diagramm 2):

zu a) Die Drosselkurve für zwei parallele Pumpen ergibt sich, indem man jeweils für eine bestimmte Förderhöhe den Volumenstrom verdoppelt. Damit wandert beispielsweise Punkt „1" im **Diagramm 2** wie gezeigt horizontal nach rechts. Für zwei serielle Pumpen verdoppelt man jeweils für einen bestimmten Volumenstrom die Förderhöhe. Damit wandert beispielsweise Punkt „1" vertikal nach oben.

zu b) Die beiden neuen Drosselkurven und die Anlagenkennlinie schneiden sich in einem Punkt. Damit ergibt sich für Parallel- und Serienschaltung jeweils derselbe Volumenstrom.

zu c) Verläuft die Anlagenkennlinie steiler als gezeichnet, so schneidet sie die serielle Drosselkurve weiter rechts als die parallele. In diesem Fall ergibt Serienschaltung einen höheren Volumenstrom.

zu d) Verläuft die Anlagenkennlinie flacher als gezeichnet, so schneidet sie die parallele Drosselkurve weiter rechts als die serielle. In diesem Fall ergibt Parallelschaltung einen höheren Volunstrom.

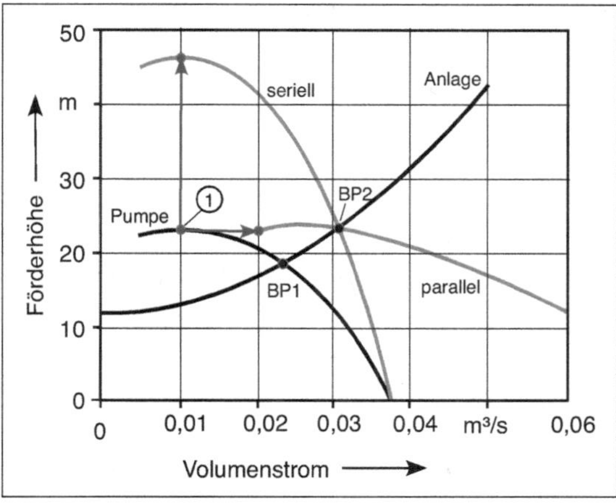

Diagramm 2: zu Beispiel 11.9

Beispiel 11.10: ***<u>Optimaler Betriebsbereich (Erweitertes Cordier-Diagramm)</u>***

a) Eine Kreiselpumpe mit einem Laufraddurchmesser von D = 200 mm erzeugt bei einer Drehzahl von n = 3.000 min^{-1} einen Volumenstrom von $\dot{V}$ = 280 m^3/h und eine Förderhöhe von H = 43 m. Bestimmen Sie mit Hilfe des erweiterten Cordier-Diagramms, ob die Pumpe in etwa im optimalen Betriebsbereich läuft.

b) Eine Flügelzellenpumpe mit einem Laufraddurchmesser von D = 100 mm erzeugt einen Volumenstrom von $\dot{V}$ = 310 l/min und eine Druckerhöhung von Δp = 8 bar. Die Dichte des Mediums beträgt ρ = 1.000 kg/m^3. Bestimmen Sie mit Hilfe des erweiterten Cordier-Diagramms, bei welcher Drehzahl die Pumpe in etwa in ihrem optimalen Betriebsbereich läuft.

a) $D = 200\text{ mm} = 0{,}2\text{ m}$; $n = 3.000\text{ min}^{-1} = 50\text{ s}^{-1}$; $\dot{V} = 280\text{ m}^3\text{/h} = 0{,}078\text{ m}^3\text{/s}$

$$H = 43\,\text{m} \Rightarrow Y = H \cdot g = 43\,\text{m} \cdot 9{,}81\frac{\text{m}}{\text{s}^2} = 422\,\frac{\text{J}}{\text{kg}}$$

Durchmesserzahl (*Gleichung 11.20*): $\delta = D \cdot \frac{\sqrt{\pi}}{2} \cdot \sqrt[4]{\frac{2 \cdot Y}{\dot{V}^2}} = 0{,}2 \cdot \frac{\sqrt{\pi}}{2} \cdot \sqrt[4]{\frac{2 \cdot 422}{0{,}078^2}} = 3{,}42$

Laufzahl (*Gleichung 11.19*): $\sigma = n \cdot \frac{2 \cdot \sqrt{\dot{V} \cdot \pi}}{(2 \cdot Y)^{3/4}} = 50 \cdot \frac{2 \cdot \sqrt{0{,}078 \cdot \pi}}{(2 \cdot 422)^{3/4}} = 0{,}32$

Der Punkt mit den Koordinaten δ = 3,42 und σ = 0,32 liegt innerhalb des oberen schraffierten Bereiches im erweiterten Cordier-Diagramm (Bild 11.20). Damit kann davon ausgegangen werden, dass die Kreiselpumpe in etwa im optimalen Betriebsbereich läuft.

b) $D = 100\text{ mm} = 0{,}1\text{ m}$; $\dot{V} = 310\text{ l/min} = 0{,}0052\text{ m}^3\text{/s}$

$$\Delta p = 8\text{ bar} \Rightarrow Y = \frac{\Delta p}{\rho} = \frac{8 \cdot 10^5\text{ Pa}}{1.000\text{ kg/m}^3} = 800\,\frac{\text{J}}{\text{kg}}$$

Gleichung 11.20: $\delta = D \cdot \frac{\sqrt{\pi}}{2} \cdot \sqrt[4]{\frac{2 \cdot Y}{\dot{V}^2}} = 0{,}1 \cdot \frac{\sqrt{\pi}}{2} \cdot \sqrt[4]{\frac{2 \cdot 800}{0{,}0052^2}} = 7{,}8$

Aus erweitertem Cordier-Diagramm (Bild 11.20; schraffierter Bereich unten) mit δ = 7,8: $\sigma \approx 0{,}01$

Gleichung 11.19: $\sigma = n \cdot \frac{2 \cdot \sqrt{\dot{V} \cdot \pi}}{(2 \cdot Y)^{3/4}}$

$$n = \sigma \cdot \frac{(2 \cdot Y)^{3/4}}{2 \cdot \sqrt{\dot{V} \cdot \pi}} \approx 0{,}01 \cdot \frac{(2 \cdot 800)^{3/4}}{2 \cdot \sqrt{0{,}0052 \cdot \pi}} = 10\text{ s}^{-1} = 600\text{ min}^{-1}$$

Beispiel 11.11: ***Erreichbare Wirkungsgrade***

Bestimmen Sie mit Hilfe des Diagrammes in Bild 11.22 in etwa die erreichbaren Wirkungsgrade für die Pumpen aus Beispiel 11.10.

a) Kreiselpumpe: $\sigma = 0{,}32$

Gleichung 11.22: $$\sigma = \frac{n_q}{157{,}8\ \mathrm{min}^{-1}}$$

$\Rightarrow$ $n_q = 157{,}8\ \mathrm{min}^{-1} \cdot \sigma = 157{,}8\ \mathrm{min}^{-1}: 0{,}32 = 50{,}5\ \mathrm{min}^{-1}$

aus Bild 11.22: $\eta \approx 90\ \%$

b) Flügelzellenpumpe: $\sigma \approx 0{,}01 \Rightarrow n_q\ 157{,}8\ \mathrm{min}^{-1} \cdot 0{,}01 \approx 1{,}6\ \mathrm{min}^{-1}$

aus Bild 11.22: $\eta \approx 78\ \%$

Beispiel 11.12 ***NPSHA***

Der Saugstutzen der Kreiselpumpe aus Beispiel 10.12 liegt 5m unterhalb der Wasseroberfläche im saugseitigen Behälter. Das Wasser hat eine Temperatur von 20 °C. Der Umgebungsdruck beträgt 980 mbar. Berechnen Sie den NPSHA-Wert für einen Wasservolumenstrom von 200 m³/h.

Gleichung 11.28: $$NPSHA = \frac{p_{s,A1} - p_D}{\rho \cdot g} + \frac{\bar{w}_{A1}^2}{2 \cdot g} + (z_{A1} - z_S) - H_{V,S}$$

Aus Tabelle 11.1 bei 20 °C: $p_D = 23{,}2$ mbar

$\bar{w}_{A1} \approx 0$ (Wasseroberfläche im Behälter); $z_{A1} - z_S = 5$ m; $\dot{V} = 200\ \mathrm{m^3/h} = 0{,}056\ \mathrm{m^3/s}$

aus Beispiel 10.12: $$\Delta p_{V,S} = 7{,}73 \cdot 10^6 \frac{\mathrm{Pa}}{\left(\mathrm{m^3/s}\right)^2} \cdot \dot{V}^2$$

$$H_{V,S} = \frac{\Delta p_{V,S}}{\rho \cdot g} = \frac{7{,}73 \cdot 10^6 \dfrac{\mathrm{Pa}}{\left(\mathrm{m^3/s}\right)^2} \cdot \left(0{,}056\ \dfrac{\mathrm{m^3}}{\mathrm{s}}\right)^2}{1000\ \dfrac{\mathrm{kg}}{\mathrm{m^3}} \cdot 9{,}81\ \dfrac{\mathrm{m}}{\mathrm{s^2}}} = 2{,}47\ \mathrm{m}$$

$$NPSHA = \frac{9{,}8 \cdot 10^4\ \mathrm{Pa} - 2.300\ \mathrm{Pa}}{1.000\ \dfrac{\mathrm{kg}}{\mathrm{m^3}} \cdot 9{,}81\ \dfrac{\mathrm{m}}{\mathrm{s^2}}} + 5\ \mathrm{m} - 2{,}47\ \mathrm{m} = 9{,}76\ \mathrm{m} + 5\ \mathrm{m} - 2{,}47\ \mathrm{m} = 12{,}29\ \mathrm{m}$$

Beispiel 11.13: ***Saughöhe***

Eine Pumpe mit NPSHR = 2 m saugt auf Meereshöhe Wasser bei 20 °C aus einem großen, offenen Behälter an. Wie hoch über dem Wasserspiegel darf der Saugstutzen maximal liegen, wenn der NPSHA-Wert mindestens um 0,5 m größer sein soll als der NPSHR? (Annahme: $H_{V,S}$ = 1 m)

Gleichung 11.28: $$NPSHA = \frac{p_{s,A1} - p_D}{\rho \cdot g} + \frac{\bar{w}_{A1}^2}{2 \cdot g} + \left(z_{A1} - z_S\right) - H_{V,S}$$

$$\Rightarrow \quad z_S - z_{A1} = \frac{p_{s,A1} - p_D}{\rho \cdot g} + \frac{\bar{w}_{A1}^2}{2 \cdot g} - H_{V,S} - \left(NPSHR + 0{,}5\,\text{m}\right)$$

$\bar{w}_{A1} \approx 0$

$$\Rightarrow \quad z_S - z_{A1} = \frac{1{,}013 \cdot 10^5\,\text{Pa} - 2.300\,\text{Pa}}{1.000\,\frac{\text{kg}}{\text{m}^3} \cdot 9{,}81\,\frac{\text{m}}{\text{s}^2}} - 1\,\text{m} - \left(2\,\text{m} + 0{,}5\,\text{m}\right) = 10{,}1\,\text{m} - 1\,\text{m} - 2{,}5\,\text{m} = 6{,}6\,\text{m}$$

Beispiel 11.14: ***Anwendung Kreiselpumpe***

In die Anlage aus Beispiel 10.12 wird die Kreiselpumpe eingebaut, deren Kennlinien in Bild 11.28 dargestellt sind. Der Saugstutzen der Kreiselpumpe aus Beispiel 10.12 liegt 5 m unterhalb der Wasseroberfläche des saugseitigen Behälters. Das Wasser hat eine Temperatur von 20 °C. Der Umgebungsdruck beträgt 980 mbar (siehe auch Beispiel 11.12).

a) Bestimmen Sie in etwa die Drehzahl, mit der sich das Laufrad der Pumpe mindestens drehen muss, damit bei geöffneten Kugelhähnen das Wasser nicht vom druckseitigen in den saugseitigen Behälter fließt.

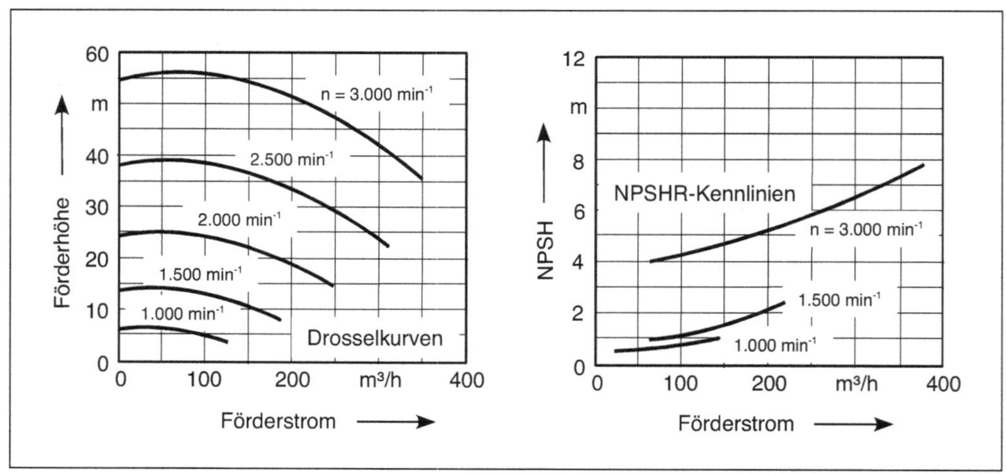

Diagramm 1-2: zu Beispiel 11.14

b) Zeichnen Sie die Anlagenkennlinie in das Drosselkurven-Diagramm ein und bestimmen Sie die Betriebspunkte ($\dot{V}$ und H) für die eingezeichneten Pumpendrehzahlen.

c) Bestimmen Sie mit Hilfe des Leistungskennlinien-Diagramms in Bild 11.28 jeweils die (mechanische) Leistungsaufnahme der Pumpe in den Betriebspunkten.

d) Berechnen Sie die Wirkungsgrade der Pumpe in den Betriebspunkten und vergleichen Sie den Wert bei 3.000 min^{-1} mit der Wirkungsgradkennlinie in Bild 11.28.

e) Berechnen Sie die NPSHA-Kurve der Anlage, zeichnen Sie sie in das NPSH-Diagramm ein und bestimmen Sie, bis zu welchem Volumenstrom der NPSHR-Wert mit einer Sicherheit von 0,5 m bei einer Drehzahl von 3.000 min^{-1} gewährleistet ist.

a) Anlagenkennlinie aus aus Beispiel 10.12: $\Delta p_A = 1{,}96 \cdot 10^5\,\text{Pa} + 9{,}14 \cdot 10^7 \dfrac{\text{Pa}}{\left(\text{m}^3/\text{s}\right)^2} \cdot \dot{V}^2$

$$H_A = \frac{\Delta p_A}{\rho \cdot g} = \frac{1}{1000\,\dfrac{\text{kg}}{\text{m}^3} \cdot 9{,}81\,\dfrac{\text{m}}{\text{s}^2}} \cdot \left[1{,}96 \cdot 10^5\,\text{Pa} + 9{,}14 \cdot 10^7 \frac{\text{Pa}}{\left(\text{m}^3/\text{s}\right)^2} \cdot \dot{V}^2\right]$$

$$H_A = 20\,\text{m} + 9.317 \frac{\text{m}}{\left(\text{m}^3/\text{s}\right)^2} \cdot \dot{V}^2 = 20\,\text{m} + 7{,}19 \cdot 10^{-4} \frac{\text{m}}{\left(\text{m}^3/\text{h}\right)^2} \cdot \dot{V}^2$$

⇒ Die Pumpe muss mindestens eine Förderhöhe von 20m erbringen, damit das Wasser nicht in die falsche Richtung fließt. Aus dem Drosselkurven-Diagramm in Bild 11.28 lässt sich an der Ordinate ($\dot{V}$ = 0) ablesen, dass damit eine Mindestdrehzahl zwischen 1.500 und 2.000 min^{-1} notwendig ist, in etwa 1.800 min^{-1}.

b) Wertetabelle der Anlagenkennlinie:

$\dot{V}$ [m³/h]	H [m]
0	20
50	22
100	27
150	36
200	49
250	65

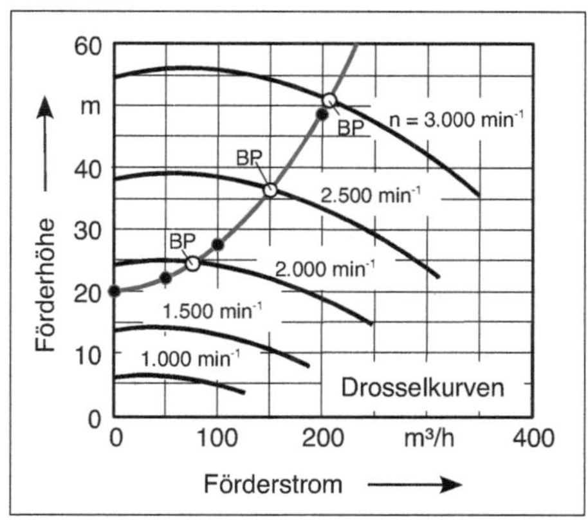

Diagramm 3: zu Beispiel 11.14

Betriebspunkte:

2.000 min^{-1}: $\dot{V} \approx$ 75 m³/h; $H \approx$ 24 m

2.500 min^{-1}: $\dot{V} \approx$ 150 m³/h; $H \approx$ 37 m

3.000 min^{-1}: $\dot{V} \approx$ 210 m³/h; $H \approx$ 51 m

c) Aus dem Leistungskennlinien-Diagramm in Bild 11.28:

2.000 min^{-1}: $\dot{V} \approx$ 75 m³/h; $P \approx$ 8 kW

2.500 min^{-1}: $\dot{V} \approx$ 150 m³/h; $P \approx$ 19 kW

3.000 min^{-1}: $\dot{V} \approx$ 210 m³/h; $P \approx$ 39 kW

d) *Gleichung 11.11:* $P_F = \Delta p \cdot \dot{V} = \rho \cdot g \cdot H \cdot \dot{V}$

Gleichung 11.15: $\eta = \frac{P_{Nutz}}{P_{zu}} = \frac{P_F}{P_{zu}}$

2.000 min^{-1}: $P_F = 1.000\,\frac{kg}{m^3} \cdot 9{,}81\,\frac{m}{s^2} \cdot 24\,m \cdot \frac{75\,m^3/h}{3.600\,s/h} = 4{,}9\,kW; \quad \eta = \frac{4{,}9\,kW}{8\,kW} = 61\,\%$

2.500 min^{-1}: $P_F = 1.000\,\frac{kg}{m^3} \cdot 9{,}81\,\frac{m}{s^2} \cdot 37\,m \cdot \frac{150\,m^3/h}{3.600\,s/h} = 15{,}1\,kW; \quad \eta = \frac{15{,}1\,W}{19\,kW} = 80\,\%$

3.000 min^{-1}: $P_F = 1.000\,\frac{kg}{m^3} \cdot 9{,}81\,\frac{m}{s^2} \cdot 51\,m \cdot \frac{210\,m^3/h}{3.600\,s/h} = 29{,}2\,kW; \quad \eta = \frac{29{,}2\,kW}{39\,kW} = 77\,\%$

Der berechnete Wirkungsgrad von η = 77 % bei n = 3.000 min^{-1} liegt auf der Wirkungsgradkennlinie dieser Drehzahl in Bild 11.28.

e) *Gleichung 11.28:* $NPSHA = \frac{p_{s,A1} - p_D}{\rho \cdot g} + \frac{\bar{w}_{A1}^2}{2 \cdot g} + (z_{A1} - z_S) - H_{V,S}$

Aus Beispiel 11.12: $\frac{p_{s,A1} - p_D}{\rho \cdot g} = 9{,}76\,m; \bar{w}_{A1} \approx 0; z_{A1} - z_S = 5\,m$

Aus Beispiel 10.12: $\Delta p_{V,S} = 7{,}73 \cdot 10^6\,\frac{Pa}{(m^3/s)^2} \cdot \dot{V}^2$

$$H_{V,S} = \frac{\Delta p_{V,S}}{\rho \cdot g} = \frac{7{,}73 \cdot 10^6\,\frac{Pa}{(m^3/s)^2}}{1000\,\frac{kg}{m^3} \cdot 9{,}81\,\frac{m}{s^2}} \cdot \dot{V}^2 = 788\,\frac{m}{(m^3/s)^2} \cdot \dot{V}^2$$

$$NPSHA = 9{,}76\,m + 5\,m - 788\,\frac{m}{(m^3/s)^2} \cdot \dot{V}^2 = 14{,}8\,m - 6{,}1 \cdot 10^{-5}\,\frac{m}{(m^3/h)^2} \cdot \dot{V}^2$$

Wertetabelle der NPSHA-Kennlinie:

$\dot{V}$ [m³/h]	NPSHA [m]
0	14,8
50	14,6
100	14,2
150	13,4
200	12,3
250	11,0
300	9,3
350	7,3
400	5,0

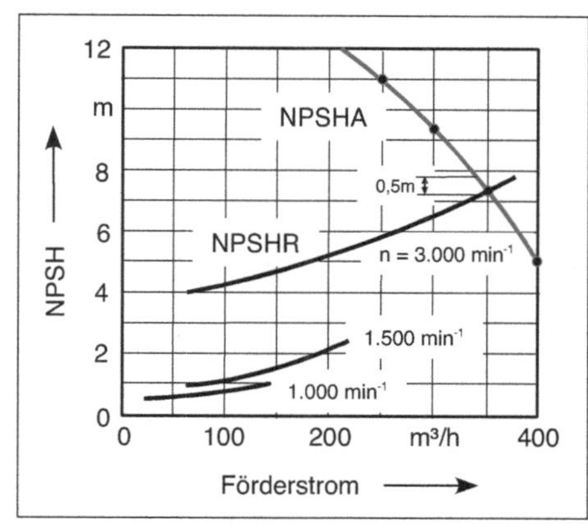

Diagramm 4: zu Beispiel 11.14

Die NPSHR-Kennlinie für n = 3.000 min^{-1} und die NPSHA-Kennlinie schneiden sich bei $\dot{V}$ = 350 m³/h Bis zu einem Volumenstrom von etwa $\dot{V}$ = 340 m³/h besteht der notwendige Sicherheitszuschlag von 0,5 m.

Beispiel 11.15: ***Anwendung Verdrängerpumpe***

Die Flügelzellenpumpe, deren Kennlinien in Bild 11.29 dargestellt sind, wird in einer Anlage mit der Anlagenkennlinie $\Delta p_A = 2\ \text{bar} + 2{,}55 \cdot 10^{-5} \frac{\text{bar}}{(\text{l/min})^2} \cdot \dot{V}^2$ betrieben.

a) Zeichnen Sie die Anlagenkennlinie in das Diagramm unten ein und bestimmen Sie die Betriebspunkte bei den Drehzahlen n = 420 min^{-1} und n = 780 min^{-1}.

b) Bestimmen Sie aus den Leistungskennlinien in Bild 11.29 die Leistungsaufnahme der Pumpe in den Betriebspunkten aus a).

c) Berechnen Sie jeweils den Wirkungsgrad in den Betriebspunkten.

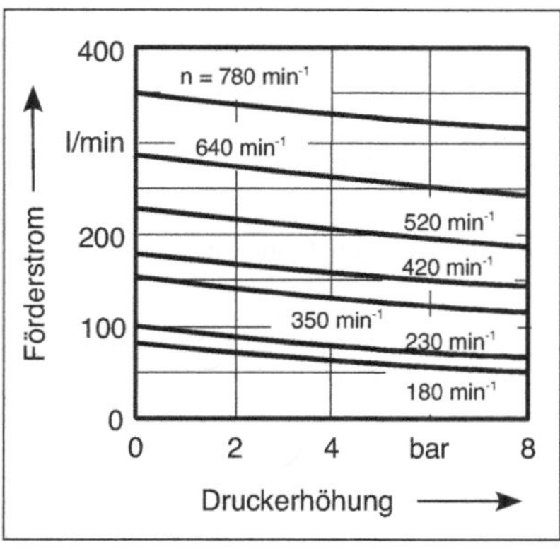

Diagramm 1: zu Beispiel 11.15

a) Umformung der Anlagenkennlinie:

$$\Delta p_A = 2\,\text{bar} + 2{,}55 \cdot 10^{-5}\,\frac{\text{bar}}{(\text{l/min})^2} \cdot \dot{V}^2 \Rightarrow \dot{V} = \sqrt{\frac{\Delta p_A - 2\,\text{bar}}{2{,}55 \cdot 10^{-5}\,\frac{\text{bar}}{(\text{l/min})^2}}}$$

Wertetabelle der Anlagenkennlinie

Δp in bar	$\dot{V}$ in l/min
2	0
3	198
4	280
5	343
6	396

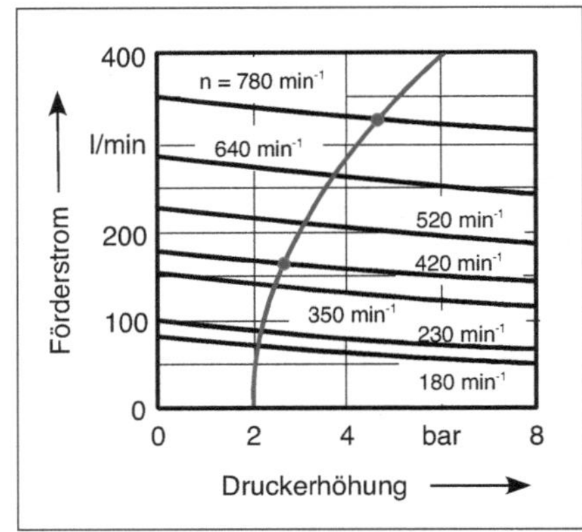

Diagramm 2: zu Beispiel 11.15

Betriebspunkte: n = 420 min^{-1}: $\Delta p \approx 2{,}7$ bar; $\dot{V} \approx 160$ l/min = $2{,}67 \cdot 10^{-3}$ m³/s

n = 780 min^{-1}: $\Delta p \approx 4{,}7$ bar; $\dot{V} \approx 325$ l/min = $5{,}41 \cdot 10^{-3}$ m³/s

b) n = 420 min^{-1}: $P \approx 1{,}3$ kW; n = 780 min^{-1}: $P \approx 4$ kW

c) *Gleichung 11.11:* $P_F = Y \cdot \dot{m} = \Delta p \cdot \dot{V}$; *Gleichung 11:15:* $\eta = \frac{P_{Nutz}}{P_{zu}}$

n = 420 min^{-1}: $P_F = 2{,}7 \cdot 10^{-5}\,\text{Pa} \cdot 2{,}67 \cdot 10^{-3}\,\text{m}^3/\text{s} = 721\,\text{W}$; $\eta = \frac{721\,\text{W}}{1.300\,\text{W}} = 56\,\%$

n = 780 min^{-1}: $P_F = 4{,}7 \cdot 10^{-5}\,\text{Pa} \cdot 5{,}41 \cdot 10^{-3}\,\text{m}^3/\text{s} = 2{,}54\,\text{kW}$; $\eta = \frac{2{,}54\,\text{kW}}{4\,\text{kW}} = 64\,\%$

Beispiel 11.16: ***Optimaler Betriebsbereich eines Schraubenkompressors***

Ein öleingespritzter Schraubenkompressor mit einem Rotordurchmesser von D = 180 mm soll Luft mit einer Ansaugtemperatur von 20 °C von 1 bar auf 4 bar verdichten. Der Polytropenexponent des Verdichtungsvorganges sei n = 1,2.

a) Berechnen Sie unter der Annahme idealen Gasverhaltens Volumenstrom und Drehzahl für den optimalen Betriebsbereich und für möglichst hohen Wirkungsgrad.

b) Bestimmen Sie, um welchen Prozentsatz der Wirkungsgrad in etwa für $\dot{V}$ = 0,02 m³/s und n = 1.500 min^{-1} sinkt, und ob der Kompressor unter diesen Bedingungen noch im optimalen Betriebsbereich läuft.

a) Aus Bild 11.31: Höchster Wirkungsgrad bei $n_q \approx 0{,}5\ \text{min}^{-1}$

$$\Rightarrow \text{mit } \textit{Gleichung 11.22:} \quad \sigma = \frac{0{,}5\ \text{min}^{-1}}{157{,}8\ \text{min}^{-1}} = 0{,}0032$$

und aus Bild 11.20: $\delta_{opt} \approx 10$

Gleichung 11.8:

$$Y = \frac{n}{n-1} \cdot R \cdot T_{ein} \cdot \left[\left(\frac{p_{aus}}{p_{ein}} \right)^{\frac{n-1}{n}} - 1 \right] = \frac{1{,}2}{1{,}2-1} \cdot 287 \frac{\text{J}}{\text{kg} \cdot \text{K}} \cdot 293\,\text{K} \cdot \left(4^{\frac{1{,}2-1}{1{,}2}} - 1 \right) = 131 \frac{\text{kJ}}{\text{kg}}$$

Gleichung 11.20: $$\delta = D \cdot \frac{\sqrt{\pi}}{2} \cdot \sqrt[4]{\frac{2 \cdot Y}{\dot{V}^2}}$$

$$\Rightarrow \quad \dot{V} = \sqrt{2 \cdot Y \cdot \left(\frac{D \cdot \sqrt{\pi}}{2 \cdot \delta} \right)^4} \approx \sqrt{2 \cdot 131 \cdot 10^3 \cdot \left(\frac{0{,}18 \cdot \sqrt{\pi}}{2 \cdot 10} \right)^4} = 0{,}13 \frac{\text{m}^3}{\text{s}}$$

Gleichung 11.19: $$\sigma = n \cdot \frac{2 \cdot \sqrt{\dot{V} \cdot \pi}}{(2 \cdot Y)^{3/4}}$$

$$\Rightarrow \quad n = \sigma \cdot \frac{(2 \cdot Y)^{3/4}}{2 \cdot \sqrt{\dot{V} \cdot \pi}} \approx 0{,}0032 \cdot \frac{\left(2 \cdot 131 \cdot 10^3\right)^{3/4}}{2 \cdot \sqrt{0{,}13 \cdot \pi}} = 29\ \text{s}^{-1} = 1.740\ \text{min}^{-1}$$

b) $n = 1.500\ \text{min}^{-1} = 25\ \text{s}^{-1}$

Gleichung 11.19: $$\sigma = n \cdot \frac{2 \cdot \sqrt{\dot{V} \cdot \pi}}{(2 \cdot Y)^{3/4}} = 25 \cdot \frac{2 \cdot \sqrt{0{,}02 \cdot \pi}}{\left(2 \cdot 131 \cdot 10^3\right)^{3/4}} = 0{,}001$$

Gleichung 11.22: $$\sigma = \frac{n_q}{157{,}8\ \text{min}^{-1}} \Rightarrow n_q = \sigma \cdot 157{,}8\ \text{min}^{-1} = 0{,}001 \cdot 157{,}8\ \text{min}^{-1} = 0{,}16\ \text{min}^{-1}$$

Aus Bild 11.31: Der optimale Wirkungsgrad nimmt von etwa 85% auf unter 80% ab.

Gleichung 11.20: $$\delta = D \cdot \frac{\sqrt{\pi}}{2} \cdot \sqrt[4]{\frac{2 \cdot Y}{\dot{V}^2}} = 0{,}2 \cdot \frac{\sqrt{\pi}}{2} \cdot \sqrt[4]{\frac{2 \cdot 131 \cdot 10^3}{0{,}02^2}} = 28$$

Aus dem erweiterten Cordier-Diagramm in Bild 11.20 ist mit $\sigma = 0{,}001$ und $\delta = 28$ abzulesen, dass unter diesen Bedingungen der Kompressor nicht im optimalen Betriebsbereich läuft.

Beispiel 11.17: ***Auswahl Hubkolbenkompressor***

Der Hubkolbenkompressor, dessen Kennfeld in Bild 11.34 dargestellt ist, verdichtet einen Luft-Ansaugvolumenstrom von $\dot{V}_A$ = 30 m³/h bei T_A = 20 °C und p_A = 1 bar auf einen Enddruck von p_{aus} = 5 bar.

a) Bestimmen Sie Drehzahl n und Leistungsaufnahme des Kompressors.

b) Berechnen Sie unter Annahme idealen Gasverhaltens die spezifische Verdichtungsarbeit Y bei polytroper Verdichtung mit einem Polytropenexponenten von n = 1,1.

c) Berechnen Sie die Verdichtungsleistung P_V und den Wirkungsgrad η des Kompressors. Vergleichen Sie den berechneten Wirkungsgrad mit dem aus dem Kennfeld in Bild 11.34.

d) Berechnen Sie die Austrittstemperatur der komprimierten Luft.

a) Aus Bild 11.34: für p_{aus}/p_{ein} = 5 und $\dot{V}_A$ = 30 m³/h: $n \approx 800\ \text{min}^{-1}$; $P_{mech} \approx 3$ kW

b) *Gleichung 11.8:*

$$Y = \frac{n}{n-1} \cdot R \cdot T_{ein} \cdot \left[\left(\frac{p_{aus}}{p_{ein}} \right)^{\frac{n-1}{n}} - 1 \right] = \frac{1,1}{1,1-1} \cdot 287 \frac{\text{J}}{\text{kg} \cdot \text{K}} \cdot 293\,\text{K} \cdot \left(5^{\frac{1,1-1}{1,1}} - 1 \right) = 145,7 \frac{\text{kJ}}{\text{kg}}$$

c) *Gleichung 11.12:* $P_V = Y_{ideal} \cdot \dot{m}$

Hier ist Y_{ideal} die in b) berechnete Verdichtungsarbeit, mit dem bekannten Polytropenexponenten.

$$\rho_A = \frac{p_A}{R \cdot T_A} = \frac{10^5\,\text{Pa}}{287 \frac{\text{J}}{\text{kg} \cdot \text{K}} \cdot 293\,\text{K}} = 1,19 \frac{\text{kg}}{\text{m}^3}$$

$$\dot{m} = \dot{V}_A \cdot \rho_A = \frac{30\,\text{m}^3/\text{h}}{3.600\,\text{s}/\text{h}} \cdot 1,19 \frac{\text{kg}}{\text{m}^3} = 9,92 \cdot 10^{-3} \frac{\text{kg}}{\text{s}}$$

$$P_V = 145,7 \frac{\text{kJ}}{\text{kg}} \cdot 9,92 \cdot 10^{-3} \frac{\text{kg}}{\text{s}} = 1,45\,\text{kW}$$

Gleichung 11.15: $$\eta = \frac{P_{Nutz}}{P_{zu}} = \frac{1,45\,\text{kW}}{3\,\text{kW}} = 48\,\%$$

Dieser berechnete Wirkungsgrad stimmt mit dem aus dem Kennfeld überein.

d) Polytrope Verdichtung: $$\frac{T_{aus}}{T_{ein}} = \left(\frac{p_{aus}}{p_{ein}} \right)^{\frac{n-1}{n}}$$

$$\Rightarrow \quad T_{aus} = T_{ein} \cdot \left(\frac{p_{aus}}{p_{ein}} \right)^{\frac{n-1}{n}} = 293\,\text{K} \cdot 5^{\frac{0,1}{1,1}} = 339\,\text{K} = 66\,°\text{C}$$

Beispiel 11.18: ***Auswahl einer Vakuumpumpe***

Die Schraubenvakuumpumpe, deren Kennlinien in Bild 11.38 dargestellt sind, wird über eine Rohrleitung mit der Länge $L = 10$ m und dem Innendurchmesser $d_i = 50$ mm mit einem Vakuumbehälter verbunden. Die Pumpe läuft mit einer Drehzahl von $n = 3.000\ \text{min}^{-1}$ und erzeugt dabei in ihrem Absaugstutzen einen Absolutdruck von $p_{aus} = 10$ mbar. Bestimmen Sie das effektive Saugvermögen und den Druck am Stutzen des Vakuumbehälters ($\eta = 18 \cdot 10^{-6}$ *Pa* · s).

Aus Bild 11.38 mit $p_{Ansaug} = p_{aus} = 10$ mbar und $n = 3.000\ \text{min}^{-1}$: $S \approx 165\ \frac{\text{m}^3}{\text{h}} = 0{,}0458\ \frac{\text{m}^3}{\text{s}}$

Annahme: Δp sehr klein $\Rightarrow \bar{p} \approx 10$ mbar = 1.000 *Pa*

Gleichung (10.58):
$$C_V = \frac{\pi \cdot d_i^4}{128 \cdot \eta \cdot L} \cdot \bar{p} = \frac{\pi \cdot (0{,}05\ \text{m})^4}{128 \cdot 18 \cdot 10^{-6}\ \text{Pa} \cdot \text{s} \cdot 10\ \text{m}} \cdot 1.000\ \text{Pa} = 0{,}852\ \frac{\text{m}^3}{\text{s}}$$

Gleichung (11.33):
$$p_{ein} = p_{aus} \cdot \left(\frac{S}{C} + 1\right) = 10\ \text{mbar} \cdot \left(\frac{0{,}0458\ \frac{\text{m}^3}{\text{s}}}{0{,}852\ \frac{\text{m}^3}{\text{s}}} + 1\right) = 10{,}538\ \text{mbar}$$

Iteration 1:
$$\bar{p} = \frac{10 + 10{,}538}{2} = 10{,}269\ \text{mbar} = 1.026{,}9\ \text{Pa}$$

$$C_V = \frac{\pi \cdot (0{,}05\ \text{m})^4}{128 \cdot 18 \cdot 10^{-6}\ \text{Pa} \cdot \text{s} \cdot 10\ \text{m}} \cdot 1.026{,}9\ \text{Pa} = 0{,}875\ \frac{\text{m}^3}{\text{s}}$$

$$p_{ein} = 10\ \text{mbar} \cdot \left(\frac{0{,}0458\ \frac{\text{m}^3}{\text{s}}}{0{,}875\ \frac{\text{m}^3}{\text{s}}} + 1\right) = 10{,}523\ \text{mbar}$$

$\Rightarrow p_{ein} = 10{,}5$ mbar (keine weitere Iteration notwendig)

Gleichung (11.32):
$$S_{eff} = S \cdot \frac{1}{\frac{S}{C} + 1} = 0{,}0458 \cdot \frac{1}{\frac{0{,}0458}{0{,}875} + 1} = 0{,}0435\ \frac{\text{m}^3}{\text{s}} = 156{,}7\ \frac{\text{m}^3}{\text{h}}$$

Index

D

E

Q

R

S

Notizen

Notizen